科学出版社“十四五”普通高等教育本科规划教材

植物病虫害测报学

胡小平 主 编

科 学 出 版 社

北 京

内 容 简 介

本书按照植物病虫害测报学的逻辑顺序，系统、简明地阐述了植物病虫害测报学的发展历史、基本原理和应用实例。全书共10章，第一章介绍植物病虫害测报学的概念、原理及测报内容等；第二章至第四章介绍植物病虫害监测的主要原理和方法；第五章系统介绍植物病虫害测报方法；第六章介绍信息技术在植物病虫害监测预警中的应用；第七章和第八章介绍植物病虫害测报发布与效果评价；第九章介绍植物病虫害测报发展远景；第十章介绍我国重要植物病虫害测报实例。各章在章前有思维导图和本章概要，章末附有复习题，供读者在学习过程中参考。

本书是科学出版社“十四五”普通高等教育本科规划教材，可作为植物保护类专业本科生、研究生的教科书，也可作为植物保护研究人员、基层植保技术人员等的参考书。

图书在版编目（CIP）数据

植物病虫害测报学 / 胡小平主编. —北京：科学出版社，2022.10
科学出版社“十四五”普通高等教育本科规划教材
ISBN 978-7-03-072686-5

Ⅰ.①植… Ⅱ.①胡… Ⅲ.①植物-病虫害防治-高等学校-教材
Ⅳ.①S43

中国版本图书馆CIP数据核字（2022）第113310号

责任编辑：王玉时 / 责任校对：严　娜
责任印制：张　伟 / 封面设计：蓝正设计

科学出版社 出版
北京东黄城根北街16号
邮政编码：100717
http://www.sciencep.com
北京凌奇印刷有限责任公司 印刷
科学出版社发行　各地新华书店经销
*
2022年10月第　一　版　开本：787×1092　1/16
2023年 1 月第二次印刷　印张：17 1/4
字数：464 000

定价：69.80元

（如有印装质量问题，我社负责调换）

《植物病虫害测报学》
编写委员会

主　编　胡小平

副主编　胡祖庆　侯有明　刘　怀　许永玉　刘万才　李保华　王海光

编　者（按姓氏笔画排序）

王竹红（福建农林大学）
王香萍（长江大学）
王美琴（山西农业大学）
王海光（中国农业大学）
史晓斌（湖南省农业科学院植物保护研究所）
刘　怀（西南大学）
刘万才（全国农业技术推广服务中心）
刘晓光（河南农业大学）
许永玉（山东农业大学）
李　锐（山西农业大学）
李宇翔（西北农林科技大学）
李保华（青岛农业大学）
张　龙（山东省农业科学院植物保护研究所）
张云慧（中国农业科学院植物保护研究所）
张静柏（华中农业大学）
陆宴辉（中国农业科学院植物保护研究所）
陈　莉（安徽农业大学）
周益林（中国农业科学院植物保护研究所）
胡小平（西北农林科技大学）
胡同乐（河北农业大学）
胡祖庆（西北农林科技大学）
侯有明（福建农林大学）
姜玉英（全国农业技术推广服务中心）
贾彦霞（宁夏大学）
徐向明（NIAB East Malling Research，UK）
郭洪刚（北京农学院）
陶　飞（甘肃农业大学）
黄　冲（全国农业技术推广服务中心）
樊　荣（贵州大学）

审　稿　丁克坚（安徽农业大学）　赵惠燕（西北农林科技大学）

前　言

植物病虫害测报学是植物保护学科重要的分支学科之一，是在掌握病虫害发生发展规律的基础上，结合气象因素、寄主抗性及种植面积等，进行预测预报，科学精准指导病虫害防控，实现农业生产的可持续发展。它是一门典型的交叉学科，研究的是生态平衡遭到破坏的后果之一，寄主-有害生物群体结构的变化是其内在因素，而多种环境因素的影响是其外在因素，涉及植物病理学、农业昆虫学、遗传学、气象学、数理统计、概率论、模糊数学、系统分析、昆虫生态学、植物病害流行学、R 语言、Python 语言等知识，以及物联网、神经网络算法、传感器、计算机、遥感等技术。该学科对拓宽读者的植物病虫害宏观认识，学习病虫害测报基本知识，提高病虫害测报能力等都会大有益处。

1998 年，肖悦岩等编著了我国第一本《植物病害流行与预测》教材；2005 年，张孝羲和张跃进主编了我国第一部《农作物有害生物预测学》著作；2012 年，张国安和赵惠燕主编的《昆虫生态学与害虫预测预报》教材，推动了我国植物病虫害测报学的教学和科学研究的发展。本书中的病虫害监测预警均以这 3 本著作为蓝本，吸收了数十年间国内外病虫害测报领域内的最新进展，并结合编者多年的教学和科研实践编著而成。

本书系统、简明地介绍了植物病虫害测报学的基本理论和基础知识，也列举了一些比较成功的病虫害测报案例，可作为植物保护类专业本科生、研究生的教科书，也可作为植物保护研究人员、基层植保技术人员等的参考书。《植物病虫害测报学》被评选为科学出版社“十四五”普通高等教育本科规划教材。参加本书编写的有来自 21 家单位的 29 位专家，都是长期从事植物病虫害发生发展规律、预测预报等领域的教学和科研人员，他们来自 16 所涉农高等院校，以及全国农业技术推广服务中心、中国农业科学院植物保护研究所、英国国家农业植物研究所东茂林（National Institute of Agricultural Botany，East Malling Research，UK）、山东省和湖南省农业科学院植物保护研究所。第一章由胡小平、刘怀、许永玉、徐向明和刘万才编写；第二章由陈莉、贾彦霞和李锐编写；第三章由张静柏、樊荣、李锐、胡祖庆和胡小平编写；第四章由李宇翔、刘晓光和胡小平编写；第五章由胡祖庆、李保华、胡同乐、郭洪刚和胡小平编写；第六章由王海光编写；第七章由黄冲编写；第八章由胡小平编写；第九章由侯有明和王竹红编写；第十章由胡小平、李宇翔、周益林、胡祖庆、陈莉、王香萍、陶飞、张云慧、张龙、胡同乐、李保华、王美琴、刘怀、李锐、陆宴辉、姜玉英和史晓斌编写；全书由胡小平和胡祖庆统稿。各位编者力求贯彻科学出版社“十四五”普通高等教育本科规划教材编写的一般原则和基本要求，分工协作，在总结各校教学经验与科学研究成果的基础上，根据编写计划，编写出了初稿。初稿经编者相互审阅和修改，完成了各章节的定稿。主编对全书各章进行了全面的审阅和修订，做了必要的增删，统一了编写风格和名词术语，力争做到内容先进、行文简练、叙事准确、概念清晰。

本书编写过程中，承蒙国内外同行的大力支持，提供宝贵意见和建议，对此编者表示衷心的感谢。在第十章编写过程中，中国农业科学院植物保护研究所的博士生聂晓和西北农林科技大学的博士生卢雪敏协助整理了部分资料，在此一并致谢。另外，本书还吸收和引用了许多国内外的研究成果，在参考文献中无法一一标出，尚望谅解并致谢意。

本书是改革植物病害流行与测报、昆虫生态学与害虫预测预报教学的初步尝试，由于编者的知识和经验有限，编写的内容和文字中必有不足之处，我们热切希望广大读者在使用过程中指正错误，提出改进和完善的宝贵意见和建议。

编　者
2021年10月

目　　录

全书思维导图

- 植物病虫害测报学
  - 绪论
    - 历史上病虫害发生为害的案例
    - 植物病虫害测报的概念、发展历史及重要著作
    - 植物病虫害的原理、要素、内容和方法
    - 植物病虫害与其他学科的关系
  - 植物病虫害监测的主要原理和方法
    - 田间调查取样方法
      - 植物病虫害空间分布
      - 抽样单位、抽样方法及理论抽样数
      - 植物病虫害调查方法
    - 病虫害发生的监测
      - 害虫及病原菌监测
      - 病虫害、寄主及环境监测
      - 病虫害发生影响因素分析
    - 防治指标及其测定
      - 损失和防治指标的概念
      - 作物受害损失估计
      - 经济损害水平及防治指标测定
  - 测报方法
    - 类推法、数理统计法
    - 专家评估法、系统模拟法
    - 人工智能预测法
  - 信息技术应用
    - 信息技术简介
    - 信息技术与病虫害监测
    - 测报模型管理平台及区域化测报
  - 测报发布及评价
    - 测报发布
      - 农作物病虫害测报体系
      - 测报的发布
    - 测报评价
      - 测报准确性的评估
      - 测报效益的评价
  - 测报发展远景
    - 全球气候变化问题日益突出
    - 气候变化与病虫害测报的关系
    - 耕作制度变化对病虫害测报影响
    - 病虫害测报的发展方向
  - 测报实例
    - 重要主粮作物病虫害测报实例
    - 重要果树病虫害测报实例
    - 重要设施蔬菜病虫害测报实例
    - 重要虫传病害测报实例

第一章 绪　论

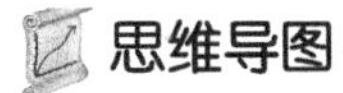

思维导图

- 绪论
  - 历史上病虫害发生为害的案例
  - 植物病虫害测报的概念与发展历史
    - 概念
    - 国内外发展历史
    - 重要著作
  - 植物病虫害测报的原理和要素
  - 植物病虫害测报的内容和方法
    - 内容
    - 技术要求、标准化问题、类别和方法
    - 一般步骤
  - 植物病虫害测报与其他学科的关系

本章概要

植物病虫害测报学是在认识病虫害发生和发展规律的基础上，利用已知规律展望未来的思维活动。本章主要介绍历史上植物病虫害发生为害的案例，病虫害测报的发展历程，主要作物重大病虫害的预测模型，重要学术著作，以及病虫害测报的原理和要素，测报的类别，测报的一般步骤，测报的内容和方法概述，与其他学科间的关系等。

第一节　历史上病虫害发生为害的案例

农业生产为人类的基本生存提供了保障，而病虫害测报则是农业生产过程中一个非常重要的环节。自古以来，人类一直在同为害人类衣食住行的病虫害进行着不懈地斗争。随着科学技术的进步和社会生产力的发展，防治病虫害的技术和手段不断得到改进，而病虫害的发生为害规律也在不停地发生着变化。这场协同进化的斗争经历了漫长的时期，今后还要继续下去，没有止境。世界上众多的科学家都在探索，如何做到既能长期、经济、有效地控制有害生物的为害，又能避免防治带来的不良副作用。有害生物综合治理（integrated pest management，IPM）策略就是在这种情况下出现的。实践证明，有效的植物保护策略不仅符合我国和世界农业生产不断发展要求的长期策略，也是世界范围内实现可持续农业发展不可缺少的重要环节。

人类开始从事农业生产活动以来，就始终面临病、虫、草、鼠害问题，与有害生物的斗争过程时刻伴随着人类的农业生产活动。历史上有许多关于植物病虫害暴发流行危及人类生活的记载（表 1-1）。例如，1845～1846 年，马铃薯晚疫病在爱尔兰大流行，导致了举世震惊的爱尔兰饥荒，饿死了约100万人，约200万人被迫移民海外；19世纪，葡萄根瘤蚜在法国暴发成灾，导致当时法国葡萄酒产业几乎倒闭；1870～1880年，咖啡锈病摧毁了斯里兰卡的全部咖啡产业，迫使英国人放弃喝咖啡的习惯，改饮茶水；1888年以前，柑橘吹绵蚧在美国加州柑橘园为害严重，导致其柑橘产业几乎毁于一旦；1942年，水稻胡麻斑病在孟加拉大流行，饿死了近200万人；1970年，玉米小斑病在美国大流行，损失玉米165亿kg；非洲历年遭受沙漠蝗灾而“赤壁千里，饥民载道”；我国自公元前707年到1935年共记载蝗灾796次，平均3年成灾1次，人们将蝗灾、旱灾和黄河水患并列为那个时期制约中华民族发展的三大自然灾害。

表1-1 植物病虫害暴发流行的主要事例

年份	暴发流行及后果	文献出处
	病害部分	
857	麦角病在莱茵河流域流行，死亡几千人	Carefoot and Sprott，1967
1845～1846	马铃薯晚疫病在爱尔兰大流行，饿死约100万人，逃亡约200万人	Smith，1962; Brourke，1964; Carefoot and Sprott，1967
1845～1860	葡萄白粉病在英国和法国流行，引起财政损失并导致一种蚜虫从北美引入	Large，1940; Carefoot and Sprott，1967
1882～1885	葡萄霜霉病在法国流行，导致财政损失和波尔多液的发明	Large，1940; Carefoot and Sprott，1967
1870～1880	咖啡锈病在斯里兰卡流行，导致种植业财政破产和英国人改饮茶水	Large，1940; Carefoot and Sprott，1967
1904	栗树疫病在美国流行，毁坏了美国东部森林主要树种——美国栗树，引起财政损失	Hepting，1974
1913	香蕉叶斑病在斐济辛阿托卡河流域流行，导致财政损失	Carefoot and Sprott，1967
1915～1923	香蕉巴拿马病在哥斯达黎加、巴拿马、哥伦比亚和危地马拉流行，造成财政损失	Carefoot and Sprott，1967
1916～1917	马铃薯晚疫病在德国流行，造成种薯匮乏，大量引种导致品种混乱程度居世界之最	Carefoot and Sprott，1967
1930	荷兰榆树病在美国流行，导致遮阴树种——美国榆树大面积死亡，迫使房地产产值下降	Carefoot and Sprott，1967
1942～1943	水稻胡麻斑病在孟加拉流行，引起孟加拉饥荒，饿死近200万人	Padmanabhan，1973
1970	玉米小斑病在美国流行，导致玉米减产15%，损失约165亿kg	Horsfall，1971
1979～1980	烟草青霉病在美国东部和加拿大流行，引起财政损失	Lucas，1980
20世纪40年代	烟草黑胫病在河南流行，迫使放弃老烟区	曾士迈，1954
20世纪50年代	红麻炭疽病在华北流行，迫使停种红麻	曾士迈，1956
1950	小麦条锈病在全国大流行，减产小麦60亿kg，等于当年夏粮征购的总和，约相当于3 000万人一年的口粮	李振岐和曾士迈，2002
1964	小麦条锈病在全国大流行，减产小麦30亿kg	李振岐和曾士迈，2002
1970	小麦黄矮病在北方麦区大流行，仅陕西就发生了667万hm^2，减产2.5亿kg；甘肃庆阳、平凉和天水发生13.3万hm^2，减产1.5亿kg	周广和等，1987
1973	小麦赤霉病在长江中下游发生200万hm^2，损失小麦12亿kg，另有部分小麦不能食用	肖悦岩等，1998
1974	玉米大斑病在东北三省发生200万hm^2，减产20%	孙滨，2014
1985	小麦赤霉病在北方麦区大流行，仅河南就减产8.5亿kg，另有部分小麦不能食用	肖悦岩等，1998

续表

年份	暴发流行及后果	文献出处
	病害部分	
1990	小麦条锈病在全国大流行，发生 657 万 hm^2，防治后仍损失 12.38 亿 kg	中国农业年鉴，1991
1990	小麦白粉病在全国大流行，发生 1 206.7 万 hm^2，损失 14.38 亿 kg	中国农业年鉴，1991
1990	水稻稻瘟病在全国大流行，发生 392.3 万 hm^2，损失 10.37 亿 kg	中国农业年鉴，1991
1990	水稻纹枯病在全国大流行，发生 1 606.7 万 hm^2，损失 10.41 亿 kg	中国农业年鉴，1991
2012	小麦赤霉病在全国大流行，发生 933.3 万 hm^2	曾娟和姜玉英，2013
2017	小麦条锈病在全国大流行，发生 555.66 万 hm^2，防治后仍损失 25 亿 kg	黄冲等，2018
	害虫部分	
1942	河南遭受特大蝗灾，92 个县受灾，发生 385 万 hm^2；蝗飞蔽天，辽阔中原，饿殍遍野；8 月，开封蝗遍天，减产八成；秋，郑县大蝗，从东向西漫布全县，禾稼食尽，赤地千里	吴福桢，1950；河南省植保植检站，1993；吕国强和刘金良，2014
20 世纪 80 年代以来	东亚飞蝗在黄淮海地区和海南岛西南部频繁发生，每年发生 100 万～150 万 hm^2，农业生产受到严重威胁	张泽华等，2015
20 世纪 80 年代末以来	褐飞虱每年发生 1 300 万～2 600 万 km^2，约占水稻种植面积的 50%，年均损失稻谷 10 亿～15 亿 kg。其中，2005 年在南方各省份暴发，直接损失稻谷 26 亿 kg	傅强和何佳春，2015
1992	棉铃虫在山东、河北、河南、山西、陕西等省特大暴发，在各种作物上累计发生 2 226.7 万 hm^2，棉花受害 433.3 万 hm^2，平均减产 30%，经济损失达 100 多亿元人民币	郭予元等，1998；王厚振等，1999；梁革梅等，2015
1999	麦蚜在我国发生 1 838 万 hm^2，损失小麦 82.7 万 t	陈巨莲，2015
2000 年以来	稻纵卷叶螟在我国发生日趋严重，年造成粮食损失 76 万 t。其中，2003 年全国性特大暴发，而后连年猖獗为害，2007 年再次出现全国性大暴发。2003～2010 年的 8 年间有 6 年发生超过 2 000 万 hm^2	吕仲贤，2017；郭荣等，2013
2008	检疫性害虫苹果蠹蛾在新疆、甘肃、黑龙江、内蒙古、宁夏等 5 个省（自治区）发生；全国发生 32.96 万 hm^2，每年造成经济损失 9.61 亿元	中华人民共和国农业部，2008
2008	草地螟二代幼虫在我国东北、华北部分地区暴发，为害农作物面积达 1 106.7 万 hm^2，其中在黑龙江桦南县最高密度超过 10 000 头/m^2	于迎春，2015
2009	检疫性害虫马铃薯甲虫分布扩展至天山以北准噶尔盆地 8 个地州、35 个县市近 30 万 km^2 的区域。一般造成 30%～50%产量损失，严重者减产可达 90%，甚至造成绝收	郭文超等，2010；2013
2012	东方黏虫在东北三省（吉林、黑龙江和辽宁）暴发，农作物受灾面积达 73.25 万 hm^2，其中绝收面积 4.23 万 hm^2。总共损失近 20 亿元人民币	中华人民共和国民政部，2012
2019	草地贪夜蛾入侵中国，在云南、广西、广东等 17 个省（自治区、直辖市）、785 个县（市、区）发生，玉米发生面积 262.4 万亩[①]，甘蔗发生面积约 6 万亩，高粱发生面积 500 亩	刘杰等，2019

随着人类农业生产活动的发展，农作物种植日益规模化，农产品交流贸易也日渐频繁，导致有害生物暴发成灾问题突出，经济损失严重。据联合国粮食及农业组织（Food and Agriculture Organization of the United Nations，FAO）估计，全世界每年因病虫草害造成的粮食损失占总产量

① 1 亩≈666.7m^2。

的30%左右，其中因虫害常年损失18%，因病害损失16%，因草害损失11%；农作物每年因病虫草害造成的经济损失为700亿～900亿美元，其中虫害占40%、病害占33%、杂草占27%。我国地域辽阔，气候复杂，病、虫、草、鼠种类繁多，危害极大。据统计，我国为害农作物的有害生物种类多达3238种，包括病原体（病原物）599种、害虫1929种、杂草644种、害鼠66种。每种农作物从播种、出苗、开花、结果直至收获、贮藏、运输，都有可能遭受病、虫、草、鼠危害，使其产量和质量受到损失。我国农作物每年因病虫害造成的粮食损失为5%～10%，棉花损失约20%，蔬菜、水果损失为20%～30%，平均每年损失粮食约5000万t、棉花100多万t。草原和森林每年发生病虫鼠害面积分别为2000万hm^2和800万hm^2。2014年，我国草原鼠害危害面积约3481万hm^2，部分地区草地因害鼠破坏而出现不同程度的退化和沙化，导致牧草产量下降，畜牧业生产损失严重，造成部分地区牧民失去生存环境，形成"生态移民"。从总体来看，世界发达国家农产品的损失至今仍占总产量的25%左右。有害生物除造成农作物的直接损失外，还会降低农作物品质，引起人畜食用农作物后中毒。例如，甜菜受害，含糖量降低；感染小麦赤霉病的麦粒加工成面粉，人食用后会导致恶心、呕吐、惊厥甚至死亡；甘薯黑斑病病薯被牲畜食用后能诱发气喘病，严重时也会引起牲畜死亡；棉花受害，纤维变劣；粮食和油料种子在贮藏期如感染黄曲霉，被食用后有致癌作用等。

近年来，随着经济全球化、国际旅游业与现代交通的快速发展，入侵生物在各国之间不断传入扩散，给世界各国造成了严重的经济损失和生态灾难，也对人民健康和社会稳定带来巨大影响。外来入侵物种是指生物由原来的生存地，经过自然的或者人为的途径侵入到另一个新环境，并对入侵地的生物多样性、农林牧渔业生产、人类健康造成损失或者生态灾难的物种。我国是世界上遭受生物入侵最严重的国家之一，目前我国外来入侵物种已达630余种，每年造成的直接经济损失超过2000亿元。常见重要的种类有微甘菊、水葫芦、一枝黄花、飞机草、大米草、紫茎泽兰、松材线虫、湿地松粉蚧、美国白蛾、稻水象甲、美洲斑潜蝇、马铃薯甲虫、红火蚁、甘薯长喙壳菌等。外来有害生物侵入适宜区域后，其种群会迅速繁殖，并逐渐发展成为当地新的"优势种"，严重破坏当地的生态安全。由于各地在防治这些入侵物种时缺乏必要的技术指导和统一协调，虽然投入了大量的人力和资金，但有的防治效果并不理想。已传入的入侵物种继续扩散危害，新的危险性入侵物种不断出现并构成潜在威胁。

通过预测预报可以掌握防治病虫害的有利时机。防治适期是指病虫害在整个生育期或侵染过程中最薄弱、对农药最敏感的防治时期，此时施药防治可收到事半功倍的效果。例如，水稻二化螟在孵化后10d内集中为害叶鞘，幼虫长到2～3龄就分散蛀食，且处于幼龄期（3龄前）时对农药较敏感。因此，结合二化螟的发育进度和气象因素，推算出幼虫盛发期的具体时间，进行统一防治，不仅能有效防治二化螟，而且可以降低成本。棉铃虫的施药关键期是从卵盛期到卵孵化盛期，根据棉铃虫蛾卵调查结果，结合气候特点，及时预测预报施药关键期的具体时间，可以有效地指导防治工作。小麦赤霉病是典型的气候型重大流行性病害，扬花期遇连阴雨天气，病害则快速流行，高温高湿天气导致发生加重；小麦齐穗至扬花初期喷施药剂是预防控制赤霉病的最佳时期，一旦错过就会导致防治效果大幅下降、造成产量损失和毒素污染。

总之，植物病虫害测报学是在掌握病虫害发生发展规律的基础上，结合气象因素、寄主抗性及种植面积等，进行预测预报，科学指导病虫害防控，实现农业生产的可持续发展。进入21世纪以来，由于全球气候、耕作制度和栽培品种的变化等原因，农作物病虫害呈多发、重发和频发态势，跨国境、跨区域的迁飞性和重大流行性病虫害暴发频率增加，一些地域性和偶发性病虫害发生范围扩大、发生频率增加且危害程度加重。例如，棉铃实夜蛾、小麦条锈病、小麦赤霉病、稻瘟病、稻飞虱、作物黄萎病等频繁大发生；小麦吸浆虫、麦蚜、水稻纹枯病、稻螟、玉米大 / 小斑病、大豆孢囊线虫病以及农田鼠害等都有明显加重的趋势；暴发性害虫草地螟、黏虫和蝗虫等在一些地区再度猖獗发生。2016 年，全国农作物病虫草鼠害发生面积 4.47 亿 hm^2，防治面积 5.41 亿 hm^2，挽回粮食损失 9170 万 t（《中国农业年鉴 2017》）。显然，植物保护对挽回农作物产量损失，改进品质，减少环境污染和农产品中的有害物质残留，提高经济、社会和生态效益，实现农业可持续发展等都有不可替代的作用。植物病虫害预测测报工作是植保工作的重要组成部分，是实现作物病害科学精准防控，减少农药使用量的重要技术保障之一。因此，为了确保农业生产的高产、优质、高效，促进农业生产的可持续发展，对农业有害生物及时发现和有效控制，把握好农业生产中有害生物防治的关键环节，促进国民经济健康发展，就成了植物病虫害测报工作及其从业者的主要任务和目的。

第二节　植物病虫害测报的概念与发展历史

一、植物病虫害测报的概念

“凡事预则立，不预则废。”这里，“预”指预测；“立”指成功。它是人类古已有之的一种活动，只不过在古代科学技术尚不发达时常被披上神秘的袈裟甚至带有迷信色彩。

自古以来，中国就有《易经》《八卦》，西方有《诺查旦马斯大预言》等，人们早就开始了预测活动。在科学技术远未发达的时期，尽管人类十分重视预测，但是由于对客观世界只是一知半解，只能凭借个人的历史经验和直觉进行简单的逻辑推断。那时候的预测往往被少数预言家、占卜者、星相学家垄断并披上神秘的袈裟。直到 19 世纪 40 年代，随着社会对预测的需求不断增加，科学知识的不断积累，如日心学说打破了宗教迷信思想的束缚，预测才开始采取科学和理性的逻辑推理展望未来，形成了一门真正的学科。1943 年，德国政治学教授弗勒希特海姆创建了“未来学”（the future study），它包括未来预测和未来研究两方面，将人类社会今天来自各方面的变化加以认真的分析、研究和综合，预测未来发展趋势，描绘人类社会明天的轮廓。这一时期，预测学仍处在萌芽时期，不可避免地带有经院哲学的味道。20 世纪 60 年代，预测学从纯理论转向实际应用，研究领域从社会科学转向自然科学和工程技术，从而取得了长足的发展。进入 70 年代，多学科理论和技术得到了飞速的发展，一方面提供了日益成熟的预测方法，大大提高了预测的可靠性，从而带来可观的社会、经济效益；另一方面现代化社会生产也带来一些令人担忧的全球性问题，如人口问题、粮食问题、能源问题、环境污染问题、生态问题、不可再生资源利用问题等。预测学和未来学更加受到人们的重视。世界各国政府、各种企事业单位纷纷投入大量的人力、物力和财力进行范围广泛的预测研究。预测也成为每一个现代人不能回避的课题。预测学与未来学在很大程度上是相通的，与情报学、管理科学有着十分密切的联系。预测在当代社会、经济、科学技术领域的许多重大活动中发挥着越来越重要的作用。

植物病虫害测报是在认识病虫害发生和发展规律的基础上，利用已知规律展望未来的思维活动。其具体是指植物保护工作人员根据病虫害发生规律及相关的环境因素（作物的物候期和气象因素等），对病虫害的发生期、发生量、发生范围、危害程度等做出估计，以便于预测病虫害未来的发生动态和发展趋势，并提前向有关领导、植物保护部门、一线植保工作人员以及种植业者提供情况报告。在植物病虫害发生为害以前，人们根据研究和实践所掌握的病虫害发生消长规律，对影响病虫害发生的各种因素进行调查监测，取得数据，结合历年观察资料和气象预报，应用多种预测方法进行分析、综合，估计病虫害未来的发生期、发生量、危害程度以及扩散分布与流行趋势，这叫作预测；由县级以上植保机构把预测的结果通过广播电视、报刊等媒体途径予以发布，这叫作预报。通常把预测预报简称“测报”。预测的本质是对某一尚不确知的病虫害事件发生的概率做出相对准确的推测。病虫害预测是实现科学管理的先决条件，在现代有害生物综合治理中具有重要地位。

植物病虫害测报学的研究对象是对植物造成危害损失的各类害虫和病原菌群体，是在研究病虫害发生规律和动态的基础上，提出病虫害监测与预测技术方法，提高预测预报的时效性、准确性，为制订植保长远规划、病虫治理对策及近期田间防治提供科学依据，从而达到预防灾害，将病虫害的危害控制在经济损害水平（economic injury level，EIL）之下的目的，确保病虫害防治经济、安全、有效，以获得最佳效益。

二、我国病虫害测报工作概况

病虫害测报是植物保护的基础性工作，测报体系建设历来受到各级政府的高度重视。我国的病虫害预报工作始于20世纪50年代。1952年，我国召开全国螟虫座谈会，制订了第一个螟虫测报方法；1955年，农业部颁布了“农作物病虫预测预报方案”，测报对象包括两种病害，即马铃薯晚疫病和稻瘟病；1956年，我国建立了专业性测报站138个，群众性测报点1890个。1973年，农林部专门召开病虫座谈会，修订了测报方法。1978年，农林部在全国组建了1个比较完整的病虫测报体系，设有全国性的农作物病虫测报总站，省（市、区）、地区和县级病虫测报站。1979年，农业部农作物病虫测报总站组织修订了稻、麦、旱粮、棉花、油料作物上的34种病虫害测报方法，从1987年开始组织制定病虫害测报规范。我国在病虫害信息传递技术上也推广了模式电报，90年代中期又开展了全国病虫测报系统计算机联网工作。1995年12月，国家技术监督局以国家标准发表农业部农作物病虫害测报站主持制定的东亚飞蝗、稻飞虱、稻瘟病、小麦条锈病等15种主要病虫害测报调查规范，标志着我国农作物病虫害测报标准化的开始。2000年，全国共建立了专业性测报机构2000余个，从事测报工作的专业技术人员8300余人。2009年以来，国家对农业研究投入大幅增加，植保工程大规模铺开，国家级和省级病害测报区域站得到了前所未有的大发展，在原“全国病虫测报信息计算机网络传输与管理系统”和“中国农作物有害生物监控信息系统”的基础上，建成了“国家农作物重大病虫害数字化监测预警系统”，年均增加20万条250万项数据，实现了对水稻、小麦、玉米、马铃薯、棉花、油菜等农作物重大病虫害数字化监测预警提供基础数据支撑作用。2011年，全国农业技术推广服务中心组织汇编了我国36个主要农作物病虫害测报技术规范。2013年，我国以《农业部关于加快推进现代植物保护体系建设的意见》文件发布为起点，利用互联网+、物联网等现代信息技术，在自动化、智能化新型测报工具研发、应用及重大病虫害实时监测预警系统建设方面取得了比较明显的进步。比较成功的范例有：①以浙江大学杜永均研究团队、宁波纽康生物技术公司为代表，在害虫性诱剂提纯与合成、飞行行为与诱捕器研制、监测数据传输系统构建等方面开展了系统研究，不仅开发了覆盖螟蛾科、夜蛾科、灯蛾科、毒蛾科等种类的重大害虫的测报专用性诱剂诱芯和诱捕器，还开发了实时自动计数、数据直报的害虫性诱信息管理系统。②北京汇思君达科技有限公司等单位利用比利时艾诺省农业应用研究中心研制的马铃薯晚疫病预警模型（CARAH），通过安装在田间的小气候仪实时采集温度、湿度、降水量、光照强度等气象因子，自动上传到气象因子数据库，并利用所采集的气候因子和预测模型进行拟合，开发了马铃薯晚疫病实时预警系统，实现了对马铃薯晚疫病田间发病情况的实时监测和自动预警，通过10年的实践、验证和改进，逐步建立了适用于各生态区的模型参数，在全国马铃薯主产区病害测报中得到了较大范围的推广应用。③西北农林科技大学胡小平研究团队经过30多年的系统研究，对陕西关中地区小麦赤霉病的发病机理和流行规律取得了突破性的研究进展，构建了小麦赤霉病实时监测预测模型，不仅可以实时监测赤霉病的发病情况，而且可以以提前7d预测病害发生趋势为基础，对病害发生进行滚动预测，不断校正预测结果。2015年，陕西省植保总站开始组织小麦赤霉病监测预警试验，并取得良好的应用成效；2016年起，全国农业技术推广服务中心组织在陕西、江苏、河南和四川等省20多个县（市、区）开展大范围试验、示范和推广工作，并构建了小麦赤霉病远程实时预警系统，实现了对全国小麦赤霉病的联网实时智能化、自动化监测和预警，迄今为止已在16个省（自治区）的300多个县（市）推广应用，也出口到了哈萨克斯坦。④此外，北京金禾天成科技有限公司、北京天创大地科技有限公司、内蒙古通辽市绿云信息有限公司等基于国家和各地测报数据报送的需要，利用GPS、智能手机等移动端，开发了病虫测报田间数据移动采集设备。

2020年3月26日，中华人民共和国总理李克强正式签署国务院令，颁布《农作物病虫害防治条例》，开启了我国植物保护工作的新纪元，其中第二章就病虫害监测与预报做出了6条明确规定，首次以立法的方式确立了作物病虫害行政监测预警、防治体系与防治程序，为新时期农作物病虫害的规范化防治提供了法律依据。据2020年统计，全国共有省级测报站30处，地市级测报站180处，县级测报站1800处，专业测报人员8200多人。

迄今为止，我国在小麦条锈病、小麦赤霉病、小麦白粉病、稻瘟病、马铃薯晚疫病、玉米大斑病等主要作物病害（表1-2），以及小麦蚜虫、稻飞虱等主要作物害虫（表1-3）预测模型的研建上做了大量的工作，已涌现出了一些能真正指导生产的病虫害测报技术体系。

表1-2 主要作物重要病害预测模型／系统

病害类型	预测模型/系统	预测效果	参考文献
小麦条锈病	小麦条锈病春季流行模拟模型TXLX	基本吻合	曾士迈等，1981
	小麦条锈病事件动态模型SIMYR	基本吻合	肖悦岩等，1983
	小麦条锈病流行模拟模型YRESM	基本吻合	骆勇和曾士迈，1990
	小麦条锈病动态预测模型	90%	杨之为等，1991
	汉中地区小麦条锈病的BP神经网络预测系统	高度吻合	胡小平等，2000
	基于判别分析的小麦条锈病预测	四川马尔康和甘肃天水的回代率分别为100%和81.82%；交叉验证准确率分别为87.88%和78.79%	陈刚等，2006
	基于灰色神经网络的小麦条锈病预测系统	高度吻合	闫艳，2009
	堪萨斯州小麦条锈病预测预报模型	79%	Eddy，2009
	美国西北地区条锈病产量损失预测模型	92%	Sharma-Poudyal and Chen，2011
	西北地区小麦条锈病远程预警系统	长、中、短期预测的准确率分别为85.7%、92.6%和92.6%	王鹏伟，2014
	基于阈值的冬小麦条锈病预报天气模型	90%以上	Jarroudi et al.，2016
	埃塞俄比亚小麦条锈病预警系统	基本吻合	Allen-Sader et al.，2019
小麦赤霉病	Y=1.630+1.212X_1+0.117X_2−0.614X_3 Y为病穗率，X_1、X_2、X_3分别为抽穗后10天内的降雨量、平均气温和雨日数	准确率高	高崎等，1983
	Y=−93.557 5+3.540 5X_1+7.151 2X_2+6.665 2X_4 Y为病穗率，X_1、X_2和X_4分别为4月上旬平均气温、大于1mm的雨日数、大于始病气温的雨日数	100%	陈宣民等，1984

续表

病害类型	预测模型/系统	预测效果	参考文献
	11 个预测模型分别用于中长期或短期病情预测。其中，6 个方程采用气象因子的实测值，5 个方程采用其预测值		井金学等，1988
	DF=100（0.025 812+0.216 346GP）（−0.008 198+0.047 46D）（0.166 156+0.046 870RE）（t+5.066 667−0.5RE）$^{1.512\,642-0.082\,118\text{RE}}$$e^{-(0.176\,598+0.002\,426\text{RE})(t+5.066\,667-0.5\text{RE})}$ DF 为病穗率，t 为抽穗后侵入的天数，D 为侵入期间高湿时间（d），RE 为品种开花期值，GP 为地面以上 10cm 处的孢子密度（个/cm^2）		张文军，1993
	$Y=-42.280\,00-2.409\,6X_1+0.025\,8X_2+3.124\,0X_3+6.949\,0X_4$ Y 为病穗率，X_1 为 4 月上旬相对湿度低于 75%的天数，X_2 为 4 月下旬至 5 月上旬降雨量，X_3 为 4 月下旬至 5 月上旬相对湿度大于等于 90%的天数，X_4 为 4 月每天最低温度的平均值	85.70%	韩长安等，1994
	$Y_3=2\,099.21-54.62X_1+0.355X_1^2+0.006X_3X_4-0.000\,3X_4^2$ Y_3 为病穗率，X_1、X_3 和 X_4 分别为 6 月至 7 月的平均相对湿度、雨日数和日照时数	91.30%	左豫虎等，1995
	$Y_4=1\,989.51-52.36X_1+0.344X_1^2+0.004X_3X_4$ Y_4 为病穗率，X_1、X_3 和 X_4 分别为 6 月至 7 月的平均相对湿度、雨日数和日照时数	82.60%	左豫虎等，1995
小麦赤霉病	$Y_A=-33\,756+6.812\,8\text{TRH}_{9010}$，$Y_B=-3.725\,1+10.509\,7\text{INT}_3$ Y_A 为病害严重度，TRH_{9010} 为开花后 10 天气温大于等于 15℃且小于等于 30℃、相对湿度大于 90%的时间（h），INT_3 为 $T_{15307}\times\text{DPPT}_7$，$T_{15307}$ 为开花期 7 天温度大于等 15℃且小于等于 30℃的时间(h)，DPPT_7 为花前 7 天降雨时间（h）	84%	De Wolf et al.，2003
	$Y=1.115+2.506\,X$ Y 为穗表赤霉菌孢子数，X 为产壳秸秆密度（个/m^2）	92%	张平平，2015
	小麦赤霉病监测预警系统 初始菌源量（产壳秸秆密度）、4 月下旬的降雨量、4 月下旬到 5 月的相对湿度	94.4%	崔章静，2016
	$Y=32.223\,5-0.618\,6X_1+0.672\,2X_2-0.146\,3X_3-0.452\,1X_4-0.278\,3X_5-0.027\,1X_6+0.032\,6\,X_7-0.025\,9X_8+0.000X_9-0.014\,3X_{10}$ Y 为病穗率，X_1 为 4 月上旬平均气温，X_2 为 4 月中旬平均气温，X_3 为 4 月下旬平均气温，X_4 为 5 月上旬平均气温，X_5 为 5 月中旬平均气温，X_6 为 4 月上旬平均降水量，X_7 为 4 月中旬平均降水量，X_8 为 4 月下旬平均降水量，X_9 为 5 月上旬平均降水量，X_{10} 为 5 月中旬平均降水量	93.06%～99.76%	赵超越等，2017
	$Y=7.648\,0-0.051\,2X_1+0.127\,7X_2$ Y 为病穗率，X_1 为稻桩子囊壳丛带菌率，X_2 为上一年 10 月 20 日至 12 月 10 日总雨量	基本相符	陈将赞等，2019

续表

病害类型	预测模型/系统	预测效果	参考文献
小麦白粉病	$Y=0.2645X_1+0.2329X_2-21.2832$ $R^2=0.6879$，$P=0.01$ Y为发生程度，X_1为2月平均气温，X_2为1月相对湿度（四川南充） $Y=0.5508X_1-0.1660X_2+11.3562$ $R^2=0.7215$，$P=0.004$ Y为发生程度，X_1为1月气温，X_2为2月相对湿度（四川巴中）		沈丽等，2000
	$Y=4.0979+0.1235X_1+0.0641X_2-0.0154X_3$ $R^2=0.9352$，$P<0.001$ Y为发生程度，X_1为3月下旬平均病茎率，X_2为4月上旬至5月上旬降雨系数，X_3为4月上旬至5月上旬日照时数（河南南阳）		李金锁，2000
	$Y=6.5X_1+0.152X_2-1.044$ $R^2=0.5868$，$P<0.01$ Y为当年小麦白粉病发生等级，X_1为3月相对湿度，X_2为上一年3月下旬温雨系数（河南安阳）		李彤霄，2015
	$Y=3.4017+0.0320X_1+0.8179X_2+1.2871X_3$ $-1.1438X_4+0.6091X_5+0.0727X_6$ $R^2=0.8150$，$P=0.01$ Y为发生程度，X_1为上一年12月份降水，X_2为上一年12月均温，X_3为1月均温，X_4为2月均温，X_5为2月雨露日，X_6为3月中上旬降水（山东章丘）		杨万海等，2000
	$Y=0.5540X_1+0.2086X_2-0.0794$ $R^2=0.6006$，$P=0.001$ Y为发生程度，X_1为2月下旬平均降水量，X_2为3月下旬平均温度（江苏高邮）		聂晓等，2020
	$Y=0.4445X_1+0.2740X_2+0.4261X_3+1.1342$ $R^2=0.6744$，$P=0.003$ Y为发生程度，X_1为11月下旬平均降水量，X_2为12月上旬平均温度，X_3为3月下旬平均降水量（江苏睢宁）		聂晓等，2020
	$Y=0.6845+1.5050X_1+1.4612X_2+2.0547X_3$ $R^2=0.9329$，$P<0.001$ Y为发生程度，X_1为1月下旬平均降水量，X_2为2月上旬均温，X_3为3月下旬平均相对湿度（归一化处理）（四川南充）		聂晓等，2020
	$Y=0.0816X_3-1.9801$ $R^2=0.7203$，$P=0.002$ Y为发生程度，X_3为3月中旬平均相对湿度（河南安阳）		聂晓等，2020
	$Y=0.8853X_1+2.3139X_2+1.5285X_3-0.0482$ $R^2=0.8559$，$P<0.001$ Y为发生程度，X_1为12月上旬平均温度，X_2为3月上旬平均相对湿度，X_3为3月下旬平均降水量（山东章丘）		聂晓等，2020
稻瘟病	$Y=4.0909X+0.7577$ $R^2=0.9805$ Y为稻瘟病穗瘟流行程度，X为破口期叶瘟发病率	基本相符	张金成和张修焕，2018
	$Y=-85.171163+0.41315X_1+1.23231X_2$ $-0.1817X_4-0.0941 8X_5+0.167333X_6+0.178722X_7$ $+0.03334X_8+0.04305X_9$ $P=0.0398$ X_1～X_3分别为6～8月的平均气温，X_4～X_6分别为6～8月的降雨量，X_7～X_9分别为6～8月的日照时数	基本相符	顾鑫等，2017

续表

病害类型	预测模型/系统	预测效果	参考文献
稻瘟病	基于 BP 神经网络的稻瘟病预测	基本相符	刘庭洋等，2017
	基于 PCA 与 SVM 的早稻稻瘟病预测	>83%	章登良，2014
	3 种时间序列模型预测稻瘟病	>96%	康晓慧等，2011
	基于 BP 神经网络的稻瘟病预测	>83.35%	李晓菲等，2013
玉米大斑病	$Y=39.8305+3.4339X_1-4.356X_2-5.4846X_3-1.9565X_1^2-1.9741X_2^2-0.9574X_3^2+0.0938X_1X_2-0.5313X_1X_3+2.4063X_2X_3$ Y 是玉米大斑病 9 月 15 日病情指数，X_1 为种植密度主效应，X_2 为氮肥追施量主效应，X_3 为播种节令主效应，X_1^2 为种植密度二次效应，X_2^2 为氮肥追施量二次效应，X_3^2 为播种节令二次效应		田家伦和殷世才，1998
	$X_t=1/[0.014+1413.5279\exp(-0.1083t)]$ X_t 为 t 时刻的病情指数	基本相符	李海春等，2005
	$Y=1/\{4.4115\times10^{-4}+[0.0614\exp(0.1253t-0.2159X_1-0.0052X_2-0.0079X_3)]\}$ Y 为玉米大斑病病斑面积，t 为自 5 月 1 日起的时间，X_1 为旬平均温度，X_2 为旬平均湿度，X_3 为旬菌源量		予舒怡，2011
马铃薯晚疫病	比利时艾诺省农业应用研究中心（Centre for Applied Research in Agriculture Hainaut，CARAH）研发的马铃薯晚疫病预警模型——CARAH 模型	基本相符	Ducattillon et al.，1986
	中国马铃薯晚疫病监测预警系统 China-blight（www.china-blight.net）：由河北农业大学组建并与全国主要马铃薯种植省（自治区、直辖市）的科研、推广和生产人员共同维护运行。在地图上以红色和黄色分别表示“未来 48h 内天气条件非常适合晚疫病菌侵染的区域即非常危险”和“未来 48h 内天气条件接近适合晚疫病菌侵染的区域即比较危险”，其他区域则不危险	基本相符	胡同乐等，2010
	Cook 规则：根据晚疫病发生年份和未发生年份的累积降雨量，采用最小二乘回归法或目测法划定中值线（median line）即决定性降雨量线（critical rainfall line）；累积降雨量超过决定性降雨量线并且 7d 平均温度低于 75°F（约 23.9℃），被认为是有利于晚疫病发生的条件		Cook，1949
	Wallin 规则：按照 RH≥90%的持续小时数与此时期的平均温度组合，人为给定一系列的严重度值，当严重度值累计超 18～20 后，7～14d 内开始发病		Wallin，1951
	Hyre 规则：以每日雨量和最高、最低温度为依据，5d 平均温度<25.5℃，最近 10d 内雨量总和≥30mm，可作为“有利晚疫日”的标准，最低温度低于 7.2℃则不能作为“有利晚疫日”，“有利晚疫日”连续出现 10d，则 7～14d 后开始发病		Hyre，1954

续表

病害类型	预测模型/系统	预测效果	参考文献
马铃薯晚疫病	英国马铃薯协会的 Fight Against Blight 系统（www.blightwatch.co.uk）：由 300 多名“观察员”（科研人员、农业咨询顾问或农场主）组成“晚疫病疫情监测报告人员网络”，在生长季对所在地田间晚疫病的发生情况进行观察，一旦发现晚疫病即向系统报告，经有关部门或实验室确认后在英国地图上标记，以便为该疫情发生点周围的马铃薯种植者提供晚疫病预警信息		
	瑞士联邦农业研究所的 Phyto PRE+2000 系统：在 24h 之内出现 6h 以上降雨（降雨量>0.1mm），并且 RH≥90%至少连续 6h，而且日平均温度≥10℃，表明“高度危险”，即病害大概率发生		
	Pl@nte Info 系统：由丹麦奥胡斯大学、丹麦农业咨询委员会和丹麦气象局共同组建并负责运行，红色区域（10h 以上 RH≥88%，并且温度≥10℃）表示“High risk（高度危险）”，黄色区域（10h 以上 RH≥86%，并且温度≥10℃）表示“Possible risk（可能危险）”，绿色区域表示“Low risk（不危险）”		

表 1-3　主要作物害虫预测模型/系统

害虫类型	预测模型/系统	预测效果	参考文献
小麦穗蚜	华北和黄淮地区小麦蚜虫气象适宜度模型/统计预测法	基本一致	王纯枝等，2020
	麦蚜数量广义动态模型/突变理论	2002 年正确	Li et al.，2020
	小麦蚜虫预测预警模型/深度信念网络	82.14%	王秀美等，2018
	麦蚜发生期预测模型/小波和 BP 神经网络	小波神经网络 89%，BP 神经网络 81.07%	Jin and Li，2016
	麦蚜发生程度预测模型/小波神经网络	89.83%	靳然和李生才，2015
	北京郊区冬小麦灌浆期蚜虫遥感预测模型/相关向量机	87.5%	唐翠翠等，2015
	许昌市小麦蚜虫气象预测模型/逐步回归法	73%～80%	李文峰等，2011
	山西省晋城市小麦病虫害气象预报模型/多元回归法	90%以上	程海霞等，2010
	陇南山区小麦蚜虫发生程度预测模型/多元回归	2008 年和 2009 年正确	肖志强等，2009
	菏泽市麦蚜发生量预测模型/主成分分析	2007 年正确	司奉泰等，2009
	麦长管蚜定性预报模型/云模型	—	苗良等，2002
	麦蚜复合种群发生期预测模型/逐步统计判别模型	1995 年正确	丁世飞等，2000
	麦长管蚜发生期预测模型/模糊综合决策	1995 年正确	王洪誉，1998
	麦蚜复合种群发生期预报/Fuzzy 综合评判	1995 年正确	田昌平等，1996
	四川小麦穗期蚜虫发生程度预测模型/模糊综合决策	1991～1994 年：75%	吴仁源等，1995
	麦蚜发生量预测预报模型/模糊数学综合评判	1991 年正确	孙淑梅和胡箭卫，1994
	麦蚜短期预测模型/多元回归	1990 年正确	武予清等，1994
	河北省穗期麦蚜预测模型/逐步回归	1992 年正确	郭金霞等，1993
	小麦穗期麦长管蚜发生程度的综合预测/模糊综合评判	1990 年正确	刘永存，1993
	麦长管蚜高峰日密度的短期预测模型/多元回归	1884 年正确	Entwistle and Dixon，1986

续表

害虫类型	预测模型/系统	预测效果	参考文献
稻飞虱	基于大气环流的稻纵卷叶螟气象预测模型/多元回归	86.6%～95.4%	王纯枝等，2019
	稻飞虱发生量预警模型/多元回归	2014～2016 年正确	张金学，2017
	广西稻飞虱发生程度的气象预测预警模型/逐步回归	75%	孟翠丽等，2016
	井冈山市龙市区域发生量预测模型/灰色灾变	—	张新华等，2016
	白背飞虱发生程度预测模型/马尔可夫链	2011～2014 年正确	余杰颖等，2016
	稻飞虱中、短期预测模型/回归	85%	陈海新等，1999
	稻飞虱发生面积预报/灰色系统	98.71%	黄柳春等，1997
	稻飞虱中长期数量预测模型/积分自回归	70%	谭宜通，1997

三、国外病虫害测报工作概况

苏联和日本在 20 世纪 40 年代已开始对重要害虫的预测和预测技术的研究；70 年代以后，美国、加拿大、英国和日本等国家开始建立自己的资料数据库，如美国在多个州建立了害虫综合管理电子计算机系统，西欧在英国洛桑试验站建立了一个由 14 个国家参加的蚜虫联合测报计算机系统，并且欧洲已开始应用雷达监测迁飞性昆虫的活动。英国昆虫学家 Rainey R.C.博士 1950 年提出用雷达观测蝗虫迁飞的设想，并与英国海军合作，于 1954 年用舰载雷达在波斯湾首次检测到覆盖 50 平方公里的蝗群。1968 年，英国的 Schaefer G.W.博士建成了世界第一部专用昆虫雷达，在尼日尔观测到了沙漠蝗的起飞。美国的病虫害测报工作主要由美国农业部设在各州各大学的试验站研究人员来完成；1905 年开始，美国陆续制定了《关于植物有害生物紧急转移的许可》等 10 多部植物检疫和保护法律，在 2000 年制定了一部综合性的《植物保护法》取代了以前制定的 10 多部法律。加拿大和澳大利亚的植物保护工作基本与美国的相似，没有专门的植物病虫害测报体系，但政府非常支持测报工作。澳大利亚蝗灾一直比较严重，为此，1974 年澳大利亚成立了治蝗委员会组织跨州的蝗虫监测和防治行动。

日本是开展病虫害测报工作比较早且成效最为突出的国家。1941 年，日本就采用了静止式孢子捕捉器观察稻瘟病菌的数量，1964 年使用效率更高的旋转式孢子捕捉器。1951 年，日本将测报工作列入了国家颁布的植物防疫法中，从而使病虫测报工作走上了正常发展的道路。1971 年，日本开始用抗血清法检测灰飞虱、褐飞虱的带毒率，并于同年将黄板诱蚜、空中网捕、田间设置黏着式捕虫器列入测报观测方法。1971 年，日本开始研究苹果小卷叶蛾、茶小卷叶蛾等害虫性激素化学结构，1979 年已完成了 14 种害虫性激素的化学结构，1983 年已可大批量生产斜纹夜蛾、小菜蛾、葱谷蛾、茶卷叶蛾、茶长卷叶蛾、桃小食心虫、苹果褐带卷叶蛾、苹果透翅蛾、梨黄卷叶蛾、梨小食心虫等 10 种害虫的性诱剂。韩国也很重视病虫害测报工作，早在 1980 年就建立了全国农作物病虫害监测和预报网络体系，1992 年实现了全国病虫害监测计算机联网，2000 年组建了由大学、科研所及计算机专家组成的研发小组，开发农作物病虫的监测预报模型和管理系统。

关于利用设备监测病害的工作可以追溯到 1882 年，Ward 用载玻片模拟咖啡叶片固定在树干上捕捉咖啡锈菌 *Hemileia vastatrix*。1952 年，英国的 Burkard 科学仪器制造公司与几所大学合作，在 Hirst 装置（Bartlett and Bainbridge，1978）的基础上研制出了一款七天孢子容量测定收集器（Burkard 7-day volumetric spore sampler），并不断优化成田间用气旋采样器（cyclone sampler for field operation）；真菌孢子可以被收集到 1.5mL 的小离心管中，然后通过显微观察、免疫学或者分子生物学技术进行鉴定和测量，这被认定为业界标准孢子捕捉器（Burkard，2001）。1957 年，

Perkins 开发出世界首台高速旋转式自动孢子捕捉器 Rotorod Sampler，用于小麦秆锈病菌 *Puccinia graminis* f. sp. *tritici* 夏孢子传播规律的研究（Asai，1960）。

病害的预测工作起步相对较晚，最早可以追溯到 1946 年瑞士著名植物病理学家 Gaumann 在其经典著作《植物侵染性病害》中大篇幅描述病害的流行与测报，之后才逐步发展起来。1979 年，日本在全国范围内建立了区域自动气象观测点 1300 个，约每 17 公里 1 个，记录降雨量、风速、风向、气温、日照等要素，并采用大型计算机自动收集存储在各个点的观察数据，成功地用于水稻叶瘟病的预测。1983 年，英国科学家依据作物病害与其生长环境的温度、湿度、叶片湿润情况、降雨和风速等因子的关系，研制出了世界首台作物病害预报装置，定名为"作物致病外因监视器（crop disease external monitor，CDEM）"，用于马铃薯晚疫病、云纹病、斑枯病、大麦叶锈病、苹果黑星病和蛇麻霜霉病等病害的早期预报（杨世基，1984）。1986 年，比利时艾诺省农业应用研究中心开始马铃薯晚疫病预警研究，并进行了不断的改进和完善，建立了基于自动微型气象站的马铃薯晚疫病远程实时预警系统，在我国各马铃薯主要栽培区进行测试和推广，实现了晚疫病的远程实时监测和预警，很好地指导了晚疫病的防治工作（谢开云等，2001；龙玲等，2013）。1999 年，美国佛罗里达州农业技术推广中心和一些推广专家开始通过接收植物样品的数码图像开展病虫害诊断工作，并着力建立远程诊断与识别系统，2004 年该系统向全州各县全面开放使用。20 世纪 80 年代，日本先后研制了稻瘟病等病害预测模型，很好地指导了农业生产。随着近年来的物联网技术、传感器及电子技术、通信技术的飞速发展，作物病虫害测报事业也迎来了新的发展机遇。特别是我国科学家以小麦赤霉病为研究对象，建立的基于物联网、大数据和传感器的智能化、自动化监测预警系统，开启了植物病虫害智能监测预警的新时代。

四、植物病虫害测报学发展历史中的重要著作

植物病虫害测报学是植物保护一级学科的重要分支，和许多学科一样，经历了从经验到定性描述，再到定量描述和理论等发展阶段。迄今为止，植物病虫害测报学的理论、方法和技术都有了长足的进展。在植物病虫害测报学发展历史中比较重要的人物及学术著作如表 1-4 所列。其中，Gaumann（1946）关于植物病原菌侵染链的描述、Flor（1946）关于基因对基因的假说、Van der plank（1963）开创的植物病害定量研究、Zadoks 和 Schein（1979）的《植物病害流行与管理》教材、张孝羲（1979）撰写的《害虫测报原理和方法》、曾士迈和杨演（1986）撰写的《植物病害流行学》、Madden 等（2007）撰写的《植物病害流行学研究》教材等都具有里程碑式的作用。

表 1-4 植物病虫害测报学发展历史中的重要著作

年份	重要人物	著作名称及出版社
1946	Gaumann E	*Principles of Plant Infection*, Basel: Birkhauser Verlag AG（Translated by Brierly WB，Lockwood and Son，London，1950）
1963	Van der plank J E	*Plant Disease: Epidemics and Control*，New York：Academic Press
1969	Waggoner P E，Horsfall J G	*EPIDEM: A Simulator of Plant Disease Written for Computer*，Connecticut Agricultural Experiment Station Bullitin
1972	Waggoner P E，Horsfall J G，Lukens R J	*EPIMAY: A Simulator of Southern Corn Leaf Blight*，Connecticut Agricultural Experiment Station Bullitin
1974	Kranz J	*Epidemics of Plant Diseases: Mathematical Analysis and Modeling*，New York：Springer-Verlag

续表

年份	重要人物	著作名称及出版社
1976	Calzoupos L，Roelfs A P，Madson M E，Martin F B，Welsh J R，Wilcoxson R D	*A New Model to Measure Yield Losses Caused by Stem Rust in Spring Wheat*，Agricultural Experment Station，University of Minnesota，Techical Bulletin
1978	朱伯承	《用数理统计方法预报病虫害》，江苏人民出版社
1979	Zadoks J C and Schein R D	*Epidemiology and Plant Disease Management*，New York：Oxford University Press
1979	张孝羲	《害虫测报原理和方法》，农业出版社
1981	农业部农作物病虫测报总站	《农作物主要病虫害测报办法》，农业出版社
1985	Gilligan C A	*Advances in Plant Pathology，Vol 3：Mathematical Modelling of Crop Disease*，London，UK：Academic Press
1986	曾士迈，杨演	《植物病害流行学》，农业出版社
1986	夏基康，许志刚	《植物病虫测报》，农业出版社
1987	Davis L M	*Modeling the Long-range Transport of Plant Pathogens in the Atmosphere*，St Paul，MN：APS Press
1987	Teng P S 等	*Crop Loss Assessment and Pest Management*，St Paul，MN，USA：APS Press
1988	Leonard K J and Fry W F	*Plant Disease Epidemiology，Vol. 2：Models and Genetics of Plant Disease Control*，New York：Macmillan Publishers
1988	Kranz J and Rotem J	*Experimental Techniques in Plant Disease Epidemiology*，Berlin：Springer
1990	Kranz J	*Epidemics of Plant Diseases：Mathematical Analysis and Modeling*，Berlin：Springer
1990	蒲蛰龙	《农作物害虫管理数学模型的应用》，广东科学技术出版社
1994	丁岩钦	《昆虫数学生态学》，科学出版社
1995	庞雄飞，梁广文	《害虫种群系统的控制》，广东科学技术出版社
1995	张左生	《粮油作物病虫鼠害预测预报》，上海科学技术出版社
1996	曾士迈	《植保系统工程导论》，中国农业出版社
1997	张孝羲	《昆虫生态及预测预报》，中国农业出版社
1997	Price P W	*Insect Ecology*，John Wiley & Sons，Inc
1998	肖悦岩，季伯衡，杨之为，姜瑞中	《植物病害流行与预测》，中国农业大学出版社
1998	Jones D G	*Plant Disease Epidemiology*，London，UK：Kluwer
2000	Binns M R，Nyrop J P，van der Werf W	*Sampling and Monitoring in Crop Protection：The Theoretical Basis for Developing Practical Decision Guides*，Oxon，UK：CABI Publishers
2005	曾士迈	《宏观植物病理学》，中国农业出版社
2005	张孝羲，张跃进	《农作物有害生物预测学》，中国农业出版社
2006	全国农业技术推广服务中心	《农作物有害生物测报技术手册》，中国农业出版社
2007	Madden L V，Hughes G，van den Bosch F	*The Study of Plant Disease Epidemics*，St Paul，MN，USA：APS Press
2008	程登发，封洪强，吴孔明	《扫描昆虫雷达与昆虫迁飞监测》，中国农业出版社
2011	Schowalter T D	*Insect Ecology：An Ecosystem Approach*，Elsevier Inc.
2012	张国安，赵惠燕	《昆虫生态学与害虫预测预报》，科学出版社
2012	Price P W，Denno R F，Eubanks M D，Finke D L，Kaplan I	*Insect Ecology：Behavior，Population and Communities*，NewYork：Cambridge University Press
2015	黄文江，张竞成，罗菊花，赵晋陵，黄林生，周贤锋等	《作物病虫害遥感监测与预测》，科学出版社
2019	马占鸿	《植病流行学》（第二版），科学出版社

第三节 植物病虫害测报的原理和要素

一、预测的原理

我国古代哲学家庄子在《齐物论》（公元前369～前286年）中曾说“一与言为二，二与一为三”。可以解释为：第一层次，客观实际存在着“一”，指的是一定数量的事物，属于物理体系；第二层次，言“一”是人类用语言来表示这一事物，也可以用符号记录在纸上或变成电讯传递的脉冲，或存入计算机磁盘的一个磁信号，属于信息体系；第三层次，“一”是在人的思维中的概念，既不是实物，也不是代码，属于抽象体系。这是三个不同的体系，我们正是从具体到抽象，依次通过三个认识层次（或体系）来认识一种事物。这三层认识体系，随着人类文明的发展，也在不断演变，而且这种演变愈加快速。这种多层次的认识体系，本身就是认识客观世界的起点；而体系的不断演变，正是认识的不断深化。信息体系是连接物理体系和抽象体系的桥梁，其基础是信息、知识和智能。信息体系不但承认时间、空间和物质的实体存在，而且承认能发出、识别信息的人（或其他生物）和机器的实体的存在。人类要提高对植物病害的认识，就必须研究如何观察或调查客观的植物病害系统和动态过程，按照一定目的去提取、选择、记录和传递病害及其有关因素所表露的信息。预测的技术也不外乎是在信息提取和加工过程中做到去伪存真，滤除与预测主题无关的信息和尽可能减少信息量的损失。好的预测活动（或预测模型）如同好的收音机，前者加工信息，后者将电磁波转换成音波。功能不同，原理相近。

预测的一般原理又是建立在一般系统论的结构模型理论的基础之上的。列宁指出：“规律就是关系……本质的关系或本质之间的关系。”病害系统的结构决定了系统的功能和行为（即病害流行动态）。例如，根据单一侵染循环中病害过程的多寡，病害在系统结构上划分为多循环病害和单循环病害，也就是确定流行学领域中的单年流行病害和积年流行病害的主要原因。在一个生长季节内只有一次初侵染的病害，其病害增长的能力不如再侵染频繁的病害，其流行速率往往比较低。系统的有序性和结构的稳定性与系统的行为是紧密结合在一起的，如果客观系统的结构稳定，就会在其行为、发展变化上遵从同样的规律，无论过去、现在和将来。例如，在我国长江中、下游麦田经常发生的小麦赤霉病，该病以子囊孢子初侵染为害花器，而阴雨天气是侵染的有利条件。当菌源量和寄主抗病性在年度间变化不大的情况下，只要在小麦扬花到灌浆期阴雨天数较多，病害就会流行。而这些经验就可以作为预测规律。预测分析就是根据客观事物的过去和现在的已知状态和变化过程，来分析和研究预测规律，进而应用预测规律来进行科学预测。植物病理学、微生物学、生态学、气象学、流行学等多学科研究成果、理论和知识以及有关专家的智慧都可以作为预测规律，再结合当地的其他环境因素的分析，共同构建了预测模型。

虽然预测的对象繁多，所用的方法也五花八门，但人们通过长期的研究和实践，可以归纳出三个预测的基本原理。

1. 惯性原则　客观事物的发展变化过程常表现出延续性，一件事物过去的行为和表现不仅影响现在的存在和状态，还会影响未来的状态和表现。客观事物运动的惯性大小，取决于其自身的动力大小，以及外界因素制约的程度。研究对象的惯性越大，说明其延续性越强，越不容易受外界因素的干扰而改变其自身的运动倾向。如果我们对事物的过去到现在的惯性或者延续性有所了解，那么就可以预测其未来的延续状态或者趋势。所谓惯性原则实际上是借用物理学中惯性定理，认为当某一病害系统的结构没有发生大的变化时，未来的变化率应该等于或基本等于过去的变化率，或做这种假设，那么就可以采用公式（1-1）。

$$\begin{cases} X_1 = X_0 + \int r_1 \mathrm{d}t_1 \\ X_2 = X_1 + \int r_2 \mathrm{d}t_2 \end{cases} \tag{1-1}$$

式中，X_0、X_1、X_2分别表示病害的初始状态、现实状态和未来状态；t_1和t_2分别为不同状态对应的时间；$\int$为积分符号；r_1和r_2分别表示过去和未来的变化速率。

预测的前提假设是它们二者相等或能够找到它们之间存在一定的转换关系。显而易见，生物发育进度、病害侵染过程等生物学基本规律和某些因果关系是不会改变的，那么以上假设就能成立。在惯性原则指导下，人们利用先兆现象和采用了趋势外推、时间序列等重要的预测方法进行预测。

2. 类推原则　世界上许多事物的发展和变化常表现出类似之处。利用这种类似之处就可以把发生或者已知的事物的状态表现过程或形式推测出来，或者预测未来发生的或后发生而尚未知的事物的发生状态表现。在预测中人们常从三方面来进行类推：①依据历史上曾经发生过的事件来推测当前或者未来；②依据其他地区曾经发生过的事件来推测本地区将要发生的状态，如根据迁出地（或者虫源地）已发生的迁飞害虫发生期和发生量来预测迁入地未来的害虫状态；③根据局部推测总体。总之，类推原则基于自然存在的因果关系和/或协同（或同步）变化现象，必须通过仔细的分析、比较，确定两种事物间确实存在类似性，才能应用。正所谓“山僧不解数甲子，一叶落知天下秋”“桃花一片红，发蛾到高峰”等，这些就是典型的利用类推原则进行的预测。

3. 相关原则　相关原则是建立在“分类”思维的基础上，关注的是事物（类别）之间的关联性，当了解到已知的某个事物发生变化，再推知另一个事物的变化趋势。世界上任何事物的存在和发展都会与其他事物的存在和发展有或多或少的相互影响、相互制约或者相互依赖的关系。因此，在深入分析事物间的这种相互相关的关系的基础上，就能预测其未来的变动状态。当然，并不是某事物的状态变量与任何一个或者多个其他事物状态变量存在显著的相关关系。因此，利用相关原则的关键是要找出到底哪一个或者多个事物状态变量间确实存在显著的相关关系，这也是预测因子选择的关键所在。

此外，预测的概率性在预测中也十分重要。利用数量统计方法，计算随机事件出现的各种状态的概率，依据概率判断准则去推测预测对象的未来状态出现的概率。

二、预测的依据

病害流行预测的预测因子应根据病害的流行规律，由寄主、病原体和环境诸因子中选取。一般说来，菌量（害虫量）、气象条件、栽培条件和寄主植物生育状况等是最重要的预测依据。

1. 根据菌量（害虫量）预测　单循环病害的侵染概率较为稳定，受环境条件影响较小，研究者可以根据越冬菌量预测发病数量。对于小麦腥黑穗病、谷子黑粉病等种传病害，可以检查种子表面带有的厚垣孢子数量，用以预测翌年田间发病率。麦类散黑穗病则可检查种胚内带菌情况，确定种子带菌率，预测翌年病穗率。美国还利用5月份棉田土壤中黄萎病菌微菌核数量预测9月份棉花黄萎病病株率。菌量也用于麦类赤霉病预测，为此需检查稻桩或田间玉米残秆上子囊壳数量和子囊孢子成熟度，或者用孢子捕捉器捕捉空中孢子。多循环病害有时也利用菌量作预测因子。例如，水稻白叶枯病病原细菌大量繁殖后，其噬菌体数量激增，此时研究者可以测定水田中噬菌体数量，用以代表病原细菌菌量。研究表明，稻田病害严重程度与水中噬菌体数量高度正相关，可以利用噬菌体数量预测白叶枯病发病程度。

利用有效虫口基数和增殖率进行害虫发生数量预测的方法简便实用，但其关键在于获得可靠的增殖率（或者变异系数），这需要经过多年或者多点的调查统计，在此基础上获得其平均数及标准差，才能获得更好的预测效果。例如，利用虫口基数乘以变异系数的方法进行早稻田稻象甲数量的短期预测，在经过多点调查统计出春季翻耕前在冬季作物类型田中用草把诱集的稻象甲成虫量，以及早稻移栽后5～7d田间实际发生的成虫量的变异系数后，只要根据冬作田的草把诱集的虫口基数，就可以预测出早稻移栽后5～7d的稻象甲密度。因稻象甲移动性小的生物学特性，因此该方法的预测有一定的可靠性。

2. 根据气象条件预测　多循环病害的流行受气象条件影响很大，而初侵染菌源不是限制因子，对当年发病的影响较小，通常根据气象条件预测。有些单循环病害的流行程度也取决于初侵染期间的气象条件，可以利用气象因子预测。英国和荷兰利用“标蒙法”预测马铃薯晚疫病侵染时期，该法指出若相对湿度连续48h高于75%，气温不低于16℃，则14～21d后田间将出现晚疫病的中心病株。又如葡萄霜霉病菌，以气温为11～20℃，并有6h以上叶面结露时间为预测侵染的条件。苹果和梨的锈病是单循环病害，每年只有一次侵染，菌源为果园附近桧柏上的冬孢子角。在北京地区，每年4月下旬至5月中旬若出现多于15mm的降雨，且其后连续2d相对湿度高于40%，则6月份将大量发病。

每种害虫对温湿度、降雨量等气象条件有一定的选择性和适应性，在最适条件下，害虫的种群数量就会迅速扩大，猖獗成灾，否则会受到抑制。例如，1975年，我国温湿度处于适宜范围内，因此褐飞虱二、三代大发生；1976年，在温湿度处于不适宜范围时，这成为影响其发生量的主导因子，致使当年褐飞虱二、三代轻发生。

3. 根据菌量（害虫量）和气象条件进行预测　综合利用菌量和气象因子的流行学效应，作为预测的依据，该法已用于许多病害。人们有时还把寄主植物在流行前期的发病数量作为菌量因子，用以预测后期的流行程度。我国北方冬麦区小麦条锈病的春季流行通常依据秋苗发病程度、病菌越冬率和春季降水情况预测。我国南方小麦赤霉病流行程度主要根据越冬菌量和小麦扬花灌浆期气温、雨量和雨日数预测，在某些地区菌量的作用不重要，只根据气象条件预测。温湿度和降雨对麦蚜发生起着主导作用：温度在15～25℃，相对湿度在75%以下适于麦蚜的生长发育，即中温低湿为麦蚜猖獗发生的主要条件；降雨不仅通过影响大气湿度而间接影响蚜量消长，而且中雨以上降雨的机械冲击常使蚜量显著下降，如1h降雨30mm，风速9m/s，雨后蚜量下降98.7%。因此目前通常依据初始的蚜量和气象条件来预测麦蚜的发生量。温湿度对桃小食心虫的种群消长有很大影响，越冬幼虫出土要求20℃的地温和10%的土壤相对湿度，因此可根据温湿度系数R/T来预测幼虫的出土期y，即$y=13.51-4.64R/T$，其中R、T分别为5月中旬降雨量和平均温度，以5月20日为y的0值。

4. 根据菌量（害虫量）、气象条件、栽培条件和寄主植物生育状况预测　有些病害的预测除应考虑菌量和气象因子外，还要考虑栽培条件，寄主植物的生育期和生育状况。例如，预测稻瘟病的流行，需注意氮肥施用期、施用量及其与有利气象条件的配合情况。在短期预测中，水稻叶片肥厚披垂，叶色墨绿，则预示着稻瘟病可能流行。在水稻的幼穗形成期检查叶鞘淀粉含量，若淀粉含量少，则预示穗颈瘟可能严重发生。水稻纹枯病流行程度主要取决于栽植密度、氮肥用量和气象条件，可以作出流行程度因密度和施肥量而异的预测式。油菜开花期是菌核病的易感阶段，预测菌核病流行多以花期降雨量、油菜生长势、油菜始花期迟早以及菌源数量（花朵带病率）作为预测因子。蛴螬是一类重要的地下害虫，其发生与土壤温度、地形地势、前茬作物种类和耕作条件有着重要的关系。土壤温度能影响蛴螬在土中的垂直移动和为害时期，一般来说当

10cm 处土温达 3～6℃时，蛴螬幼虫和成虫开始活动；当土温在 12～20℃时，处于为害盛期；当夏季土温超过 22℃时，蛴螬向土壤下层移动，越夏。地形、地势、土壤粒子大小、团粒结构、含盐量、有机质等与蛴螬的发生有很大关系，多数蛴螬在含有机质多的淤泥地为害严重。禾本科作物和杂草是蛴螬喜食的植物，小麦、玉米和高粱受害普遍严重，因此前茬作物的种类与地下害虫发生量有着密切关系。耕作对蛴螬不仅有直接的机械杀死作用，而且可将休眠的虫态翻至土表，提供鸟兽啄食或暴晒或冻死，因此深翻土、精耕细作的田块蛴螬一般发生为害较轻。据此，在进行蛴螬发生量的中期预测时，应综合考虑上述因子，才能做出准确的预报。此外，对于昆虫介体传播的病害，介体昆虫数量和带毒率等也是重要的预测依据，如小麦黄矮病毒病、水稻普通矮缩病毒病等。

第四节　植物病虫害测报的内容和方法

一、病虫害测报的内容

植物病虫害预测预报是根据病虫害过去和现在的变动规律，应用田间调查、室内试验、作物物候、气象预报等信息资料和采用数理统计、生命表技术、建模技术以及人工智能等方法，以估测病虫害未来发生趋势、发生时间和造成损失的综合性科学技术，需要应用有关的生物学、生态学知识和数理统计、系统分析等方法。根据《农作物病虫害防治条例》的规定，其测报的主要内容包括植物病虫害发生的种类、时间、范围、程度，害虫主要天敌种类、分布与种群消长，影响病虫害发生的田间气候等。预测预报的对象包括农作物病虫害、森林病虫害和仓储病虫害等，预测结果须按《农作物病虫害防治条例》的规定，由县级以上人民政府农业农村主管部门在综合分析监测结果的基础上，按照国务院农业农村主管部门的规定发布农作物病虫害预报，以便及时做好各项防治准备工作。

二、测报的技术要求

1. *充分了解病虫害的发生条件与发生流行规律*　植物病虫害的发生和流行具有一定规律性。植物病害流行取决于 3 个要素，一是感病寄主的大量集中栽培；二是病原体的大量累积；三是环境条件有利于病原体的侵染、繁殖、传播、越夏、越冬。害虫的猖獗发生常取决于 4 个方面的因素，一是害虫的发生基数大，并具有较强的繁殖能力、抗逆能力以及迁移扩散能力；二是环境条件，尤其是温度、湿度等气象条件适宜害虫的生长和繁殖；三是天敌的种类和数量减少；四是害虫的食物来源充沛，作物的种类和品种、长势和栽培管理等有利于害虫的取食为害。通过对上述情况的全面监测，及时掌握在不同时空条件下影响病害流行和害虫种群数量变动的主导因素，才能做出较为准确的病虫害预测预报。

2. *掌握测报技术，配置测报所需的仪器设备*　病虫害测报是一项技术性很强的工作，为了了解病虫害发生的现状，必须掌握田间调查技术、室内室外试验技术、信息处理技术和应用仪器设备的技术等；测报所需的仪器设备极多，在室内使用的主要包括显微镜、解剖镜、恒温恒湿箱等；在室外使用的主要包括手持放大镜、捕虫网、昆虫诱集器、传感器等。随着现代科技的发展，许多先进的设备已逐渐应用于病虫害测报，如信息处理设备（计算机、手机）、分子生物学实验设备、病虫害自动观察摄像设备、田间气象数据自动记录设备等。熟练掌握各项测报技术，正确配置和使用相关的仪器、设备是做好病虫害测报工作最基本的要求。

3. *掌握数理统计和数学建模的基本方法* 无论是田间调查或室内、室外试验，都涉及调查、试验数据的处理和分析，正确使用数理统计方法，不仅可以降低试验误差，而且可以提高测报的准确性。病虫害测报经常使用回归分析、时间序列分析、联列表分析、灾变分析，甚至使用模糊数学、灰色系统、聚类分析等建立相应的数学模型。因此，掌握各种数学建模方法是必要的。

4. *具有实时气象资料、气象预报资料和气象历史资料* 病虫害的猖獗或流行与气象因素（尤其是温度、湿度、雨量、雨日数、光照等）的关系十分密切。病虫害发生期、发生量测报，无论是短期、中期或长期几乎都离不开对未来气候条件的估计，尤其是在病虫害测报中，不少数学模型的预报因子本身就是气象要素，因此及时获取气象部门的气象预报资料十分必要。多年积累的气象历史资料，在病虫害数理统计等工作中也是不可或缺的。这就要求病虫害测报工作必须注意病虫害发生情况和气象资料的积累。

三、测报技术的标准化问题

病虫害测报调查规范是农作物有害生物调查的基础，是测报人员进行病虫害监测调查的基本参照，也是实现测报资料共享的前提。测报工作人员应该依据病虫害测报调查规范制定的标准来进行病情和虫情的监测、调查、记录及预警。测报调查规范的科学性及实用性直接影响到监测预警工作的准确率。目前，测报调查规范中仍存在一些问题。

一是已实施的国家农作物病虫害测报行业标准数量有限。目前具有统一规范化的病虫害测报标准涵盖的病虫害种类还很有限，尤其是对于蔬菜、果树等方面的一些重大病虫害的测报标准很少。

二是部分标准只达到了统一性，未达到规范化。我国地域辽阔，气候、环境差异较大，即使同一种病虫害，在不同的地域和环境中也会有自身的发生特点，如果在制定监测标准时只是简单地一刀切地统一化，其测报结果或上报的数据都可能不符合病虫害发生的真实情况。

三是病虫害测报规范中的一些监测技术需进一步完善。病虫害调查技术中的许多调查方法仍然沿用以前烦琐的调查方法，并且有些调查方法已与现实的种植结构、种植设施不相适应。例如，在对黏虫的监测调查中，河北省多数地区已很少种植，或者只有单户很小面积种植谷子、高粱等作物，如果仍然沿用多年前的寄主调查范围，其结果将不能真实反映生产中黏虫发生的实际情况。

四是新发生、新上升的病虫害的调查规范标准制定滞后。随着气候条件、种植结构、作物品种等的改变，一些次要的、潜在的病虫害演变为主要病虫害，但这些“新”的病虫害的调查规范未能及时制定发布，使得各地在进行调查时采用的监测方法、调查标准、记载内容和统计标准等千差万别，异地监测数据不具可比性和共享性，不便于资料的系统分析研究和省内、省际间的信息交流，也无法在更大地理范围内进行病虫害预测预报。

五是需加强对病虫害测报工具和技术的研究。目前已开发出的基于人工智能的集调查、统计分析为一体的监测预警系统，对于提高病虫害发生数据的自动采集、分析和预警水平具有重要作用，同时也是今后病虫害测报发展的方向。但如何改进和扩大使用，如何把新监测手段与旧的监测技术所记录数据衔接起来，以保持系统资料的累积，还需要进一步研究。

四、植物病虫害测报的类别

（一）按预测内容

1. *发生期预测*　发生期预测就是预测农作物某种害虫或害虫虫态、虫龄的发生时期或为害时期，尤其是发生初期、盛期和盛末期；预测某种病害的初侵染期、再侵染期和流行期；对具有迁飞或扩散性强的害虫，预测其迁入、迁出本地的时期，或扩散的始期和盛期。发生期预测是确定相关防治适期的主要依据。

2. *发生量预测*　发生量预测就是预测害虫发生数量或田间虫口密度，或预测病害发生的普遍率或严重度等。发生量预测的核心是估测病虫是否会达到防治指标和是否有大发生或大流行的趋势。从生态学及农业技术经济学的观点出发，发生量预测是指导是否防治和运用什么手段防治的依据。

3. *迁飞或者随气流传播病虫害预测*　迁飞性害虫的预测除了常规的本地预测外，还必须进行大范围的异地预测。它包含迁出区虫源预测和迁入区虫情预测两个方面，前者是根据虫源地迁飞害虫发生动态，预测其迁出期和迁出量；后者是根据迁出区虫源和迁入期间的运载气流预测迁入代的迁入数量和时期。迁飞害虫预测因涉及的范围广、单位多，必须有全国性的统一领导和组织，各地各部门的相互协作才能完成。气传病害的预测多是基于气流而开展的，是根据气传病害的病原菌随气流传播的特性，利用气象模型模拟其传播路径，并结合具体区域的地形地貌特征、病害发生时序等实际情况，对病害进行预测。

4. *危害程度预测及产量损失估计*　在发生期、发生量预测和实时调查的基础上，根据病菌致病力、害虫为害性与作物产量、质量损失的关系，估测病虫的危害程度和作物产量、质量损失的大小。危害程度预测及产量损失估计对于划分防治对象田，确定防治次数，选择合适的防治措施具有重要意义。

5. *风险评估*　可分为外来入侵性有害生物风险评估和内源性有害生物风险评估。前者是指对检疫性有害生物一旦侵入后，可能在哪些区域定殖和为害程度的评估；后者则是指对非检疫性有害生物可能在哪些区域发生和为害程度的评估。风险评估是管理部门对病虫害风险预防性决策的重要工具。

（二）按预测时间长短

1. *短期预测*　短期预测的期限，对病害一般为1周以内，对害虫则大约在20d以内。一般作法是：根据现在发生的病情或1～2个虫态的虫情，推算以后的发生时期和数量，以确定未来的防治适期、次数和防治方法。短期预测准确性高，使用范围广。

2. *中期预测*　中期预测的期限，一般为20d到一个季度，常在一个月以上，但视病虫害种类不同，期限的长短可能有很大的差别，如一年发生一代、数代甚至十多代的害虫，系统性病害和再侵染的病害，其中期预测的期限显然不同。中期预测通常是预测害虫下一个世代、病害下一个流行高峰的发生情况，以便确定防治对策和进行防治工作部署。

3. *长期预测*　长期预测的期限通常在一个季度或一年以上。预测时期的长短仍视有害生物种类不同和生殖周期长短而定，生殖周期短、繁殖速度快，预测期限就短，否则就长，甚至可以跨年度。一年以上的预测也可称为超长期预测。

（三）按预测空间范围

1. 害虫

（1）迁出区虫源预测（或本地虫源预测）。在一定环境条件影响下，某种昆虫从发生地区迁出或从外地迁入的行为活动是昆虫种群行为之一。迁出区虫源预测主要查明迁出区的虫源基数和发育进度，是属于迁出型还是本地型虫源，再分别组织实施预测。

（2）迁入区虫源预测（或异地虫源预测）。迁入区虫源预测主要查明迁入地区的气候条件、作物长势和生育期阶段，以及迁入区的害虫来源地区，预测迁入害虫未来发生趋势。

2. 病害

（1）近距离传播病害预测。病害从菌源中心向四周扩散蔓延传播，称为近距离传播。如土传病害主要受耕作、灌溉等农事操作传播，也与线虫或者其他生物介体的活动，雨水飞溅、介体昆虫、病原体传播体的主动弹射、鞭毛菌游动孢子的游动、菌丝的生长蔓延等有关，这些属于近距离传播，应依据具体情况分别进行预测。

（2）中程传播病害预测。一次传播距离达几百米至几公里的传播，称为中程传播。孢子被湍流或者上升气流从冠层中抬升到冠层以上数米高度，形成微型孢子云，继而由近地面的风力运送到一定距离以后，再遇到某种气流条件或者静风而着落在地面冠层中。这种传播造成的病情分布往往是中断的，依据气流规律可以进行预测。

（3）远程传播预测。一次传播距离远达数十、数百公里以外的传播，称为远程传播。当巨量的孢子被上升气流和旋风等抬升到上千米至3000m高空，形成孢子云，继而又被高空的水平气流运输至远处，最终靠下沉气流或者降雨携落至地面，着落于感病寄主上侵染发病。病害的远程传播规律非常复杂，研究也比较少，迄今只有少数几种病害的远程传播被定性描述了，如中国小麦条锈病的传播、印度小麦秆锈病的传播等，仅有美国的大豆锈病被定量和定性描述了。

五、植物病虫害测报的方法

依据植物病虫害预测的项目和对象不同，具体的预测方法也会不同。常用的预测方法有类推法、数量统计法、专家评估法、系统模拟法、人工智能预测法等，关于这些方法的具体算法、步骤、实例等将在第五章详细介绍。掌握这些方法的基本原则和基本步骤是十分必要的，更重要的是探讨如何针对具体病虫害的特点，灵活运用这些方法。

六、植物病虫害测报的一般步骤

1. 明确测报的主题　根据当地农业病虫害发生情况和防治工作的需要，结合相关基础生物学知识，确定测报对象、范围、时间期限和希望达到的准确度等。

2. 收集背景资料　依据测报主题，大量收集有关的研究成果、先进的理念、数据资料和预测方法。针对具体的生态环境和病虫害的发生特点还要进行必要的实际调查或者试验，以补充必要的信息资料。将收集到的资料制作成数据库或者各类数据文件。

3. 选择预测方法，建立预测模型　根据具体病虫害特点和现有资料，从已知的预测方法中选择一种或者几种，建立相应的预测模型。

4. 预测评价和检验修正　比较各模型的预测结果，检验预测结论的准确度，评价各种模型的优劣，从中选出最佳的模型或者将各种方法建立模型所得预测结果按权重集成后进行实际应用，在生产中不断地应用检验、反馈修正。

5. *发布预报信息*　根据《农作物病虫害防治条例》的规定，县级以上人民政府农业农村主管部门应当在综合分析监测结果的基础上，按照国务院农业农村主管部门的规定发布农作物病虫害预报，其他组织和个人不得向社会发布农作物病虫害预报。

第五节　植物病虫害测报与其他学科的关系

植物病虫害测报学是植物保护学科的重要分支，是一门典型的交叉学科，研究的是生态平衡遭到破坏的后果之一，寄主-有害生物群体结构的变化是其内在因素，而多种环境因素的影响是其外在因素。因此，在研究中需要应用遗传学、气象学、数理统计、概率论、模糊数学、系统分析、生态学、分子生物学、植物免疫学、图像识别、信息学、R语言、Python语言等知识。同时，植物病虫害测报学需要不断地汲取和学习其他学科的先进思想、技术和方法，如物联网技术、神经网络算法、传感器技术、计算机技术、遥感技术等。

复习题

1. 如何理解病虫害预测的概率性？
2. 简述病虫害预测的基本原理和依据。
3. 举例说明国内外植物病虫害发生流行的重大事件及其后果。
4. 简述植物病虫害测报的类别。
5. 简述病原体的传播与病害传播的关系。

第二章　植物病虫害田间调查取样方法

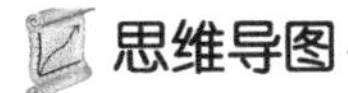

思维导图

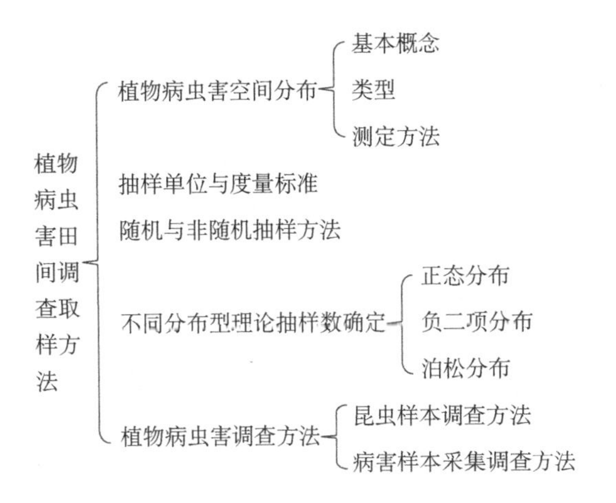

本章概要

植物病虫害田间调查是测报的基础，怎样客观、准确、合理、优化地以最小调查量获取最准确的原始资料，这将是本章要介绍的主要内容。这需要一套科学的调查方法，没有客观、准确、合理的调查，一切研究包括预报都将是“无本之木”和“无源之水”。由于田间植物病虫害的总体数量太多，不能逐一测定和观察，因此只能从总体上抽取若干个体来研究。从总体中抽出的个体的集合称为样本，以样本估计总体，那么样本一定要具有代表性，样本越能代表总体，估计的效果就越好。而植物病虫害的空间分布是田间调查的基础，分布格局不同，田间抽样方法就有差异。因此本章从病虫害空间分布讲起，接着分述抽样单位与度量标准、抽样方法和理论抽样数，最后介绍病虫害田间调查具体方法，从而使得病虫害的田间调查数据具有代表性、准确性、客观性和简便性。

第一节　植物病虫害空间分布

一、基本概念

病虫害空间分布是指在某一时刻一定的空间范围内，病害或害虫个体的分布数量和形式。由于单位空间内个体出现频率的变化总能找到相类似的概率分布函数来描述，空间分布也常称为“空间分布型”或“田间分布型”。

病虫害的特性不同，分布空间内各种生物种群间的相互关系和环境因素的影响也有差异，造成其空间分布亦不相同，同种病虫害在不同时期、密度或环境等条件下分布也有差别。研究发现随着二化螟幼虫龄期的增加，其聚集强度下降；天幕毛虫的幼虫呈聚集分布，而成虫期呈泊松分布。病虫害的分布类型亦受其发生密度的影响，低密度发生时往往呈泊松分布，随着发生数量的增加，空间分布可能转化为聚集分布，如从木槿上迁飞到棉田的棉蚜前期呈泊松分布，后期随着种群数量的激增，其分布为聚集分布。此外，作物的种类、长势、布局以及气候等环境条件也会影响病虫害的空间分布。

研究病虫害的空间分布，有助于确定或改进病虫害调查时的抽样设计方案，了解病虫害发生的基本情况，对于研究病虫害的发生规律和防控具有重要意义。

二、空间分布的类型

病虫害空间分布是其群体在发生生境内特定时间的空间分布结构。空间分布的类型主要有泊松分布、正二项分布、负二项分布和奈曼分布等类型。

1. *泊松分布*　泊松分布（Poisson distribution）又称随机分布，即种群个体是独立的，相互间无影响，且随机地分配到可利用的空间单位中，每个个体占领空间任何一个位置点的概率是相等的（图 2-1A）。属于这类分布的种群，个体之间分布距离不等，但其在任一位置的概率是相等的，如小麦赤霉病、水稻稻曲病的空间分布等。泊松分布的病虫害通过样方抽样调查种群数量时，样方中个体的平均数大致与抽样样本的方差相等。

2. *正二项分布*　正二项分布（positive binomial distribution）又称均匀分布，是指组成种群的个体间均保持一定的距离，呈规则性分布（图 2-1B）。属正二项分布的病害多为整株危害，如蚜虫传播的病毒病；正二项分布的昆虫特别少，幼虫蛀干危害松树的黄杉大小蠹（*Dendroctonus pseudotsugae*），其蛀孔在树干上的排列呈有规则的正二项分布。正二项分布的病虫害一般表现为样本平均数远大于样本方差。

3. *聚集分布*　呈聚集分布的病虫害往往个体间相互影响较大，即一个个体的存在会影响其他个体对空间的占领，个体不随机分布，而是呈现疏松不均匀的分布状况。取样调查该类病虫发生数量时，样本平均数会远远小于样本方差。聚集分布中最常见的有负二项分布和奈曼分布 2 种类型。

（1）负二项分布（negative binomial distribution）又称嵌纹分布，是一种不均匀的分布型，病虫害在田间分布疏密相嵌，很不均匀（图 2-1C）。如大螟在稻田中的分布，常表现为田边多而田中间少的形式；水稻白叶枯病由很多大小不同的核心随机混合分布，呈嵌纹状。

（2）奈曼分布（Neyman distribution）又称核心分布，病虫害个体常聚集成团或核心，核心与核心之间的关系是随机的（图 2-1D）。如二化螟的幼虫在水稻上为害形成的枯心团，稻叶瘟病流行前期形成的发病中心。

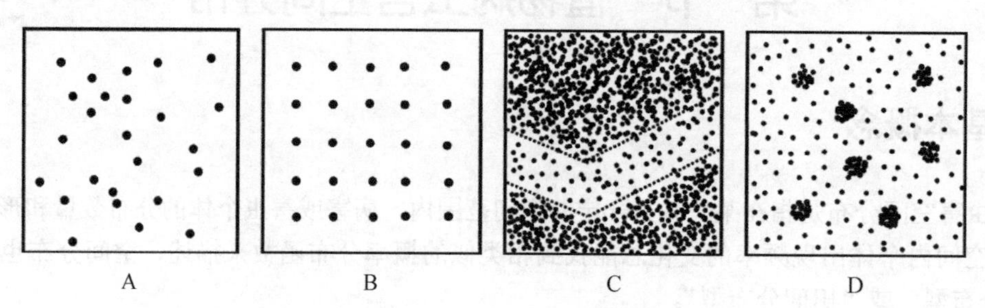

图 2-1　病虫害的空间分布类型

A. 泊松分布；B. 正二项分布；C. 负二项分布；D. 奈曼分布

三、空间分布类型的确定方法

病虫害空间分布类型不同，田间调查时采取的抽样方案亦有所差异。推断病虫害空间分布类型常用的方法有频次分布法、分布指数法和地统计学法等。

（一）频次分布法

利用频次分布法判断病虫害空间分布类型，首先要对病虫害的发生情况进行随机抽样调查，获得各样方中的个体数，并将样方归类，如将样方中没有个体的称为0样方，有1个个体的称为1样方，有2个个体的称为2样方，依此类推……。

再统计各类型样方实际出现的频次，并利用各种分布的理论概率公式，计算出各类型样方出现的理论频次。

最后利用卡方（χ^2）检验法分别检验各理论分布的理论频次与实际频次间的差异，依据差异的显著水平判断出该病虫害的空间分布与何种理论分布类型吻合或趋近，从而确定所调查病虫害的空间分布类型。

卡方检验时，实际频次与理论频次间的卡方（χ^2）值的计算公式为

$$\chi = \sum_{i=0}^{k} \frac{(O_i - T_i)^2}{T_i} \tag{2-1}$$

式中，O_i为i类型样方实际出现的频次；T_i为i类型样方理论出现的频次；i为样方类型。

对计算出的各分布的理论频次和实际频次进行卡方计算，并根据总的卡方值查卡方表；查卡方表时的自由度，正二项分布和泊松分布为n–2，负二项分布和奈曼分布是n–3，n为理论分布计算时的样方类型数（理论频次须大于5）。χ^2累计值大于该自由度下p=0.05时的χ^2值，则$p<0.05$，i表示理论分布与实际分布不相符合，也就是不属于该种理论分布类型。反之，当计算出的χ^2值小于p=0.05下的χ^2值时，表示实际分布与理论分布相符合，可判断该病虫害的分布属于该种分布类型。

例如，调查和分析麦田麦蚜在田间的分布型，应用频次分布测定法，判断麦蚜在麦田的空间格局。将调查资料整理为频次分布统计表（表2-1）。

表2-1 频次分布统计表

每样方的蚜数（x）	实查频次（f）
0	1224
1	524
2	177
3	45
4	19
5	8
6	2
7	1
Σ	2000
$\bar{x}=0.574$ $S^2=0.8019$ $N=2000$	

注：N为总频次数；S^2为方差；$\bar{x}$为样方平均数。

1. 计算各分布型的理论频次

（1）泊松分布理论频次的计算。

各k值的概率通式为

$$P_k = \mathrm{e}^{-m} m^k / k! \quad (2\text{-}2)$$

相应的理论频次为

$$f_k' = NP_k = N\mathrm{e}^{-m} m^k / k! \quad (2\text{-}3)$$

式（2-2）和式（2-3）中，k 为各样方内个体数；m 为样方平均数，$m = 0.574$；N 为总调查次数，$N = 2000$；e为自然对数的底。

代入式（2-3）求理论频次：

$$f_0' = NP_0 = 2000 \times 0.574 / 0! \times \mathrm{e}^{-0.574} = 1126.54$$

第1理论频次算出以后，以后各项可利用下列关系递推：

$$\frac{f_k'}{f_{k-1}'} = \frac{N\mathrm{e}^{-m} m^k / k!}{N\mathrm{e}^{-m} m^{k-1} / (k-1)!} = \frac{m}{k} \quad (2\text{-}4)$$

所以，

$$\begin{aligned}
f_k' &= (m/k) \cdot f_{k-1}' \\
f_1' &= (m/k) \cdot f_0' = 646.63 \\
f_2' &= (m/k) \cdot f_1' = 185.58 \\
f_3' &= (m/k) \cdot f_2' = 35.51 \\
f_4' &= (m/k) \cdot f_3' = 5.10 \\
f_5' &= (m/k) \cdot f_4' = 0.58 \\
f_6' &= (m/k) \cdot f_5' = 0.09 \\
f_7' &= (m/k) \cdot f_6' = 0.01
\end{aligned}$$

（2）正二项分布理论频次的计算。

各类型样方出现的概率（P_k）的计算公式为

$$P_k = \frac{n!}{k!(n-k)!} P^k \cdot q^{n-k} \quad (2\text{-}5)$$

相应的理论频次为

$$f_k' = NP_k \quad (2\text{-}6)$$

式（2-5）和式（2-6）中，n 为各样方中最大个体数；k 为一个样方中的个体数；N 为总调查次数；$p=\bar{x}/n$；$q=1-p$。

先计算相关参数 p、q：

$$p = 0.574/7 = 0.082; q = 0.918$$

各项理论频次为

$$\begin{aligned}
NP_0 &= Nq^n = 2000 \times 0.918^7 = 1098.00 \\
NP_1 &= 7/1 \times 0.082/0.918 \times 1098.00 = 686.55 \\
NP_2 &= 6/2 \times 0.082/0.918 \times 686.55 = 183.98 \\
NP_3 &= 5/3 \times 0.082/0.918 \times 183.98 = 27.39 \\
NP_4 &= 4/4 \times 0.082/0.918 \times 27.39 = 2.45 \\
NP_5 &= 3/5 \times 0.082/0.918 \times 2.45 = 0.13 \\
NP_6 &= 2/6 \times 0.082/0.918 \times 0.13 = 0.0038 \\
NP_7 &= 1/7 \times 0.082/0.918 \times 0.0038 = 0.000\,05
\end{aligned}$$

（3）负二项分布理论频次的计算。在昆虫田间分布中，负二项分布被认为是适合范围最广的一种理论分布。其在田间的分布特点表现为极不均匀的嵌纹图式。

分布的概率通式为

$$P_k = \frac{K+k-1}{k!(K-1)!} \times Q^{-K-k} P^k \tag{2-7}$$

理论频次为

$$f_k' = NP_k = N \times \frac{K+k-1}{k!(K-1)!} \times Q^{-K-k} P^k \tag{2-8}$$

式（2-7）和式（2-8）中，$P = (\sigma^2 / M) - 1 = (S^2 / \overline{x}) - 1$；$Q = P + 1$；$k$ 为计算项数；N 为总频次数；K 为聚集度指标，$K = \overline{x}^2 / (S^2 - \overline{x})$。

K 有许多求法，如零频率法、最大或然估值法等，常用的是“矩法”：

$$K = \mu / P = x / p \qquad (x\text{为平均数}) \tag{2-9}$$

本例中：

$$P = (S^2 / \overline{x}) - 1 = 0.8019 / 0.574 - 1 = 0.397$$

$$K = \overline{x}^2 / (S^2 - \overline{x}) = 0.574^2 / (0.8019 - 0.574) = 1.4458$$

$$Q = P + 1 = 0.397 + 1 = 1.397$$

代入式（2-8），求理论频次为

$$f_0' = NP_0 = N \times \frac{K+0-1}{0!(K-1)!} \times Q^{-K-0} P^0 = NQ^{-K} = 1233.40$$

在计算出第一项理论频次后，以后各项可利用以下关系式递推：

$$\frac{f_k'}{f_{k-1}'} = \frac{N \times \frac{K+k-1}{K!(K-1)!} \times Q^{-K-k} P^k}{N \times \frac{K+k-2}{(k-1)!(K-1)!} \times Q^{-K-(k-1)} P^{k-1}} = \frac{K+k-1}{k} \times \frac{P}{Q} \tag{2-10}$$

所以，

$$f_k' = \frac{K+k-1}{k} \times \frac{P}{Q} f_{k-1}'$$

$$f_1' = \frac{K+k-1}{k} \times \frac{P}{Q} f_0' = 506.76$$

$$f_2' = 176.11$$

$$f_3' = 57.48$$

$$f_4' = 18.15$$

$$f_5' = 5.61$$

$$f_6' = 1.71$$

$$f_7' = 0.51$$

（4）奈曼分布理论频次的计算。

各 k 值的概率通式为

$$\begin{cases} P_0 = \mathrm{e}^{-m_1}(1 - \mathrm{e}^{-m_2}) \\ P_k = (1/k) m_1 m_2 \mathrm{e}^{-m_2} \sum_{r=0}^{k-1} (1/r!) m_2 r^2 P_{k-r-1} \qquad (k > 0, r < k-1) \end{cases} \tag{2-11}$$

理论频次为

$$f_k' = NP_k = N(1/k) m_1 m_2 \mathrm{e}^{-m_2} \sum_{r=0}^{k-1} (1/r!) m_2 r^2 P_{k-r-1} \tag{2-12}$$

式中，$m_2 = S^2/\bar{x} - 1 = C - 1 = 0.397$，相当于集团的内平均个体数；$m_1 = \bar{x}/m_2 = 1.4458$，相当于抽样单位内平均集团数；$k$ 为各样方内虫数；r 为Σ符号内各计算项数。

令 $A = m_1 m_2 \mathrm{e}^{-m_2} = 0.3859$，由式（2-14）可得：

$$f_0' = N\mathrm{e}^{-m_1}(1-\mathrm{e}^{-m_2}) = 1245.34$$
$$f_1' = Af_0' = 480.58$$
$$f_2' = A(f_1' + m_2 f_0')/2 = 188.12$$
$$f_3' = A(f_2' + m_2 f_1' + m_2^2 f_0'/2!)/3 = 61.36$$
$$f_4' = A(f_3' + m_2 f_2' + m_2^2 f_1'/2! + m_2^3 f_0'/3!)/4 = 18.03$$
$$f_5' = A(f_4' + m_2 f_3' + m_2^2 f_2'/2! + m_2^3 f_1'/3! + m_2^4 f_0'/4!)/5 = 4.9$$
$$f_6' = A(f_5' + m_2 f_4' + m_2^2 f_3'/2! + m_2^3 f_2'/3! + m_2^4 f_1'/4! + m_2^5 f_0'/5!)/6 = 1.25$$
$$f_7' = A(f_6' + m_2 f_5' + m_2^2 f_4'/2! + m_2^3 f_3'/3! + m_2^4 f_2'/4! + m_2^5 f_1'/5! + m_2^6 f_0'/6!)/7 = 0.3$$

2. *卡方（χ^2）检验*　将4种空间格局的实测频次f与理论频次NP的比较结果列于表2-2。

表 2-2　各分布型理论频次卡方检验

每样方虫数（x）	实测频次（f）	理论频次（NP）				卡方（χ^2）值			
		泊松	正二项	负二项	奈曼	泊松	正二项	负二项	奈曼
0	1 224	1 126.54	1 098.00	1 233.40	1 245.34	8.431 5	14.459	0.071 6	0.365 7
1	524	646.63	686.55	506.76	480.58	23.256 1	38.485 9	0.586 5	3.923
2	177	185.58	183.98	176.11	188.12	0.396 7	0.264 8	0.004 5	0.657 3
3	45	35.51	27.39	57.48	61.36	2.536 2	11.322 1	2.709 6	4.362
4	19	5.10	2.45	18.15	18.03	37.884 3	291.417 2	0.398	0.052 2
5	8	0.58	0.13	5.61	4.90	167.703		1.012 8	3.209 7
6	2	0.09	0.003 8	1.71	1.25			0.274 1	
7	1	0.01	0.000 05	0.51	0.30				
	2 000	2 000	2 000	2 000	2 000	240.207	355.949	4.704 3	12.570
$df=3, \chi^2_{0.05}=7.82, \chi^2_{0.01}=11.34$ $df=4, \chi^2_{0.05}=7.49, \chi^2_{0.01}=13.28$					自由度	3	4	3	4
					概率	$p<0.01$	$p<0.01$	$p>0.05$	$p<0.01$
					适合程度	不适合	不适合	适合	不适合

上述结果证明，麦蚜在麦田的分布符合负二项分布型。需要注意的是，χ^2分布的理论曲线特点，到一定程度就呈一条渐近线，所以需要将太小的数归为一类。所以，在进行χ^2检验时要注意，N要足够大，f_k'要求不小于5，可将理论频次小于5的各项合并。如本例在进行负二项分布时，第6、第7项的理论频次均小于5，故需要把第6、第7项合并，合并后的理论频次为2.22。

（二）分布指数法

分布指数法或扩散指数法是在样方抽样基础上，利用样方平均数、方差和扩散系数等参数分析判断病虫害空间分布类型的方法。该方法是20世纪50年代后期发展起来的，类型较多，常用的主要有扩散系数法、K法和平均拥挤度法等。

1. *扩散系数法*　扩散系数（C）是检验种群是否属于泊松分布的一个指数，其计算公式为

$$C = \frac{S^2}{\bar{x}} \tag{2-13}$$

式中，$\bar{x}$ 为平均数；S^2 为样本方差。

用 C 值判断种群分布是否属于泊松分布，若 C=1（置信区间 $1\pm2\sqrt{2n/(n-1)^2}$），则认为种群是泊松分布；若 C 值不在置信区间范围内，则种群不属于泊松分布。如调查山核桃透翅蛾幼虫在树干上的分布时，样地 1 样方数为 70 个，虫孔密度为 4.7 个/株，S^2=31.1986，则 C=31.1986/4.7=6.638。C 的概率 95%的置信区间为 $1\pm2\sqrt{2n/(n-1)^2}=1\pm2\sqrt{140/(70-1)^2}=1\pm0.3430$。而实际计算 C=6.638，显然大于此区间，故判断山核桃透翅蛾幼虫在树干上不是泊松分布。

但如果 C 值随种群密度变化而变化，则不能用其来判断种群的空间分布。Green（1966）提出的 Green 扩散指数（G）可用于种群空间分布类型的判断指标，且对种群密度和样方大小是独立的。当 $G<0$ 时种群为正二项分布，$G>0$ 时种群为聚集分布，其计算公式如下：

$$G=\frac{(S^2/\bar{x})-1}{\sum(x)-1} \tag{2-14}$$

2. *K* 法　K 就是负二项分布中的参数 K，K 越小，表明种群聚集度越大；K 越大，越接近泊松分布（一般为 8 以上）。其计算公式为

$$K=\frac{\bar{x}^2}{S^2-\bar{x}} \tag{2-15}$$

K 有时受抽样单位大小的影响。Cassie（1962）提出用 C_a 指数判断空间分布，其计算公式为

$$C_a=1/K \tag{2-16}$$

$C_a=0$，为泊松分布；$C_a>0$，为聚集分布；$C_a<0$，为正二项分布。

上例中样地 1 按此法计算，$K=4.7^2/(31.1986-4.7)=0.8336$，$C_a=1.1996$，故判断山核桃透翅蛾幼虫在树干上为聚集分布。

3. 平均拥挤度法　平均拥挤度（m^*）是 Lloyd（1967）提出的表示种群拥挤程度的参数，m^* 代表每个个体在一个样方中的平均他个体数（也称邻居数），也就是平均在一个样方内每个个体的拥挤程度，其计算公式为

$$m^*=\frac{\sum x_i}{N}=\frac{\sum_{j=1}^{Q}x_j(x_j-1)}{\sum_{j=1}^{Q}x_j} \tag{2-17}$$

式中，x_i 为第 i 个个体的邻居数；x_j 为第 j 个样方中的个体数；N 为所有样方中的总个体数；Q 为调查的总样方数。

现有 16 个个体分布于 16 个小区（样方）中，具体分布如右所示。

3	1	0	1
1	0	2	0
0	1	1	2
1	0	3	0

每个样方中每个个体的邻居数（x_i），从第 1 行数起，左侧第 1 个小区中有 3 个个体，每个个体的邻居数均为 2，3 个个体的邻居总数为 6；第 2、第 4 个小区均只有 1 个个体，无邻居；第 3 个小区无个体，故也无邻居。第 2 行第 3 个小区有 2 个个体，每个个体的邻居分别为 1，其他小区的个体无邻居，故邻居总数为 2；第 3 行邻居总数为 2；第 4 行的邻居总数为 6。将以上各邻居数（x_i）累计，除以总个数（N=16），则为每个个体在每个小区中的平均邻居数，也就是平均拥挤度，即 m^*=（6+2+2+6）/16=1。

从平均拥挤度的概念出发，科学家又引申出聚集指数、$\overset{*}{L}$ 指数等不同的种群分布的判断指标。

（三）地统计学法

地统计学是20世纪60年代由法国著名数学家Matheron总结发展起来的，是在地质分析和统计分析相互结合的基础上形成的一套分析空间相关变量的理论和方法。利用地统计学判断昆虫种群的空间分布不仅考虑了样方中虫量的多少，还同时考虑样点的位置、样点间的距离，在应用上更有优势。其方法可归纳为如下几步。

1. *选择样方并测定*　在研究种群中选定样方，测定各样方间的距离及每个样方中种群的个体数，样方定位可借助于GPS定位仪等。

2. *计算种群样本方差函数值*　样本方差函数值[$r(h)$]的计算公式为

$$r(h)=\frac{1}{2N(h)}\sum_{i=1}^{N(h)}\left[Z(x_i)-Z(x_{i+h})\right]^2 \tag{2-18}$$

式中，$N(h)$为各方向能被分割的数据组数，如(x_i，x_{i+h})；$Z(x_i)$和$Z(x_{i+h})$分别是点x_i和x_{i+h}处样方中的种群数量；h为分隔两点间的距离。

3. *拟合半变异函数及空间分布判断*　计算出各h距离下的样本方差函数值，根据样本方差函数值随h变化的规律，拟合出函数方程。该函数方程为半变异函数，有以下几种类型。

（1）球状模型。其表达式为

$$r(h)=\begin{cases}c_0+c & (h>a)\\ c_0+c\left[\dfrac{3h}{2a}-\dfrac{1}{2}\left(\dfrac{h}{a}\right)^3\right] & (0<h\leqslant a)\end{cases} \tag{2-19}$$

式中，c_0为块金常数，其大小反映局部变量的随机程度；c为拱高；c_0+c为基台值，其大小反映变量变化幅度的大小；a为空间变程，表示以a为半径的领域内的任何其他$Z(x+h)$间存在空间相关性，或者说$Z(x)$和$Z(x+h)$的相互影响。

半变异函数可用球状模型拟合的种群，其空间分布为聚集分布。

（2）直线型。其表达式为

$$r(h)=A+Bh\quad (h>0) \tag{2-20}$$

如果半变异函数类型为非水平状直线，这说明种群为中等程度的聚集分布，其空间依赖范围超过了研究尺度。如果半变异函数类型为水平直线或稍有斜率，这表明在抽样尺度下没有空间相关性。

（3）指数型。其表达式为

$$r(h)=c_0-\mathrm{e}^{-3h^2/a} \tag{2-21}$$

半变异函数符合指数型拟合的种群属聚集分布。

（4）高斯型。其表达式为

$$r(h)=(c_0+c)(1-\mathrm{e}^{-3h^2/a^2}) \tag{2-22}$$

式中，各符号含义同式(2-19)。

如果$r(h)$随距离无一定变化规律，不能用模型进行拟合，则该种群为泊松分布。

张娟等(2011)在西洋菜地东西方向调查，采用地统计学分析黄曲条跳甲成虫、菜粉蝶幼虫和小菜蛾幼虫等主要害虫的空间格局，建立的半变异函数曲线图如图2-2所示，其半变异函数均呈球状模型，说明西洋菜地三种主要害虫的空间分布均为聚集型。

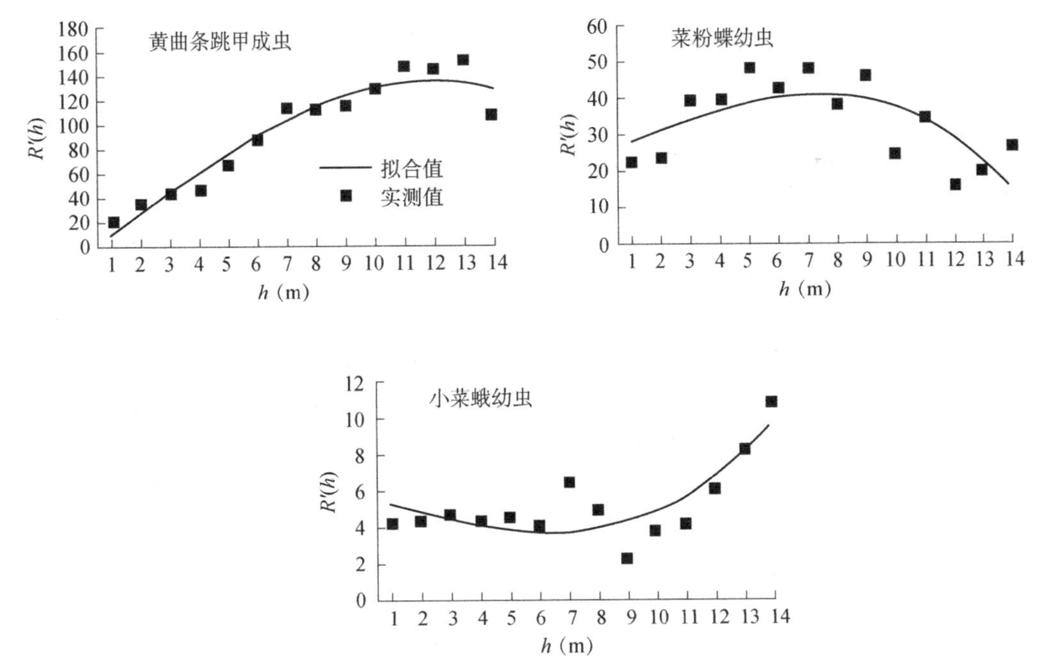

图 2-2　西洋菜地主要害虫半变异函数曲线图（张娟等，2011）

第二节　抽样单位与度量标准

一、抽样单位

抽样单位即通常说的样方，是指进行病虫害调查时在总体中抽出的需要调查的一定单位。抽样单位随调查病虫害的发生特点、研究目的等不同而异，常用的抽样单位可归纳为以下几种。

1. *长度单位*　长度单位常用于生长密集的条播作物上病虫害的调查。如调查小麦黏虫时，可调查若干米长度的麦行，然后折算成每公顷病虫数。调查稻纵卷叶螟时，可在清晨用一根固定长度的竹竿拨动一定长度的稻行，记录飞起的蛾数，然后折算成每公顷蛾量。

2. *面积单位*　面积单位常用于调查地面或地下害虫、密集或矮生作物上的害虫、分布密度很低的害虫。如调查蔬菜地蛴螬的数量，可挖取一定面积的地块，调查其中的蛴螬数，然后折算成每公顷虫量。另外，调查小地老虎的卵和幼虫、湖滩地的蝗虫等也可对一定面积地块进行调查计数。调查土传线虫病的线虫数量，也多采用挖取一定面积的土壤，然后分离镜检计算线虫密度。

3. *体积或容积、质量单位*　常用于木材病虫害、种子或储粮中病虫害调查。如抽取仓库中一定容积或质量的粮食，调查其中谷象的数量，再折算成整个粮仓中的病虫数量。

4. *时间单位*　常用于调查活动性强的害虫，观察单位时间内经过、起飞或捕获的虫数。如对飞虱起飞高峰期的调查，需在飞虱起飞的时段内，每天分时段记录起飞的个体数，从而得到起飞高峰出现的时间。也可通过夜晚单位时间内的诱虫数量来估计田间害虫发生的数量。病害系统调查均采用一定的时间单位，通过定田、定点调查统计病害发生数量来估计病害发生程度。

5. *以植株、部分植株或植株的某一器官为单位*　这种抽样单位在病虫害调查中经常使用。如果植株小，则可调查整株植物上的病虫数；植株太大不易整株调查时，则只调查植株的一部分或植株的某个器官上的病虫数量。如调查木槿上越冬棉蚜的卵量，可以先抽取木槿枝条，再从枝条顶端起向下取15cm长的枝条为调查单位，计数其上的卵量。调查棉花生长后期的棉铃虫、棉红铃虫和棉蚜，常以蕾、花、铃、叶片为单位，计算虫量。调查水稻飞虱数量时，则以每穴水稻为单位进行调查，然后换算成百穴虫量。调查水稻穗颈瘟病时，以穗颈、主轴、枝梗、谷粒为单位分级记载，计算严重度。

6. *诱集物单位*　如灯光诱虫，以一定的灯种、一定的亮度（瓦数）及一定的诱集时间内诱集到的虫数为计算单位；糖醋液诱黏虫和地老虎，黄板诱蚜，黄板诱粉虱和美洲斑潜蝇时以1个诱集器为单位；草把诱蛾、诱卵，则以1个草把为单位；性诱剂诱集时，以1个诱芯为单位。

7. *网捕单位或吸取器单位*　一般用口径为30～38cm的捕虫网，网柄长为1m，以网在田间来回摆动1次，称为1网单位。用吸取器在植株上取样时，可用吸取1次为单位，调查吸取的虫数。病菌孢子捕捉器开机后，根据单位时间的孢子捕捉量来估计田间病菌孢子密度。

抽样样方的大小与病虫害的空间分布有密切关系。一般正二项分布或泊松分布的病虫害对抽样样方大小的要求不严格，考虑到节省人力与时间的要求，取样时可按样方大、样方数少的原则。而对聚集分布的种群，尤其是奈曼分布的种群，则以样方小、样方数多为原则，如螟虫幼虫及危害率调查时，每块田要求样方单位为1丛稻，而样方数要达到200丛，发生特轻时甚至要增加到1000～1500丛。呈聚集分布时，病害调查的原则和虫害调查相似，发生轻时需要适当增加取样数量。

二、度量标准

抽样的度量标准可分为绝对计数法、相对计数法和种群指数计数法等3大类。

绝对计数法、相对计数法均是直接调查或计数病虫发生情况。其中，绝对计数法是指在田间、仓储或运输工具中按一定抽样单位直接调查病虫数或危害数，并可计算出绝对病虫数或危害率（%），也称为绝对数量调查；相对计数法是指利用各类诱捕器或扫网、赶蛾、定时目测或昆虫遗留下的“痕迹”来估计昆虫的相对数量。有的相对数量可以转换为绝对数量，如田间赶蛾得到的蛾量可转换为每公顷蛾量。

在做病虫发生数量、危害程度等调查时，经常会遇到很难进行直接计数的情况，此时就可用种群指数计数法度量，用种群数量级别、危害程度的轻重等对抽样进行调查计数。

如调查蚜虫类种群数量时，因虫数太多、不易数准，可将一定数量范围划分为不同等级，进行粗略计数，或将不同危害程度划分为不同级别计数。所以种群指数抽样调查并不直接查数昆虫，其调查结果以等级表示。如调查棉花苗期蚜虫时，结果可分为4级：0级为每株0头蚜，1级为每株1～10头蚜，2级为每株11～50头蚜，3级为每株50头蚜以上。分别记录每抽样株的级数，并统计出每级蚜的株数（级数×株数），按式（2-23）计算蚜害指数。

$$\text{蚜害指数}=\sum fx_i/(n\sum f) \tag{2-23}$$

式中，x为等级指标（$x=x_0, x_1, x_2, \cdots, x_i, x_m=4$）；$f$为各级棉苗频数；$n$为级别数。

病害可根据危害程度划分成不同的级别，调查时分别记载病害发生级别和发生数量，根据调查结果按式（2-24）与式（2-25）计算病害平均严重度和病情指数。也可以粗略地将观测的单元分成病、健两类，计算发病的植物单元数占调查单元总数的百分比，即普遍率，以此来表示植物病害的发生情况。

$$\text{平均严重度（\%）}=\frac{\sum(\text{各级病株或叶或穗}\times\text{各级代表级值})}{\text{调查总病株或叶或穗}\times\text{最高级代表级值}}\times 100 \tag{2-24}$$

病情指数=[Σ（各级病株或叶或穗×各级代表级值）]/（调查总数×最高级代表级值）(2-25)

如小麦赤霉病分级标准：0 级为无发病小穗；1 级为零星小穗发病，发病小穗数占总小穗数的 25%以下；2 级为发病小穗数占总小穗数的 25%～50%；3 级为发病小穗数占总小穗数的 51%～75%；4 级为发病小穗数占总小穗数的 75%以上。调查 100 穗小麦，其中 0 级 40 穗、1 级 10 穗、2 级 20 穗、3 级 20 穗、4 级 10 穗。其病害平均严重度和病情指数计算如下：

平均严重度（%）=[（0×40+10×1+20×2+20×3+10×4）/（60×4）]×100=62.5%；

病情指数=（0×40+10×1+20×2+20×3+10×4）/（100×4）=0.375；

病穗率=（10+20+20+10）/（40+10+20+20+10）=60%。

第三节　抽 样 方 法

抽样调查是一种非全面调查，即从全部调查研究对象中，抽选一部分单位进行调查，并以此对全部调查研究对象做出估计和推断的一种调查方法。显然地，抽样调查虽然是非全面调查，但它的目的却在于取得反映总体情况的信息资料，因而也可起到全面调查的作用。调查病虫害种群在其栖境中的总体数（或为害程度），不可能对总体逐一进行检查，如对每块田、每间温室、每袋粮食、每株植物、每片叶子、每朵花、每个果实等一一进行检查，只能采用抽样方法，就是在调查对象总体中抽取一部分对象作为样本，并以对样本调查的结论来推断总体的方法，即以样本值来估计总体真值。抽样调查所获的平均数是估计值，从样本所得的估计值与总体的绝对值或真值的差异，称抽样误差，一般用样本平均数标准差（$S_{\bar{X}}$）表示。

病虫害种群的空间格局是影响抽样方法选择的关键因素。空间格局不同的种群，需采用不同的抽样调查方法。一般而言，泊松分布的种群在抽样调查时，可遵循“样方数量少、样方面积大”的原则，且各类抽样方法均可使用。聚集分布的种群宜遵循“样方数量多、样方面积相对小”的原则，且抽样方法不能随便选用，而需按具体的分布形式来确定。正二项分布的种群只需抽取少数几个样方就可得到较为准确的结果，各种抽样方法均可用。由于病虫害种群的空间格局会受种类、发育阶段、种群密度、寄主植物及天气等生物和非生物因素的影响，这大大增加了抽样的难度。不过，病虫害种类和发育阶段是决定其空间格局的主导因子，因此，对病虫害进行预测预报调查时，可以只根据其空间分布来确定抽样方法。对于空间分布仍不清楚的病虫害，可采用随机抽样的方法，获取大量样方中的病虫害数量，然后根据空间分布判断指数或平均数与方差比值的大小来大致确定其分布类型。一般而言，抽样结果中方差大于平均数的种群（两者比值在 1.5～3.0 之间），可认为呈聚集分布，聚集分布中又存在负二项分布和奈曼分布两种类型；方差等于平均数（两者比值在 1.0～1.5），可认为呈泊松分布；而方差小于平均数的种群，可认为呈正二项分布。

种群抽样方法较多，常用的有简单随机抽样、类型抽样、多重抽样、典型抽样和顺序抽样等。这些抽样方法在昆虫种群调查时均可使用。不过，调查时具体采用哪一种方法，要根据昆虫种群的种类和特征、寄主作物类型及环境条件等来确定。

抽样方法按其性质基本上可以分为两大类，即随机抽样与非随机抽样。

一、随机抽样

随机抽样又称非等距离机械抽样，是根据随机原理直接从被研究的总体中抽取若干单元组成样本的方法。它是一种最简单、最基本的抽样组织形式。其特点是：每个样本单位被抽中的概率相等，样本的每个单位完全独立，彼此间无一定的关联性和排斥性。随机抽样包括简单随机抽样、类型抽样、整群抽样、多重抽样和序贯抽样等。

1. 简单随机抽样　一般地，设一个总体含有 N 个个体，从中逐个不放回地抽取 n 个个体作为样本（$n \leqslant N$），如果每次抽取时总体内的个体被抽到的机会相等，就把这种抽样方法叫作简单随机抽样。它适用于范围较小、分布较均匀的总体，如一块地、一间温室、几棵果树等。简单随机抽样是其他各种抽样形式的基础，通常只是在总体单位之间差异程度较小和数目较少时适用。

当然，简单随机抽样也有不足之处，它只适用于总体单位数量有限的情况，否则编号工作繁重；对于复杂的总体，样本的代表性难以保证；不能利用总体的已知信息等。在市场调研范围有限，或调查对象情况不明、难以分类，或总体单位之间特性差异程度小时，采用此法效果较好。

2. 类型抽样　又称为分层抽样或分类抽样。该方法是先将总体的单位按某种特征分为若干次级总体（层），然后再从每一层内进行单纯随机抽样，组成一个样本。一般地，在抽样时，将总体分成互不交叉的层，然后按一定的比例，从各层次独立地抽取一定数量的个体，将各层次取出的个体合在一起作为样本。即主要通过先分组，然后再随机抽样。

类型抽样尽量利用事先掌握的信息，并充分考虑了保持样本结构和总体结构的一致性，这对提高样本的代表性是很重要的。当总体是由差异明显的几部分组成时，往往选择分层抽样的方法。其特点是将科学分组法与抽样法结合在一起，每个个体被抽到的概率都相等 N/M。分组减小了各抽样层变异性的影响，抽样保证了所抽取的样本具有足够的代表性。例如，在飞蝗的发生地区，田埂、路边蝗卵较多，而松软的农田蝗卵密度较小，就需要将总体分为两层。如果调查一个较大地区内的地下害虫平均为害指标时，水浇地与旱地、高地与低地的土壤环境不同，则为害不同，可划分为两类分别进行抽样调查，以提高估计效率。类型抽样适合于昆虫发生及其危害程度调查。

3. 整群抽样　又称为集团抽样或聚类抽样。该方法是将总体中各单位归并成若干个互不交叉、互不重复的集合，称之为群；然后以群为抽样单位抽取样本的一种抽样方式。每点不是一个个体而是一群个体，如在棉花田，每块地随机取样，每点 $1m^2$，再取所有棉株。

应用整群抽样时，要求各群有较好的代表性，即群内各单位的差异要大，群间差异要小。整群抽样的优点是实施方便、节省经费；缺点是由于不同群之间的差异较大，由此而引起的抽样误差往往大于简单随机抽样。

4. 多重抽样　在抽样过程中，如果样本较大，且无法再缩小时，可采用多重抽样方法。如对花蕾期棉花上棉蚜种群的调查，棉株已是最小的样本，而要想对一株棉花上全部棉蚜进行计数，却还是不容易做到。因此，可在所抽棉株样本上按上、中、下部各随机抽取枝条或叶片进行调查，并以枝条或叶片上的虫量来估计样本棉株上的蚜量。这种抽样方法中，棉株是样方，而枝条或叶片为亚样方。样方可以划分成不同大小级别的亚样方，从而称为多重（级）抽样。

对一些发生量大的小型昆虫，如蚜虫、粉虱、蚧壳虫、蓟马等，一般采用多重抽样方法。调查时以“株”为样方，“枝条或叶片”为亚样方，从而实现虫量的调查。多重抽样调查后，先计算出每样方中各亚样方中的平均虫量，以亚样方平均虫量乘以样方所包含的亚样方数，得到每样方中的平均虫量，然后对各样方的虫量进行平均，得到调查区域内的平均虫量。

5. 序贯抽样　序贯抽样是指在抽样时，不事先规定总的抽样个数（观测或实验次数），而是先抽少量样本，根据其结果，再决定停止抽样或继续抽样、抽多少，如此直至决定停止抽样为止。反之，事先确定抽样个数的那种抽样，称为固定抽样。

序贯抽样是调查害虫发生情况常用的抽样方法之一，即用数理统计中假设检验方法，在一定的概率水平保证下，根据较少样本考虑接受或拒绝样本的调查结果的方法。该方法适用于只需要调查病虫害发生程度，是否达到防治指标和检验防治效果，而不需要具体掌握精确种群密度的情况。其特点包括：①不预先规定抽样数量，在既定的误差概率保证下尽可能减少抽样数量；②抽样时必须考虑种群的空间分布型。故序贯抽样的计算方法，因种群分布型不同而异。

（1）泊松分布。设某昆虫种群的卵在田间为泊松分布，且百株卵量 40 粒以上必须防治（m_1=0.4），百株卵量 20 粒以下不需要防治（m_0=0.2）。若田间实际有卵株率在 0.4 以上，误认为在 0.2 以下的误差概率为 α=0.1；或实际有卵株率在 0.2 以下，误认为在 0.4 以上的误差概率 β=0.1，计算上述两条界限平行线的截距（h_0，h_1）和斜率（s）的计算式为

$$h_0=\frac{\ln\dfrac{\beta}{1-\alpha}}{\ln\dfrac{m_1}{m_0}}=\frac{\ln\dfrac{0.1}{1-0.1}}{\ln\dfrac{0.4}{0.2}}=-3.17 \tag{2-26}$$

$$h_1=\frac{\ln\dfrac{1-\beta}{\alpha}}{\ln\dfrac{m_1}{m_0}}=\frac{\ln\dfrac{1-0.1}{0.1}}{\ln\dfrac{0.4}{0.2}}=3.17 \tag{2-27}$$

$$s=\frac{m_1-m_0}{\ln\dfrac{m_1}{m_0}}=\frac{0.4-0.2}{\ln\dfrac{0.4}{0.2}}=0.29 \tag{2-28}$$

则两条界限直线方程为

$$d_0=0.29N-3.17 \tag{2-29}$$

$$d_1=0.29N+3.17 \tag{2-30}$$

在抽样调查前，将一系列 N 值（调查株数）代入式（2-29）与式（2-30），即可得出泊松分布序贯抽样查对表（表 2-3）。当百株卵量小于表 2-3 中该调查株数对应的 d_0 值时，不需要防治；大于 d_1 值时，必须进行防治；当百株卵量在 d_0～d_1 之间，应继续抽样。

表 2-3　田间序贯抽样查对表

调查株数（N）	下限分界值（d_0）			上限分界值（d_1）		
	泊松分布	正二项分布	负二项分布	泊松分布	正二项分布	负二项分布
15	1.35	1.18		7.35	7.52	
20	2.80	2.63		8.80	8.97	
25	4.25	4.08		10.25	10.42	
30	5.53	5.53		11.87	11.87	
35		6.98			13.32	
50		11.33			17.67	
70			0.5			38.7
80			3.3			41.5
90			6.1			44.3
100			8.9			47.1

（2）正二项分布。设某昆虫种群的卵在田间为正二项分布，有卵株率40%以上时必须防治（p_1=0.4），有卵株率20%以下时不需要防治（p_0=0.2）。又设犯两种错误的概率α、β均为0.05。其截距（h_0，h_1）和斜率（s）的计算式如下：

$$h_0=\frac{\log\dfrac{\beta}{1-\alpha}}{\log\dfrac{p_1}{p_0}-\log\dfrac{1-p_1}{1-p_0}}=\frac{\log\dfrac{0.05}{1-0.05}}{\log\dfrac{0.4}{0.2}-\log\dfrac{1-0.4}{1-0.2}}=-3.00 \tag{2-31}$$

$$h_1=\frac{\log\dfrac{1-\beta}{\alpha}}{\log\dfrac{p_1}{p_0}-\log\dfrac{1-p_1}{1-p_0}}=\frac{\log\dfrac{1-0.05}{0.05}}{\log\dfrac{0.4}{0.2}-\log\dfrac{1-0.4}{1-0.2}}=3.00 \tag{2-32}$$

$$s=\frac{\log\dfrac{1-p_0}{1-p_1}}{\log\dfrac{p_1}{p_0}-\log\dfrac{1-p_1}{1-p_0}}=\frac{\log\dfrac{1-0.2}{1-0.4}}{\log\dfrac{0.4}{0.2}-\log\dfrac{1-0.4}{1-0.2}}=0.29 \tag{2-33}$$

则两条界限直线方程为

$$d_0=0.29N-3 \tag{2-34}$$

$$d_1=0.29N+3 \tag{2-35}$$

在抽样调查前，先将一系列N值代入式（2-34）与式（2-35），即可得出正二项分布型的序贯抽样查对表（表2-3）。若在田间检查20株，有卵株率小于表2-3中相对应的d_0值，不需要防治；大于d_1值，必须进行防治；若处于d_0～d_1之间，可适当增加调查株数，若再调查后仍在d_0～d_1之间，可暂不进行防治。

（3）负二项分布。设某种群的卵在田间为负二项分布，每百株有卵40粒以上必须防治，有卵20粒以下不需要防治，即$h_0=kp_0=0.2$，$h_1=kp_1=0.4$。设$\alpha=0.05$，$\beta=0.05$，方差（S^2）=2.4，得$kp_1\,q_1=2.4$，$q_1=\dfrac{kp_1q_1}{kp_1}=\dfrac{2.4}{0.4}=6$，$p_1=q_1-1=5$，$k=\dfrac{kp_1}{p_1}=\dfrac{0.4}{5}=0.08$，又因$kp_0=0.2$，得$p_0=\dfrac{kp_0}{k}=\dfrac{0.2}{0.08}=2.5$，$q_0=1+p_0=3.5$，$k\,p_0\,q_0=0.7$。计算$h_0$、$h_1$和$s$的公式及数值如下：

$$h_0=\frac{\log\dfrac{\beta}{1-\alpha}}{\log\dfrac{p_1q_0}{p_0q_1}}=\frac{\log\dfrac{0.05}{1-0.05}}{\log\dfrac{5\times3.5}{2.5\times6}}=-19.1 \tag{2-36}$$

$$h_1=\frac{\log\dfrac{1-\beta}{\alpha}}{\log\dfrac{p_1q_0}{p_0q_1}}=\frac{\log\dfrac{1-0.05}{0.05}}{\log\dfrac{5\times3.5}{2.5\times6}}=19.1 \tag{2-37}$$

$$s=k\frac{\log\dfrac{q_1}{q_0}}{\log\dfrac{p_1q_0}{p_0q_1}}=0.08\times\frac{\log\dfrac{6}{3.5}}{\log\dfrac{5\times3.5}{2.5\times6}}=0.28 \tag{2-38}$$

则两条界限直线方程为

$$d_0=0.28\,N-19.1 \tag{2-39}$$

$$d_1=0.28\,N+19.1 \tag{2-40}$$

将一系列 N 值代入式（2-39）与式（2-40），亦可得出负二项分布型田间序贯抽样查对表（表 2-3）。若在田间检查 20 株，有卵株率小于表 2-3 中相对应的 d_0 值，不需要防治；大于 d_1 值，必须进行防治；若处于 d_0～d_1 之间，可适当增加调查株数，若再调查后仍在 d_0～d_1 之间，可暂不进行防治。

二、非随机抽样

在总体内每个抽样单位被抽取的概率是不相等的，其概率也是无法事先知道的。由于无随机性，因而样本受主观因素的影响；无法对抽样误差进行无偏估计；不能合理应用概率统计理论，结论往往不可靠。属于非随机抽样的方法有系统抽样、典型抽样。

1. *系统抽样*　系统抽样又称机械抽样、等距抽样、顺序抽样或机械间隔抽样。其基本方法是首先将总体中各单位按一定顺序排列，根据样本容量要求确定抽选间隔，然后随机确定起点，每隔一定的间隔抽取一个单位。该方法是纯随机抽样的变种。在机械抽样中，先将总体从 1～N 相继编号，并计算抽样距离 $K=N/n$。式中，N 为总体单位总数；n 为样本容量。然后在 1～K 中抽一随机数 k_1，作为样本的第一个单位，接着取 k_1+K，k_1+2K，…，$k_1+(n-1)K$，直至抽够 n 个单位为止。一般病虫害调查可采用以下几种方法选取抽样单位（图 2-3）。

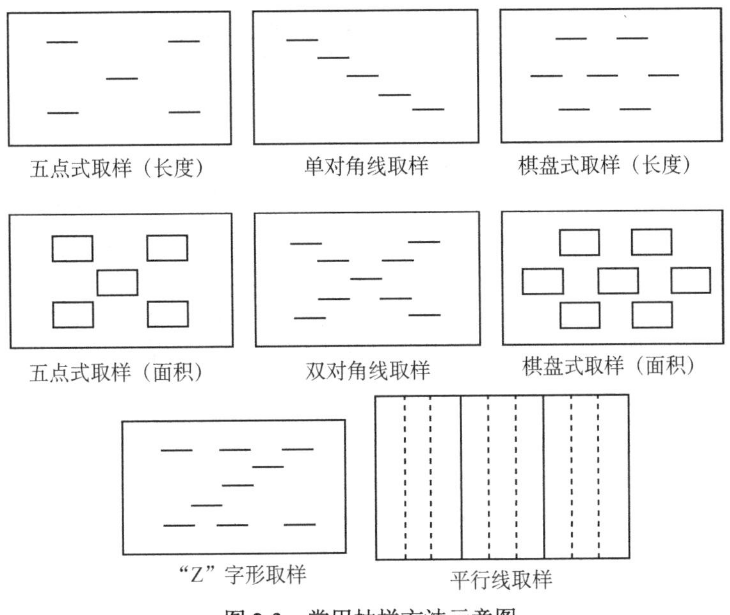

图 2-3　常用抽样方法示意图

（1）五点式取样。该方法比较简单，取样数量较少，样点可稍大。该方法适于密集的或成行的作物及泊松分布型的病虫害调查，可按面积、长度或植株数作为抽样单位。

（2）对角线取样。该方法分单对角线和双对角线两种，与五点取样法一样，取样数较少，每样点可稍大。该方法适于密集的或成行的作物及泊松分布型的病虫害。

（3）棋盘式取样。将田块划成等距离、等面积的方格，每隔一个方格的中央取个样点，相邻行的样点交错分开。该方法取样数量较多，比较准确，但较费工。该方法适于密集的或成行的作物及泊松分布型或聚集分布型的病虫害。

（4）行线取样。该方法也称分行式抽样，适于成行的作物及聚集分布型的昆虫。该方法样点较多，分布也较均匀。

（5）“Z”字形取样。样点分布沿田边较多，田中较少。该方法主要针对一些在田间分布不均匀的昆虫，如红蜘蛛等，适于负二项分布型的病虫。

系统抽样方式相对于简单随机抽样方式最主要的优势就是经济性。系统抽样方式比简单随机抽样更为简单，花的时间更少，并且花费也少。使用系统抽样方式最大的缺陷在于总体单位的排列上。一些总体单位数可能包含隐蔽的形态或者是“不合格样本”，调查者可能疏忽，把它们抽选为样本。由此可见，只要抽样者对总体结构有一定了解时，充分利用已有信息对总体单位进行排队后再抽样，则可提高抽样效率。

2. 典型抽样　从总体内有目的地选取有代表性的典型抽样单位，要求能够代表总体的绝大多数。这样抽取的样本称为典型样本。目的是通过典型抽样单位来描述或揭示所研究问题的本质和规律，因此选择典型抽样单位应该具有研究问题的本质或特征。此法可用于总体很大的情况下，以节省人力和时间；但带有主观性，不符合随机原理，因此又称为主观抽样。它无法估计抽样误差，结果不稳定，全凭调查者的经验和技能。

第四节　理论抽样数

在进行抽样调查时，当抽样方法确定后，在走入田间进行调查前还需要进一步确定调查多少样本才能保证抽样平均数符合预定允许误差范围，这就是理论抽样数的确定。目前，大多数的调查者对抽样数的多少还不够重视，抽样数常按经验值来执行，如稻飞虱田间虫量系统调查时选择有代表性的各类型田 3～5 块，采用平行双行跳跃式取样，每点取 2 丛。每块田的调查丛数可根据稻飞虱发生量而定：每丛低于 5 头时，每块田调查 50 丛以上；每丛 5～10 头时，每块田调查 30～50 丛；每丛大于 10 头时，每块田调查 20～30 丛；玉米螟卵量调查时，采用棋盘式取样，共取 10 点，每点 10 株。调查样本量的经验值来源于多次实践，同时也有理论抽样数计算公式的指导。

一、总体为正态分布时的理论抽样数方程

令 d' 为允许误差，n 为抽样数（下同），则 $t=\frac{d'}{S\bar{X}}=\frac{d'}{s\cdot\frac{1}{\sqrt{n}}}$，$t^2=\frac{d'^2}{s^2\cdot\frac{1}{n}}$，可得

$$n=\frac{t^2s^2}{d'^2} \tag{2-41}$$

例如，调查水稻秧田黑尾叶蝉虫口密度，以每平方尺[①]作为一个取样单位，预先调查 8 平方尺，得虫数（只）为 7、10、9、3、5、9、6、6，求 n。

$\bar{X}$=6.88（只），S^2=5.554，如果将允许误差控制在 10%以下，则 d'=0.5（只），以 95%的概率

① 1 尺≈0.33m。

保证，t=1.96，所以$n=\frac{t^2s^2}{d'^2}=\frac{1.96^2\times5.554}{0.5^2}$=85.34（平方尺）。

二、总体为负二项分布时的理论抽样数方程

1. Karandinos（1976）提出公式

$$n=\frac{t^2}{D^2}\left(\frac{1}{\overline{X}}+\frac{1}{K}\right) \tag{2-42}$$

式中，$D=\frac{d'}{\overline{X}}$；$K$为负二项分布中参数$k$值，在实际应用时为公共$K$值（$Kc$）；$n$为理论抽样数；$t$为置信度，取$t$=1.96（置信度为95%时的正态离差值）；$D$为允许误差值，分别取0.1、0.2、0.3；$\overline{X}$为平均虫口密度。

因为$D=\frac{d'}{\overline{X}}$，故$d'=D\overline{X}$，则$n=\frac{t^2S^2}{d'^2}=\frac{t^2S^2}{D^2\overline{X}^2}$；又$K=\frac{\overline{X}^2}{S^2-\overline{X}}$，则$S^2=\frac{\overline{X}^2}{K}+\overline{X}$。代入上式，

可得$n=t^2\frac{\frac{\overline{X}^2}{K}+\overline{X}}{D^2\overline{X}^2}=\frac{t^2}{D^2}\cdot\frac{\frac{\overline{X}^2}{K}+\overline{X}}{\overline{X}^2}=\frac{t^2}{D^2}\left(\frac{1}{K}+\frac{1}{\overline{X}}\right)$。

2. 利用平均拥挤度的理论抽样数的确定　日本学者 Iwao 于1968年提出了通过计算样本平均数$\overline{X}$和平均拥挤度m^*之间的回归关系$m^*=\alpha+\beta\overline{X}$来确定昆虫空间格局的方法，并可用回归所得的$\alpha$和$\beta$值进行理论抽样数的计算。根据公式，有

$$m^*=\overline{X}+\left(\frac{S^2}{\overline{X}}-1\right) \tag{2-43}$$

$$S^2=\overline{X}\left(m^*-\overline{X}+1\right)=\overline{X}\left(\alpha+\beta\overline{X}-\overline{X}+1\right)=\left(\alpha+1\right)\overline{X}+(\beta-1)\ \overline{X}^2 \tag{2-44}$$

因为$t=\frac{d'}{S\overline{X}}$，$d'=t\sqrt{\frac{S^2}{n}}=t\sqrt{\frac{\left(\alpha+1\right)\overline{X}+(\beta-1)\ \overline{X}^2}{n}}$；令$D=\frac{d'}{\overline{X}}$，$D^2=\frac{d'^2}{\overline{X}^2}$，$d'^2=D^2\overline{X}^2$；

所以$D^2\overline{X}^2=t^2\frac{\left(\alpha+1\right)\overline{X}+(\beta-1)\ \overline{X}^2}{n}$，可得

$$n=\frac{t^2}{D^2}\left(\frac{\alpha+1}{\overline{X}}+\beta-1\right) \tag{2-45}$$

式中，n为理论抽样数；D为允许误差值，分别取0.1、0.2、0.3；t为置信度，取t=1.96（置信度为95%时的正态离差值）；$\overline{x}$为平均虫口密度；α、β为Iwao回归式中的参数。根据Iwao的理论抽样原理，采用式（2-45）确定昆虫在不同虫口密度、不同误差条件下的最适理论抽样数。

例如，根据玉米大斑病平均拥挤度和均值的回归分析结果表明，$\overline{X}$与m^*直线关系为$m^*=-0.026+0.964\overline{X}$（$r$=0.998**），在不同发病程度下的理论抽样数公式为$n=\frac{t^2}{D^2}\left[\frac{0.974}{\overline{X}}+1.964\right]$。取$t$=1.96（置信概率为0.95），当相对误差（$D$）为0.1、0.2和0.3时，平均单株病斑数（$\overline{X}$）不同密度下的理论抽样数（$n$）见表2-4。

表 2-4 玉米大斑病不同发病程度下的理论抽样数（王艳红等，2009）

允许误差（D）	不同平均单株病斑数（个）下的理论抽样数									
	0.1	0.2	0.3	0.5	1.0	2.0	3.0	4.0	5.0	10.0
0.1	3727.89	1857.03	1233.41	734.52	360.34	173.26	110.89	79.71	61.00	23.59
0.2	931.97	464.26	308.35	183.63	90.09	43.31	27.72	19.93	15.25	5.90
0.3	414.17	206.32	149.84	89.63	40.03	19.25	12.32	8.87	6.78	2.62

但从以上推导过程可以认识到，Iwao 的公式中的 t 即对应于正态分布的 u 值。在实际应用中，u 值（即 t 值）要根据预定的可靠性 p 查正态分布的双侧分位数表查出。几个常用的 u 值：当 p=0.99，u=2.576；当 p=0.95，u=1.960；当 p=0.90，u=1.645；当 p=0.80，u=1.282。式中的总体平均数 $\bar{X}$ 可设定各可能值代入，即可算出当总体平均数为某一设定值时，应抽取的样本单元数 n。

三、总体为泊松分布时的理论抽样数方程

因为泊松分布的特点是 $\bar{X}=S^2$，$d'=t\sqrt{\frac{S^2}{n}}=t\sqrt{\frac{\bar{X}}{n}}$，所以 $n=\left(\frac{t}{d'}\right)^2\bar{X}$。

例如，调查田间二化螟卵块密度，以 20 兜作为一个取样点，预先查 5 点，得卵块数为 1、1、2、4、2，$\bar{X}$=2（块）。如果将允许误差控制在 20%，d'=0.4，以 95%概率保证 t=1.96，则 $n=\left(\frac{t}{d'}\right)^2\bar{X}=\left(\frac{1.96}{0.4}\right)^2\times 2=48$（取样点）。

抽样数的多少与两个因子有关，一是调查要求的准确度水平，即误差大小；二是调查结果的变异系数或标准差。理论的抽样数 $n=\left(\frac{t_\alpha S}{D}\right)^2$，其中 S 为调查值的标准差；D 为可接受的绝对误差，即可接受的 95%的置信区间的宽度；t_α 为 95%水平下的 t 值，一般取 1.96。如果知道调查结果的变异系数 CV，则可将能接受的准确度水平用相对误差 r 来表示，r 为绝对误差 D 与平均数的比值，这时理论的抽样数可计算为 $n=\left(\frac{200\text{CV}}{r}\right)^2$（Krebs，1998）。

第五节 植物病虫害调查方法

一、昆虫样本调查方法

由于昆虫在空间格局、栖息环境、生活习性、食物（寄主）选择等方面的复杂性与多样性，依据昆虫生活在乔木、灌木、藤本、草本植物等多种植被环境内，针对地表昆虫、树冠昆虫、倒木昆虫、菌生与腐（尸）生昆虫、天敌昆虫、观赏昆虫等不同生态类别，昆虫学家们提出了多种不同的、有很强针对性的昆虫种群调查与监测方法，如目测法、陷阱法、诱集法（包括灯光诱集、草堆诱集、马来氏网诱集、窗诱集法、颜色诱集等）、吸虫器法、网筛法、样方法、改进型灯诱法（针对夜行性昆虫）、敲击振打法（针对作物上的植食昆虫）、样线网捕法（主要针对昼行性的

蝴蝶、蜻蜓等大型善飞昆虫）、飞行障碍捕捉法、黏胶器捕捉法等。以上所列方法，相互配套互补、各有侧重，可以完成昆虫多样性的整体监测功能。国际上的若干长期定位生态监测计划、全球样带计划、Diversitas 计划等，都早已采用上述采集调查方法与技术，进行了长期深入工作，如美国科学家在南美、日本科学家在马来西亚等地，建立了热带雨林昆虫多样性长期监测与生态研究定位站，投入巨资开展监测研究，取得了令人瞩目的进展。下面介绍几种常用的方法。

（一）作物或森林昆虫调查方法

1. *直接目测法*　这是目前最常用的一种采集样本的方法，通过逐株、逐叶、逐果直接地检查计算每样方植株上昆虫的数量。该方法主要适合于种群所处的环境易于肉眼观察的情形，或低矮的作物上不易飞翔的昆虫调查。直接观察时，不宜对植株进行过大的振动，计数时可按一定顺序，以免昆虫飞走或逃跑。

对于高大的森林或果树，也可以用本方法，但由于昆虫在树上的分布受方位和空间影响，应分上、中、下及东、南、西、北进行取样调查。对于大量发生的小型昆虫（如棉田“伏蚜”、蓟马），研究者常采用棉花上、中、下各 3 个叶片调查。

2. *敲击振打法*　这是通过用力将一定样方中作物上的昆虫与其植物相分离后，进行统计的方法。常用的有以下几种。

（1）盘拍法。这是振落法中应用最多的一种方法，如调查水稻飞虱时，将瓷盘放到水稻基部（与水面或地面平齐），用手以恒定力量拍打稻株 2 或 3 次，从而把虫体振落于瓷盘中，有利于计数。在计数过程中，需先对易动的成虫进行计数，然后再查其他个体。查完后将瓷盘内的虫体清扫干净，再进行下一次拍查取样。

（2）木桶法。如调查棉花中期昆虫时，可将棉株（活体）全部放入到木桶或塑料桶中，再抖动棉株，使所有棉株上的昆虫落入桶中，再清点桶中昆虫的数量。

（3）敲树法。如调查高大果树或低龄森林上的昆虫时，可在树下面铺上一块白布，或将布的四个角用木杆支于地上，呈漏斗状，然后敲打树干或树枝，将昆虫振落于布上而计数。

对于无法振落的昆虫种类，可以采用喷施农药的方法，将其击落计数。振落法最好不要在作物上有水珠时使用。

3. *吸虫器法*　在做昆虫种群数量调查时，可用具有一定吸力的吸虫器将作物上的昆虫全部吸到一个袋中。它类似于“吸尘器”，即将一个固定大小的布袋罩住取样样方，该布袋又连接着一个发动机和风扇，通过吸力将植株上的昆虫全部吸入布袋，再清点布袋内的昆虫数量。现已有专门的昆虫吸虫器供选用。吸虫器法存在吸力不足时抽样效果不好，而吸力太大时又易将虫体破碎，并且调查时调查者需背负一定重量进行等不足点，同时造价较高。因而虽然其可以自动吸虫，但还是没有在昆虫调查中得到广泛使用。

目前常用的还有一种小型吸虫瓶，可直接吸取个体较小、行动较慢的小型节肢动物，如小蜘蛛、蜱螨、跳虫、小蚂蚁等。吸虫瓶由吸嘴、装瓶和吸球组成（图 2-4）。将吸嘴对着小虫，同时掀动吸球，即把虫子吸入瓶内。

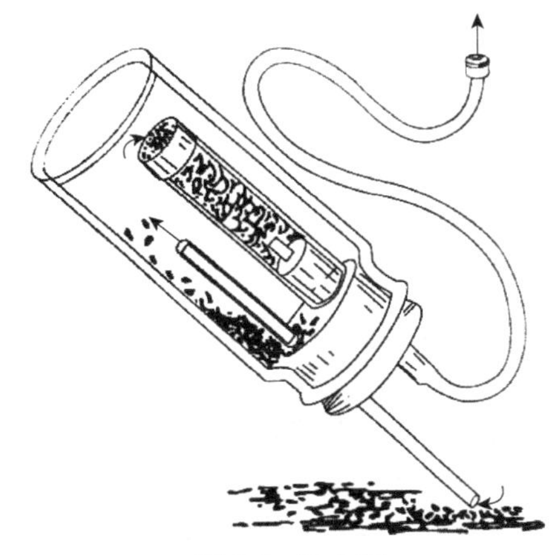

图 2-4　吸虫瓶

4. *网捕法*　针对植株或叶片较为柔韧、不易折断、且无刺的作物，进行昆虫种群数量调查时，或针对飞翔能力较强的昆虫时，均可采用网捕法。例如，水稻秧苗期或冠层叶片上的灰飞虱、稻蓟马和稻纵卷叶螟等，草坪草原上的各类昆虫，田间杂草上的昆虫，林间飞翔的蝴蝶等可用网捕法调查。

网捕法操作简单。采集者使用一定直径大小的捕虫网，网眼孔径大小要根据所调查昆虫体型大小而确定，一般用网袋较深和网眼较密的网，扫捕相对静止状态的昆虫时，其捕获率会较高。扫网时一般以“扫过来再扫回去”为一个复次，网捕定数量（如20网或30网），记录所捕获的个体数。如果在短时间内计数较难，可以按样方将全部个体倒入一收集瓶或收集袋内，带回室内计数。扫网时可通过计算网扫过区域的面积来估计种群的密度。网捕法不宜在作物上有水珠的情况下使用，即在雨后或早晨有露水时不宜用该方法进行调查。

5. *飞行障碍捕捉法*　本方法多用于森林昆虫的取样。方法是在林中或林缘地带，设置一个1.5m高的方形木架，在木架上面装置两块十字交叉的半透明的薄塑料板，板高约20cm。十字板下有一漏斗与一个装有水的瓶子相连接。林中飞翔的昆虫碰撞在塑料板后因反作用力而自行通过漏斗落入水瓶中，定时取出落水昆虫进行统计归类。这种捕捉器对飞翔的甲虫如小蠹虫的效果比较好，对确定昆虫的飞行方向是有作用的。

6. *黏胶器捕捉法*　黏胶捕捉器是用金属或薄塑料板制成的一个高约20cm、直径约10cm的圆筒，在圆筒表面涂一层黏胶，筒内悬挂有聚集素诱芯，当林中飞舞的昆虫受到引诱飞来时即被黏胶粘住。据介绍，该种诱芯在阴凉处有效期能保持4个星期左右，在阳光下，1星期左右即行分解失效。黏胶捕捉器的捕虫量相当于飞行障碍捕捉器的1000倍，以捕捉鳞翅目的昆虫效果为好，可以捕捉用飞行障碍捕捉器所不能捕捉的昆虫种类。

7. *诱集法*　诱集法是利用昆虫对于灯光、颜色、植物和信息化合物等的趋性进行调查昆虫种群的方法。

（1）灯光诱捕法。根据昆虫的趋光性，利用煤油灯、黑光灯诱来昆虫，再清点昆虫数量。最简单的灯光捕捉器，是在一个装有毒剂（或水）的收集器上安装一个（或几个）紫外光灯管。夜晚通电开灯后，即能捕捉到大量的昆虫。对于比较各年之间某种害虫的密度和预测一些害虫的羽化日期是很有用的。

灯光诱捕还有一种方法，即帐篷捕捉法，捕捉工具是在森林边缘的开阔地上设置一个开口面向森林一侧的帐篷。帐篷的框架由铁管组成，长约2.5m、宽和高各约为1.5m。在框架的左、右、上三面用较厚的绿帆布遮住，后面一侧用坚实而透明的白塑料膜遮住，面对森林的一面敞开。利用昆虫的趋光性来捕捉昆虫。此种方法虽然原始，但国际生物防治组织（IOBC）曾用此法捕捉到80年来未曾捕到过的昆虫。

（2）性信息素诱集。性信息素能专一地诱集同一种类的昆虫，这能解决诱虫灯将害虫及天敌等一同诱杀的问题，如二化螟性信息素只能引诱二化螟。性信息素诱集法能获得一种性别（多为雄性）的数量，从而大致反映成虫的发生期，在测报上可以使用。性信息素诱集法需要定期更换带有性诱剂的诱芯，带诱芯的诱集设备如诱盆要摆放在下风口位置。

（3）植物把诱集。杨树把或草把诱蛾在棉铃虫和黏虫种群数量调查与诱杀上常被使用，效果较好。使用时要注意每天收集和更换诱集把。

（4）颜色诱集。利用昆虫对某种颜色具有正趋性的特点，诱集昆虫。如利用黄板或黄盆诱集蚜虫、粉虱、叶蝉等昆虫的方法在有机农产品基地，如蔬菜大棚、茶园、果园内广泛使用，这种方法能诱杀低空飞行的昆虫，从而获得田间种群的相对数量。不过，由于粘在板上的昆虫较难去除，因此不宜利用同一批板进行种群数量的长期监测。同时，板上的黏胶也有使用时间限制，一定时间后需进行更换。

诱集法调查种群数量时，获得的是种群的相对数量，不能完全反映田间的虫量多少，因此，还需要结合田间调查来判断虫情的实际数量，而且使用时要注明诱集设备的个数、诱集时间的长短及其放置的位置等信息。一般诱集设备能诱集到昆虫的范围是很有限的。应用诱捕器时一定要注意下面几个方面的问题：①诱捕器放置的位置要固定，不能改变，否则影响诱捕到的昆虫数量。对有些昆虫来讲，诱捕器放置在不同的高度，其诱虫效果是不同的。②诱捕所采用的刺激源不能改变。如灯光诱捕器上的灯光波长不能改变，性诱捕的性诱剂不能改变等，否则所得到的种群数量不准确。③诱捕器的口径大小不能改变。口径的大小对诱捕到的昆虫数量有直接的影响。如果不同时期改变了口径的大小，那么所得到的种群数量缺少可比性。

8. 标记重捕法 这种方法的原理是，挑选一个种群中的一部分个体用某种方法做标记并放回原来的种群中，经过一段时间，待两者完全混合后采集部分个体，通过分析这些个体中有标记与无标记的个体数量的比例，计算出种群数量。计算公式为

$$N_2 = N_1 \times \frac{N_3}{N_4} \tag{2-46}$$

式中，N_1为释放有标记的个体数量；N_2为估计的种群数量；N_3为重捕的个体总数量；N_4为重捕的个体中有标记的个体数量。

使用这种方法时应注意下面几个关键问题：①标记不能影响昆虫本身的行为活动与生存；②所做的标记要有一定的耐久性，在重捕时不能脱落，可以清晰辨识；③如果抽样期间种群不是封闭的，有迁入和迁出，计算时要加以考虑；④如果抽样期间有生与死，则要加以考虑；⑤还要考虑该种昆虫的活动范围。

（二）地面活动的昆虫调查方法

1. 方框法 方框法指在地面设置一定大小（通常 $1m^2$）的方框作为样方，调查框中的个体数、生物量、物种数等的方法。这种方法广泛用于调查动植物的种群密度或分布方式，或群落的种类组成。但对活动能力较强的昆虫，应在放框之前清点。

2. 陷阱诱捕法 具体做法是将容器放置到土壤中，容器上沿与地面平齐，地表活动的甲虫及其他无脊椎动物会掉落到容器内被捕获。陷阱一般采用 2 个容器（外杯和内杯），取标本时仅取出内杯倒出诱集标本，这样就能避免在取样时破坏地表结构。容器材质也可以多样，如塑料杯、PVC 和玻璃杯均可。陷阱内一般倒入引诱剂，地面爬行的昆虫经过时即落入陷阱中，为避免昆虫相互残杀和腐烂，倒入的溶液量为内杯的 1/4～1/3。引诱剂通常为醋、糖、酒精和水的混合溶液，按一定的重量比配制，一般为 2∶1∶1∶20。取样时间为 3～4d，陷阱内标本一般保存在 70%的乙醇内，但如果标本需要进行分子生物学实验，最好保存在 95%的乙醇内。由于雨水会冲刷陷阱、破坏陷阱、造成标本流失，干扰正常取样，所以陷阱上方通常安置防雨罩来遮挡雨水（图 2-5）。盖的材质同样可以采用多种材料，优先选择铁皮和塑料盖。该方法主要用于地表性昆虫，如蚂蚁、甲虫，尤其是步甲昆虫等的调查。

田间样地的设置，一般情况下，在总体调查农田面积大于 $25hm^2$ 地域内，选择 3 个样地，每个样地面积在 $4hm^2$ 以上，样地间的距离至少 500m；在面积不够大、约为 $5hm^2$ 的同质调查农田内选 1 个样地。每个样地内设 5 个样点，样点间距离 15m，每个样点由 5 个陷阱组成，排列成十字形（图 2-6），每个陷阱的间距为 1m。

还有一种方法是不在地下埋杯，而直接在地面土壤上挖一些四壁上下垂直的小深坑，爬行昆虫遇到地面坑时即落入陷阱中。这种捕捉法在陷阱中没有诱饵物时，仅能捕捉一些偶然掉进其中的昆虫个体；当有诱饵物时，则能引诱来相当距离的昆虫个体。

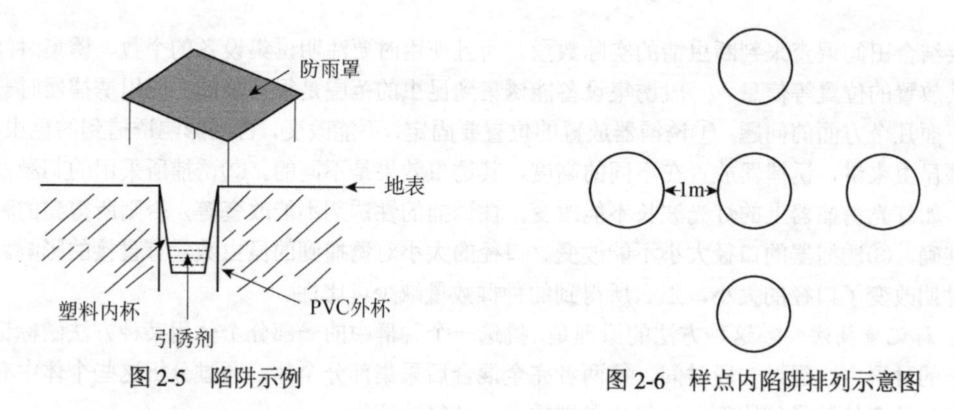

图 2-5　陷阱示例　　图 2-6　样点内陷阱排列示意图

（三）土壤昆虫调查方法

1. *大型土壤昆虫调查法*　在一定的土壤面积上（50cm×50cm），按深度 10cm、20cm、30cm 进行挖土，当即手动调查。采用这种方法，样方的选择对调查结果影响较大。因为昆虫的分布极不均匀，一个样方没有代表性；多个样方工作量又太大。如果是在山地森林生境，常因坡度大、树根多且岩石较多等，进行大尺度的样方调查时困难很大。该方法主要适合于大型土壤昆虫。

2. *中小型土壤昆虫调查法*　最常用的取样设备通常包括干漏斗（Tullgren 装置）和湿漏斗（Baermann 装置）及其各种改良型，都是根据土壤动物怕光、怕热、怕干燥等行为原理而设计的。由于调查样地环境条件、工作条件和调查者的要求不尽相同，因此这两类漏斗装置常被改制成各种形式，但原理是一样的。

因所需样品体积小，故有专门的定量取样器，有直径 5cm、高 5cm 的环刀（小型干漏斗用）和直径 3cm、高 3cm 的环刀（小型湿漏斗用）。目前为了测定比较中小型和湿生土壤昆虫的密度，采用单位土壤质量的土壤昆虫个体数来表示，单位为 No/g。通常采用每 100g 鲜重土样中土壤昆虫的个体数来表示中小型和湿生性土壤昆虫密度，单位为 No/100g，这样就可以避免单位面积无法确定的问题，保证土壤动物群落结构的比较分析。

二、病害样本采集调查方法

1. *准备工具和材料*　标本夹、标本纸、标本箱、手铲、手锯、剪刀、修枝剪、高枝剪、小玻璃管、标本袋、标签、记录本、铅笔、记号笔、手持放大镜、海拔仪等。

2. *大田采集*　大田采集主要分为按季节采集和按寄主采集。按季节采集主要是针对每年只在特定时期发生而且各地区由于种植结构不同而发生的病害，可选择常发区域采集，如小麦白粉病的有性阶段多在每年 5～6 月能够采集到；灰霉病则在低温阴雨的条件下容易发病，每年 3～5 月最容易采到。按寄主采集主要针对寄主范围广泛的病害，如霜霉病，可在很多植物上发现，常见的有葡萄、白菜、黄瓜等；疫病可在番茄、辣椒、马铃薯等植物上发现，且在设施条件下更容易发病。

3. *根据地理特征取样*　采集地的地理生态条件要紧密联系病害的发生条件、病原体的生物特性等，如卵菌容易在潮湿低洼的地方或易积水结露的部位采集到；表现萎蔫的植株要连根挖出，有时还要连同根际的土壤等一同采集；寄生性种子植物应与寄主相联系，如列当在高纬度地区的双子叶草本植物上寄生，独脚金多在低纬度地区的单子叶植物上寄生，槲寄生类则在木本植物的茎秆上寄生；粗壮高大的植株，则宜削取一片或割取一截。有些野生植物上的病害症状很特殊，采集时一定要连同植株的枝叶或花一起采集，以便确定其寄主名称。

4. 根据部位进行取样

（1）病叶。用剪刀剪取发病植物的病叶，如小麦锈病、水稻稻瘟病、玉米弯孢菌叶斑病、葡萄霜霉病、马铃薯晚疫病、黄瓜白粉病及梨黑星病的病叶等，装入采集夹中。尽量剪取整个病叶；同时，对于每一片叶上的病斑，在颜色、大小以及形状方面都应是较为一致的。

（2）病穗。用剪刀剪取发病植物的病穗，如玉米丝黑穗病、高粱丝黑穗病、谷子白发病的病穗等，装入采集筒中。对于黑粉类的病穗，每种病穗要及时放入小的采集袋中，同时注意隔离，以防黑粉散落在其他病穗上相互混杂。

（3）病果。用剪刀剪取发病植物的病果，如茄子褐纹病、番茄溃疡病、辣椒炭疽病、苹果轮纹病、梨黑星病等病果，装入采集筒中。特别注意对于像番茄一类多汁的病果，应先以标本纸分别包裹后，置于采集筒（箱）中，以防相互挤压而变形。

（4）病根。用铁铲挖取发病植物的病根，如大豆孢囊线虫病、葡萄根癌病的病根等，装入采集筒中。在采集此类病害的标本时，要注意挖取点的范围要大一些，以保证取得整个根部。同时，对于像线虫病害的病根，在除去根须上的泥土时，操作要谨慎，保证其根须上的孢囊不散落，且除采集病根外，还应采集根际土壤。

5. 采集数量　采集数量以能满足需要为原则，每种病害 5 份以上。采集时要随时做标记，标签内容包括寄主名称、采集地点、采集时间、采集人、生态条件和土壤条件等，分别置于采集箱、标本夹、采集筒或采集袋中。

复习题

1. 研究病虫害空间分布类型有何意义？

2. 植物病虫害空间分布主要有哪几种类型？如何判断？

3. 病虫害的度量标准有哪些？

4. 经调查，一块春玉米田（0.84 亩，N=2100 株）中一代玉米螟卵块数，其中 $\bar{X}$=0.186（卵块/株），S^2=0.217，并同其他 26 块春玉米田中一代螟卵块的 $m^*-\bar{X}$ 直线关系为 $m^*=0.024+1.925\bar{X}$。该田一代螟卵块呈负二项分布（k=1.118）。若从该田中进行简单随机抽样，要求样本值精确度为 0.05（卵块数/株），试计算应抽查多少株？

5. 经调查，一块花生田中花生褐斑病平均病斑数呈泊松分布，其中 $\bar{X}$=0.073，S^2=0.258，同其他 6 次调查的花生褐斑病病斑数的 $m^*-\bar{X}$ 直线关系为 $m^*=7.528+0.881\bar{X}$。若令 d=0.05（病斑个数/株），试计算应抽查多少株？

6. 常用的昆虫田间调查方法有哪些？分别适用于哪种作物或昆虫的哪种分布格局？

7. 如何调查采集病害标本？

第三章　植物病虫害发生的系统监测

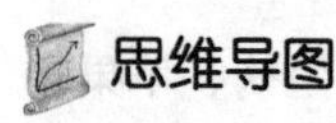

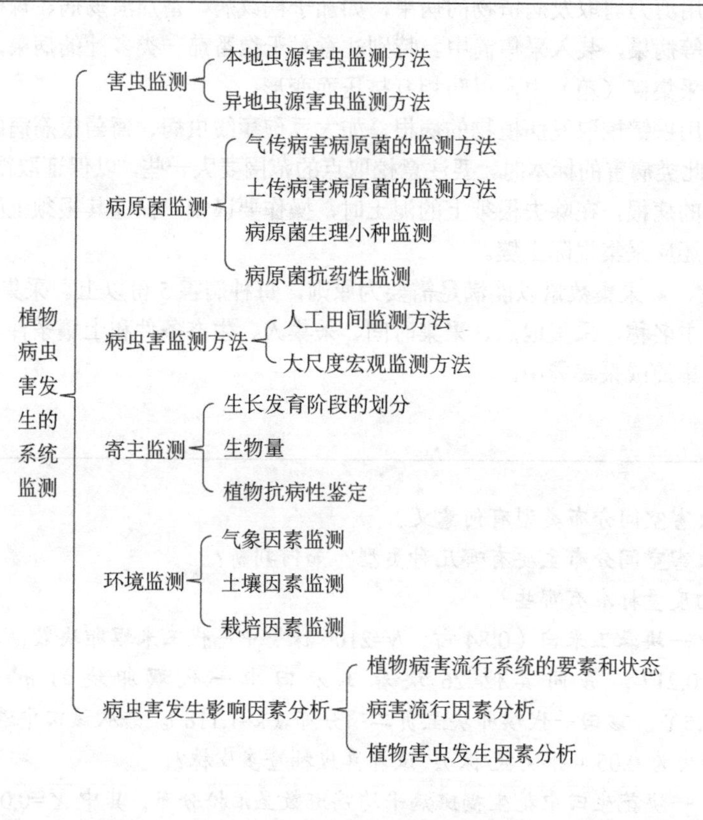

本章概要

监测是对实际情况进行观测、表述和记录的活动，是人类直接从真实系统提取信息，认识客观事件的起点，也是进行病虫害预测的前提。植物病虫害发生的系统监测是对植物病虫害发生系统的实际状态和变化进行全面、持续、定量和定性的观察、表述和记录。对病虫害发生系统的监测不仅要获取某种病虫害发生状况的时序数据，而且要对病虫害发生系统的各种组分和影响因素进行观测，因此本章从害虫监测、病原菌监测、病虫害监测方法、寄主监测、环境监测和病虫害发生影响因素分析等六个方面进行讲述。

第一节　害虫监测

害虫种群数量监测可以实时准确地了解害虫种群在田间的实际数量，监测的直接结果是产生尽可能符合实际的代表值，以供预测分析之用。害虫根据虫源类型可分为本地虫源害虫和异地虫源害虫，异地虫源害虫又称为迁飞性害虫。传统的本地虫源害虫的监测方法主要是通过人工调查来计数，传统的异地虫源害虫主要通过标记-回捕技术来估计害虫的种群数量。上述方法在第二章均已介绍。近些年来，随着计算机技术、自动化技术等技术的迅速发展，害虫种群数量监测取得了很大的进步：在本地虫源害虫监测方面，主要依据害虫趋性，如趋光性和趋化性，结合害虫自动识别与计数，使得害虫的自动监测成为可能；在异地虫源害虫监测方面，随着昆虫雷达和昆虫高空测报灯技术的发展，也使得害虫自动监测技术得到了很大的发展。本节将从上述几个方面介绍害虫种群监测方法。

一、本地虫源害虫监测方法

（一）自动虫情测报灯

1. *自动虫情测报灯的发展*　在我国早期，人们一般利用20W的交流黑光灯（365nm）进行害虫数量动态监测或昆虫群落结构的研究，为我国重要害虫的防控积累了大量有价值的数据。人们后来发现普通的20W黑光灯在诱集大量害虫的同时，还诱杀大量天敌。到了20世纪90年代初，以河南省汤阴县佳多科工贸有限责任公司生产的佳多牌频振式测报灯/杀虫灯为代表的新一代测报灯诞生（赵树英，2012）。频振式杀虫灯通过对光谱/光波等的改进，具有杀虫谱广、对天敌影响小等优点（钟平生等，2009）。随后，国内生产虫情测报灯和杀虫灯的企业不断创新，产品有长波紫外线LED灯、等离子灯、双波灯等。

随着信息技术和物联网技术的发展，许多企业也开发出用灯光以及相配套的诱集害虫的远程实时监控设备，使得利用灯光监控害虫更加现代化。如北京依科曼生物技术股份有限公司的闪讯®害虫远程实时监测系统，可广泛应用于农业害虫、林业害虫等监测领域。浙江托普云农科技股份有限公司研发出太阳能虫情测报灯、自动虫情测报灯、远程拍照式虫情测报灯等设备，来实现农林害虫的监测与防治。山东济南祥辰科技有限公司将物联网和互联网技术应用于农林害虫生态智能测控，建立了农林害虫生态智能测控系统，构建了靶标害虫自动识别系统，并利用“植信通”APP技术无线服务网络，进行虫害信息发布，建立起互联互通的大众服务平台（王圣楠，2017）。尽管各个生产厂家产品的名称不同，但原理基本一致，即利用害虫的趋光、趋波特性，选用对害虫具有极强诱杀作用的光源与波长，并集成红外处理虫体、自动拍照、自动无线网络传输、自动上传存储等功能于一体的实时害虫监测系统，这里我们统一称为虫情测报灯（图3-1）。

图3-1　自动虫情测报灯（河南云飞科技发展公司）

彩图

2. *自动虫情测报灯的特点*　自动虫情测报灯一般具有光控、雨控和时控功能，实现灯光自动控制。光控模式下，仪器会根据昼夜的变化自动控制灯光的开关；雨控模式则是根据天气变化控制灯光开关；时控模式则是根据靶标害虫的生活习性规律，设定工作时间段。仪器在时间段之内会自动开灯，而时间段之外则会自动关灯，无需人工操作，省时省力。这样大大提高了虫情测报的效率以及时效性，让用户更能够及时采取措施对虫害进行防控。

自动虫情测报灯一般采用安卓系统智能控制，内置工业级高清摄像头，可自动拍照，也可手动拍照，并定时将拍摄的图片上传至系统管理平台，在平台实现害虫计数、报表分析。仪器具备4G/3G/RJ45多种联网模式，可随时随地联网远程管理。设备具有虫雨仓结构，能够自动将雨水排出、实现雨虫分离，使箱内无积水。

自动虫情测报灯能在无人监管的情况下，自动完成诱虫、杀虫、虫体分散、拍照、运输、收集、排水等系统作业，并实时将害虫数量上传到指定智慧农业云平台，在网页端显示虫子数量。

3. *自动虫情测报灯的应用*　目前自动虫情测报灯在作物（水稻、甘蔗、蔬菜、果树、茶树等）、草地、园林植物和森林害虫的监测中得到了广泛的应用。例如，孙涛和臧建成（2014）对西藏林芝地区农田环境（青稞麦和油菜种植区）中的趋光性昆虫进行了监测，发现有5目、13科、84种。双翅目和鳞翅目的相对多度较高，分别为57.82%和32.2%。鳞翅目中以蛾类占优势，其中八字地老虎、黄地老虎和首丽灯蛾为该地区趋光性昆虫的优势种；双翅目中主要是大蚊科种类，是重要的地下害虫。诱集的物种以鳞翅目和鞘翅目最多，且鞘翅目昆虫中的鳃金龟科、芫菁科和丽金龟科物种数最多。自动虫情测报灯大多采用自动拍摄照片，由人工在终端识别计数的方式，但也有学者利用机器学习中的深度学习算法，尝试对灯下图片进行自动识别计数。研究人员利用全国农业技术推广服务中心依托河南鹤壁佳多科工贸股份有限公司建立的农作物病虫实时监控物联网数据库，以虫情测报灯下害虫图像数据库（约18万张）和田间病虫害图像数据库（约32万张）为基础，构建了基于深度学习方法的病虫害种类特征自动学习、特征融合、识别和位置回归计算框架系统，在自然状态下对16种灯下常见害虫的识别率为66%～90%，对38种田间常见病虫害（症状）的识别率为50%～90%。

（二）性诱自动监测

利用昆虫性信息素进行害虫种群监测，由于其专一性和敏感性，不需要进行种类鉴定，与其他害虫种群监测方法相比具有优势。但前期由于一些关键技术瓶颈未能克服，我国害虫性诱监测技术起初不能满足大范围田间监测的实际需求。通过实验室研发和田间验证之间不断反馈、相互促进，研究者逐步解决了害虫性诱监测的一些关键问题，集成配套了田间应用技术，为性诱监测技术的大规模推广应用奠定了基础，具体如下所示。

1. *明确了害虫性信息素的作用机制*　研究者解决了主要害虫性信息素分析、提纯及合成关键技术的问题，为大量开发利用昆虫性信息素进行虫情监测和害虫防治创造了条件。

2. *开发了稳定均匀释放的测报专用性诱芯、差别化的高效诱捕器和配套的应用技术*　研究者克服了因释放量不均匀对监测准确性的影响，解决了害虫性信息素大面积使用的技术难题；攻克了性信息素缓释技术难题，开发了多个类型的稳定均匀释放的害虫性诱芯，解决了害虫性诱监控的技术瓶颈；开发了“漏斗式”“屋式”“罐式”等差别化的高效干式（无水盆）诱捕器，解决了害虫性诱监控的技术难题。研究者通过反复试验，明确了害虫性诱监测诱捕器在田间的安装位置、悬挂高度、安装方法等应用技术，并制定了主要害虫性诱测报技术规范，为大范围实施害虫性诱监控技术提供了技术支撑。

3. *研究解决了害虫性诱自动计数关键技术，实现了害虫性诱自动监测预警*　研究者根据害虫的生物学特性，经过多年反复试验，设计诱捕器类型和自动计数方法，降低了重复计数和漏计、乱计现象。研建的害虫性诱监测预警系统（图 3-2），既可以对某一个观测站点某一种或几种害虫发生情况进行实时观测，也可以通过系统联网，对多点的同一害虫或者多种害虫进行联网实时监测，提高了其实用性，为大面积推广应用创造了条件。

4. *研发了多套诱捕器组合使用技术*　一般情况下，1 个诱捕器只安装 1 种诱芯，只能诱测 1 种害虫。针对同一个观测场点需要观测多个害虫对象的实际需求，研究者开发了多套诱捕器组合使用技术，采用 1 个网关，1 个观测场最多可设置 8 个诱捕器，可根据观测场监测对象的多少，选择诱捕器的种类和数量，较好地解决了 1 个观测场点多种害虫的监测问题。这不仅提高了设备的实用性，也降低了设备的使用成本。

目前在生产中应用性诱监测的害虫种类主要有棉铃虫、棉红铃虫、小菜蛾、斜纹夜蛾、甜菜夜蛾、桃小食心虫、梨小食心虫、茶黄毒蛾、茶细蛾等。罗金燕等（2016）使用宁波纽康生物技术有限公司生产的性诱电子测报系统对斜纹夜蛾进行了监测，同时设普通性诱捕器为对照。试验期间，普通性诱捕器共诱蛾 9067 头，性诱电子测报系统自动统计发送短信显示共诱蛾 10 027 头，人工复核统计显示电子测报系统共诱蛾 10 148 头，总量误差率为−1.16%；结果显示该系统诱蛾量高、虫峰明显、自动计数准确，满足了害虫监测的技术要求。

图 3-2　性诱自动监测系统（中捷四方生物科技股份有限公司）

二、异地虫源害虫监测方法

（一）高空测报灯监测

迁飞性害虫（异地虫源害虫）起飞后主动爬升到几百米至 1000m 以上，进入风场、温场最适的大气边界内，进行水平飞行。虫层的厚度可达几十米到几百米；虫层的高度以体型大的昆虫较低，而体型小的昆虫较高。白天迁飞的昆虫成层高度较高，如褐飞虱秋季回迁时黄昏起飞在 700～900m 处成层；夜间迁飞的昆虫成层高度较低，大都位于地面逆温层或稍高，如 6 月份夜间迁入东北的黏虫多分布在200～400m处。高空测报灯的光源一般采用1000W 金属卤化物灯，能有效地诱集地面以上至少800m以内的具有趋光性的昆虫（封洪强，2003），因而能有效地进行迁飞性害虫的监测。

高空测报灯一般由探照灯、漏斗、镇流器和支架等部件组成（图3-3）。探照灯以金属卤化物灯泡（功率1000W，光通量105 000lm，色温4000K，显色指数65）为光源。在安装仪器时，选择四周有围墙、具备220V交流电源的观测场内，周边无高大建筑物、强光源干扰和树木遮挡，尽量设置在楼顶、高台等相对开阔处。

彩图

图3-3　高空测报灯（河南省汤阴县佳多科工贸有限责任公司）

2013年以来，我国在中东部25个省（自治区、直辖市）的28个县（市、区）设立了35台高空测报灯，对稻飞虱、黏虫、草地螟、小地老虎、草地贪夜蛾等重大迁飞性害虫进行监测，逐步建立了基本覆盖东亚季风圈迁飞通道的迁飞性害虫高空种群监测网络。以这一监测网络为基础，研究者基本探明了黏虫在我国北迁南回的周年动态规律，揭示了不同生态区域间依代次扩散和虫源交流的可能（姜玉英等，2018）。同时，这也促进了基层监测站点应用高空测报灯这一新型高效诱捕工具，并与地面自动虫情测报灯等传统监测工具进行对比试验，有利于种群监测历史数据的比较与矫正（覃宝勤，2019）。值得注意的是，在面对2019年草地贪夜蛾 *Spodoptera frugiperda* 首次入侵中国的严峻形势时，高空测报灯以第一时间始见和较高诱虫量等优势，成为掌握草地贪夜蛾跨区迁飞动态的有效监测工具（刘杰等，2020）。

（二）雷达监测

1. *昆虫雷达概述及一般工作原理*　雷达（radar）是无线电检测和测距（radio detection and ranging）的缩写。它是一种测距装置，通过测量一束有方向的脉冲信号散布在特定距离上的往返传送时间来测量距离，用这种方式建立从雷达到分散的目标之间的方向定位和相隔的距离。雷达（图3-4左）最初是用于战争中实时监测入侵敌机，而1949年在美国亚利桑那州，海军电子实验室和贝尔电话实验室首次证实雷达可以检测到昆虫。直到1968年，Schaefer完成了第一部昆虫雷达改造，并进行了撒哈拉沙漠南部蝗虫迁飞研究，建立了雷达观测昆虫迁飞的技术规范，标志着雷达昆虫学诞生。

经过多年的发展，昆虫雷达已有扫描昆虫雷达、垂直波束雷达、机载昆虫雷达、毫米波雷达、谐波雷达等多种类型。英、美等国的雷达昆虫学家通过在软件和硬件方面的不断改进，由最初的手工操作发展到现在的计算机操作的自动化甚至置于几百公里外的遥控昆虫雷达。我国的雷达昆虫研究开始于1986年，吉林省农业科学院与无锡雷达厂合作，组装了中国第一台厘米波扫描昆虫雷达，拉开了我国雷达昆虫学研究的序幕。随后中国农业科学院利用计算机数据采集、图像处理和分析技术，设计、研制了昆虫雷达数据实时采集、分析系统。

由于昆虫雷达是进行改进或特殊设计的专门用于监测迁飞性昆虫的专业雷达，因此可以通过设计来测量目标昆虫的坐标（与雷达位置的方向、距离、高度），目标的位移、速度（方向和速率），目标的密度（一定空间昆虫的数量）等很多关键参数。由于雷达自己发射微波信号，通过能量爆发或脉冲直接射向目标，然后监测返回的部分能量，因此其观察迁飞性昆虫不受昼夜、地理环境、人为等因素的影响。昆虫雷达（图3-4右）至少由4部分组成：硬件设备（包括雷达天线、旋转设备等）、微波信号发射与接收系统（包括发射器、回收器等）、信号处理与显示系统（包括显示器等）、数据采集与分析系统（计算机分析软件系统）。

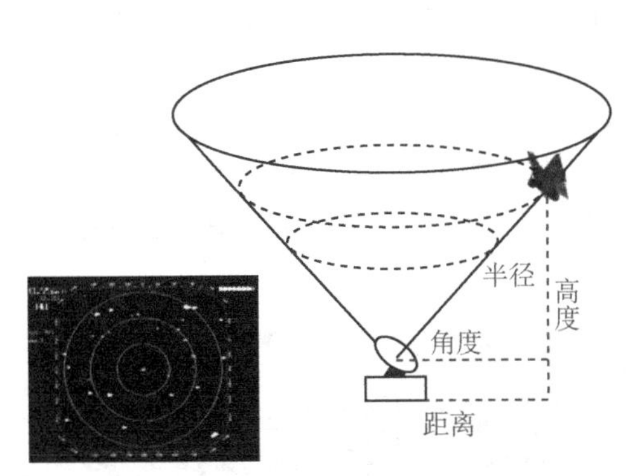

彩图

图3-4　雷达工作原理图（左）和昆虫雷达（右）

2. 昆虫雷达目标的识别　昆虫雷达回波信号的准确辨别需要经过长期的观测、记录、分析和经验积累。

（1）云雨产生的回波信号排除。当迁飞昆虫种群密度较低时（小于0.000 4个/m^3），昆虫个体的回波信号是离散的，降雨的回波颗粒细而密，且分布比较均匀，比较容易区分和排除；当昆虫种群密度较高，形成云层状的回波信号，与大气中的云层回波信号十分相似，但可以通过高度和信号大小来区分和排除，并经过对天气状况观察检验；昆虫聚集时产生的回波点与雨点的回波不容易区分，尤其在距离远处且没有辅助证据的情况下更难区分；但是如果在较高处，温度不适宜昆虫生存，不可能有昆虫存在，便可以肯定是降雨所产生回波。

（2）树木、建筑物产生的回波信号排除。研究者通过雷达安放场地变化后产生的回波信号变化和色彩叠加，来排除树木、建筑物产生的信号干扰。

（3）鸟类迁飞产生的回波信号排除。虽然鸟类的雷达散射截面通常比昆虫大得多，但大昆虫与小鸟之间的雷达回波区别很小，显示屏幕上的差异几乎没有。但监测者通过飞行速度和翅振频率以及间歇特征可以区分和排除鸟类的回波信号干扰，保证昆虫雷达对昆虫迁飞行为监测的客观和正确。

（4）目标昆虫种类的鉴定。只有很少数昆虫适合利用昆虫雷达直接测量昆虫振翅频率进行空中昆虫的有效鉴定，如蝗虫。因为长翅昆虫通常产生较低的振翅频率，短翅昆虫产生较高的振翅频率，所以翅长与振翅频率呈负指数关系。

然而大多数昆虫都很难用昆虫雷达直接进行种类鉴定。因此，需要利用辅助工具帮助雷达进行种类鉴定，包括爆发区地面虫情调查，高空测报灯、地面黑光灯捕捉与雷达捕捉的信号相互印证等。

3. 昆虫种群密度、飞行高度、方位的计算　在昆虫密度较低情况下，从雷达所获取的图像中能清楚区分每个回波点。通过对雷达回波数组的数据分析，将超过某一亮度阈值的像素点及其周围相连的像素点识别为单个昆虫所产生的回波。通过计算回波中心点（X_0，Y_0）在屏幕图像上的绝对坐标（X_S，Y_S）、相对坐标（$X=X_S-X_0$，$Y=Y_S-Y_0$），根据X、Y的正负值确定所在象限［X_1=ABS（X），Y_1=ABS（Y）］，再根据两直角边X_1、Y_1的反正切函数［α=arctan（Y_1/X_1）］即可确定方位值。

回波点离雷达的实际距离用$r_d=r\cdot d_{max}/r_0$计算，其中$r=Y_1/\sin\alpha$；d_{max}是最外距离环的最大量程；

r_0为最外距离环离雷达中心点的以像素点表示的距离。回波点离地面的高度为$h=r_d\cdot\sin\varepsilon$，其中 ε 为雷达天线的仰角（图 3-4 左）。然后利用几何公式计算有效体积 V，得到昆虫在空中的密度为总的昆虫个数除以体积，即 $n=N/V$，得到一定高度层和每一距离环之间的昆虫密度。

对于昆虫移动速率的计算，选取密度较低的序列采集的多幅图像灰度（图 3-5 左），经过相邻三幅图像叠加后变成蓝色、绿色和红色回波点的彩色图像（图 3-5 右）。在图像中选取排列成一行的蓝、绿、红 3 个回波点，即可得到昆虫目标的移动轨迹。通过蓝、绿、红 3 个回波点画一条直线，将直线平移到过雷达图像中心点，根据雷达图像周围的方位坐标可测得目标移动方向。选取排列成一行的蓝、绿、红 3 个回波点的其中相邻两个回波点的中心点，用鼠标画一条直线，经过计算直线的起始点和结束点，即可计算出亮点之间的直线距离，然后根据两幅图像之间的采集时间间隔，得到昆虫目标移动的速率。

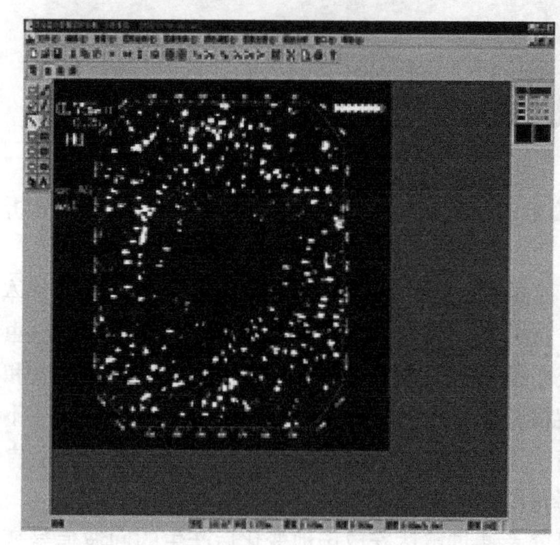

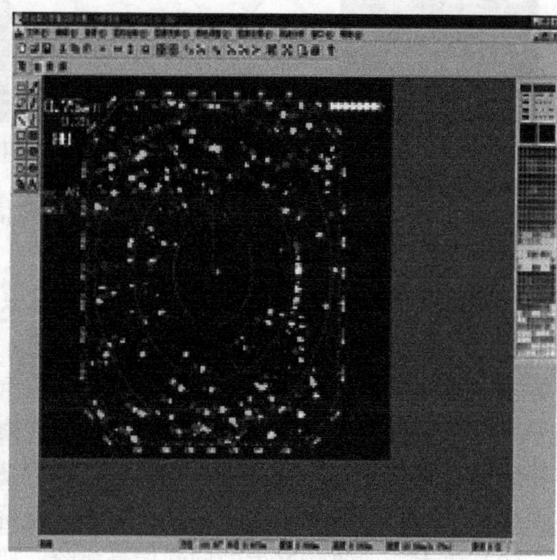

彩图

图 3-5　昆虫雷达回波信号

4. *昆虫雷达的应用*　目前国内外对一些有重要经济意义的迁飞性昆虫，如沙漠蝗、黏虫、草地贪夜蛾、蚜虫、非洲黏虫、叶蝉类、褐飞虱和白背飞虱、稻纵卷叶螟等进行了研究，取得了很大的进展。

第二节　病原菌监测

病原菌是植物病害三角或四面体中的要素之一，菌源的存在是植物病害发生的前提。病原菌繁殖体或传播体是病害发生和流行的重要驱动因子，其生存能力、侵染能力、传播能力与病害的流行速度快慢、流行期长短及流行范围有很重要的关系。因此，在植物病害的预测和管理中，对病原菌繁殖体或传播体的监测是必需的。但由于其个体微小或计数单元无法划分，测定技术难度较大，在早期只有病原菌的繁殖体或传播体如菌核、孢子等可通过捕获进行直接测定，并且只能测定传播体相对数量的变化或相对特定条件下群体的数量。近年来，一些分子生物学方法如免疫荧光技术、PCR 技术和芯片技术等已逐渐应用到此领域中，使得病原菌的监测更有效、更准确。另外，随着微电子技术、计算机技术、自动化技术的迅速发展，病原菌自动识别与自动计数技术取得了较大的进步，这必将推动病原菌监测技术的快速发展，进而促进智慧农业的发展。

一、气传病害病原菌的监测方法

对于气传病害来说，如稻瘟病、小麦条锈病等，流行初期的繁殖体和传播体数量是病害预测预报的重要依据。在田间条件下，对空气中真菌孢子进行捕获和数量监测是获得植物早期病害预测预报所需基础数据的重要手段，有助于确定最佳的防治时机，有效地进行病害防治。对空气中孢子的捕捉主要是基于重力沉降、惯性碰撞等原理，因此孢子捕捉器捕捉方式可分为被动撞击式和主动吸入式两种。

（一）被动撞击式孢子捕捉装置

被动撞击式孢子捕捉装置是利用涂有黏性物质的载玻片或旋转棒来收集孢子，主要有水平玻片式和旋转胶棒式孢子捕捉器等。

1. *水平玻片式*　水平玻片式是最早的孢子采样方法，将两面涂有凡士林的载玻片水平固定在患病植物枝条或附近的支架上（图 3-6），通过空中病菌孢子自身的重力沉降来进行捕捉，持续时间为一周或更短。研究者更换载玻片后，将原载玻片带回实验室，通过显微观察可初步确定捕捉孢子的种类和数量，然后用无菌蒸馏水冲洗，吸取 100～200μL 涂布到马铃薯葡萄糖琼脂培养基平板（PDA）上进行培养，根据菌落的形态进行孢子种类的鉴定和计数。有研究者采用玻片法捕捉稻瘟病病菌、玉米弯孢菌叶斑病病菌、葡萄溃疡病病菌的分生孢子用于病原菌菌量监测（曹青等，2004；李金堂，2015；宋雅琴等，2015）。对于基层的农业植保部门来说，这种方法经济、简便易行，可提供一定程度的定量或半定量的信息。

该方法缺点在于：较适用于较大孢子，并且捕捉效率不高，易受风、雨等外界环境的影响。尤其在高风速下，由于边缘效应或涡流，玻片表面很难收集到孢子。若遇到降雨，已收集的孢子容易被雨水洗刷掉。并且随着玻片放置高度的增高，田间空气中获取的病菌孢子的数量先增后减，因此水平玻片法不太适用于准确度需求高的定量监测。

但是有研究者对此进行改进，可通过自制漏斗使捕获的病原菌随水流进一个收集器（图 3-7），然后将收集的雨水经过附有两层纱布的网筛过滤；将滤液离心后弃掉上层清液，用无菌水重新悬浮沉淀，悬浮液中的孢子用血球计数板计数；取稀释后的孢子悬浮液涂布培养，根据菌落形态进一步鉴定孢子种类，可应用于捕获通过雨水飞溅传播的病菌孢子（程玉芳，2014）。

图 3-6　涂有白凡士林的玻片固定在葡萄植株上（Amponsah et al.，2009）

图 3-7　基于雨水收集装置自制的孢子捕捉仪（Amponsah et al.，2009）

彩图

2. *旋转胶棒式*　研究者还可采用垂直或倾斜玻片或垂直的圆柱体来进行孢子的收集，其装置与水平玻片式非常相似，但需要借助外界风的力量，利用孢子在空气中的运动对收集器表面的碰撞而截获孢子。因为孢子很容易从玻片或圆柱体上被冲刷下来，因此该装置进一步发展，产生了旋转垂直胶棒孢子捕捉器 Rotorod®。

Rotorod 孢子捕捉器工作原理是通过具有黏性的旋转垂直胶棒与空气中的孢子发生碰撞来收集孢子。这种方法对直径大约 20 μm 的孢子捕捉效率最高，而且能检测到低浓度的孢子。机械装置简单轻便，可用电池驱动，而且相对来说费用也不太高。Rotorod 捕捉器由一对丙烯棒组成，通常为 U 形，棒宽 1.59mm，在电机驱动下以一定速度旋转，对直径 10～100 μm 的粒子捕捉效果最佳；有时也采用 H 形棒，棒宽 0. 48mm，捕捉粒子的最有效大小范围为 1～10 μm，且棒宽越窄，对小粒子的捕捉效率越高。在相同取样速率下，U 形棒捕捉效率可达 70%以上，H 形棒则可达到 100%（马占鸿，2009）。Inch 等（2005）就曾利用 Rotorod 捕捉器，对加拿大曼尼托巴地区空气中小麦赤霉病病菌子囊孢子和大型分生孢子在空气中的浓度进行了测定研究。

该方法的缺点：由于旋转胶棒捕捉表面容易产生过饱和，导致孢子的捕捉效率偏低，不适用于连续捕捉。

（二）主动吸入式孢子捕捉器

此类捕捉器最早主要用于监测空气中的花粉浓度，其工作原理为：通过捕捉装置内部的真空泵或其他空气驱动装置使捕捉仓内形成负压，然后将空气中的孢子由进气口吸入到捕捉仓内，最后孢子从空气中分离并黏附于涂有黏性药水的载玻片或者捕捉带上。在风机连续工作一定时间后，研究者取出载玻片或捕捉带，从而实现对空气中真菌孢子的捕捉。

主动吸入式孢子捕捉器主要有以下几个特点：①由于安装了遮雨板及在捕捉仓内进行孢子捕捉，减少了环境条件（降雨）对捕捉效果的影响；②采用自带的空气驱动装置提供动力，可以保证任何时刻吸入的空气体积是一定的，减少了受外界风速变化的影响；③进气嘴一般较小，避免了昆虫如蚜虫的进入；④通过安装定时钟，捕捉盘能够随时间的推移而移动，可以避免捕捉表面产生过饱和。由于此装置相对不受风速和孢子大小的影响，可给出空气体积的读数，因此也被称为定容式孢子捕捉器，可测定出孢子在空气中的浓度即单位体积孢子数量。

这类捕捉器最早由 May 在 1945 年首创，是一个级联冲击式采样器（cascade impactor），主要用于空气中气溶胶粒子的收集。仪器由多个串联管组成，每个管有一个小的空气喷口，在每个喷口正面放置涂有黏性物质的玻片，当空气被吸入通过每个喷口时，气流中的粒子就会着落到玻片上，通过调节喷口的大小和玻片与喷口的距离，可使每个玻片截获不同大小的粒子。仪器的进气口口径为 14mm×2mm，吸入速率为 6 L/min。

之后的研究者们对这个设备进行了改进，如 Hirst（1952）将取样器加装风向标，风向标使采样器对风向的微小变化感应十分灵敏，使取样口可保持正对风向，空气吸入速率增为 10 L/min；另外还将 76mm×25mm 的载玻片设计为可自动以 2mm/h 速度移动，其总捕捉面积增大为 48mm×14mm，收集效率明显提高（图 3-8）。后来，Hirst 捕捉器逐渐由 Burkard 7 天定容式孢子捕捉器（图 3-9）所替代，其优势在于将涂有黏合剂的聚酯薄膜固定在一标准圆周的鼓上，而鼓与一个每 7d 旋转一圈的时钟连接，因此可自动记录 7d 的孢子数据，不需要在此期间内更换捕捉孢子的鼓。

图 3-8 Hirst 捕捉器（Hirst et al.，1952）

图 3-9 Burkard 7 天定容式孢子捕捉器
（英国 Burkard 公司）

彩图

国内夏玲等（2005）经过进一步改进，设计出了连续式空中真菌孢子捕捉器，该仪器采用透明胶带作为捕捉载体，透明胶带柔软可弯折，采样长度相对不受限制，适于连续采样。并且之前的孢子捕捉器吸气装置利用真空泵使捕捉仓内形成负压，而真空泵体积大、排气量大、功率大、成本高，不适于孢子捕捉器使用；该仪器选择风扇作为设备的吸气装置，风扇体积小、价格便宜，可采用蓄电池供电，非常适于野外作业。马占鸿等（2014）再次改进该仪器，将其进气仓侧壁上设多个进气口，减小风向对孢子捕捉器的进风影响；将进气仓和通气管改由塑料制成，使捕捉器整体质量减轻、便于携带，更适于基层单位和大范围孢子样品采集（图 3-10）。西安黄氏生物工程有限公司在前人研发的孢子捕捉器的基础上，设计研发出了旋转式孢子捕捉器（图 3-11），工作效率更高，同时也实现了独特的串联式 PWM（脉冲宽度调制式）太阳能自动充电体系。

级联冲击式采样器还有另一类型即 Andersen 捕捉器（图 3-12）。这种捕捉器是由多层有微小孔眼的铝合金圆盘合成一体，每一层实际是一个单级采样器，每层圆盘上有 400 个呈环形排列、逐层减小、尺寸精确的小孔。当含有病原菌孢子的气流进入采样口后，由于气流的逐层增高，不同大小的孢子按空气动力学特征分别撞击在相应的培养基表面上并被捕获。它适于当空气中孢子量多时使用，而且还可使获得的孢子保持活性；另外还可通过使用选择性培养基，选择性地收集感兴趣的病原菌孢子。该捕捉器的收集效率可高达 100%，但花费较高。

此类定容式孢子捕捉器应用最为广泛，国内许多学者已将定容式孢子用于器捕捉用于小麦白粉病、番茄灰霉病、水稻稻瘟病、葡萄白粉病、杨树黑斑病等多种病害病原体孢子的捕捉。

除此之外，孢子捕捉器还有气旋式、按钮式、串联式、液体式、微滴定免疫式、离子式、高容积式等类型，各有特点（表 3-1）。因此，研究者应根据病原菌不同的传播途径选择更适合的孢子捕捉装置，并通过不同的装置对结果进行验证。

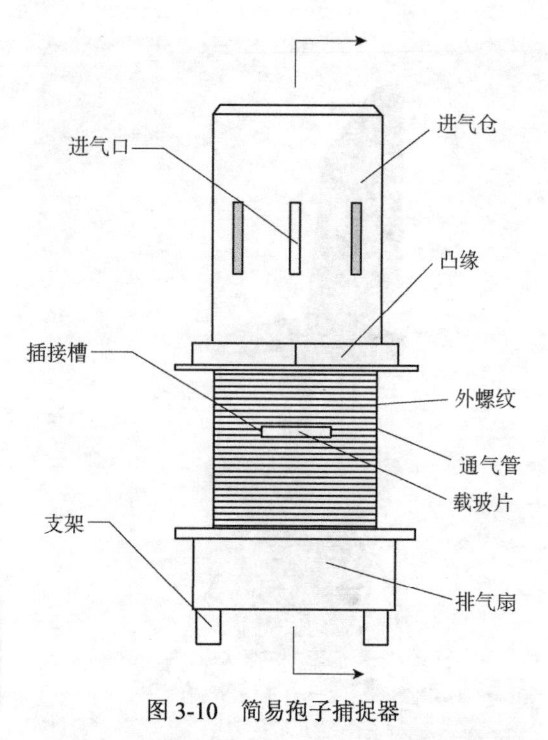

彩图

图 3-10　简易孢子捕捉器

图 3-11　旋转式孢子捕捉器
（西安黄氏生物工程有限公司）

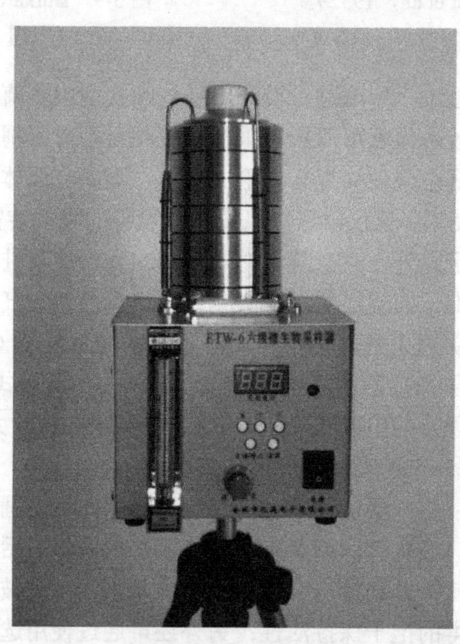

彩图

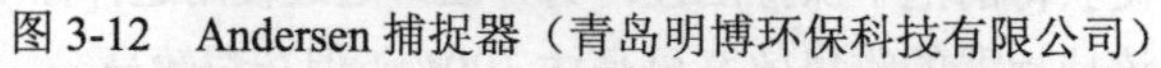

图 3-12　Andersen 捕捉器（青岛明博环保科技有限公司）

表 3-1　真菌孢子不同捕捉装置标准特征（参照程玉芳，2014）

特征	狭缝定容式	气旋式	按钮式	串联式	液体式	微滴定免疫式	离子式	高容积式
捕捉时间	24h 或 7d	24h 或更长	8～24h	24h 或 7d	5min～8h	4h	可变	可变
进入空气速率（L/min）	10	16.5	4	17.5 或更大	10～20	20 或更大	500	50～800 或更大

续表

特征	狭缝定容式	气旋式	按钮式	串联式	液体式	微滴定免疫式	离子式	高容积式
孢子所在位置	涂有黏胶的胶带	微量离心管	过滤器	涂有黏胶的玻片	液体	微量测试孔	具有 Al^{3+}的条带	过滤器
孢子大小（μm）	范围广泛	<100	<100	0.5～100	<4 或<10	<100	范围广泛	范围广泛

（三）车载移动式孢子捕捉器

车载移动式孢子捕捉器（图 3-13）是专为收集随空气流动传播的病原菌孢子而研制，可安放在自行车、摩托车、工具车等载具上，进行病原菌孢子捕捉，收集效率最高可达 99%。其工作原理是通过车辆的快速运动使进入的空气在一个带有喷嘴的锥形管道中加速，而排出空气的反向流动设计，使空气流动在喷嘴下的收集区中处于静止状态，从而使进入捕捉器的孢子依靠重力沉降，并均匀地落在收集器的底部。该仪器的最大特点是不破坏捕捉的孢子生活力，因此主要适用于专性寄生菌如锈菌、白粉菌等病原菌孢子的取样，同时也可用于其他病原菌孢子的密度监测。目前，英国 Burkrad 公司和国内浙江托普云农科技股份有限公司、河南云飞科技发展有限公司都可生产该仪器。

图 3-13　车载移动式孢子捕捉器（河南云飞科技发展有限公司）

彩图

（四）分子生物学技术在病原菌监测中的应用

在田间条件下，研究者利用孢子捕捉器捕获空气中真菌孢子后，对孢子进行检测计数时，需要在显微镜下观察其形态特征并确定数目。该方法费时费力且准确性不高，难以应付大量监测的需要。随着分子生物学技术的发展，研究者们将这些技术与传统监测方法相结合起来，如英国 Dewey 等（2000）通过研究建立了快速定量检测灰葡萄孢 *Botrytis cinerea* 孢子的免疫荧光技术；后相继有人利用聚合酶链反应（PCR）实现对捕捉器捕捉带上孢子数量的检测。Williams 等（2001）首先报道了孢子捕捉器捕捉带上孢子 DNA 的提取方法；后来，Calderon 等（2002）等成功提取了 Burkard 孢子捕捉器捕捉到的油菜两种重要病原菌 *Leptosphaeria maculans* 和 *Pyrenopeziza brassicae* 孢子的 DNA，并且实现了单孢子 PCR 检测。Ma 等（2003）通过研究开发出基于 Microsatellite 引物的 Nested-PCR 检测技术，对来自 Burkard 孢子捕捉器的核果褐腐菌 *Monilinia fructicola* 样品，最低可测得的 DNA 浓度相当于 2 个孢子。但是该技术仍然不能实现定量检测。

之后出现的实时定量 PCR（real-time PCR）技术是 20 世纪 90 年代中期发展起来的核酸定量新技术。其原理是通过在 PCR 反应体系中加入特定的荧光结合物质或者荧光探针，利用荧光信号的变化，不但可以实时监测 PCR 反应过程中每一个循环后扩增产物的变化，而且可以通过 Ct 值和标准曲线对未知模板进行定量分析。与普通 PCR 相比，它灵敏度高，实现了从定性研究向定量研究的转变，已经应用于空气中病原菌孢子浓度的定量检测研究。如 Luo 等（2007）在 PCR 检测基础上开发出核果褐腐菌 *M. fructicola* 的 real-time PCR 检测技术，测定了来自 Burkard 孢子捕捉器的样品孢子的 DNA 浓度，可定量估计空气中病原菌的孢子密度；与传统显微镜孢子计数方法比较，该方法不但省时省力，而且结果是一致的。Kaczmarek 等（2009）利用实时定量 PCR 技术对孢子捕捉器上的油菜黑胫病菌 *Leptosphaeria maculans* 和 *L. biglobosa* 的子囊孢子数进行定量检测，和传统的显微镜方法进行了比较，发现两种方法的研究结果之间存在极显著的相关性，并且在子囊孢子数较少的情况下，实时定量 PCR 技术更准确。Karolewski 等（2012）建立了空气中油菜 *Pyrenopeziza brassicae* 病菌子囊孢子的 real-time PCR 定量检测技术，定量结果与显微镜下镜检统计的孢子数极显著正相关。因此，real-time PCR 检测技术今后将在病原菌监测中起到越来越重要的作用。

（五）现代高新技术在病原菌监测中的应用

近些年随着电子显微镜技术的成熟和图像处理技术的不断发展，显微镜与计算机相结合的技术逐渐发展成熟，即在显微镜上搭载计算机图像采集装置，将显微镜观测到的图像传到计算机，然后利用图像处理技术实现病菌孢子的自动识别和计数。如李小龙等（2013）利用显微镜照相技术获得孢子图像，在 MATLAB 软件环境下，利用分水岭分割算法及标记计数法实现了小麦条锈菌夏孢子的自动计数。牛磊磊（2017）利用图像处理技术对小麦条锈病孢子显微图像进行识别，并采用 Harris 角点检测实现孢子的自动计数，识别准确率在 85.0%左右。

随着农业信息化、智能化的逐步发展，目前国内出现了一些新式的病原菌孢子捕捉仪。这些设备通过设计系统的硬件、软件结构，实现了自动取载玻片、涂脂、空中孢子捕捉、孢子显微图像采集、载玻片回收等一系列功能。如由上海创塔电子科技有限公司生产的 CT-BB-02 型“一体化病菌孢子捕捉仪”，具有定时自动捕捉和采集病原菌孢子、图像采集、图像数字化远程传输等功能，可实时监测病原菌孢子消长动态，已经在上海等地小范围应用于黄瓜病害的病情监测（高世刚等，2017）。相较于传统孢子捕捉仪，新型孢子捕捉仪能够 24h 无间断自动捕捉病菌孢子并自动拍照，系统可自动选取最清晰的照片以无线传输方式上传至云服务器；该系统采用云服务器处理技术，实现对病菌孢子图片的智能化统计与分析，无需人工查看和标注，缩短预测预报周期；该系统还可与短信控制相结合，无需人员去现场便可实现数据获取与远程控制。

这些新设备的出现为植物病害识别与监测提供了重要的硬件支持，也为农业病害的智能识别与病情远程监测提供了新的技术和方法。其应用将满足全国测报事业的远景规划，实现数字化、精准化、网络化、可视化的要求，所有气传病原菌的监测数据可做到自动监测、自动存储、随机调取、网络传送、软件识别、软件整理统计数据，使每个测报观察点、区域控制站点的数据更为精确、真实，数据传送更为快捷、实时。

二、土传病害病原菌的监测方法

土壤微生物群落是一个动态变化和相对稳定的生态系统，各种微生物存在一定的制衡关系，一旦平衡被打破，就会造成病害的发生。土传病害有其特有的发生、积累和蔓延规律，由于目前缺乏有效的预测预报技术和“临床”防治措施，一旦暴发，常造成大面积灾害。土传病害受气候等外界环境因子的影响相对较小，土壤中病原菌基数往往是病害流行的主要决定因素。因此，对土壤中病原菌种群数量的定量监测是有预见性地综合控制土传病害的基础。

气传病害病原菌的监测在我国已有很多研究，而土传病害的病原菌因存留在土壤和植物残体等较为复杂环境中，定量检测困难。因此对土传病原菌定量监测方法的研发和应用近三十年才有了较快的发展。目前，对其进行定量测定常用的方法主要有 4 种，包括直接计数法、分离培养法、免疫学反应、分子检测技术。

（一）直接计数法

直接计数是确定一定体积土壤中病原菌群体最简单的方法，对真菌孢子、菌核和大多数植物线虫等能够目测或在显微镜、解剖镜下镜检计数的病原体而言，可以通过这种方法估计土壤中群体数量。

（二）分离培养法

分离培养法适用于不能产生菌核和孢子的病原菌，往往先将土壤配置成悬浮液，然后用稀释法和划线分离，在培养基上培养，根据形态和营养类型最终评估病原菌的生物量。该方法主要分为以下两种。

1. *选择性培养法*　因微生物的生长和发育都有一定的营养要求，培养不同的病原菌，要根据它们的需要配制适宜的培养基。将已知质量的土壤在适量的溶液中搅拌混匀，使微生物和土壤分离；这些分开的微生物细胞在选择性培养基平板上生长成为分散的菌落，根据菌落数换算得到单位重量土壤中病原菌的数量。除了极少数病原菌的培养是将土壤直接放在选择性培养基上外，绝大多数都是采用这种方法，并且有些病菌需要稀释。如方敦煌等（2017）运用土壤稀释涂布平板法并通过假植室内模拟测定黑胫病发生情况，定量统计了不同来源土壤的烟草疫霉 *Phytophthora nicotianae* 的数量，预测了土壤中烟草黑胫病发病潜力。李悦（2019）筛选出了一种可以有效抑制部分常见土壤寄生菌，但不影响立枯丝核菌生长的选择性培养基，可通过选择培养基生成的菌落预估土壤目的菌源量。此方法具有操作简便、快捷和易成功等优点，成为土壤微生物分离培养及衡量微生物小群体多样性的常规手段，缺点是易受病原菌活力、土壤理化性质和土壤中微生物种类等因素的影响，导致检测结果存在较大的误差，不能对土壤中的病原菌数量进行准确的定量。

2. *诱导分离法*　诱导分离法是指以植物种子（甜菜种子、菜豆种子等）或秸秆（小麦秆、棉花秆等）、植物叶片（柑橘叶片、菜豆叶片等）及其他植物组织（如马铃薯、胡萝卜、甘薯等）作为诱导材料，在土壤中诱导培养繁殖病原菌，然后转到选择性培养基上培养，通过对培养条件进行优化，分离目的菌株，所获得的菌落数据可以估测土壤中病原菌的数量。如研究者以灯心草茎秆作为诱饵，置于待测土壤样品中，3d 后将其转移至选择性培养基中培养，可检测土壤中立枯丝核菌的存在。张治萍等（2019）以胡萝卜为诱导载体，建立了一种从土壤中分离长喙壳属真菌 *Ceratocystis* spp.的方法。但是这种操作较为繁琐，而且只能间接检测土壤中病原菌是否存在，无法实现对土壤中病原菌的准确定量。

（三）免疫学反应

免疫学反应又称血清学反应，是指抗原与抗体之间发生的各种作用。抗原指能诱导产生抗体的一类物质，可以是病毒、细菌、真菌及其他植物病原体等。抗体是指由抗原注射到动物体内诱导产生的并能与抗原在体外进行特异性反应的一类物质，主要是一些免疫球蛋白。抗原能与由其诱导产生的抗体发生凝集、沉淀等反应，因此利用病原体中特异性强的抗原与相应的抗体反应，就能实现对病原菌的检测、鉴定。

酶联免疫吸附技术（enzyme linked immunosorbent assay，ELISA）是血清学反应中最常用的一种酶标记法，是利用酶标记的抗体与固定在固相载体上的抗原或间接抗体进行反应，然后根据在生色底物或荧光底物上是否显色或发出荧光来判断病原菌的存在。ELISA 是依靠酶标记抗体灵敏度进行检测的非沉淀反应，检测效果一般不受抗原、抗体比例的限制，一旦这种酶标记抗体适宜浓度确定以后，就适合病原菌的所有浓度的检测；而且 ELISA 产生的颜色是随待检样品的浓度而变化的，具有一定的定量能力。如研究者结合藜麦诱饵法建立了双抗体 ELISA，能够特异性检测土壤中的立枯丝核菌。Holtz 等（1994）利用 ELISA 成功地检测出了棉花根腐病菌 *Gossypium hirsutam*。该方法对于诊断植物病原菌具有特异性强、灵敏度高的特点，但是耗时较长，并且免疫过程中的每个环节都会影响它的特异性和敏感度，因此探索反应的最佳条件、简化步骤和降低费用，是实现标准化和规模化应用的必经之路。

（四）分子检测技术

1. 常规 PCR　　聚合酶链式反应（PCR）是一种利用 DNA 聚合酶在体外大量扩增靶序列的技术。该技术是病原体检测最常规的方法之一，由于操作简单、特异性和灵敏度相对较高，现已广泛应用于病害的早期诊断和病原菌鉴定等研究，对某些病原菌的检测灵敏度可达到飞克（fg）级别。由于不同实验对检测灵敏度、检测通量有不同的要求，科研工作者又在常规 PCR 基础上开发了巢氏 PCR、多重 PCR、逆转录 PCR 和免疫 PCR 等新型 PCR 技术。

2. 巢式 PCR　　巢式 PCR（nested PCR）是普通 PCR 的衍生技术之一，其原理是采用两对引物，通过两个阶段的循环扩增，获得特异性的扩增产物。巢式 PCR 经过两次 PCR 放大，降低了扩增多个靶位点的可能性，大大提高了检测的灵敏度和特异性。如李本金等（2014）以烟草青枯病菌 ITS 区设计特异性引物，并结合细菌通用引物建立巢式 PCR 检测体系，其检测灵敏度在 DNA 水平上可达到 0.4fg/μL，比常规 PCR 提高 1000 倍，可用于微量带菌样品的检测。李河等（2009）利用巢式 PCR 方法对油菜根腐病的致病菌层生镰刀菌进行检测，灵敏度可达 100ag 基因组 DNA，比只扩增 1 次的常规扩增方法灵敏度提高了 1 万倍。这对该病害在田间的动态检测和预测预报具有十分重要的意义。

3. 实时荧光定量 PCR　　实时荧光定量 PCR（real-time fluorescent quantitative PCR，FQ-PCR）技术于 1996 年由美国 Applied Biosystem 公司推出，是一种在 PCR 反应体系中加入荧光基团，利用荧光信号的积累实时监测整个 PCR 进程，最后通过标准曲线对未知模板进行定量分析的方法。

该技术不仅实现了对 DNA 模板的定量检测，而且具有灵敏度高、特异性强、定量准确、重复性好、速度快等优点。该技术对纯病原菌 DNA 的检测极限为飞克（fg），植物样品中病原菌的检测量在皮克（pg），土壤样品中能检测到一至几个病原菌分生孢子，目前已经广泛应用于土壤中病原菌的检测。如 Cullen 等（2002）用实时荧光定量 PCR，在田间土壤样品中能检测到马铃薯炭疽病菌 *Colletotrichum coccodes*，检测灵敏度为 3 个孢子/g 土壤。Graaf 等（2003）利用该技术对土壤中的粉痂病病原菌休眠孢子最低可检测到 0.1 个孢子/g 土壤。对于不能产孢的马铃薯立枯丝核菌 *R. solani*，李瑞琴等（2013）建立优化了荧光定量 PCR 方法，可检测到土壤中浓度为 10^2 个拷贝/g 的马铃薯立枯丝核菌，实现了不通过常规分离培养方法，仅检测马铃薯根际土壤，就可掌握病原菌在根际土壤中的累积状况，探寻了一种便捷可靠的连作障碍土传病害检测方法。黄怀东等（2017）则引入常规预 PCR 产物为模板进行荧光定量 PCR，成功实现了尖孢镰刀菌 4×10^2 个孢子/g 土壤的定量检测。

实时荧光定量 PCR 技术在流行病学研究、病害管理、病菌检测、评估寄主的抗病性和病虫害检验检疫等研究方面，已被公认为一种极有价值的检测工具。并且越来越多的研究倾向于将传统的分离方法与实时荧光 PCR 技术相结合，从而建立更加精确的土壤中病原菌定量检测体系。

三、病原菌生理小种监测

种植抗病品种是控制植物病害最有效、经济和易行的措施之一，特别是对大面积流行的气传病害。然而，目前选育和推广的抗病品种多表现为单基因控制的垂直抗性，大面积推广后很容易丧失抗性。研究表明，病原菌生理小种群体结构的改变（包括新小种出现）是品种抗性丧失的根本原因。因此，系统监测病原菌生理小种群体结构的变化是病害流行预测的重要依据，同时能够指导抗病品种选育和合理布局。

病原菌生理小种的鉴定需要建立一套稳定且统一的小种鉴定技术体系，包括鉴别寄主、鉴定方法、小种分类定名法等。目前生理小种监测的常用方法是先大量采集病原菌标样，然后经单孢（或单病斑、单孢子堆）分离，将所得到的纯化菌株接种到鉴别寄主上，分别记录反应型，从而确定其生理小种类型，还可以得到各小种的出现频率。我国自 1957 年以来（1967～1970 年除外）就一直开展小麦条锈病生理小种的监测工作，并成立了全国小麦条锈菌生理小种监测协作组，直到现在仍然在持续监测，其结果也在不同时段发表。这项研究对小麦条锈病抗病育种及病害治理有重要指导意义，为在较大时空尺度研究小麦条锈菌与小麦互作、演替和变化规律提供了非常宝贵和丰富的系统性资料。目前，小麦条锈菌的中国鉴别寄主有 19 个小麦品种，北美建立的单基因系鉴别寄主有 18 个（表 3-2）。

由于常规生理小种的鉴定和监测均基于鉴别寄主，因此其分析方法繁杂、费时费工，结果还易受到鉴定条件、鉴定人员等外部条件的影响。利用分子生物学技术特别是分子标记可以较好地解决这一问题。例如，曹丽华等（2005）利用 SCAR-PCR 技术进行小麦条锈菌生理小种分子检测，成功获得了‘条中 31 号’生理小种的 SCAR 检测标记；‘条中 29 号’生理小种的 SCAR 检测标记也已建立（康振生等，2005）；随后，张勃等（2009）、胡小平等（2014）和鲁传强等（2015）先后得到了‘条中 32 号’、‘条中 17 号’及‘条中 33 号’等当时主要流行小种的 SCAR 检测标记。这些分子标记的建立，填补了我国小麦条锈菌生理小种研究的空白，为小麦条锈菌生理小种的分子鉴定工作提供了可能，其完善及应用将大大提高我国小麦条锈菌生理小种监测的效率。刘景梅等(2006)在香蕉枯萎病病菌上也获得了可同时鉴别尖孢镰刀菌古巴专化型 Race1 和 Race4 的 SCAR 标记。利用这类专化标记可以直接进行生理小种的分子鉴定和各生理小种的田间流行动态监测，不仅准确率高，而且缩短了监测时间。

表 3-2　小麦条锈菌中国鉴别寄主和 *Yr* 单基因系

中国鉴别寄主			单基因系		
代号	品种	基因	代号	品种	基因
1	Trigo Eureka	*Yr6*	1	AvSYr1NIL	*Yr1*
2	Fulhard	未知	2	AvSYr5NIL	*Yr5*
3	保春 128	未知	3	AvSYr6NIL	*Yr6*
4	南大 2419	未知	4	AvSYr7NIL	*Yr7*
5	维尔	*YrVir*，*YrVir2*	5	AvSYr8NIL	*Yr8*
6	阿勃	未知	6	AvSYr9NIL	*Yr9*
7	早洋	未知	7	AvSYr10NIL	*Yr10*
8	阿夫	*YrA*，+	8	AvSYr15NIL	*Yr15*
9	丹麦 1 号	*Yr3*	9	AvSYr17NIL	*Yr17*
10	尤皮 2 号	*YrJu1*，*YrJu2*，*YrJu3*，*YrJu4*	10	AvSYr24NIL	*Yr24*

续表

中国鉴别寄主			单基因系		
代号	品种	基因	代号	品种	基因
11	丰产 3 号	*Yr1*	11	AvSYr27NIL	*Yr27*
12	洛夫林 13	*Yr9*，+	12	AvSYr32NIL	*Yr32*
13	抗引 655	*Yr1*，*YrKy1*，*YrKy2*	13	AvS/IDO377s（F3-41-1）	*Yr43*
14	水源 11	*YrSu*	14	AvS/Zak（1-1-35-line1）	*Yr44*
15	中四	未知	15	AvSYrSPNIL	*YrSp*
16	洛夫林 10	*Yr9*	16	AvSYrTres1NIL	*YrTr1*
17	杂 46	*Yr3b*，*Yr4b*	17	AvS/Exp 1/1-1 Line 74	*YrExp2*
18	*Triticum spelta album*	*Yr5*	18	Tyee	*Yr76*
19	贵农 22	未知			

四、病原菌抗药性监测

尽管采用抗病品种和栽培措施（作物轮作和布局）可以有效控制植物病害，但由于病菌群体快速变异和寄主的定向化选择，大面积推广抗病品种很容易“丧失”其抗病性，因此目前杀菌剂仍是控制植物病害流行的主要措施，但杀菌剂的长期和大面积使用，又导致了病菌的抗药性问题。

病菌抗药性是指野生敏感的植物病原体个体和群体，在某种杀菌剂选择压力下出现可遗传的敏感性下降的现象，这也是使生命在自然界延续的一种生物进化的表现。抗病性的监测方法一般是设置待测杀菌剂不同浓度梯度，采用生物测量方法获得其对病害的抑制中浓度（EC_{50}）。病菌群体的抗性频率用抗性菌株数与整个测定菌株数（抗性+敏感）的比值来表示；抗性因子即抗性的水平，用抗性菌株的 EC_{50} 值/敏感菌株的 EC_{50} 值来表示。与抗药性相关的概念包括交互抗性、抗性频率和抗性因子等。交互抗性是由相同遗传因子控制的，对两种或两种以上杀菌剂产生的抗性。为了避免混淆，最好把它定义为正交互抗性。多重抗性是由不同遗传因子控制的，对两种或多种杀菌剂的抗性。负交互抗性是由特定的遗传因子控制，它参与对一种杀菌剂抗性的增加，并同时影响到对另一种杀菌剂敏感性的增加。中国农业科学院植物保护研究所从 1995 年开始监测我国小麦白粉菌群体对三唑酮的抗性水平动态，这些监测数据为杀菌剂的生产和推广及抗药性的治理提供了依据（夏烨等，2005；曹学仁等，2008）。

分子生物学检测方法，特别是 real-time PCR 检测技术方法也开始在杀菌剂抗性监测中得到应用，此方法不但大大提高了工作效率，而且准确性也较高，尤其适用于不能在人工培养基上培养的专性寄生菌。采用这种方法可对低频率的杀菌剂抗性基因进行早期检测，进一步结合抗药性的风险评估，有利于制定有效的抗性策略。例如，李红霞等（2002）基于油菜菌核病菌抗药性菌株β-微管蛋白基因的突变，开发出了用于检测油菜菌核病菌对多菌灵抗药性的 PCR 方法，用其监测所得结果与传统菌落直径法相吻合。Fraaije 等（2002）采用定量荧光等位基因特异性 real-time PCR 方法，可检测小麦白粉病抗甲氧基丙烯酸酯类杀菌剂发生位点突变的菌株，用此方法可快速监测使用杀菌剂前后田间发生突变的小麦白粉病菌株的动态变化。Luo 等（2007）基于苯并咪唑杀菌剂抗性相关的β-微管蛋白基因，开发出了检测桃褐腐病病原菌 *Monilinia fructicola* 的 real-time PCR 技术，采用此技术检测加利福尼亚州 21 个果园的 *M. fructicola* 对苯并咪唑类杀菌剂的抗药性水平和分布，所得结果与常规方法测定的结果一致。

环介导等温扩增（loop-mediated isothermal amplification method，LAMP）技术是一种新型的核酸扩增分子技术。该技术不需要循环变温步骤，能在等温条件下于1h内将有限数量的DNA扩增至100万份，无需精密昂贵的仪器，大幅降低了检测成本，开启了核酸扩增技术的新纪元（应淑敏等，2020）。如Duan等（2014，2015）应用LAMP技术建立了小麦赤霉病病原菌*Fusarium graminearum*对多菌灵、十字花科菌核病菌对苯并咪唑类杀菌剂抗药性的快速检测方法。钱铸锴等（2016）利用LAMP技术对浙江省杭州市临安区3个铁皮石斛基地的灰霉病病原菌进行抗性检测，为科学防治铁皮石斛灰霉病提供了理论依据。

由此看出，分子技术为抗药性的定量检测提供了快速有效的手段。

第三节　病虫害监测方法

有害生物（病原菌、害虫等）与病虫害是两个不同的概念。病虫害是有害生物数量达到一定程度后，使得植物正常的生理功能受到严重影响，在生理上和外观上表现出异常的现象。有害生物造成农作物病虫害必须具备虫源或病原、环境条件和寄主植物这三个条件。病虫害监测是指对病原体和害虫的为害造成的植物受害程度进行监测，分为人工田间监测和大尺度宏观监测等方法。

一、人工田间监测方法

（一）虫害监测

由于绝大多数昆虫个体肉眼可见，在田间一般以害虫监测为主，即通过特定的抽样调查方法来确定田间虫口数量或虫口密度。但针对一些数量多、难以统计或隐蔽为害的昆虫，可用作物的受害情况来进行监测，常用的指标有被害率、被害指数和损失率。

1. *被害率*　被害率表示作物的杆、叶、花、果等受害的普遍程度，不考虑每株（杆、叶、花、果等）的受害轻重，计数时同等对待。

$$\text{被害率（\%）}=\frac{\text{被害株(杆、叶、花、果等)数}}{\text{调查总株(杆、叶、花、果等)数}}\times 100 \tag{3-1}$$

2. *被害指数*　许多害虫对植物的为害只造成植株产量的部分损失，植株之间受害轻重程度不等，使用被害率并不能说明受害的实际情况，因此往往用被害指数表示。在调查前先按受害轻重分成不同等级（重要害虫的等级由全国会议讨论确定），然后分级计数，代入下面公式。

$$\text{被害指数（\%）}=\frac{\text{各级值}\times\text{相应级的株（杆、叶、花、果等）数的累计值}}{\text{调查总株（杆、叶、花、果等）数}\times\text{最高级值}}\times 100 \tag{3-2}$$

例如，调查棉田蚜虫发生情况时，将蚜害分成5个等级（表3-3），分级计算株数，代入式（3-2）计算蚜害指数。

$$\text{蚜害指数}=\frac{71}{88\times 4}\times 100\%=20.2\%$$

表 3-3 蚜害分级调查

等级	蚜害情况	株数	等级×株数
0	无蚜虫，全部叶片正常	41	0×41=0
1	有蚜虫，全部叶片无蚜害异常现象	26	1×26=26
2	有蚜虫，受害最重叶片出现皱缩不展	18	2×18=36
3	有蚜虫，受害最重叶片皱缩半卷，超过半圆形	3	3×3=9
4	有蚜虫，受害最重叶片皱缩全卷，呈圆形	0	4×0=0
	合计	88	71

3. *损失率* 被害指数只能表示受害轻重程度，但不直接反映产量的损失。产量的损失应以损失率表示。

$$损失率（\%）=损失系数\times被害率\times100 \tag{3-3}$$

$$损失系数（\%）=\frac{健株单株产量-被害株单株产量}{健株单株产量}\times100 \tag{3-4}$$

例如，调查某玉米地玉米螟为害情况，取样 160 株，其中螟害株 62 株，籽粒产量 8.5kg，健株 98 株，籽粒产量 18.1kg。计算损失率如下：

$$被害率（\%）=\frac{62}{160}\times100=38.8\%$$

$$损失系数（\%）=\frac{18.1/98-8.5/62}{18.1/98}\times100=25.8\%$$

$$损失率（\%）=25.8\%\times38.8\%\times100=10.01\%$$

（二）病害监测

植物病害的发生情况通常用普遍率、严重度和病情指数等来表示。

1. *普遍率* 普遍率（incidence，简写为 I）代表植物群体中病害发生的普遍程度，是将观测的单元分成病、健两类，计算发表的植物单元数占调查单元总数的百分比。植物的单元数可以是植株、叶片、茎、果、穗等，对应的普遍率名词为病株率、病叶率、病茎率、病果率、病穗率等。

2. *严重度* 严重度（severity，简写为 S）是指已发病单元发生病变的程度，通常用发病面积占该单元总面积或发病体积占总体积的百分比表示。如小麦条锈病严重度是以叶片上条锈菌夏孢子堆及其所占据的面积与叶片总面积的相对百分率表示，设 0、1%、5%、10%、20%、30%、40%、50%、60%、70%、80%、90%、100%共 13 个等级（图 3-14）。在这里要特别注意的是“夏孢子堆及其所占据的面积”，100%的严重度并不一定是叶片上布满了夏孢子堆，只是说叶片上已经不能再容下更多的孢子堆了。以小麦叶锈病为例，当病害严重度达到 100%时，夏孢子堆仅占据叶片面积的 37%。如苹果黑星病在叶片上的严重度设 1%、5%、10%、25%和 50%共 5 个等级（图 3-15），在果实上的严重度设 0.25%、0.5%、1%、1.5%、2.5%、3.5%、5%共 7 个等级（图 3-16）。

彩图

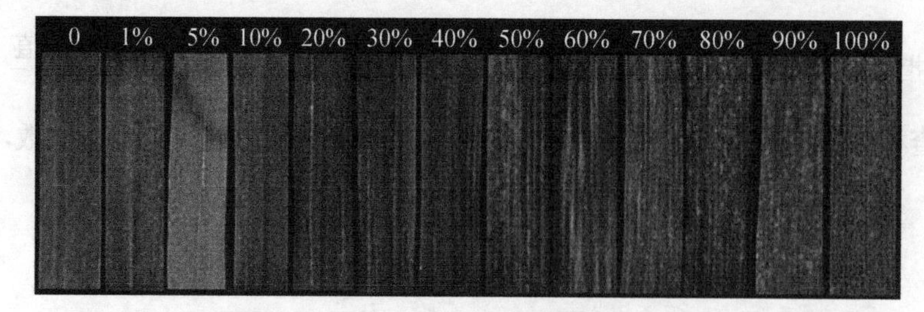

图 3-14 小麦条锈病调查分级严重度标准（Xianming Chen 提供）

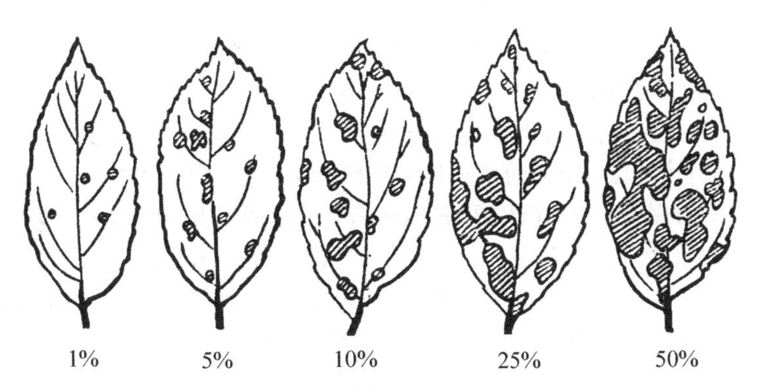

图 3-15　苹果黑星病在叶片上的严重度分级

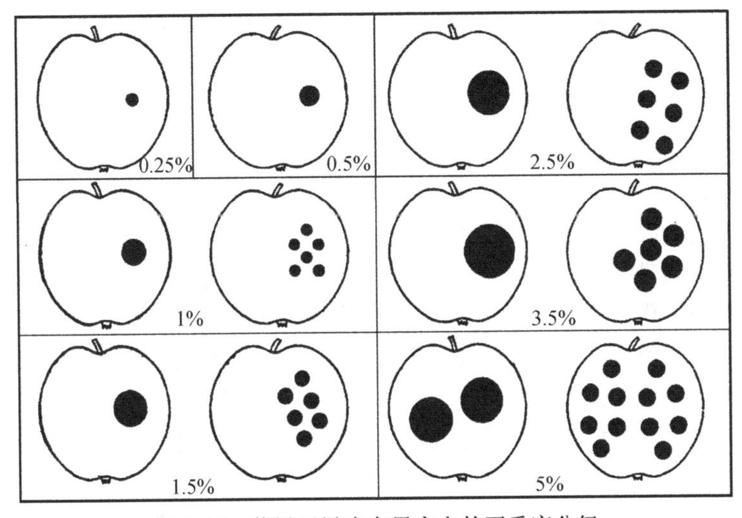

图 3-16　苹果黑星病在果实上的严重度分级

当我们获得若干个样本的严重度数据后，可以用加权平均法计算出平均严重度（$\overline{S}$）。

$$\overline{S}(\%)=\sum_{i=1}^{n}(X_i\times S_i)/\sum_{i=1}^{n}X_i \tag{3-5}$$

式中，i 为病级数（1−n）；X_i 为病情 i 级的单元数；S_i 为病情 i 级的级别值。

3. 病情指数　病情指数（disease index，简写为 DI）是将普遍率和严重度结合起来，用一个数值全面反映植物群体发病程度，通常用 0～1 的小数表示。病情指数的计算公式为

$$\mathrm{DI}=\left(I\times\overline{S}\right)/10\,000 \tag{3-6}$$

也可以直接从严重度计算：

$$\mathrm{DI}=\left[\sum_{i=0}^{n}(X_i\times S_i)/\sum_{i=0}^{n}X_i\right]/100 \tag{3-7}$$

4. Weber-Fechner 定律　科研工作者在病害监测中经常要用眼睛进行观察，为此有必要了解一些关于感觉的知识和理论。早在 19 世纪中期，德国解剖学家、生理学家 Weber E H 和物理学家、哲学家 Fechner G T 就开展了心理学研究。他们认为，主观感觉量不能直接测量，但不同的感觉可以相互比较。当刺激量的变化达到一定程度，即达到差别感觉阈值限时，就在心理上引起一个最小觉差，其大小可以由相应的物理刺激量来表示。试验证明在刺激强度按照几何级数增加时，感觉强度仅仅按算术级数增加，这就是著名的 Weber-Fechner 定律，医学中采用的对数视力表就是按照这一定律设计的。Horsfall 和 Barrat（1945）将这一定律引入植物病理学研究中并指出，病

害严重度也应该按照 Weber-Fechner 定律来划分。同时，他们注意到在病组织尚未发展到全体的50%以前，人们注意的是病组织；一旦病组织超过50%以后，人们注意的往往是剩余的健康部分。因此，50%以下的严重度可划分为25%、12%、6%、3%等几个等级；而50%以上则划分为75%、88%、94%、97%等几个等级。这种分级法后来也被称为HB系统（HB system）。

5. 系统监测　病害监测的重要方面是监测病害的数量或者密度的动态变化，可以暂时忽略某一时刻调查数据对于全田的代表性，只要选择一些固定的调查单位，如一定面积的作物、固定的植株、叶片甚至病斑，按照一定的时间序列进行监测，这就是系统监测。我们并不苛求每一次调查所得数据对当时情况的代表性，而是注重各次调查数据之间的可比性，因此可以相对减少每次调查的工作量。系统调查数据可以用一系列点标在以时间为横坐标，病情（或者其他病害指标）为纵坐标的直角坐标图上，用虚线连接这些点或者用统计学方法拟合出一种线性方程（直线、曲线等），均能形象地说明病害流行动态。一般要求，在适宜的观测期内起码要进行5次调查，各次调查的方法和标准应该一致。

二、大尺度宏观监测方法

任何物体都具有吸收和反射不同波长电磁波的特性，这是物体的基本特性。遥感技术基于这一原理，利用搭载在各种平台（地面、气球、飞机、卫星等）上的传感器（照相机、扫描仪等）接收电磁波，根据农田作物的波谱特性，识别作物的种类和状态。当作物受到病虫害等生物灾害时，叶片会出现颜色的改变、结构破坏或外形改观等病态，因此反射光谱有明显的改变。作物叶片光谱变化，必然影响到多光谱、高光谱摄影和扫描记录上灰度值的变化。一般作物反射能力超强，遥感影像上接收的辐射就越多，颜色就发白、发灰；反之，作物反射能力越弱，图像上接收的辐射能量就越少，颜色就发暗、发黑。这就使得利用遥感技术监测大田作物病虫害发生状况成为可能。作物受到病虫害胁迫时在可见光、近红外波段会出现一些与未患病作物相区别的光谱特征，通过光谱波段选择和植被指数构建，可实现对作物病虫害的识别与监测。

（一）大尺度宏观监测方法概述

大尺度宏观监测方法是将遥感技术与抽样调查理论相结合，按照一定的程序和方法，从所调查区域中根据随机原则抽取一部分区域组成样本；通过对样本区域的遥感调查，获得样本中病虫害发生数量信息，作为样本指标；依一定的计算方法，对整个调查区的病虫害发生数量做出估计和推算，并有效控制抽样误差，得出在一定统计精度下的区域病虫害发生数量和变化趋势。

大尺度病虫害监测过程可分为3个阶段。①抽样设计阶段，即从现象总体中抽选样本的阶段。大尺度病虫害遥感抽样调查，一般是在全国范围或某一种植区域（如东北区、长江流域等）内，对某种迁飞性或暴发性病虫害进行调查。调查前，要掌握区域作物种植制度与分布，以及被调查病虫害的发生特点；在对区域作物种植状况初步分析的基础上，定义抽样调查的总体，编制出尽可能完善的抽样框，选择最适合的抽样方法，确定最佳的样本容量，以保证所选样本对整个总体的代表性，从而增强抽样推断的效果。②遥感调查阶段，即对所选中的样本单元进行调查，搜集样本资料的阶段。遥感抽样调查与传统的抽样区别在于通过遥感手段调查选中的样本单元，获取准确的信息资料，具有及时、准确、客观的特点，所获得的样本信息更可靠。③建立外推模型，进行数据处理和估计推断阶段，即依据样本资料对所需要的总体资料进行科学地估计推算，是抽样调查工作的最后一个阶段。这一阶段涉及对推断总体数据的各种方法（估计量）进行比较和选择，设计误差控制方法，估计误差，以及进行数据分析，得出结果。

遥感技术是一门在自然资源调查和信息管理上应用非常广泛的现代技术。根据所使用的平台不同，遥感可分为3种不同方式：①地面遥感，运载工具有三角架、遥感车、遥感塔，高度在100m以下，又可称为近地摄影；②航空遥感，运载工具为飞机、气球、汽艇等，高度在100m以上、100km以下，其中低于1000m的又被称为低空遥感；③航天遥感，运载工具为人造卫星、航天飞机、火箭等，高度一般在240km以上。进行地面、航空、航天的多层次综合遥感，系统地获取地球表面不同分辨率的遥感图像数据，建立地球环境卫星观测网络，是世界范围内遥感技术发展的趋势之一。

（二）光谱仪监测

近地遥感主要通过光谱仪在实验室及田间测量农作物叶片及冠层受病害危害后的光谱反射率。它具有操作简单、信息量大、数据易处理分析等优点，是目前植物病虫害遥感监测中研究最多的。

Zhao等（2014）利用地物光谱仪对小麦抽穗期及灌浆期不同严重度的条锈病光谱信息进行了监测，建立了光化学反射率和病害严重度的线性回归函数。胡祖庆等（2015）采用便携式野外光谱仪测定不同百株蚜量下3个小麦品种的冠层高光谱反射率，并对冠层反射率与百株蚜量进行了相关和回归分析。结果发现随着百株蚜量的增加，3个小麦品种冠层光波反射率下降，且部分波段内达到极显著水平；选择可见光波段的405nm、近红外波段的835nm作为特征波长点，构建百株蚜量预测模型的显著性均达到极显著水平。这说明利用高光谱信息可进行害虫监测。王利民等（2017）和刘佳等（2019）对不同发病程度的玉米植株进行了监测，明确了玉米大斑病敏感波段位置的光谱特征并构建遥感监测指数，结果表明其与实际病情指数具有极显著相关性。Huang等（2019）通过ASD高光谱数据筛选出2个敏感光谱波长范围，建立了小麦赤霉病严重程度的反演模型，并证明了其可用于小麦赤霉病的准确监测。Cao等（2013；2015b）还利用高光谱仪对2个不同抗感性品种、2种不同种植密度下受白粉病危害后的小麦冠层光谱反射率进行了研究，获得了可用于小麦白粉病监测的敏感光谱参数和时期，建立了基于高光谱参数的小麦白粉病监测模型，同时发现品种和种植密度对小麦白粉病监测模型无显著影响。此外，近地遥感还应用于番茄晚疫病（Zhang et al.，2003）及甜菜褐斑病（Mahlein et al.，2010）的监测。

（三）低空无人机大尺度调查取样方法

无人机遥感技术近年来在农业生产中的应用发展迅速，凭借其灵活机动、操作简单、成本低、获取影像速度快且光谱分辨率高等高空遥感无法比拟的优势，推动了精准农业的调查、评价、监测和管理。由于无人机遥感技术可对农作物进行快速高效的动态实时监测，它已经成为当下农业遥感领域的研究热点。

1. 无人机低空遥感系统的组成　无人机遥感系统，指使用无人机平台搭载各种传感器获取遥感数据的无人航空遥感与摄影测量系统。具体的无人机低空遥感系统的组成部分包括无人机飞行平台、微型传感器负载、地面控制台、数据传输系统和影像处理系统等。在农业资源领域，无人机的形状大小、可载负荷量、飞行性能和航线规划算法都对农田资源的监测获取精度有着很大的影响。无人机平台有固定翼、单旋翼和多旋翼等机型。

2. 无人机在农业应用中的优势　相比于卫星遥感，无人机有着独特优势。①无人机作业自主化。农业无人机操作灵活，可以根据要求自主规划最佳航行路线和拍摄角度，极大地弥补了传统作业需要大量人力且效率低的缺点。②无人机获取数据精准。低空无人机遥感技术可以凭借无

人机的近地摄影测量优势获取更高精度的光谱影像，覆盖范围更广，受到天气和空间的影响更小，这与“精细化农业”的目标更加贴合。③无人机获取数据实时、快速、成本低。无人机可以动态连续监测，利用所得影像的高光谱信息进行作物营养诊断、农田系统检测和种类细分、作物长势动态信息获取等技术操作。

3. 无人机低空遥感技术的主要应用

（1）农业病虫草害遥感监测。全世界每年由病害和虫害导致的粮食减产仍然十分严重，在总产量中的占比约达到了 1/4。目前国内外对利用无人机遥感进行数据反演的研究有很多，但是还未形成规模化成果进行推广，大部分是针对特定作物的监测研究。在防治病虫害时，作物与病虫害的识别不可或缺，已有研究对于病虫害信息光谱特征专门提取并进行遥感反演定性，若可更深入研究并加以推广，可做到对灾害的及时发现和防治，将对农业发展有巨大的推动作用。乔红波等（2006）发现利用无人机所获图像反射率与灌浆期小麦白粉病病情指数有显著关系。刘伟等（2018）通过连续 5 年于小麦白粉病盛发期（小麦灌浆期）从距地面不同高度处获取的无人机航拍数字图像，分析发现图像参数 lg*R* 与病情指数或者产量在不同年份、不同高度间均存在较高的相关性，表明利用该图像数字参数监测小麦白粉病和预测产量是完全可行的。Su 等（2019；2020）利用多光谱相机和无人机对接种不同浓度条锈病病原菌的冬小麦进行时空监测，为田间病情调查和农田尺度下条锈病早期监测提供了重要指导。Sugiura 等（2016）利用无人机的 RGB 图像对马铃薯晚疫病田间发病情况进行评估，结果表明其估计误差小，可用于马铃薯晚疫病田间抗性的表型分析。

（2）精准农业管理。精准农业管理是根据作物生长环境和自身特点的差异性进行精准的特定的管理，达到浪费少、成本低、收益高的目的。研究者对通过无人机遥感试验得到的多幅有重叠区域的水稻地块图像进行处理，建立的可识别二分类 Logistic 回归模型准确率高，对各不同地块的差异性比较具有参考价值。研究者对无人机影像获得的三种可见波段建立模型，可达到高精度提取某种作物信息的效果。如综合利用红、绿、蓝三个波段建立可见光差异植被指数模型，绿色健康植被信息的提取精度可达到 90%。

4. 无人机低空遥感技术在农业应用中的不足　无人机遥感技术是近年来的新兴技术，若要大规模推广利用仍有许多局限性。无人机自身携带的 GPS 精度、天气状况、续航时间、通信距离等因素都会影响无人机遥感技术的适用性和实用性。针对单一无人机的作业能力，国内外研究者提出了众多解决方案，但尚未得出一个全面的结论，例如，若提高机载设备的监测精度往往又会减低其单次飞行时间。同时，农田间环境千差万别，对无人机的运行也是极大的挑战。在面对复杂天气时，体积小、质量轻的优点反而成了劣势，若不能做到随时监测就会降低无人机遥感的可靠性，恶劣条件下通信信号变弱也会影响到低空无人机的运行。国内外无人机遥感研究模型试验的农田范围尚小，缺乏代表性。

（四）航拍大尺度调查取样方法

1. 航拍大尺度遥控系统的组成　航拍大尺度遥控系统包含无人机平台、地面便携式工作站、便携式发射平台。无人机平台包含无人机、航空摄像机、照相机、数据通信设备、自动导航控制系统、航空汽油发动机等设备，共同配合完成上空的数据采集和影像资料传输；地面便携式工作站能够及时进行信号的收发；便携式发射平台能够让无人机在平台上实现高空发射，到达相应的监测部位，最后完成遥感监测任务后，无人机可以开伞降落，保证自身的安全性。

无人机航拍遥感系统能够按照项目需求获取 1∶500、1∶1000、1∶2000 等大比例尺航空影像资料，通过数据畸变处理、建立影像金字塔、空三加密（自由网）、添加控制点、DEM 提取、正射影像、镶嵌匀色等，可生产出高质量数字正射影像图（DOM）、数字高程模型（DEM）、数字表面模型（DSM）、数字线划图（DLG）、真正射数字影像图（TDOM）、路网信息提取等产品，可将数万张无人机影像快速制作成专业的、精确的二维地图和三维模型，进行病虫害发生区域分析与三维重建，可广泛用于众多领域。刘良云等（2004）利用高光谱航空图像监测冬小麦条锈病，并设计出了病害光谱指数，成功地监测了冬小麦条锈病发病程度与范围。梁辉等（2020）利用航空遥感技术监测了玉米冠层受到大斑病胁迫时的光谱响应情况，并构建了玉米大斑病的监测模型，该模型对玉米各生育期的监测均取得较好效果。另外，航空遥感在棉花根腐病和黄萎病（Yang et al.，2010；Jin et al.，2013）、葡萄条纹病（Albetis et al.，2017）和萝卜病害（Ha et al.，2017）的监测方面均有应用。

2. 航拍无人机遥感系统的关键技术

（1）遥感平台的性能。遥感平台的性能和成本之间有直接的影响关系，能够决定遥感系统的应用效果和范围。所以，需要针对无人机平台的性价比进行提升，这是无人机遥感业务系统实现有效发展的关键。系统性能指标包含飞行高度、续航时间、荷载、平稳度、飞行精度、速度控制、起降模式等。在平台性能方面，下面几项技术需要重点优化：①基于现有的无人机遥感系统技术，根据航空遥感的具体要求，做好无人机平台设备优化选择，促进平台系统集成管理；②在目前的GPS 技术支持下，注重将 GPS 的惯性导航、景象匹配进行组合，促进系统导航精度有效提升；③在实施无人机遥感系统设计时，需要考虑具体的使用成本，实现成本增速控制在15%以内，同时还要实现最高升限18km、作业高度16km、续航时间超过30h。

（2）无人机遥感设备集成和接口。无人机平台应用的是候选遥感设备，其中包含四种高空分辨率雷达以及轻型光学成像仪器。在具体的设备选择中，要结合具体的应用需要和无人机特点，选择合适的遥感设备，构建标准设备接口，将安装调试周期适当控制在有效时间范围内，这也是集成应用型无人机遥感系统的关键部分。在设备集成和接口方面，需要重点优化下面几项技术：①针对具体的要求，进行性价比分析，选择成本合理的遥感设备；②针对数据获取以及无人机平台进行统一接口设备，方便不同型号的检测设备之间的有效变换；③针对无人机遥感设备进行安装调试，确保设备有效应用。

（3）遥感数据实时处理。无人机遥感系统应用中需要解决分辨率的问题，要确保遥感影像精准有效，要使用高分辨率遥感数据，确保无人机平台和传感器数据能够实现实时处理融合，确保无人机遥感系统全天精准有效作业。若要实现高分辨率遥感设备的有效应用，确保设备数据量达到要求，在实时下传中，需要使用高压缩比的有损图像压缩技术，这样带来的误差会在一定程度上限制高标准领域遥感监测应用的效果，对此，要掌握有限压缩编码方式选择方案，确保在实时下传情况下，缩减图像压缩算法的损耗，提升图像重构小波，这对于无人机遥感技术应用十分关键。在遥感数据实时处理方面，需要重点优化下面几项技术：①针对遥感图像数据、GPS 定位数据、辅助导航定位数据、无人机飞行姿态等进行有效的融合，确保航拍时刻相关数据融合有效，生成比较清晰准确的坐标和遥感图像；②提升目前景象匹配算法实时性，确保无人机组合导航系统的位置精准，保证无人机飞行高度控制有效性；③利用小波变换技术进行图像重构，确保低损高效的数据处理效果；④选择有效编码方法，借助视距微波通信链路及卫星中继模式，构建理想的无人机地面基站，设置全覆盖的无线通信网络，确保遥感数据可靠性不断提升。

3. 航拍无人机遥感系统的农业中应用　无人机遥感系统目前在农业生产领域应用也比较普遍，尤其是在农业气象监测中发挥着重要作用。农业气象监测对于农业生产活动开展具有重要影响，对于农业生产中做好灾害预防、促进整体生产效益提升具有重要意义。如将遥感无人机应用在水体面积、荒漠植被长势和生长面积等的监测工作中，此举能满足生态环境保护修复和河流

域综合治理气象服务需求，做好生态文明建设气象服务工作。遥感无人机能有效弥补卫星遥感资料在时间、空间分辨率上的不足。研究者将卫星遥感资料、无人机航拍资料和地面生态观测数据相结合，形成“星空地”一体化监测模式，进一步完善生态与农业气象监测网络体系，为地方政府的生态治理需求提供更加科学的生态气象服务和气象科技支撑，为生态文明建设做出气象部门应有的贡献。相关技术工作站要在做好生态气象服务的基础上，针对当地产业发展特点，选择种植面积广、品质优良、经济效益高的优势农作物，将卫星遥感、无人机遥感、多光谱仪测定、人工观测等方式有机结合，开展作物长势、种植面积、产量预报、品质监测、病虫害发生情况等方面的监测和服务工作。

（五）卫星大尺度调查取样方法

1. *遥感卫星系统组成*　遥感卫星系统由卫星数据获取系统和数据反演系统组成。在卫星数据获取系统中完成的是遥感的正演过程，在反演系统中完成的是反演过程。卫星数据获取系统包括载有遥感器的遥感卫星系统，以及用于遥感数据接收和处理的地面系统。遥感卫星系统输入的是载有景物（实体）信息的电磁波，输出的是景物包含的有关信息。遥感卫星系统依托多颗气象卫星组网观测，具有全天候、立体化、大范围、高时效、直观精确的特点。

2. *遥感卫星在农业生物灾害监测中的应用*　农业中的生物灾害是指病虫灾害、生物环境等有关的灾害。遥感在病虫害监测上的应用主要体现在：①对影响害虫（病原菌）种群动态的有关环境因子的监测；②对病虫害产生影响（通常是植被破坏）的探测；③监测并评估害虫（病原菌）适宜生长环境，间接分析和预测农业生物灾害可能发生的地区。

3. *遥感卫星用于农业生物灾害监测的优势*　具体优势包括如下4种。①大面积同步观测。一帧同步地球卫星照片可覆盖1/3的地球表面。②时效性。地球资源卫星可在数天内对同一地区进行重访。③数据的综合性。利用各种波段的数据可以得到表达农业灾害的不同参数。④经济性。投入的成本与取得的经济效益比为1∶80，甚至更大。

第四节　寄主监测

寄主是病虫害发生的主要场所，同时也是病原体和害虫赖以生存繁殖的物质基础。但在研究过程中，人们往往容易忽视作物本身而只热衷于病虫害的监测。实际上，病虫害动态受作物个体发育和群体动态影响很大。在作物动态监测中，最基本也是最重要的两个观测项目是作物生长发育阶段的进展和生物量的增加。生物量中又以有害生物直接危害的器官或部位作为重点，如对叶部病虫害来说，叶片数和叶面积是最需要测量的（曾士迈，1994）。

一、生长发育阶段的划分

植物在不同生育阶段，对病虫害的抗性存在差异。如小麦在不同时期对条锈病的抗性表现及抗病基因作用效果是不同的，可以将小麦抗条锈性分为两大类型，即全生育期抗病性（亦称苗期抗性）和成株期抗病性，且后者比前者更具有持久性（Chen，2005）。棉花在盛花期、开花后期和结铃期对黄萎病的抗性也显著不同（赵卫松等，2020）。因此，把作物的生长发育过程划分成不同的阶段，如萌芽、出苗等，在病虫害发生流行监测上具有重要的意义。目前，关于各种作物生长发育阶段的划分在农学中都有比较明确的标准图谱和文字说明，监测时也可以记录相应的代码。目前，最有名和使用最广的是Feekes提出的关于禾谷类作物生长发育标准。它是由Feekes于1941年提出，并在1954年经Large修改和完善。此外，关于禾谷类作物发育阶段，还有十进制代码标准（Zadoks et al.，1974），由于它是用数字来表示作物的发育阶段的，因此在病虫害发生流行研究中对数据的积累更有效（表3-4）。

表3-4　禾谷类作物生长发育阶段的Feekes标准和十进制代码标准

Feekes标准		十进制代码标准	
代码	说明	代码	生育期
		00～09	萌发
1	出苗（叶数增加）	10～11	出苗
2	分蘖开始	20～21	分蘖
3	分蘖形成，叶片扭曲地丛生	26	分蘖
4	假茎开始直立，叶鞘开始伸长	30	拔节
5	假茎形成（由于叶鞘伸长所致）	30	拔节
6	第一茎节形成	31	拔节
7	第二茎节形成，始见最后一片叶	32	拔节
8	最后一片叶可见，但包裹着幼穗	38	拔节
9	始见最后一片叶的叶舌	39	拔节
10	最后一片叶的叶鞘伸长，穗膨大但尚未抽出	45	孕穗
10.1	可见穗（大麦始见麦芒，小麦或燕麦的穗长出叶的裂口）	50～51	抽穗
10.2	穗露出1/4	52～53	抽穗
10.3	穗露出1/2	54～55	抽穗
10.4	穗露出3/4	56～57	抽穗
10.5	齐穗	58～59	抽穗
10.5.1	开始扬花（小麦）	60～61	扬花
10.5.2	穗顶部扬花	64～65	扬花
10.5.3	穗基部扬花	68～69	扬花
10.5.4	全部扬花，谷粒灌浆	71	灌浆乳熟
11.1	乳熟	75	灌浆乳熟
11.2	粉熟，谷粒饱满，但不干硬	83～87	蜡熟
11.3	谷粒变硬（用指甲难以掐动）	91	完熟
11.4	谷粒坚硬，麦秆死亡	92	完熟

此外，任何生物或器官都有其自身的生命周期，而这种周期也能明显影响寄主的抗病性。因此，对于某些病害系统来说，还需要记录寄主的年龄，如苹果树的树龄（与腐烂病的发生有关）、水稻叶片的叶龄（与稻瘟病发生有关）、华山松的树龄（与落针病、白腐病的发生有关）、马铃薯的叶龄（与晚疫病的发生有关）等。

二、生物量

对有些病害如苜蓿褐斑病来说，在某些阶段，由于无病新组织的增加和已发病组织的死亡，虽然总体发病组织的绝对数量在增加，但是病害的相对严重度却在下降。对这类病害，研究者就应该监测作物群体结构的变化动态。实际上，作物群体结构的变化可以分解为处于不同发育阶段的个体或不同器官的数量变化。其中，最常用的观测项目是叶片数、叶面积和叶面积系数，除此之外还有茎数、分蘖数、果数及根长等。叶片数、茎数、分蘖数和果数比较容易调查，但需明确计数的标准，如叶片就规定以叶片展开，露出叶舌为准。叶面积可以通过测量叶片的长度和宽度，取二者乘积。目前常用的叶面积测定方法有方格纸法（刘贯山，1996）、称重法（Cock et al.，1976）、叶面积仪法（Dobermann and Pampolino，1995）、图像处理法（杨劲峰等，2002；Cunha，2003）、系数法（郁进元等，2007）等。

1. 方格纸法　将摘取的叶片平铺在由 1mm² 小方格组成的方格纸上，用铅笔描出叶片的形状，或将透明方格纸（膜）平压在叶片上，然后统计叶片（图形）所占的方格数，再乘以每个方格的面积，就可得到叶面积。对于处在叶片（图形）边缘的不完整方格，按实际情况进行取舍，常用的取舍比例为 1/2 或 1/3，当叶片（图形）所占面积大于此值时算一个方格，相反则忽略不计。这种取舍是方格纸法的最主要误差来源，因此要求设置合理的取舍比例。

2. 称重法　该法有打孔称重法和称纸重法两种。

打孔称重法是使用直径一定的打孔器在叶片上均匀选取一定的孔，这几个孔的质量与其面积之比为单位叶面积质量，再称出叶片质量，则叶面积为叶片质量除以单位叶面积质量。打孔法破坏叶片，耗时耗力，测量结果受叶片厚薄、叶龄、打孔位置以及叶片含水量等的影响，其测定结果误差较大。

称纸重法是将叶片的形状描到纸上，将叶子形状剪下来称重得到图形质量，用图形质量除以单位面积纸质量即可得到叶面积。该法因叶片的干湿状况分为称干重法和称鲜重法。称纸重法排除了叶片含水量、厚薄、叶龄的影响，结果准确，可作为标准叶面积。

3. 叶面积仪法　叶面积仪法是利用光学反射和透射原理，采用特定的发光器件和光敏器件，测量叶面积的大小。根据选用的光学器件，叶面积仪可分为光电叶面积仪、扫描叶面积仪和激光叶面积仪三类；根据测量过程中是否移动叶片，该法可分为移动式测量和固定式测量。叶面积仪测量叶面积精确度高、误差小、操作简单、速度快。目前，进口叶面积仪主要为美国 LICOR 公司的 LI-3000、LI-3100 叶面积仪（图 3-17），美国 CID 公司的 CI-202 扫描叶面积仪（图 3-18）、CI-203 激光叶面积仪，英国 AD 公司生产的 AM100、AM200、AM300 便携式扫描叶面积仪（图 3-19）。国产的有浙江托普云农科技股份有限公司生产的 YMJ-D 型叶面积仪（图 3-20）等。

彩图

图 3-17　LI-3000 叶面积仪

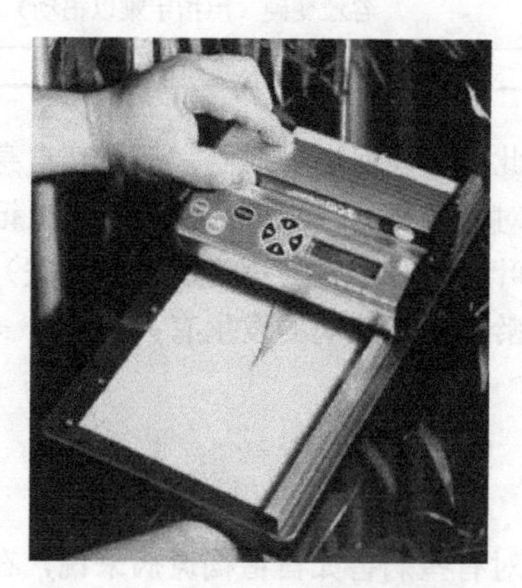
图 3-18　CI-202 扫描叶面积仪

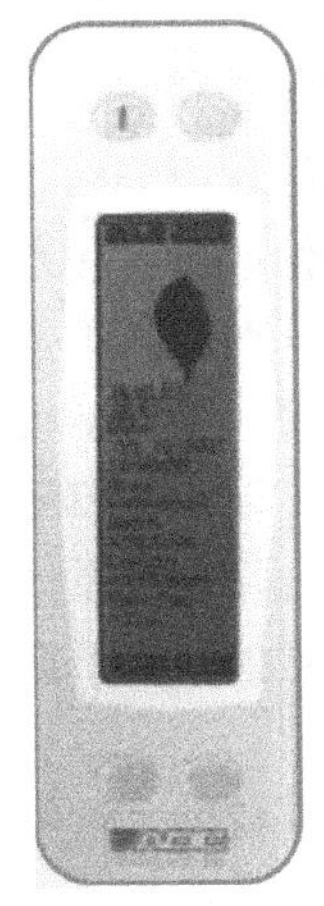

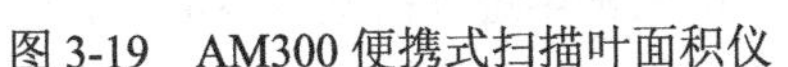
图 3-19　AM300 便携式扫描叶面积仪

图 3-20　YMJ-D 型叶面积仪

4. *图像处理法*　图像处理法建立在计算机图像处理基础之上，具有严密的科学性。其原理为：计算机中的平面图像是由若干个网状排列的像素组成的，通过分辨率计算出每个像素的面积，然后统计叶片图像所占的像素个数，再乘以单个像素的面积就可以得到叶面积。图像通常用扫描仪和数码相机获取，然后通过计算机进行处理，获得叶面积。获取图像过程中，不仅要垂直取图或有一定面积的对照物，还要有合理的算法，这样才能减小误差。

5. *系数法*　该法又称直尺法、长宽法，需量出各片叶的长度（从叶基到叶尖，不含叶柄）和叶宽（叶片上与主脉垂直方向上的最宽处），求出长与宽的乘积。将各片叶用经典的方格法测得的面积除以这片叶的长宽乘积，算得面积与长宽乘积之比，即“系数”；以 50 片叶的系数的平均值作为该品种的“系数”，记为 *C*，将各片叶的长宽乘积乘以 *C*，即得到各叶以系数法估测的叶面积。此外，研究者还可针对狭长形与圆形叶片，分别采用长宽法和等效直径近似圆法获得“系数”，提高测量的准确性。

三、植物抗病性鉴定

感病寄主大面积种植是导致植物病害流行的重要因素之一，种植抗病品种则是控制病害的有效措施之一，因此对植物的抗病性进行监测在病害流行监测方面具有重要的作用。赖世龙等（2002）对 1994～2002 年小麦品种（系）抗条锈性进行了鉴定与监测，结果表明，我国主要生产品种均表现感病，并筛选出 20 余份可供育种利用的抗原材料。2010～2015 年，王桂跃等（2016）对 161 个浙江省和国家审定的玉米品种进行田间调查，发现仅有 21 个品种表现出抗性，且抗性水平在抗至中抗之间，无高抗品种乃至免疫品种。2014～2015 年，李石初等（2018）连续 2 年对广西 83 个糯玉米品种进行纹枯病田间抗性鉴定，也未鉴定到免疫和高抗的品种。

植物的抗病性是在一定的环境条件下寄主与特定的病原体相互作用的结果，受其所携带的抗性基因控制。拟南芥抗霜霉病的 *RPP4* 基因、大豆抗花叶病毒的 *GmKR3* 基因及李子抗根结线虫的 *Mi* 基因等，这些抗病基因的鉴定为农业生产提供了极大的帮助。植物抗病性的差异表现为病害发生的轻重或蒙受损失的多少。抗病性鉴定是在适宜发病的条件下用一定的病原体人工接种或在该病害的自然流行区域，比较待测品种（品系）与已知抗病品种的发病程度来评价待测品种的抗性。在接种鉴定时，应对病原体和环境条件有严格的控制。所用的病原体应该是生产中有代表性的优势小种（致病型），进行分小种（致病型）或混合小种（致病型）接种。鉴定时要采用合适的分级标准进行调查记载。植物抗病性鉴定的方法很多，可以在群体水平、个体水平乃至植物组织和细胞水平，按照不同的要求进行鉴定，这些方法按鉴定的场所区分为田间鉴定法和室内鉴定法；按植物材料的生育阶段或状态可分为成株鉴定法、苗期鉴定法和离体鉴定法等。

1. 田间鉴定　田间鉴定是在田间自然条件下进行的抗病性鉴定，是抗病性评价最基本的方法。田间鉴定经历病害的多次循环，能在植物群体和个体两个层次全面反映抗病性。对田间病害发生的系统调查，可以揭示植株各发育阶段的抗病性变化。与其他鉴定方法相比，田间鉴定能较全面地反映抗病性的类型和水平，鉴定结果能较好地代表品种在生产中的实际表现。但是，田间鉴定周期长，受生长季节限制，不适于对大量育种材料进行初筛；在田间不能接种危险性病原体或新小种，通常也难以分别鉴定对多种病害或多个小种的抗病性；田间环境条件较难控制，不宜研究单个环境因子对抗病性的影响。

2. 室内鉴定　在温室、人工气候室、植物生长箱或其他人工设施内鉴定植物抗病性，统称为室内鉴定。室内鉴定不受生长季节和自然条件的限制，可以常年进行；室内鉴定多选在苗期，鉴定周期较短，省时省力；在室内人工控制条件下，更方便使用多种病原体或多个生理小种（包括危险性病害和稀有小种）进行鉴定；室内鉴定还可精细测定单个环境因子对抗病性的影响并分析抗病性因素。但室内鉴定也有明显的缺点：①由于受到空间和时间条件的限制，室内鉴定只能在单个病程中，针对单株进行，难以测出在群体水平和在病害多循环中表现的抗病性；②温室内的环境条件不同于田间自然条件，人工气候室虽能调控温度、光照、湿度和气流速度等要素，但也难以完全模拟田间生态条件。由于以上原因，室内鉴定结果不能完全代表品种在田间的实际表现。试验操作、试验条件、试验误差等多种原因可能导致室内鉴定的品种抗性不一定正确。在温室和植物生长箱内，虽然也能接种鉴定各生育期的抗病性，特别是成株期抗病性，但为了经济有效地利用空间，一般只进行苗期鉴定。有些品种的苗期抗病性与成株期抗病性表现不一致，只进行苗期鉴定就有可能漏失那些在成株期表达的抗病基因。对于全生育期发生的病害或成株期为害为主的病害，应先研究苗期与成株期的抗病性相关性，制定代表性较高的苗期鉴定方案。对于少数重要材料，可补充进行成株期鉴定。

3. 离体鉴定　无论是田间鉴定还是室内鉴定，均是采用活体植物进行的抗病性鉴定。如果所要鉴定的抗病性能够在器官或组织中表现出来，而与整个植株的形态和机能特征无关，那么也可以利用器官和组织作为材料，进行离体抗病性鉴定。离体鉴定作为一种实验室辅助鉴定方法，具有快速易行、可在短时间内筛选大量材料的优点。该法还可同时测定同一植物材料对不同病原体或不同小种的抗病性，也可以鉴定田间任一单株当代的抗病性而不妨碍其结实，便于在重点杂交组合的后代分离群体中选拔抗病单株。通常，离体叶片、分蘖、枝条、茎、穗等是最常用的离体鉴定材料，曾被成功地用于麦类秆锈病、小麦赤霉病、白粉病，玉米大斑病、小斑病，马铃薯晚疫病等多种病害的抗病性鉴定。

第五节　环境监测

植物病害的发生是病原体和寄主植物在环境条件影响下相互作用的结果，因此在植物病害的发生和发展过程中，环境条件都起着极为重要的作用。如果环境条件不适宜，即使强致病的病原体与感病的寄主植物同时存在，甚至已经接触，病害也不会发生，或只是局部发病、不致流行成灾。尤其在某一地区，当病原体和寄主植物比例相对一定时，环境条件常常成为植物病害流行的主导因素。

环境条件对于植物病害的影响往往是通过病原体及寄主植物起作用的。一方面，环境条件通过直接影响病原体，促进或抑制其生长发育和传播，使得植物病害发生速度加快或减慢。如高温干旱有利于传毒昆虫介体的繁殖和活动，能够促进病毒病的发生；而空气污染和紫外线能减少夏孢子的萌发，进而影响条锈病发生。另一方面，环境条件通过改变寄主植物的生长状态或抗病性来影响病害的发生。如水稻遭遇低温后，抗瘟性明显下降，稻瘟病极易发生。因而环境对于病害的影响是通过对植物及病原体双方的效应比而起作用。只有当环境有利于病原体的总效应大于利于寄主植物的总效应时，病害才能发生和发展。

对植物病害影响较大的环境条件包括气象因素、土壤因素、栽培条件及病原体和寄主周围的生物因素等。气象因素既影响病原体的生长繁殖、传播和侵入，又影响寄主植物的生长和抗病性，并且能够影响病害在广大地区的流行，其中以温度、水分（包括湿度、雨日、雨量）、光照和风最重要；土壤因素包括土壤结构、温度、含水量、通气性、肥力等，往往只影响病害在局部地区的流行；栽培条件包括各种人为的农业措施，如耕作制度、种植密度、施肥和田间管理等；生物因素则包括植物体内外存在的多种多样的生物群落及病原体的传播介体，它们促进或抑制病原微生物的生长，并相互间有着紧密联系，共同影响植物病害的发生和发展。

一、气象因素监测

气象因素一方面影响病原体的越冬、繁殖、释放、萌发、侵染、扩展等，另一方面还影响寄主的发芽、出苗、展叶、开花、结实及伤口愈合、气孔开闭、组织质地和抗性，同时还影响寄主与病原体之间的相互关系（郭志伟，2016），因此是影响植物病害发生最重要的环境条件。气象因素影响植物病害发生和流行的事例十分普遍。如小麦抽穗扬花期降雨量和降雨天数是影响小麦赤霉病流行与否的关键因素，由于目前我国绝大部分小麦主产区种植的品种缺乏对赤霉病的抗性，病原体又广泛存在于稻茬、玉米秸秆、小麦秸秆上，合适的气象条件和感病生育期的配合就成了该病暴发成灾的主要原因。在以往植物病害监测当中，人们关注最多的也是气象因素。气象因素既包括大气候，又包括农田小气候。

（一）大气候因素监测

在全球气候变暖背景下，温度升高、降水变异、极端天气气候事件趋多趋强等一系列变化，一定程度上改变了农田有害生物系统生存的生态环境条件，致使我国大部分地区植物病虫害发生期提前、危害期延长、危害程度加重、流行频率加快，主要农作物病虫害越冬范围明显扩大，其发生界限、越冬北界北移（王丽等，2012）。因此，对于大气候的动态监测，可为农业应对气候变化对植物病虫害发生的影响准确做出病虫害的临近预警，最大限度地减轻农作物病虫害造成的危害，对保障国家粮食安全和生态安全意义重大。

近年来，随着气象为农服务的广泛开展，农用天气预报受到各级气象部门的高度重视，并成为农业气象服务的一项重要内容。截至2017年，中国气象科学数据共享服务网收集了来自全国31个省、自治区和直辖市的756个国家基本、基准气象站和自动站的中国地面气候逐日观测资料，并可提供中国国家级地面站实时小时值数据，包括气温、气压、相对湿度、水汽压、风、降水量等要素的小时观测值。研究者可免费获得这些资料，在此基础上分析气候变化与某种植物病害发生的关系，选取重要气象因子并建立模型，可利用模型结合未来气象数据进行植物病虫害的预测。研究者还可对植物病虫害与大气环流形势、副热带高压、厄尔尼诺、海温、冬季温度等大尺度因子的相关分析及耦合机制研究，进行植物病虫害发生流行前期的气候背景分析。研究者根据植物病害前兆性气候背景指标，构建包容气候背景指标的植物病害发生流行趋势的气象预测预报模式，进行长期的趋势预测，可为中长期预测预报和可持续治理提供科学依据。

（二）农田小气候监测

对植物病虫害工作者来说，所说的气象因素监测更多的是指农田小气候观测，其中，温度、水分（包括湿度、雨日、雨量）、光照和风是影响植物病虫害发生最重要的气象因素。如马铃薯晚疫病发生需要温度和湿度两个条件，我国大部分马铃薯种植区在马铃薯生长期间的温度都在晚疫病适宜的 10～32℃范围之内，所以湿度条件满足多雨水、田间湿度达到 85%以上，是诱发晚疫病暴发和流行的重要气候因素。因此英国 Smith 提出应实时监测气象条件，若满足"最低温度不低于 10℃，每天至少 11h 相对湿度不低于 90%"，须立刻对该病害进行喷药防治（库克等，2009）。

农田小气候观测的方法和仪器有很多。其中，温度计、最低最高温度计（图 3-21A）、温湿度计（图 3-21B）、风速计（图 3-21C）和照度计（图 3-21D）是经常要用到的观测仪器。

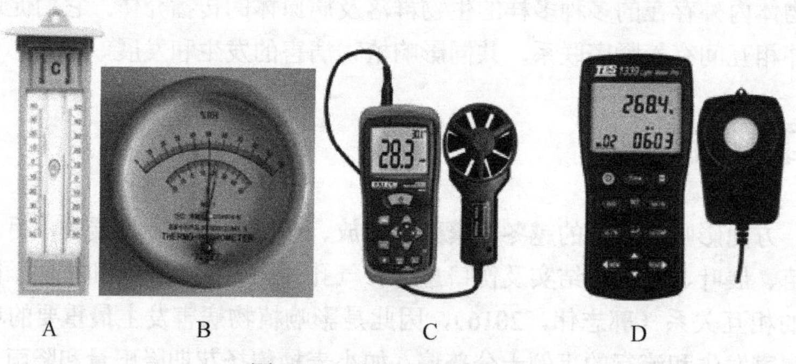

彩图

图 3-21　常用的观测仪器

A. 最低最高温度计；B. WS-1 型温湿度计；C. EXTECH 风速计；D. 照度计（泰仕 1339）

也有学者认为植物叶面结露时间的长短与植物病原真菌孢子在叶面萌发、侵入的数量多少关系极大，准确掌握叶面结露时间长短对病害发生监测具有重大意义。如小麦条锈病夏孢子萌发一定要有微露，并且需要持续一定的时间。因此国际上研制出多种结露仪来记录叶面结露时间，如德维特记录仪（Dewit recorder）、泰勒记录仪（Taylor recorder），都是利用传感元件在受外界湿度和露水影响时形状、外观发生的相应变化而进行测量的。我国先利用露水重量自动记录原理研制出多款重量式结露仪（杨信东等，1992）；后又利用露水能导电这一物理现象，通过记录假叶（传感器）上电容、电导值变化来反映露量多少及结露时间长短，研发了电学测露仪-智能测露仪（伊大成等，1993）。张新甲等（2011）通过感应球模拟法模拟墙壁和地板凝结水滴的状况，并用电子天平进行连续自动称量，从而得到露水在感应球上的实时凝结量，研发了"回南天"自动监测仪用于结露量的连续观测。

随着科技的发展，研究者现在已经成功地研制出了农田小气候自动气象站。它能够自动记录田间的风速、风向、太阳辐射、空气温度、土壤温度、降雨量和相对湿度等气象参数，同时还可以自主设置数据记录的时间间隔，如每分钟、每小时或每天记录一次数据。还可以通过专业配套的数据采集通信线与计算机进行连接，将数据传输到气象计算机的气象数据库中，用于统计分析和处理。自动气象站通常分为有线和无线两种形式。①有线遥测气象站。这是传统气象站的监测方式，感应部分与接收处理部分相隔几十米到几公里，其间用有线通信电路传输。传感器通过连接数据线，将数据传输到 PC 机上，这种方式适合于有人值守区。②无线遥测气象站。目前最为先进的气象站就是这种，它采用物联网模式，以 GPRS 数据传输方式将数据上传至网络平台，凡是有网络的地方都随时可以登录平台，查看气象站现场数据。这种气象站还具有短信预警提示功能，能扩展连接很多传感器，又称为无人气象站。

以美国 Dynamet 田间自动气象站为例（图 3-22），系统主要由传感器（测定风速、风向、空气温湿度、降雨量、大气压、露点、太阳辐射、土壤水分等）、数据采集器、支架-密封箱和数据处理软件组成。此外，它还有带支撑杆的太阳能电池板，其数据采集器内存可存储 180d 以上，约 64 000 组气象数据。风速传感器采用的是三杯风速计，测量范围为 0.1～60m/s；风向传感器则是装有 10K 分压器的风向标，准确性为±3°；太阳能辐射传感器都是硅光电池，准确性为±3%；空气温度的传感器使用的是电热调节器，其量程为−40～+70℃，准确性为±0.3℃；雨量器的传感器采用的是磁力开关，灵敏度达 0.25mm/tip；相对湿度（RH）为高分子膜表面，测量范围为 0～100%，当 20℃ RH 为 10%～90%时，准确性为±2%。无线传输模块为可选模块，可通过移动通信 2G/3G 网络，以 DTU 或 VPN 方式，实现无线数据传输，从而实现在办公室随时监控及获取野外气象站数据。我国当前投入使用的农田小气候观测系统有江苏省无线电科学研究所有限公司先后开发的 ZQZ-A、ZQZ-CⅡ、DZZ4 系列自动气象站，长春气象仪器研究所的 AMS-Ⅱ-N 农田自动气象站，以及中国华云技术开发公司的 CAWS600 型气象观测自动站（图 3-22）等，均可以同时自动记录多个气象参数，而且准确性高，可大大减轻田间气象测量所需的人力和读数时带来的人为误差，但是费用较高。

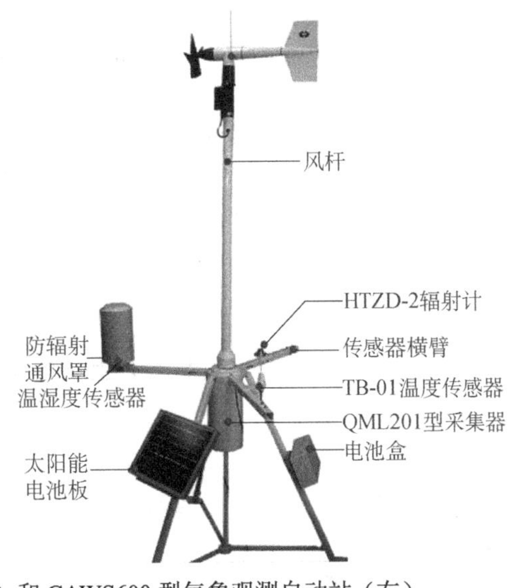

图 3-22　Dynamet 6 自动气象站（左）和 CAWS600 型气象观测自动站（右）

目前，研究者进一步提出了基于 4G 技术、三维 GIS 和卫星遥感监测技术的农田小气候监控系统，能够对农田地表各类环境指标全面覆盖、精准监测，具有较强的系统性；同时设计了监测系统的信息平台和移动终端平台，如基于百度地图 JavaScript API 设计的自动气象站监控系统，使自动气象站状态及实时数据可直观地显示在百度地图上。用户可通过切换地区并且通过不同的数据配置，推广至不同的农业场景，这必将是现在和未来的研究方向（刘艳中等，2016）。

二、土壤因素监测

植物根部及土传性病害和地下害虫的发生、流行与土壤环境关系十分密切。如土壤低温、高湿易引起苗期病害的发生，酸性土壤有利于油菜根肿病的发生等。土壤因素大致分为物理因素、化学因素和生物因素 3 类：物理因素包括温度、湿度、通气性、机械特性等；化学因素包括 pH、有机和无机物质、气体及液体成分等；生物因素主要包括土壤及根围各种生物的活动状况和分布规律。其中，与病害发生有密切关系的是土壤含水量、酸碱度及养分含量，对土壤的监测也主要围绕这三个因素进行。

（一）土壤含水量监测

土壤含水量的监测方法主要有移动式监测技术、固定站监测、遥感监测 3 种。移动式监测技术是利用移动便携式仪表在不同采样点进行不定期、不定点含水量测定；固定站可测定固定点的墒情，先在多个固定点连续测定，然后利用空间插值法计算监测区域内墒情（朱新国等，2011）。这两种监测方法中的土壤含水量测量均采用传统的测量方式，即取土烘干法。该方法是将在采样点取得的土样放入烘箱，烘至恒重后称重，从而获得土壤水分含量。该方法操作简单、应用广泛，一直被公认为最经典、最精确的测量土壤水分含量方法。但是该方法数据时效性差，且采样点土壤水分信息不能代表区域土壤水分情况，难以满足大范围、实时的土壤水分监测需求。

遥感监测即利用卫星和机载传感器从高空遥感探测地面土壤水分。土壤水分特性在不同波段有着不同的反应，因此人们可依据土壤的物理特性和辐射理论，利用可见光-近红外、热红外、微波等不同波段的遥感资料、研究方法及与环境因素（如地貌、植被等）的相关分析，来监测土壤水分。其中，可见光-近红外遥感是根据土壤反射率会随着土壤水分增加而降低的特征，通过构建光谱指数与土壤水分之间的关系模型进而反演土壤水分。基于近红外和红光对水分的吸收特性，Ghulam 等（2007）提出了垂直干旱指数（perpendicular drought index，PDI），能有效探测土壤水分变化趋势，可应用于不同地区土壤水分的监测。这些遥感方法可以实现对土壤水分的大面积监测，但仍存在时效性较差、精度较低的问题。随着无人机的出现，它可以实时获取和传输高分辨率的遥感数据，弥补了目前的遥感方法监测土壤水分时效性差的不足，为农田土壤水分监测提供了新的技术和思路。

（二）土壤酸碱度监测

土壤 pH 是土壤悬浊液氢离子活度的负对数值。研究者通常将经过预处理的土壤制成悬浊液，采用试纸比色法和 pH 计测定土壤的 pH。试纸比色法在测量 pH 过程中受到限制较少，可以随身携带试纸进行测量，适用于在野外直接检测，只是准确度较低。因为一般实验室都配备有 pH 计，所以采用 pH 计测定土壤悬浊液 pH 较为常用，受干扰因素较少，结果真实可信。

另外，研究者还可以用土壤酸度计（图 3-23）来检测土壤酸碱度，测定时可以将仪器的金属探头直接插入测试点的土壤内 8～10cm，并将土壤在探头周围均匀压实，使土壤与探头充分接触，待数值稳定后读数。这种方法操作更为简单，并且直接插入土壤测量更能反映土壤的实际情况。

随着信息技术的发展，周正贵等（2017）设计了一种基于 GPRS 远程土壤 pH 监测系统，利用 pH 传感器获取土壤酸碱度数值，经 STC89C52 单片机处理后发送至华为 GTM900 无线模块，再发送至远程服务器。监测人员可远程实时监测 pH，科学调整土壤 pH。

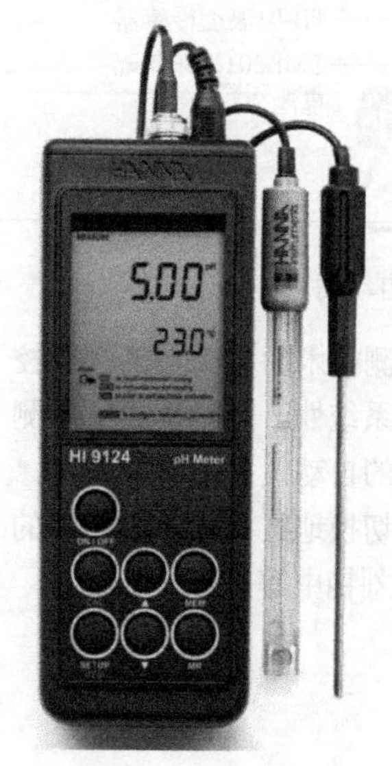

彩图

图 3-23　HI9124 微电脑酸碱度 pH-温度测定仪

（三）土壤养分含量监测

土壤中养分的含量会影响植物病害的发生，如根际灌施高浓度的氮肥会促进番茄青枯病的发病，土壤中速效磷含量极度缺乏，会导致樱桃树流胶病发病率较高。因此，测定土壤中有机质、碱解氮、有效磷和速效钾等养分含量对制定植物病害防控措施具有指导意义。

土壤有机质的测定在农林标准中应用最多的是重铬酸钾容量法（吕中考，2021）。该法利用浓硫酸和重铬酸钾迅速混合时产生的热来氧化有机质，使有机质中的碳氧化成二氧化碳，而重铬酸离子被还原成三价铬离子，剩余的重铬酸钾用硫酸亚铁铵标准溶液滴定，然后根据有机碳被氧化前后重铬酸离子量的变化，即可算得有机碳和有机质含量。何勇等（2019）利用石墨电热板作为外加热设备对土壤进行消解，改进了土壤有机质的测定方法，更加准确快捷、适合大批量土壤样品测试。

土壤碱解氮包括无机态氮（铵态氮、硝态氮）和易水解的有机态氮（氨基酸、酰胺和易水解蛋白质），是作物当季可利用的氮素形态。其测定方法有淹水培养法、碱性高锰酸钾法与碱解扩散法。碱解扩散法与作物吸氮相关性好，且条件易控制、重现性好、成本低廉、设备条件要求不高，比较适合我国广大地区作为通用方法推广和普及。

土壤有效磷主要指土壤中具易溶性和吸附性的正磷酸盐，一般用 $NaHCO_3$ 提取，用钼蓝比色法测定，不同土壤类型可换用不同的提取剂。

土壤速效钾是指当季作物可吸收利用的水溶性钾和交换性钾，最常用的测定方法是乙酸铵火焰光度法，指利用中性 1mol/L 乙酸铵溶液浸提土壤，使 NH_4^+ 与土壤胶体表面的 K^+ 进行交换，连同水溶性 K^+ 一起进入溶液，浸出液中的钾用火焰光度计进行测定。

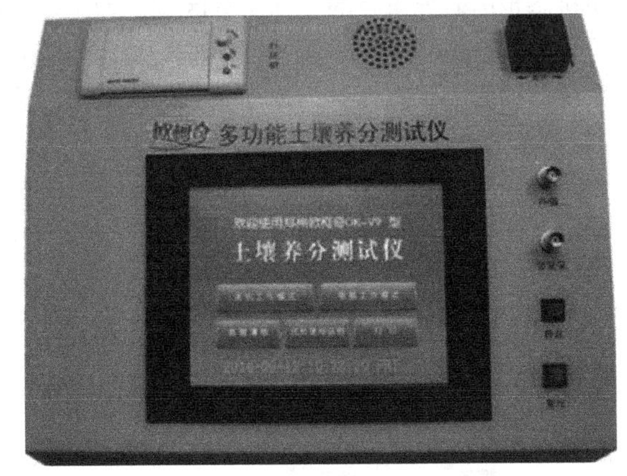

彩图

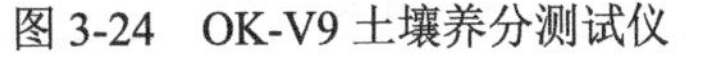
图 3-24　OK-V9 土壤养分测试仪

另外，根据速测土壤的需要，国内研发了便携式速测土壤养分测试仪（图 3-24），集药、器、仪为一体，携带方便，相当于一个小型实验室，便于现场测试、流动服务。成品药剂开瓶即用，测试速度快捷，并且成本低廉，测一个养分（N、P、K）成本只需 2 元，可在农业科研推广中广泛应用。

三、栽培条件监测

栽培措施如耕作制度、种植密度、施肥和田间管理等，对植物病虫害的发生和发展也有一定影响。如近年来，秸秆还田作为增加土壤肥力、改善土壤结构的重要措施，在我国被广泛推广应用，但是小麦赤霉病病原菌能够利用田间秸秆上的营养进行繁殖，因此秸秆还田间接导致田间赤霉病病原菌大量积累，增加了赤霉病流行成灾的风险；播期、密度和氮肥对小麦纹枯病、白粉病的发生也有影响。然而这些因素当中，耕作制度对于一个固定地区来说，可一次性记载备查；种植密度、施肥、田间管理等均是通过影响植物或者土壤要素，进而间接影响植物病害发生，在此不再赘述。

第六节　病虫害发生影响因素分析

一、植物病害流行系统的要素和状态

引起植物病害流行的因素众多，包括病原体、寄主、环境和人为因素等。通常根据研究目的不同，病害流行系统可划分成多个层次或若干子系统，在不同层次或子系统中，再根据作用大小，人为地将病害流行影响因素区分成主导因素和次要因素。在不同情况下，对病害系统的分析途径和方法也有差别。

植物病害流行过程是一个复杂且连续的过程。从植物病害流行学的角度来看，植物病害流行系统是由病原体和寄主植物两个种群通过相互作用构成的开放和动态的生态系统。研究者采用系统分析方法对其研究时，又必然将这一复杂而连续的过程划分为若干子系统。子系统的组成要素和状态也因研究重点的不同而有区别。为了便于在实际工作中对植物病害流行系统有一个较全面的了解，Kranz（1979）提出了植物病害流行结构，加之环境和人类干预两个子系统，现将各个子系统的要素、状态变量、流行参数列成表格（表 3-5）供参考。

表 3-5　流行系统的成分和要素分析（肖悦岩等，1998）

子系统	要素	状态	流行参数
病原体	传播	病部新生传播体，空中（水中、土中、介体中）传播体，着落传播体，转主寄主产生的传播体，域外传入传播体，位置体，转主寄主	传播体数量、着落率、传播梯度
	致病性	寄主性、有毒性、侵染力级别	寄生适合度
	世代发育	有性、无性、休止（越冬、越夏）、活动、寄生、腐生	环境阈值
	存活	活、死	死亡率
	繁殖	增殖	增殖率
寄主	发育	休眠种子、芽、苗、成株、繁殖体	生育期指数、叶龄
	形态	根、茎、叶、果实	
	龄期	生长期、器官形成的年龄	生长年龄
	营养	过剩、适中、不足	
	感病性	毒性频率、免疫、抗病、中病、感病、高度感病	抗病性指数
	位置		密度、高度
	生长	株数、蘖数、叶片数、叶面积	生长量、增长率
病害	侵染	侵染成功、侵染失败	侵染概率
	潜育	浅育（龄）期	显症率
	病斑生长	病斑大小	病斑扩展率、产孢面积
	传染	产孢病斑、报废病斑	产孢量、传染期
	再侵染	初侵染、再侵染	再侵染次数
	环境-寄主（H-P）互作		
	病情增长	反应型、普遍率、严重率	表观流行速率

续表

子系统	要素	状态	流行参数
环境	气象	温度、湿度、露、光照、气流、降雨	温度、相对湿度、露量、光照、风向、风速、降雨量
	土壤	水分、营养物质、有毒物质、温度	土壤含水量、营养元素有效含量
	空气	O_2、CO_2、SO_2、H_2O、温度	
	生物	协生、拮抗、竞争	有或无和表现程度的数值
人类干预	种植计划	轮作制、轮作阶段、作物（或品种）布局	种植密度
	耕作	深度、次数	有或无
	施肥	种类、次数	施肥量
	灌溉	次数	灌水量
	管理	除草、整枝	是或否
	化学防治	种类、次数、时间	剂量、防治效果
	生物防治	引入拮抗生物	初始量、控制效果
	物理防治	机械处理、控制环境（如高温处理）	是或否、温度
	铲除	拔出、修剪、剪割（牧草）	是或否
	检疫	隔离或引入病原体	是或否、初始菌量

二、病害流行因素分析

植物病害的流行受到寄主植物群体、病原体群体、环境条件和人类活动诸多方面的影响，这些因素的相互作用决定了病害流行的强度和广度。在不同层次和不同时空场合中，因素对系统的影响力也不完全相同，有时多因素的联合作用远大于单因素的作用。但是无论怎样复杂、多变，针对某些具体病害时，都存在一些起主要作用的因素，这些因素又称为植物病害流行的主导因素（key factors for plant disease epidemic）。病害流行主导因素是指在一定时空范围内对植物病害流行起主要作用或影响较大的因素。当病害发生的基本条件得到满足时，主导因素的动态变化可导致病原体与寄主不同的互作结果，决定了病害是否流行以及流行的程度。因此，病害流行的主导因素又称流行关键因素。主导是一个相对的概念，表现在时空的局限性和影响程度的相对性两方面。主导因素的确定对病害流行分析、预测模型建立和防治方案的设计等具有重要意义。不同类型病害流行的主导因素可能不同；同一种病害在不同时空状态下，主导因素也可能有所变动，需要根据实际情况具体分析。

（一）寄主植物与病原体高度亲和导致病害大流行

实例 1　1945 年，爱尔兰马铃薯晚疫病大流行。马铃薯原产于南美洲安第斯山区，原产地栽培历史超过 8000 年，地方性品种众多，病原体很难形成优势小种。1570 年，西班牙人从南美洲引入少数几个无性繁殖系的后代，英格兰和欧洲大陆又从西班牙引入仅两份种薯，并从其后代中引入爱尔兰。由于寄主植株遗传背景高度一致，马铃薯晚疫病病原菌致病性迅速增强，在气象条件的配合下，造成病害大流行，损失惨重。

实例 2　我国小麦条锈病的流行也充分说明了品种更替和小种变化对病害流行起到的主导作用。1951～1956 年，由于小麦条锈病抗性品种‘碧玛 1 号’的推广，该病害得到了短期控制，但却促进了小麦条锈菌 1 号小种的群体数量迅速扩大，导致品种最终失去抗性，引起了条锈病大流行。

随后，1960 年和 1964 年在全国大部分麦区暴发的小麦条锈病，也被证实与大面积种植单一品种使条锈菌生理小种数量迅速上升有关。

实例 3 玉米大斑病是玉米生产中的重要病害，其发生和流行程度与品种抗病性密切相关。在 1990 年至 2004 年的 15 年间，该病害在山西省忻州市有 4 次大流行（分别在 1995 年、1996 年、2003 年、2004 年）。2004 年，忻州市种植的玉米品种抗病性不强，导致玉米大斑病发病面积达 9 万 hm^2，占玉米播种面积的 60%以上；到 9 月初，田间发病株率近 100%，80%左右的病株中、下部叶片全部枯死。

上述案例中，引起病害大流行的主导因素是寄主品种与病原体的高度亲和性，在此基础上，遇到合适的气象条件，导致病害大流行就是必然的结果。

（二）外来病原体作为主导因素引发病害流行

随着全球经济一体化进程的加快及交通运输的快速发展，国际贸易、国际旅游日益频繁，加速了新物种的引进频率，加大了有害生物入侵的风险。我国是世界上遭受生物入侵最严重的国家之一。近年来，几乎每年都因外来入侵物种产生上千亿元的经济损失。截至 2019 年，全国已发现 660 多种外来入侵物种，居前 10 位的森林重大有害生物中有一半属于外来生物。

实例 1 我国松材线虫病（*Bursaphelenchus xylophilus*）危害态势非常严峻。据国家林业和草原局统计，自 1984 年首次在南京中山陵发现松材线虫病以来，迄今已有江苏、安徽、广东等 18 个省（直辖市）属于松材线虫病疫区，导致数十万公顷松林毁灭，累计致死松树 5 亿株以上，造成数亿元经济损失，已严重威胁到我国的生态安全。

实例 2 李痘病毒（Plum pox virus，PPV）属于马铃薯 Y 病毒科马铃薯 Y 病毒属，可引起李、杏、桃等核果类水果的严重病害李痘病。该病毒最早于 1915 年在保加利亚被发现，后迅速传播至欧美地区；2009 年，日本也发现了李痘病毒；该病毒在我国尚无分布记录。李痘病一旦发生，传播迅速，在短时间内可给本区域内整个核果类产业的发展带来灾难性后果。据估算，自 20 世纪 70 年代以来，全球每年用于李痘病防治相关的费用达 100 亿欧元以上。

（三）农业措施与植物病害流行

1. 单一作物连片种植与植物病害流行　　大面积单一种植同一种或同一品种的感病作物有利于病害传播和病原体繁殖，常可导致病害大流行。20 世纪 60 年代末，云南省大面积推广水稻品种'西南 175'，导致 20 世纪 70 年代初稻瘟病大流行。1989 年以来，水稻品种'汕优 63'因在四川省种植时间长、种植面积广使抗病性减退，导致稻瘟病在接下来的十年间多次流行。

2. 设施农业与植物病害流行　　随着生产水平的提高，设施农业覆盖的面积越来越大。尤其是蔬菜生产，温室、塑料大棚、遮阳网降温栽培的面积迅速扩大，改变了病害的发生规律，病原体几乎没有越冬（越夏）过程，种群数量始终处于高水平；且设施内环境相对闭塞、自然调节能力差，受种植面积限制引起作物倒茬困难，加之湿度较大、作物补偿能力不足等易导致包括土传病害在内的多种病虫害发生流行，造成作物减产减收。

3. 耕作制度与植物病害流行　　20 世纪 90 年代前后，麦田套种玉米的技术曾广泛推广，导致麦田的传毒昆虫灰飞虱直接为害玉米幼苗，造成玉米粗缩病大流行；尤其是麦套玉米田，玉米粗缩病几乎年年严重发生。其后由于小麦收获机械化的普及，麦套玉米的种植面积迅速减少，该病的发生也得到了有效控制，但同时又导致小麦赤霉病的暴发流行。又如，辣椒与玉米间作可显著降低辣椒疫病的发生，对控制辣椒疫病流行具有重要作用（字淑慧等，2010）。

4. *其他措施与植物病害流行*　无机肥料与病害流行关系较为复杂，一般增施氮肥对病害起促进作用，而适量增施钾、锌、硅、镁、铁肥对病害有一定的控制作用，但是这种控制是在作物平衡施肥的范围内，超过这一范围往往会出现副作用。除了施肥，土壤的理化性质、肥力和微生物区系等土壤因素也可通过影响植物健康从而间接影响病害流行，但土壤因素往往只影响病害在局部地区的流行。

（四）气象因素与植物病害流行

1. *大气候变化和极端天气与植物病害流行*　20世纪中叶以来，全球温度逐渐升高，气候变化直接影响农业生产，并对作物病虫害的发生和流行产生了一定的影响。在自然生态系统的面积日益减少的同时，极端天气如洪涝、寡照、干旱、暖冬和冷夏等出现的频率却不断提高。洪涝、冷夏等营造了高湿环境，十分有利于真菌和细菌病原体的快速繁殖和传播。气候变化可改变寄主植物的生理特点和抗性水平，同时可改变病原菌的形态、数量及对寄主植物的侵染能力，有时导致植物更易受到病原菌为害。例如，气候变暖使玉米南方锈病在我国发生的区域逐步扩大，向北扩展的趋势明显。2015年，夏季降水较多导致我国黄淮海夏玉米区的玉米南方锈病大流行，多数地区达到历史发生最严重的程度，严重影响了玉米的生产安全（刘杰等，2016）。

2. *气象因素与植物病原体群体侵染过程的关系*　气象因素与病原体的侵染过程密切相关，其中以温度、水分（包括相对湿度、降水、雨日、露和雾等）、日照和风最为重要。气象因素既影响病原体的繁殖快慢与侵染速率，又影响寄主植物的抗病性强弱。一般而言，影响气传真菌病害病原体成功定殖寄主的主要气象影响因素涉及温度、水分，有些病原菌萌发还与日照有关。对于多数病害而言，高湿、多雨是病害流行的重要气象因素。

实例1　水稻稻瘟病病原菌侵入过程的动态研究简述如下所示。在水稻叶表长时间结水的情况下，温度（x）与病菌孢子最高侵入率（y）的数学关系式为$y=0.139\times(x-23.8)^2+16.9$，基本上呈正态分布。侵入概率（最高侵入率/2）为50%时，所需叶表结水时间（R）与侵入时温度（x）的数学关系式为$R=0.054\times(x-24.2)^2+12.4$。上述两个数学关系式基本明确了叶表结水时间、温度与稻瘟病病原菌孢子侵入率的定量动态规律。

实例2　小麦赤霉病是典型的气候性病害，其流行程度在地区间、年际间的差异主要取决于气象条件。张平平等（2015）将气象因子和其他因子结合后建立了小麦赤霉病动态预测模型：

$$\begin{aligned}\mathrm{DF}=&100\times(0.110+0.248x)\times(-0.008198+0.064746D)\times(0.166516+0.046870\mathrm{RE})\\&\times(t+5.066667-0.5\mathrm{RE})^{1.512642-0.082118\mathrm{RE}}\times e^{-(0.176598+0.002426\mathrm{RE})(t+5.066667-0.5\mathrm{RE})}\end{aligned}\tag{3-8}$$

式中，DF为病穗率（%）；x为产壳秸秆密度（个/m^2）；D为侵入时麦穗表面保持湿润的时间，田间条件下为降雨持续的天数及降雨后相对湿度大于95%的天数；RE为品种开花期值（春性品种开花期值为1，半冬性品种开花期值为2，冬性品种开花期值为3）；t为抽穗与抽穗后初次降雨（降雨量大于等于5mm）间隔的天数。

以该预测模型为核心，西北农林科技大学植物病害流行团队研制出了小麦赤霉病监测预报器（图3-25），开发了小麦赤霉病自动监测预警系统（http：//www.cebaowang.com）。

气象因素与植物病害流行的关系十分复杂，不同因素对不同病害流行的影响不同。即使是同一种病害，研究的尺度不同，各因素的作用也有很大差异。因此，植物病害流行因素中的主要因素必须根据具体情况而定。

彩图

图 3-25　小麦赤霉病监测预报器

三、植物害虫发生因素分析

我国农林害虫发生比较严重，常见农作物上的害虫种类有 1600 多种，常年可造成严重危害的重大害虫有 100 多种，重大流行性害虫超过 20 种。如稻飞虱、玉米螟、棉铃虫、蚜虫等每年发生面积逾 4.6hm^2，且多种害虫常同时发生，导致每年因害虫损失的粮食达 1500 亿 kg、棉花近 2 亿 kg，潜在经济损失超过 5000 亿元（刘冬等，2014）。近年来，我国农业害虫流行频次增多，传播趋势加剧，损失危害呈逐年上升的态势。植物害虫流行是植物害虫种群在经历一段时间的数量积累或能量积聚后，在特定时间和特定环境条件下暴发成灾的现象。生态学上的种群暴发（population outbreak）是指种群个体数量在较短时间内以惊人速度增长的现象或过程。它的特征是种群数量或密度快速变化，并远高于常态下多个数量级。在一定时空条件下，生态系统中往往只有很少部分的物种种群会暴发产生生物灾害，但种群暴发经常会引起严重的生态和经济问题，如粮食减产、环境受损等。

造成害虫种群发生的因素包括外部因素和内部因素。其中，主要的外部因素包括两大类，分别为气象要素和人类活动。气象要素如温度、湿度、日照、气流和雨水等的变化引起的气候变化影响了害虫自身的生理生态特征、天敌行为和数量、寄主植物长势和养分等生态系统的综合效应，从而使害虫的发生频率和严重程度受到影响。人类活动为害虫的广泛发生和传播提供了有效途径。人类种植的农作物为害虫提供了食物来源，但不同的耕作方式和制度下，害虫发生频次差异较大。人类活动的交通运输、区域间经济社会活动等增加了害虫扩散到新生境的机会，给本地生态系统造成了严重威胁。内部因素主要是指害虫自身遗传结构变化导致的抗药性增强、适应能力提高或者种群致害力上升等。

1. 气象因素与害虫大发生　气象因素变化可直接（如暖冬）或间接（如初级生产力增加）地提高害虫种群的繁殖力和存活力，引起害虫数量暴发。气象因素是农业生产活动中最关键的环境因子，对有害生物的发生及发展具有重要影响。

实例　冬季气温偏高形成暖冬，为春季冬小麦返青拔节期沟金针虫暴发为害提供了“温床”，是造成沟金针虫大发生的主要原因。2018～2019年，地处华北北部的保定市固城镇秋冬气温偏高，最低气温显著升高，土壤冻土层较浅。有研究调查冬小麦返青拔节期麦田沟金针虫发生为害状况，结果发现，虫口密度平均为51.5头/m^2，是防治指标的10倍，表明麦田沟金针虫呈暴发性发生（任三学等，2020）。

2. 天敌捕食与害虫大发生　天敌数量与害虫的发生是此消彼长的关系。天敌数量增加，导致有害生物数量崩溃，天敌又由于食物资源缺乏也接着崩溃。天敌数量减少后，有害生物数量又开始增加，并形成暴发。随后天敌也随着增加，有害生物种群再次崩溃，如此循环不止。

实例　茶尺蠖与灰茶尺蠖天敌包括病原性天敌、寄生性天敌、捕食性天敌，其中病原性天敌有9种，寄生性天敌有13种，捕食性天敌有43种。若茶园以生物农药和有机肥为主防控有害生物，则有利于捕食性天敌绒茧蜂和蜘蛛的繁衍，茶尺蠖密度极小；若茶园以化肥和化学农药为主进行有害生物防控，则捕食性天敌绒茧蜂和蜘蛛密度降低，害虫茶尺蠖虫口密度较大（陈慧，2020）

3. 寄主品种和耕作制度导致的害虫大发生

实例1　褐飞虱是水稻上危害严重的一种迁飞性害虫。水稻品种对褐飞虱成虫和幼虫的成活率和繁殖力具有重要影响。目前，我国种植的水稻大部分是不抗褐飞虱的杂交稻，品种较为单一，市面上生产的大多数水稻品种都不能很好地抵抗褐飞虱。实行水稻混栽的地区，尤其是单季稻后期和双季晚稻的播种使褐飞虱的发生量明显增长（邓应玲等，2016）。

实例2　河南省中牟县玉米耕葵粉蚧的发生与包括品种和耕作方式在内的人类活动关系密切，主要表现为：①联合收割机的普及应用使大量秸秆碎屑残留地表，这对地下害虫及种传、土传病虫害发生非常有利，同时收割机跨区作业给病虫害的传播提供了有效途径。②当地耕作方式缺乏科学性，多采用小麦-玉米两熟制种植模式。小麦收获前，在行间播种玉米，小麦收获后，不再翻耕灭茬；玉米收获后、小麦种植前也不再翻耕灭茬，有的虽进行翻耕，但仍有相当数量根茬留在田边及畦埂上。这就为玉米耕葵粉蚧的连年发生提供了大量虫源及有利条件。③长年连作玉米，没有合理轮作倒茬。玉米耕葵粉蚧以卵囊附着在田间残留的玉米根茬、土壤中残存的玉米秸秆上越冬，长年连作玉米导致此虫数量逐年积累增多。④播种前未处理种子。大多数农户播种种子前不进行包衣处理或使用劣质包衣剂，导致防虫效果并不理想（王磊等，2015）。

4. 外来入侵导致的害虫大发生

实例　美国白蛾原产于北美，在20世纪70年代末期传入中国辽宁，后又相继传播到陕西、天津等地。因幼虫食性杂、繁殖量大、适应性强、传播途径广，导致多种林木和果树遭受为害。树叶被吃后剩下“光杆”，并且给附近的农作物、蔬菜等也造成了重大损失。

5. 遗传结构变化引起的害虫大发生

实例　应对有害生物的过程中长期大面积不合理使用单一农药，会导致种群中抗药性群体的增长，改变原有种群的遗传结构。我国于20世纪80年代引入噻嗪酮，它在控制褐飞虱方面有显著优势，被我国许多水稻种植区大量引进，甚至成为控制褐飞虱的单一农药，这就为褐飞虱产生抗药性提供了便利条件。目前，褐飞虱群体对噻嗪酮已产生了高水平的抗性，抗性倍数达200～500倍。

复习题

1. 本地虫源害虫监测与异地虫源害虫监测的方法各有哪些？

2. 病原菌监测的难点在哪里？如何针对气传病害和土传病害病原菌的不同特点来进行监测？

3. 如何计算虫害的被害率、被害指数和损失率？

4. 如何进行寄主监测？

5. 影响病虫害发生流行的环境要素有哪些？如何进行监测？

6. 如何进行植物病害流行因素分析？

7. 植物病害流行因素分析与植物病害控制的关系如何？

8. 影响农业害虫发生的主要因素有哪些？

第四章　植物病虫害防治指标及其测定

思维导图

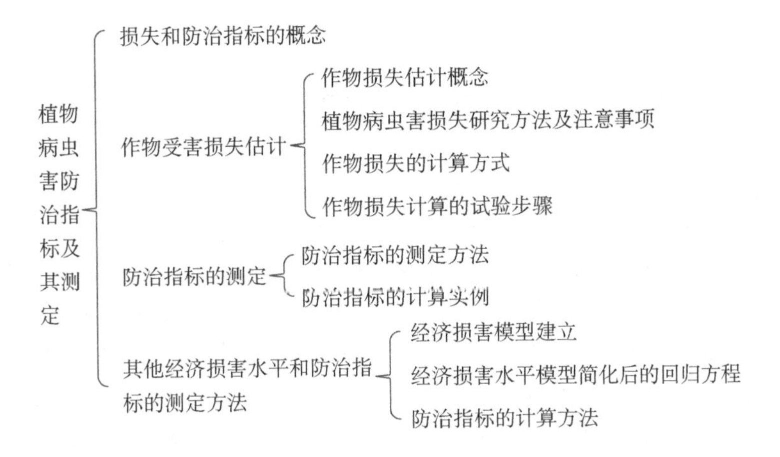

本章概要

病虫害防治的主要目的是保障作物较高的产量和产值，而盲目防治不仅不能达到防治效果，还会额外增加防治费用。损失估计和防治指标的制定是进行病虫害防治决策的前提。本章从病虫害测报学的角度出发，主要介绍病虫害造成作物损失和防治指标的概念、作物损失的估计方法以及防治指标的测定步骤与方法，并通过实例展示病虫害损失估计和防治指标制定的试验设计思路和数据分析方法。

第一节　损失和防治指标的概念

广大作物种植业者既是农业生产系统的管理者，又是农业产业的经营者。面对生产资料市场和农产品市场，从业者时时处处都要算计投入（成本）和产出的多少，提高经济效益也就成为生产管理的核心。作为管理者也好，经营者也好，从业者需要考虑的问题很多，防治病虫害只是其中之一，而且一定会受到资金、劳力的限制和受到总的利益的驱使。所以植物保护策略研究不仅是生物学、生态学问题，也是经济、社会问题。

病虫害的发生流行往往会造成作物不同程度的损失，这种损失包括直接的、间接的、当时的、后继的等不同形式。直接损失是指病虫害造成的作物产量损失和品质下降，如草地贪夜蛾大量啃食玉米叶片，造成组织部位直接受损，严重影响玉米产量；间接损失是指由于病虫害发生流行对人类生存环境和社会活动的影响，如作物减产导致粮食价格上涨，以及化学防治所引起的农药残留、环境污染、抗药性增强等诸多问题。病虫害发生不仅能对作物当年生长季造成影响，也会影响其后续的生长季，如小麦腥黑穗病发生可造成当年小麦减产及品质下降，同时带菌种子播种后将引起下一年小麦发病；小麦赤霉病当年的发生情况很大程度影响着下一年初始菌源量。此外，由于害虫啃食造成的伤口有利于病原菌的侵染，造成田间病虫害联合发生，如黄淮海地区夏玉米穗期大量钻蛀性害虫在雌穗部位的取食，不仅造成玉米籽粒受损，还会引起穗腐病的发生。病虫害造成的损失非常复杂，难以进行全面准确衡量。一般来说，病虫害测报学主要围绕直接的和当年生长季的损失进行研究，而不对间接的和后继的损失进行深入挖掘。因此，病虫害引起的作物损失（crop loss）主要指病虫害发生流行当年所导致的产量减少和品质降低，当品质损失可忽略不计时，病虫害损失等同于其所导致的产量损失。

一、经济损害水平和经济阈值研究概况

纵观近现代不同学者提出的有害生物综合防治（integrated pest control，IPC）和有害生物综合治理（integrated pest management，IPM）的概念，“把有害生物的种群控制在经济损害水平以下”均为其基本点之一。这种基于经济损害水平的概念的明确提出，标志着植物保护工作目标由追求最大收获量向争取最大经济效益的战略转移。防治工作也由追求最高防治效果转向争取最大经济效益。这种目标的转移有助于防止农药滥用，减少环境污染和延缓标的病原菌和害虫抗药性增加的速度，间接产生一定的生态效益和社会效益。

决定某种病虫害是否需要防治以及如何进行防治，需要综合考虑病虫害造成的经济损失、防治效果和防治成本，通常来说，防治后增加的经济收入不应低于投入的防治成本。农业生产中并非所有的病虫害都需要防治，当病虫害发生不严重、发生数量较低、增长速率较慢时，病虫害造成的损失远低于防治费用，此时无须采取防治措施。针对何时进行防治需要一个标准来界定，即病虫害防治指标。防治指标（control index）又称经济阈值（economic threshold，ET）或防治阈值（control threshold），是指有害生物达到的某一种群密度，此时防治措施所产生的防治费用与挽回的经济损失相等。在不考虑有害生物未来动态变化时，防治指标等同于经济损害水平（economic injury level，EIL）。例如，稻瘟病的防治指标为叶瘟田间发病程度2级（即在田边或池梗上可见到病斑，病斑小而多或大而少）；草地螟的防治标准为大豆每株3头，甜菜每株5头，向日葵每株5头，亚麻每平方米20头。防治指标的制定需要大量的田间试验和丰富的经验积累，生产者可参考防治指标判断是否需要开展防治。

1959年，美国昆虫学家Stern等首先提出经济损害水平（EIL）和经济阈值（ET）的术语。其后，Headley（1972）根据防治的边际费用和边际收益随防治后害虫种群密度而变的曲线，对“经济阈值”下了更精确的定义。然而，这也在用词上造成了经济损害水平和经济阈值的混淆。在此之后，相继有许多研究者对这一概念做出不同解释，并研究了具体计算和应用的方法。深谷昌次（1973）认为EIL可以包含“受害水平”和“害虫密度”两方面含义。前者以农作物所表现的受害程度为单位，他采用了“受害允许水平”（tolerable injury level）的术语；后者以害虫种群密度为单位，称“允许害虫密度”（tolerable pest density），而受害允许水平又是害虫密度达到受害允许密度时对作物所造成的损害程度。Onstad（1987）在定义防治指标的概念时，增加了对有害生物未来动态发展趋势的关注，即判断当前的种群密度在自然条件下未来是增加还是减少。此时防治指标的概念中增加了一些具体情况，即判定防治指标低于或者高于经济损失水平，主要依据有害生物种群密度在未来的动态发展是呈增加（图4-1A）还是减少趋势（图4-1B）。陈杰林（1988）提出在上述两个术语前冠以“经济”二字，采用“经济受害允许水平”和“经济受害允许密度”，

以明确它们的经济学含义。同时他将“受害允许密度”解释为作物所能忍受的害虫密度。这种害虫密度和更低的密度并不引起产量或品质的明显下降，它的大小完全由作物自身的耐害性和补偿能力来决定。多数学者则称这种单纯从生物学角度考虑的造成作物产量和（或）质量损失的最低有害生物种群密度为“作物损失阈值”（crop loss threshold）。在植物病害研究中，病情既代表病害所致的损害程度也间接代表了病原体的密度，实际上也很少有人真正测定病原体数量或病原体的密度，因此没有必要再区分病害密度和危害程度。荷兰瓦赫宁根大学的 Zadoks 教授（1979）使用损失阈值（damage threshold）和经济损害水平（EIL）相对应，以行动阈值（action threshold）和 ET 相对应，以病害阈值（disease threshold）与作物损失阈值相对应。它们都用病害密度（病情）为单位（表 4-1）。

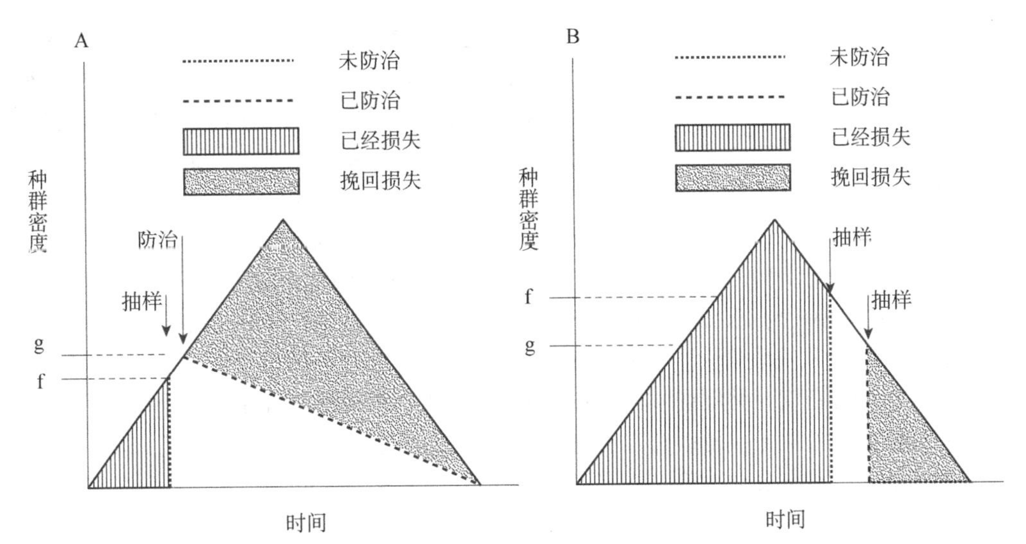

图 4-1　有害生物防控决策过程（仿 Onstad et al.，1987）

A. 决策处于有害生物种群上升阶段；B. 决策处于有害生物种群下降阶段；g. 经济损害水平；f. 经济阈值

表 4-1　有关经济阈值的用语

I	II	III	提出者
经济损害水平 economic injury level	经济阈值 economic threshold		Stern，1959
经济阈值 economic threshold			Headly，1972
允许害虫密度 tolerable pest density	受害允许水平 tolerable injury level		深谷昌次，1973
损失阈值 damage threshold	行动阈值 action threshold	病害阈值 disease threshold	Zadoks，1979
经济受害允许水平	经济允许害虫密度		陈杰林，1988

在有害生物综合治理实施过程中，抽样调查、做出判定和实施防治措施等一系列生产活动是按照时间节点紧密安排的。由于田间有害生物的发生是动态的，田间调查、制定防治决策和开展防治措施并不限定于某一固定阶段。以图 4-1 为例，有关有害生物防治措施的决策和实施，既可以在种群密度低于经济损失时开展（图 4-1A），也可以在种群密度高于防治指标时立即开展（图 4-1B）。在这两种情况下，只有当预估种群密度超过防治指标（图中未给出）的某一刻，才有必要采取一系列防治措施。因此，在作物生长阶段对有害生物种群数量动态变化进行监测，对制定合理的防治指标具有重要作用。

二、经济损害水平和经济阈值概念及相关关系

（一）经济损害水平

经济损害水平是指造成经济损失的最低有害生物种群密度。所谓经济损失是指防治费用和防治挽回损失金额的差值（Stern，1959）。换言之，针对种群密度将发展为 EIL 的一场病虫害，如果进行防治，其防治收益正好等于所需防治费用。对此，城所隆用图做了比较明晰的说明（图 4-2）。在图 4-2 中横坐标表示预计不同场次发生的病虫害种群密度，假定防治费用是不变的，用与横坐标平行的直线 C 表示。曲线 B 表示防治将会挽回的损失金额（也可以简单地理解为：在这样的病虫害密度下，如不防治可能造成的损失金额），显然是随着病虫害种群密度增加而上升的。当病虫害种群密度小于 N_1 时，由于病虫害本身并未造成明显的损失，如果进行防治就等于白花钱。如果病虫害种群密度处于 N_1 和 N_2 之间，防治会挽回一定的损失，但挽回损失金额始终低于所花费的防治费用，防治也将是赔钱的事。只有当病虫害种群密度大于 N_2 时防治才有效益，此时 B−C＞0。由此可见，N_2 是区别防治行动能否获得效益的一种密度指标。

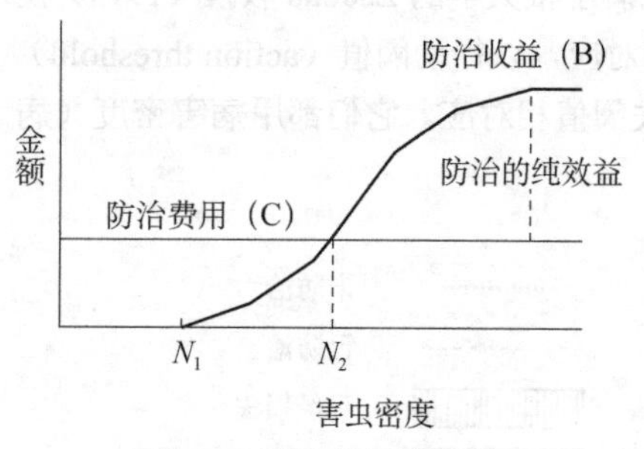

图 4-2　防治的经济效益

Headley（1972）从获取最大防治效益的目的出发，通过害虫防治经济学边际分析，研究了控制后最优的害虫种群密度，并用图 4-3 加以说明。有一点值得提醒读者注意，即该图的横坐标是防治后的种群密度。前提条件是：有害生物自然发生密度预计会超过 EIL，达到 X_{max}。如果采用不同的防治方案（如增加化学农药的剂量或防治次数），使密度降低到横坐标所示的密度，其边际费用如曲线 A，边际收益如曲线 D，而防治费用如曲线 C，挽回损失金额（防治收益）如曲线 B。在这里，边际费用是指为了消灭一个单位的有害生物所要增加的防治费用（费用增殖率），与图 4-2 不同的是防治费用不是一个固定值，而是随着防治后害虫种群密度下降而不断增加的。由于害虫群体中个体抗药性存在一定的差异以及害虫空间分布的原因，边际费用也随之增大。边际收益是指减少一个单位的有害生物所能挽回的损失金额，即产值增殖率，一般是随防治后种群密度下降而变小。显然，图 4-3 所示二者都是随着有害生物种群密度而变的曲线。防治效益是指防治收益（B）和防治费用（C）的差值（或比值）。经济学边际分析采用线性分析方法寻找利润最优解，只有在边际收益等于边际费用的条件下，才能获得最大的效益。也就是说，对于预计发生密度为 X_{max} 的病虫害，如果不予防治，则没有费用也没有收益，效益为“0”。在不断增加防治强度的尝试过程中发现，随着防治后病虫密度不断下降，在到达 M 值以前边际收益总是大于边际费用，纯效益不断增加。一旦种群密度低于 M 值以后，边际费用则大于边际收益，纯效益则逐渐减少。因此 Headley 把 M 值定义为经济损害水平［他

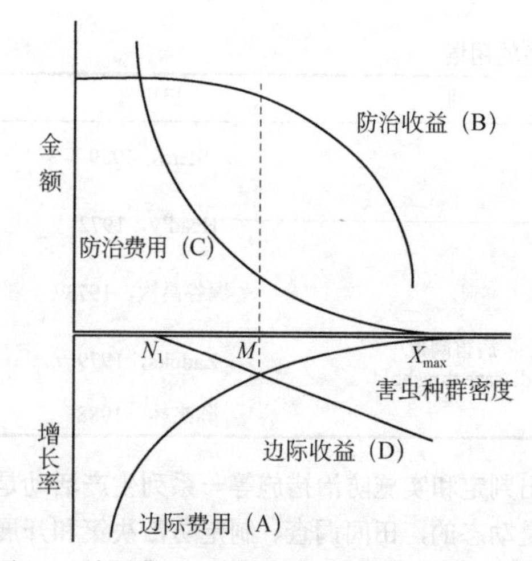

图 4-3　边际费用、边际收益、防治费用、防治收益与防治后害虫种群密度的关系（仿 Headley，1972）

当时采用“经济阈值”的术语，Hall（1973）、Luckmann（1982）认为这恰好是 Stern 定义的“经济损害水平”]。

Stern（1959）和 Headley（1972）从不同角度定义了 EIL。前者把经济损害水平作为权衡一场预计发生的病虫害是否值得防治的密度指标。对于最终流行水平将低于这一指标的一场病害不应该进行防治，而对于高于这一指标的一场病害则有必要进行防治，因为防治可以带来经济效益。后者探求对于一场值得防治的病虫害究竟应该用多大的防治强度（防治次数、用药量），以及把有害生物控制在什么密度才能获得最大的经济效益，这也是一种最佳的病虫害控制目标。根据他们两人的定义，研究者推算出的数值也是一致的。表 4-2 列出以小麦条锈病为例的计算机模拟试验结果。在一系列假设条件下（略），小麦条锈病流行速率分别为 0.183、0.16、0.14 和 0.12 的 4 场病害在小麦扬花期病情指数可以分别达到 0.8979、0.6585、0.3400 和 0.1210。根据 Stern 的定义计算的 EIL 为 0.2005（病情指数）。以此衡量，除第 4 场病害没有必要防治外，其他 3 场应该防治；然而，针对不同场次的病害又有最合理的防治次数。对第 1 场病害应防治 3 次，对第 2 场病害应该防治 2 次，对第 3 场病害应防治 1 次。这种选择的共同点是如不进行该次防治，病害密度大于 EIL；而经过该次防治后病害密度将低于 EIL。

表 4-2　防治纯效益与病害流行程度及防治次数的关系

防治次数	流行速率（r）			
	第 1 场病害 r=0.183	第 2 场病害 r=0.160	第 3 场病害 r=0.140	第 4 场病害 r=0.120
0	— 0.8979[b]	— 0.6585	— 0.3400	— 0.1210
1	12.92[a] 0.6317	18.96 0.3159	6.64 0.1285	—
2	25.77 0.3796	24.49 0.1161	3.69 ＜0.05	—
3	35.12 0.1269	21.08 ＜0.05	—	—
4	32.11 ＜0.05	16.08 ＜0.05	—	—
5	27.11 ＜0.05	11.08 ＜0.05	—	—
6	22.11 ＜0.05	6.08 ＜0.05	—	—

a：纯效益；b：防治后的病情指数

（二）经济阈值

经济阈值是由经济损害水平派生出来的。当人们预测到某一场病虫害的发生程度将要超过 EIL 时，应该根据病虫害发生动态规律推算出在防治适期内的某一病虫害密度值，“在此密度必须采取某种防治措施，以防止害虫种群密度增加而达到经济损害水平（Stern et al.，1959）”，此值即经济阈值。经济阈值是有害生物控制开始时的种群密度，由于可直接指导防控行为，所以也常被称为防治阈值（control threshold，CT）或称防治指标。Zadoks 与 Schein（1979）在植物病害流行学中采用“行动阈值（action threshold）”与之对应。

（三）EIL 和 ET 的关系

经济损害水平（EIL）和经济阈值（ET）是两个不同的概念。前者往往是以病虫害发生高峰或

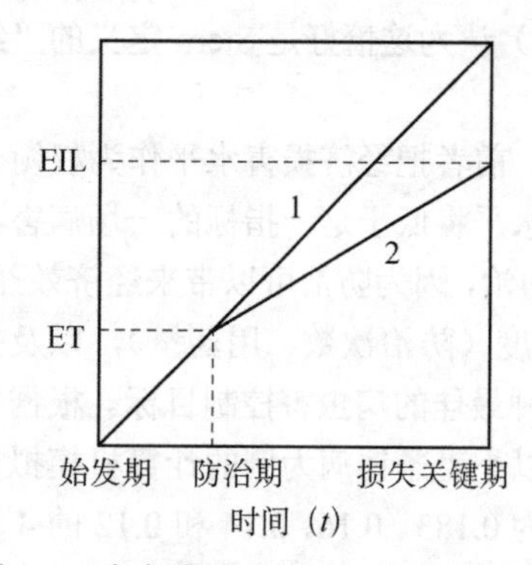

图 4-4　病害防治中的 EIL 和 ET 的关系

影响产量的关键期病情/虫情为准，后者则是处于防治适期内的某一密度值。推算这两个值时，首先要确定的是 EIL，其次才能根据病虫害动态规律（预测模式）和防治效率推算 ET。以药剂防治为例，应用高效触杀剂防治害虫时，由于可以完全停止其为害，ET 可以等于 EIL。如果使用药效迟缓的胃毒剂或采用生物防治，ET 往往小于 EIL。由于存在着自然抑制因素，一部分病原菌或害虫将会自然死亡，ET 也可能大于 EIL。植物病害由于具有潜育期、再侵染等环节，防治往往难以做到药到病除。一般情况下是减低病害的流行速率，即如图 4-4 所示，将病害流行曲线 1 变成曲线 2，ET 总是小于 EIL。

（四）EIL 的推算方法

1. 动态的 EIL　从大的方面分析，人们要在病虫害防治活动中把防治的投入转化为收益，离不开生物学过程和经济学过程，其中存在着一系列的关系，如图 4-5 所示。就植物病虫害防治而论，重要的是以下 4 项：①防治费用与防治强度；②防治强度与防治效果（病情变化）；③病（虫）情与减产量；④挽回损失量与防治收益。

根据试验或实地观测中获得的数据资料，可以分别建立相应的函数式，依照图 4-5 所示的次序，将它们组成联立方程并推算防治费用等于防治收益的病情，即 EIL。由于其中涉及的作物产量水平、农药价格、病害流行速率等是经常变化的，所以推算的 EIL 也是随时间而变的动态的经济损害水平。

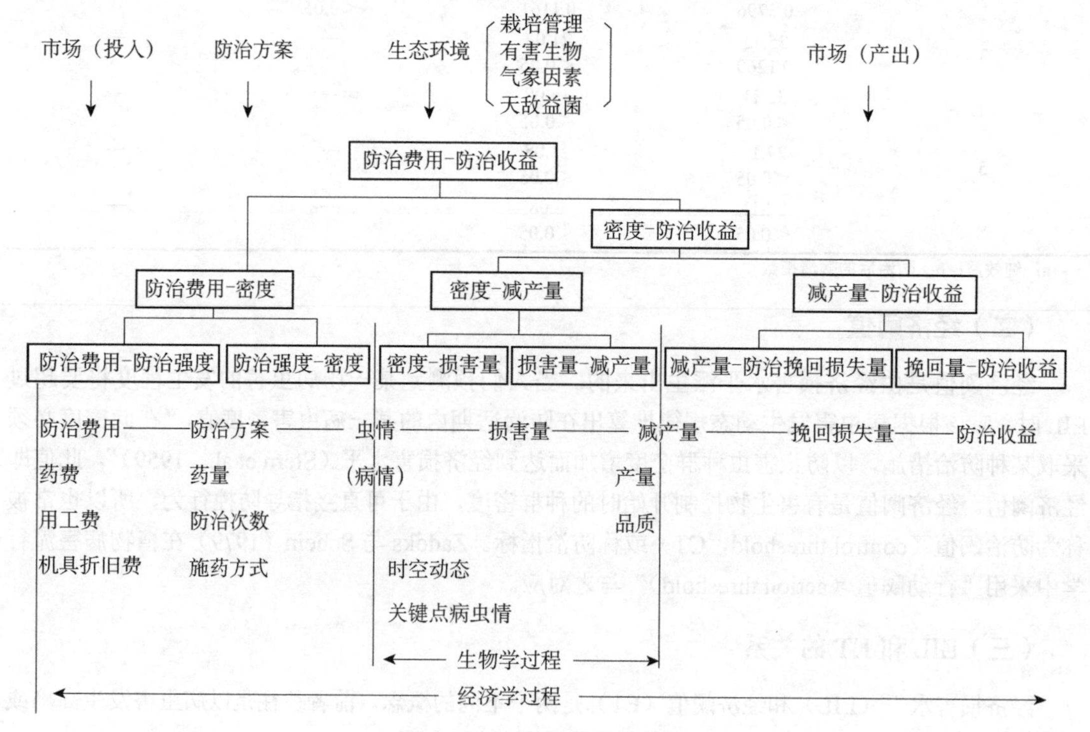

图 4-5　EIL 的生物经济系统

2. 固定的 EIL　从实用的角度，目前应用最广的 EIL 推算方法是把上述变动因素特定化，可以简化计算过程，仅用一个方程式来推算，这样推算出来的就是固定的 EIL。

$$N=C/(D \cdot M \cdot P) \tag{4-1}$$

式中，N 为害虫的种群密度（植物病害的病情），在这里求出的是 EIL；C 为防治费用，如果采用化学防治，则包括药费、用工费、机具折旧费等；D 为单个害虫造成的减产量（单位病害造成的产量损失）；M 为防治后害虫的死亡率（防病效果）；P 为产品单价。

建立式（4-1）的理由是：$N \times M$ 为防治减少的病虫害数量，而这些病虫害可以造成 $N \times M \times D$ 的减产量，则挽回损失金额为 $N \times M \times D \times P$；当其值恰好等于防治费用 C 时，N 就是 EIL。其他研究者在上述公式后乘以一个临界因子（CF），体现自然抑制因素的作用。CF 取 1～2 的数值，依据环境条件好坏而定。总的作用是适当放宽经济损坏水平。

丁岩钦（1983）也曾提出更完善的包括生态效应的经济损害水平模型。其中包含了害虫所致损失预测式参数、害虫最大取食量、害虫 t 阶段发现作物难易程度的标志量，以及害虫对作物危害程度的反应曲线类型等。

3. 经验的 EIL　经验的 EIL 是由植物保护专家和有经验的实践工作者个人或集体商讨后制定的。虽然带有一定的主观性，但对于那些定量研究资料尚不充分的病虫害来说也只能如此。这种方式也有其优点，即可以综合考虑多种因素（如产量水平、产品价格、自然抑制因素、农民种田的积极性、防治的风险度等）和新的科研成果（如病虫害预测、损失估计、防治效果的定量模式等），而应用时免除了烦琐的计算，比较适合指导大面积的生产。因此，这种 EIL 有很好的使用价值，也是目前应用比较广泛的。

4. 统计的 EIL　统计的 EIL（statistical EIL）是在多年的和广域的防治工作基础上，统计某一种病虫害发生频率、防治与不防治田的产量产值和防治费用，大体计算经济效益后确定的 EIL。这种推算似乎已经不是计算某一个密度值，而是依据经济阈值原理来进行防治决策。在这里，决策者只是在“每年都进行防治”和“每年都不进行防治”中选择一种方案。Norton（1976）在这方面做了很好的工作。他在英国的 4 个地区，统计了马铃薯晚疫病在 8 月中旬、8 月下旬和 9 月中旬、9 月下旬发生的概率（表 4-3）。由于该病发生越早，所致损失越大，不同时期进行防治的收益也就不同（表 4-4）。依据这两个表格中的数据，计算在西南部长年不进行防治的平均年收入为（880×0.5）+（1040×0.5）=960 英镑/hm^2，连续防治的为（1010×0.5）+（1090×0.5）=1050 英镑/hm^2。而在北部的计算结果是长年不防治的平均年收入为 1180 英镑/hm^2，连续防治的为 1130 英镑/hm^2。显然，在西南部应该连续防治，而在北部则不要进行防治。

表 4-3　马铃薯晚疫病在英国的 4 个地区不同发病程度的发生概率

地域	发生程度			
	8 月中旬	8 月下旬	9 月中旬	9 月下旬
西南部	0.5	0.5	0.0	0.0
西部	0.4	0.2	0.1	0.3
东部	0.0	0.5	0.2	0.3
北部	0.0	0.0	0.5	0.5

表 4-4　在马铃薯晚疫病不同发病程度下的产量和收益

发生时期	产量（1000kg/hm²）		收益（英镑/hm²）*	
	未防治	防治	未防治	防治
8 月中旬	22	26	880	1010
8 月下旬	26	28	1040	1090
9 月中旬	29	29**	1160	1130
9 月下旬	30	29	1200	1130

*收益=产量×单价−防治费用（单价为 40 英镑/1000kg，防治费用为 30 英镑/1000kg）

**由于防治机具的车轮碾压造成 3%的减产，未防治的无此损失

第二节　作物受害损失估计

一、作物损失估计概念

损失估计是指通过调查或试验，测定或估计出某种病虫害导致的损失。研究者根据大量调查或测定的数据，可构建出未来病虫害造成的损失的预测模型。在研究损失估计之前，首先需要明确产量的概念。产量是指能够测量出的一种作物的生产量，可分为自然产量（primitive yield）、现实产量（actual yield）、理论产量（theoretical yield）、可得到的产量（attainable yield）和经济产量（economic yield）。自然产量指某一品种的作物在自然栽培条件下，不采取任何防治措施所得到的最低产量；现实产量指在当地栽培条件下，田间实际收获的产量；理论产量指在最理想的环境条件下，理论上的最高产量；可得到的产量指采用现代先进的栽培管理技术后，能够获得的最高产量，此类产量通常在精细管理的栽培小区中得到；经济产量指经过良好的栽培管理措施后，能够得到的田间产量。

其中，理论损失=理论产量−实际产量；作物损失=可达到的产量−实际产量；经济损失=经济产量−实际产量。

二、植物病虫害损失研究方法及注意事项

植物病虫害的损失估计，主要是根据病虫害发生的严重程度及相应减产的情况，寻求病（虫）情和产量损失之间的相互关系并建立模型，进一步对产量损失进行预测，并为病虫害的防治决策提供依据。产量损失的预测同病害预测一样，需要大量的可靠的数据，这些数据可以来自大田调查和周密的田间试验。一般来说病害损失的试验方法有以下几种类型。

（一）单株法与盆栽试验法

1. 单株法（single plant method）　这是目前应用较多的一种方法。因为田间植株个体间病虫害发生程度和生长发育情况差异很大，很难找到病虫害发生程度和生长发育情况都满足要求的个体，所以需要调查大量的植株（数百株至数千株），从中寻找发生病虫害等级不同的个体，并逐株挂牌登记（注意其中一定要有无病虫害植株作为对照）。研究者在整个生长过程中调查数次病情，收获季节按单株收获计算产量，找出与产量损失关系最大的一次或数次病（虫）情数据，

作为损失预测的依据。若仅有一次病（虫）情资料与产量损失的关系最大，则这一生长阶段就称作病害损失的关键生长期（critical growth stage）。这种方法可以在病害自然发生的条件下使用，比较节省时间和劳力，但由于田间个体产量间差异较大，将会影响试验结果的准确性。因此，研究者也可采用多个无病株求其平均产量作为对照，同时对病害等级相近的植株求其相同等级病情下的平均产量及损失。用这种方法建成的损失模型，在生产中应用时的准确性和适应范围会有所提高。

2. 盆栽试验法（microplot experiments）　该法基本上也属于单株试验法，较早时应用于土传病害的产量损失研究。它容易控制病原菌（地下害虫）密度和土壤性状的差异，供试土壤通常先经过杀虫剂或其他药剂处理，然后人工接入不同剂量的病原菌（地下害虫）。处理后的土壤装盆，埋入田中，保持自然环境。由于盆中病原菌（地下害虫）量和环境容易控制，试验比较准确，但比较费时费工。

（二）群体法

群体法（field population experiment）是与单株法相对而言的，其每次试验中考虑的植株群体较多，可以在田间小区或更大的面积上进行。这种方法最大的优点是试验条件接近田间实际情况（如包括了作物的群体补偿作用等）。它可在田间进行标准化的试验设计，如随机处理、裂区处理和拉丁方处理等，试验结果便于统计分析。在采用田间小区试验时，除注意各小区试验条件的均一性外，特别应注意保持试验小区之间病虫害发生程度的差异，病虫害等级应从 0（无病虫对照）开始，到最严重的发生程度。制造不同等级的方法通常有 3 种。

（1）定期使用杀菌（虫）剂控制病（虫）情。这种方法可在病虫害常发区使用，进行不同次数的喷药，从而造成不同小区间的病（虫）情差异。如周汝鸿等（1983）对玉米小斑病产量损失的研究，就是采用不同间距的喷药时间控制不同小区病害发生程度的差异。

（2）人工接菌（虫）。在病虫害偶发区或发生较晚的地区，研究者给试验小区分别接入不同剂量的菌（虫）量，造成小区间病虫害发生程度的差异。这种方法的关键技术是依据不同病虫害的要求，控制好田间的接种时间和接种量，整个试验比较费时费力，但其试验结果接近大田的实际情况。以上两种方法也可同时使用。

（3）采用不同抗病（虫）性的同源基因系品种（isogenie lines of host），按不同比例混合播种，控制田间病虫害发生情况。

除以上几种损失估计的方法外，Basu 等（1978）利用高空摄像研究豌豆根腐病（*Fusarium solani* f. sp. *pisi*）的损失估计。Campbell（1990）称之为整体法（synoptic method），可以概括田间多种性状的共同作用，不但可用于损失估计，还可用于病害流行学的研究。近年来的遥感技术对作物损失和病虫害发生流行的研究也有很大的促进作用。总之，研究者想要建立一个完善、逼真的作物损失模型是非常困难的，但可以用不同的方法组合、相互弥补和验证，逐渐接近实际情况。

（三）试验设计中的注意事项

Teng 和 Oshima（1983）认为：在病虫害损失试验的设计中，增加病虫害严重程度的等级比增加重复次数更为重要。如 10 个病害等级、2 次重复的设计比 4 个病害等级、5 次重复设计的效果要好得多，在病（虫）情等级较多的情况下，研究者可能发现病虫害与损失之间的真正关系，有利于损失模型的建立，而病（虫）情等级较少时则容易出现假象。另外，在试验设计时，要注意病虫害发生程度较低和较高时的病虫害等级。病虫害发生程度较低的点，有利于确定造成损失的最低点，或从中发现群体补偿作用；病虫害发生程度较高的点，有利于了解病虫害的最大损失阈值。

在进行病虫害损失试验时，还要注意试验小区之间的干扰问题。尤其在进行气传病害并以人工接菌为主要手段的小区试验时，接种量大的小区或发病较重的小区，由于病菌的传播会对轻病区产生影响，在计算小区间病害增长速率时会出现偏差。Van der plank（1963）称这种误差为隐含误差（cryptic error），解决这一问题的方法是：①保证适宜的小区面积；②小区的保护行要进行喷药保护或种植抗病品种；③增加重复和对照（无病点），用以校正重病区的干扰；④在以喷药保护控制病害等级时要首先确证所用药剂对作物的生长没有刺激作用，或者要有喷药和不喷药的无病小区，以校正药剂对作物的刺激或抑制作用。

三、作物损失的计算方式

作物产量损失可以用损失率表示，也可以用实际损失产量或数量，甚至可以增加由品质引起的累计损失量来表示。首先，直接产量损失一般可通过分别调查不同病虫害危害田块的产量和未遭受任何病虫害危害的田块来计算，二者单位面积产量差即直接产量损失，也可以折算成损失率。其次，涉及作物品质降低的作物，如果与产量关系不大，也可单独计算。作物品质的优劣直接与市场价值相关，计算品质损失时需要考虑作物的品质指数（quality index，QI）和品质损失率（quality decrease rate，QDR）。

作物品质指数计算公式如下所示：

$$QI=\frac{\sum(\text{各等级产品数}\times\text{相对品质指数})}{\text{调查总产品数}} \tag{4-2}$$

其中，相对品质指数计算公式为

$$\text{相对品质指数}=\frac{\text{某产品某等级市场价格}}{\text{该产品最高等级市场价格}} \tag{4-3}$$

品质损失率计算公式为

$$QDR\ (\%)=\left(1-\frac{QI}{QI_{max}}\right)\times 100 \tag{4-4}$$

式中，QI_{max} 代表最高实际品质指数，为该作物品种在当地栽培管理条件下不遭受任何病虫害时的 QI，一般仅在田间试验小区中获得。因此，实际生产中一般用当地未发病或发病较轻的相同品种的品质指数作为代替。

如果产品损失既包含产量损失，又包含品质损失，可以用综合损失率（complex loss rate，CLR）来表示，计算公式如下所示：

$$CLR(\%)=\left[1-\frac{\sum(\text{各等级产品数}\times\text{相对品质指数})}{\sum_{max}(\text{各等级产品数}\times\text{相对品质指数})}\right]\times 100 \tag{4-5}$$

式中，$\sum_{max}$（各等级产品数×相对品质指数）为该作物在当地栽培管理条件下不发生任何病虫害时的综合产值，在实际生产中，往往采用同一生长季未发生病虫害或者病虫害对产量、质量影响极小时的综合产值来替代。

四、作物损失计算的试验步骤

计算作物产量损失的田间或室内试验过程大致分为 3 个步骤：①前期调查并计算作物受害程度；②收获期调查并计算作物产量，进一步计算产量损失系数、产量损失率；③通过作物受害程度、产量损失系数和产量损失率，进一步计算出损失量。

作物受害程度常用公式如下：

$$P=\frac{n}{N}\times 100\% \tag{4-6}$$

式中，P 为作物受害程度，害虫可用有虫（卷叶）率或害虫危害的分级危害指数表示，也可用虫口密度表示；病原菌发病危害损失调查可以选择病害率，也可选择病情指数表示。当 P 为有虫率时，n 为有虫株数，N 为总调查株数；当 P 为危害分级指数时，n 为抽样调查感病数量与发病等级的乘积，N 为抽样调查总数与最高发病等级的乘积。

产量损失系数计算公式为

$$Q=\frac{A-E}{A}\times 100\% \tag{4-7}$$

式中，Q 为产量损失系数；A 为未受害单位面积植株或者单株植株的平均产量；E 为受害单位面积植株或者单株植株的平均产量。

产量损失率计算公式为

$$C=\frac{Q\times P}{100} \tag{4-8}$$

式中，C 为产量损失率；Q 为损失系数；P 为受害百分率。

根据上述公式，可计算出单位面积作物实际损失量，即

$$L=\frac{A\times M\times C}{100} \tag{4-9}$$

也可通过以下公式计算：

$$L=M\times\frac{(A-E)\times n}{N\times 100} \tag{4-10}$$

式中，L 为单位面积实际产量损失；A 为未受害植株平均产量；M 为单位面积总株数。

第三节 防治指标的测定

一、防治指标的测定方法

1. *设置有害生物为害的等级试验* 利用大田或者小区设置病虫为害等级试验。田间试验可通过调查判断，根据田间病虫害自然发生危害情况，遴选出遭受为害的不同等级的田块。小区试验一般选择作物生长一致的田块，根据病原菌密度或者害虫量，梯度接入小区田块，并利用杀菌剂或杀虫剂人为精确干预，形成具有一定为害等级的小区。

2. *病虫害为害程度调查* 抽样调查病虫害发生为害情况，并将病虫害发生程度按照一定的标准进行分级整理。

3. *测定产量损失* 在作物成熟期通过产量测定，并与未发生病虫害作物的产量进行比较，从而获取相应病虫害分级下的产量数据，同时计算出产量损失率。

4. *计算防治指标* 建立作物产量损失率与病虫害发生程度的相关模型；当产量损失率等于经济允许损失率时，通过公式计算得到的病虫害发生程度即防治指标。

根据防治费用、单位面积产量、作物价格、防治效果等参数计算得到经济允许损失率，即

$$\mathrm{TL}=c/(N\times P\times E)\times 100\% \tag{4-11}$$

式中，TL 为经济允许损失率；c 为防治费用；N 为单位面积产量；P 为产品价格；E 为防治效果。

产量损失率（y）与病情指数（x）的回归模型为 $y=a+bx$，由此可得 $x=(y-a)/b$。当产量损失率 y 等于经济允许损失率 TL 时，田间病情指数 x 即防治指标 ET：

$$\text{ET}=\frac{100c}{b\times N\times P\times E}-\frac{a}{b} \tag{4-12}$$

式中，a、b 为回归模型参数；其他符号含义同式（4-11）。

二、防治指标的计算实例

作物受害程度和损失程度的测定需要根据不同有害生物为害特点而灵活变化，因此我们对病害、虫害和病虫害复合为害造成的作物损失分别进行介绍。

（一）病害引起的作物损失估计和防治指标测定

1. 土传病害造成的损失估计　小麦根腐病主要是由麦根腐离蠕孢菌（*Bipolaris sorokinianq*）和镰孢菌属（*Fusarium* spp.）引起的重要土传病害，严重发生时可造成小麦减产 20%～60%。为明确小麦根腐病在青海省大通县造成的产量损失，研究者根据小麦根腐病严重度的分级标准，在主栽小麦品种上选取各病级麦株各 100 株，同时在小区试验中接种不同浓度的混合菌种。研究者通过测定不同病级下的穗粒数和千粒重，利用回归分析确定病级与产量指标的关系，理论产量损失率（y）和病情指数（x）的关系式为 $y=0.00046+0.57178x$（$r=0.9725$，$p<0.05$），公式可转换为 $x=(y-0.00046)/0.57178$，可得参数 a 为 0.00046，b 为 0.57178。试验采用 28%羟锈宁拌种防治病害，用量为 2g/kg，防治效果为 80%以上，每公顷防治 1 次的农药费和劳务费合计 42 元，小麦当年市场收购价位 1.18 元/kg，根据防治指标计算公式可得每公顷产量 3750～6750kg 的麦区，经济允许损失率为 0.6591%～1.1864%。将对应参数代入防治指标计算公式，求得每公顷小麦产量在 3750～6750kg 时，小麦根腐病的防治指标为田间病情指数 1.0848～1.9998。

2. 气传病害造成的损失估计　小麦条锈病是由条形柄锈菌（*Puccinia striiformis* f. sp. *tritici*）引起的严重危害我国小麦产量和粮食安全的重大气传病害。为明确小麦的产量损失与旗叶发病率和严重度的关系，研究者在贵州毕节 6 个县（市）种植感病品种并调查病叶率、严重度，同时进行产量测试（表 4-5），最终建立小麦产量损失率（y）和病叶率分级值（x）的回归方程为 $y=2.36x\left(r=0.9873,\ p<0.01\right)$，以及与严重度分级值（$x$）的回归方程为 $y=5.79x$（$r=0.9886$，$p<0.01$）。由此可见，小麦产量损失率与田间病叶率和旗叶严重度呈显著正相关，病叶率增长 1 倍，损失率增长 2.36 倍；旗叶严重度增长 1 倍，损失率增长 5.79 倍。参照经济允许损失率和防治指标计算公式，可得小麦条锈病的经济允许损失率为 2.5%，防治指标为病叶率 2%，旗叶严重度为 1%。

表 4-5　小麦条锈病田间病叶率、旗叶严重度与产量损失率关系（谈孝凤等，2009）

病叶				旗叶			
病叶率（%）	级数	产量（kg/亩）	损失率（%）	严重度（%）	级数	产量（kg/亩）	损失率（%）
0	0	151.88	—	0	0	166.94	—
0～2	1	145.92	3.92	<1	1	152.51	8.64
2.1～5	2	142.23	6.35	1～5	2	148	11.35
5.1～10	3	140.4	7.56	6～10	3	138.75	16.89

续表

病叶				旗叶			
病叶率（%）	级数	产量（kg/亩）	损失率（%）	严重度（%）	级数	产量（kg/亩）	损失率（%）
10.1～15	4	138.16	9.03	11～20	4	129.86	22.21
15.1～20	5	135.7	10.65	21～40	5	123.6	25.96
20.1～25	6	125.97	17.06	41～60	6	112.51	32.6
25.1～30	7	125.6	17.3	61～80	7	97.65	41.51
30.1～35	8	125.18	17.58	>80	8	84.6	49.32
35.1～40	9	121.87	19.76				
40.1～45	10	120.26	20.82				
45.1～50	11	116.01	23.62				
50.1～55	12	111.95	26.29				
55.1～60	13	111.45	26.62				
60.1～65	14	100.34	33.93				
65.1～70	15	95.18	37.33				
70.1～75	16	92.7	38.96				
75.1～80	17	89.97	40.76				
>80	18	82.6	45.61				

注：基于原文献略有修正

3. 介体传播病害造成的损失估计　　水稻黑条矮缩病是以灰飞虱为传播介体的水稻病毒病，严重威胁水稻的产量和品质。由于部分地区长期采用稻麦复种、稻茬免耕和小麦撒播等耕作方式，为灰飞虱提供了有利的越冬条件。小麦达到成熟期之前，大量灰飞虱短时间内会转移至麦田周围的水稻秧田，造成秧苗带毒率显著上升，导致后期大田病毒病发病率升高。研究者通过在山东省济宁市任城区设置常规育秧和防虫网育秧的小区试验，开展田间病害调查和产量测试，建立了水稻产量损失率（y）和黑条矮缩病病墩率（x）的回归方程：$y = 0.98669x - 1.35549$（$r = 0.9995$，$p < 0.001$）。参照经济允许损失率和防治指标的计算公式，可得水稻黑条矮缩病经济允许损失率为 2.14%，相应防治指标为病墩率 3.54%。

（二）虫害引起的作物损失估计和防治指标测定

1. 钻蛀性害虫造成的损失估计　　玉米螟又叫玉米钻心虫，是为害玉米、高粱、谷子等作物的世界性害虫。玉米螟对玉米的为害最大，为害部位主要有喇叭口期心叶、茎秆部位和穗部，造成严重减产。

玉米螟为害造成玉米产量的损失主要取决于成虫期落卵量和不同生育阶段虫口密度。研究者通过调查‘中原单 4 号’玉米中一代玉米螟发生与产量损失情况（表 4-6），发现茎秆虫孔数与落卵量，产量损失率与茎秆虫孔数均呈显著相关性。研究者以百株卵量为 x，以百株虫孔数为 y，建立起 $\ln x$ 与 y 之间的回归方程：

$$y = -528.9758 + 184.24430\ln x \pm 75.4584 \quad (r = 0.9677，p = 0.0007)$$

小区产量损失率 y 和百株虫孔数 x 之间可建立相关回归方程：

$$y = -58.2844 + 13.6216\ln x \pm 5.144 \quad (r = 0.9354，p = 0.0195)$$

参照防治指标的计算公式，可得到以下防治指标：‘中原单 4 号’心叶期（一代）和穗期（二代）玉米螟百株累计卵量分别是 20 和 12。

表 4-6 玉米落卵量、虫孔数与产量损失关系（文丽萍等，1992）

品种	世代	卵量（块/百株）	ln（卵量）（块/百株）	虫孔数（个/百株）	ln（虫孔数）	产量损失率（%）
中原单4号	一代	0	—	0	—	—
		20	2.996	83.10	4.420	6.39
		50	3.912	150.00	5.011	6.44
		100	4.605	298.40	5.698	16.50
		300	5.704	454.50	6.119	21.71
		600	6.397	728.80	6.591	36.76

注：基于原文献略有修正

2. 食叶性害虫造成的损失估计　食叶类害虫主要以咀嚼式口器取食作物的根、茎、叶、花、果实等多个部位，为害前期可对植株光合作用产生影响，后期直接影响作物的产量和品质。研究者以咀嚼式口器小菜蛾为例，研究其取食与作物造成产量损失之间的关系。

在甘蓝结球中期，甘蓝损失率 y 与小菜蛾虫口密度 x 回归方程为 $y = -2.7151 + 1.44745x$（r=0.9549，p=0.0114）。该时期的虫口密度与产量损失率同样可建立非线性回归方程 $y = 0.4053 - 0.1479x + 0.0811x^2$（$r = 0.9996$，$p = 0.0007$）。两个回归方程均可以体现虫口密度与产量损失之间的函数关系，但后者更接近真实关系。

通过公式计算，可得甘蓝结球中后期对小菜蛾的防治指标为 5～7 头/株。

3. 刺吸式口器害虫造成的损失估计　黑茶藨子长管蚜是典型的刺吸式口器害虫，可对莴苣造成严重为害。研究者在莴苣田中按照种群密度梯度依次接入黑茶藨子长管蚜，形成每株从 0.1 至 2 头/株的不同虫口密度（表 4-7 和图 4-6），接入蚜虫 2d 内将各小区用网单独罩起，待种群稳定后再去掉网罩，待收获期单株称重，计算损失率。

无论使用杀虫剂与否，莴苣产量损失与虫口密度皆呈显著非线性关系。以单株产量损失率为 y、单株虫口量为 x，可建立 y 与 $\ln x$ 之间的回归方程。

使用杀虫剂处理时 y 和 x 关系为

$$y = 15.4258 + 7.3568\ln x \quad (r = 0.8391,\ p = 0.0367)$$

未使用杀虫剂处理时 y 和 x 关系为

$$y = 41.1311 + 17.9015\ln x \quad (r = 0.9345,\ p = 0.0063)$$

通过公式计算，可得出相对应的防治指标。

表 4-7 莴苣不同虫口密度下杀虫剂防治、不防治与产量损失关系

蚜虫密度（头/株）	ln（蚜虫密度）	使用杀虫剂后产量损失率（%）	未用杀虫剂产量收获率（%）
0.1	−2.3026	0.00	0.00
0.25	−1.3863	10.00	23.30
0.5	−0.6931	3.30	26.70
0.75	−0.2877	10.00	30.00
1	0.0000	13.30	32.30
2	0.6931	26.70	63.30

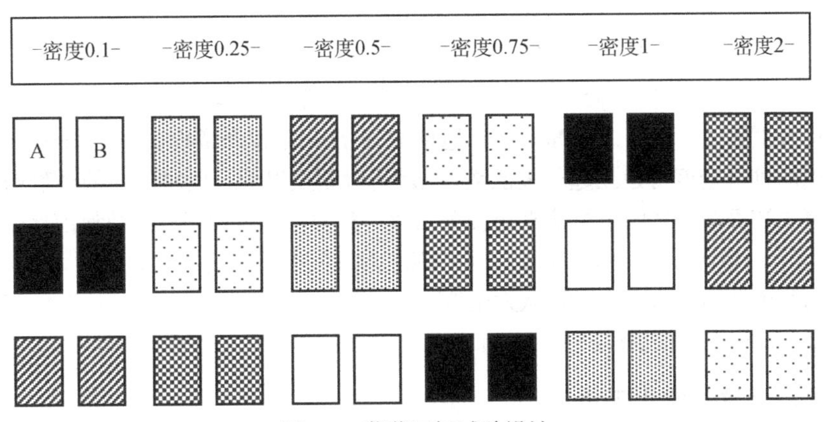

图 4-6　莴苣田间试验设计

A 为杀虫剂防治；B 为同一小区杀虫剂未处理

（三）病虫复合为害引起作物损失估计和防治指标测定

以上介绍均为单一虫害或病害造成的产量损失估计和防治指标测定，然而田间病虫害常呈现多种虫害或病害同时发生，甚至病虫害混合发生。由于病虫害之间可能存在相互影响，进行损失估计往往是非常困难的。研究者通过在西安市长安区小麦吸浆虫发生严重的麦田人工接种小麦条锈菌，研究小麦条锈病和吸浆虫混合发生对小麦产量的影响。试验表明，小麦的穗重（W）与条锈病的病情指数（X）及每穗吸浆虫数量的对数值（$\log Z$）均呈线性相关。

在雨水较少的年份，三者的关系为 $W=1.408-0.0038X-0.2329\log Z$；在雨水一般的年份，三者的关系为 $W=1.754-0.0035X-0.2499\log Z$。

多种病虫害混合发生时，需要根据不同的发生情况进行不同的损失估计和防治指标测定。当几种为害叶片的病虫害同时发生时，总的产量损失可能是各种病虫害单独发生造成的产量损失的总和；当某种病虫害造成系统性损伤时，一种有害生物可能在另一种有害生物发生为害的基础上进行，此时情况比较复杂；当两种以上病虫害均造成系统性损伤时，损失估计将更加复杂。因此，多种病虫害混合为害的损失估计和防治指标测定需要根据实际发生情况，选择合适的方法进行计算。

第四节　其他经济损害水平和防治指标的测定方法

经济损害水平的相关数学模型较多，如 Onstad 所提出的动态经济损害水平模型（model of dynamic economic injury level）和多次经济损害水平模型（model of multiple economic injury level）。

一、经济损害模型建立

（一）动态经济损害水平模型

动态经济损害水平模型可反映田间病虫害造成的损失的动态变化。通过调查 t 时刻的种群密度，计算防治费用与挽回损失，根据经济损害水平中防治费用与挽回损失相等的定义，得出以下相关函数式：

$$C\left(h_t'\right)=D\left\{x_t\left[s\left(h_t^0\right)\right]\right\}-D\left\{x_t\left[s\left(h_t'\right)\right]\right\} \tag{4-13}$$

式中，C 是有害生物防治费用（元/hm^2 或其他单位）；D 为单位产量损失（元/hm^2 或其他单位），且 D 与 t 时刻的种群密度可建立起相关函数；x_t 为 t 时刻及以后一段时间内的种群密度，而 x_t 与防治下的有害生物存活率之间也可建立起相关函数；S 为有害生物存活的数量或比例，通常情况下，S 与 t 呈动态函数关系；变量参数 h' 代表实施防治过程中的时间投入和劳动力投入；h^0 代表不防治时的时间和劳动力投入（一般可认为是 0）。

式（4-13）直观地表征了经济损害水平与有害生物种群密度的函数关系。

（二）多次经济损害水平模型

农业生产中，田间病虫害经济阈值判定异常复杂，并不能仅仅采取某单一措施。例如，小麦进入拔节期采取的"一喷三防"措施常用杀菌剂和杀虫剂进行复配，此时无法通过动态经济损害水平模型准确计算经济阈值；各级农业科研部门在植保技术的推广示范时，常常会将农药单剂进行复配，此时的经济阈值同样难以通过动态经济水平模型计算。如何科学地评价其防治效果仍存在争议，而多次经济损害水平可通过多次计算，最终找出最合适的经济损害水平下的有害生物种群密度。当同一类型有害生物在不同田块发生情况基本一致，并且不同地块分别采用了一种或多种防治措施时，可使用多次经济损害水平模型进行处理，即

$$C\left(h_t\right)-C\left(h_t^*\right)=D\left\{x_t\left[s\left(h_t^*\right)\right]\right\}-D\left\{x_t\left[s\left(h_t'\right)\right]\right\} \tag{4-14}$$

式中，C、D、x、s 和 h 等参数与式（4-13）中含义相同；h^* 为早期防治的时间和劳动力投入，一般以单位面积投入费用计算。

在分析过程中，式（4-14）决定了在这两种策略实施下挽回同样经济损失时的种群密度。如果此时的经济损害水平高于之前，此函数下的种群密度 x 对应的经济损害水平应当作为较高的种群密度递进保留。依此类推，如果此函数下种群密度 x 对应的经济损害水平低于最后一个，此数据应当舍弃。根据某次防治过程中产生的 C（h）和 s（h）函数，以及该次防治过程中产生的 h 与其他时期所产生的 h 之间的数值，可以判定其相减是否为非负数。例如，C（h'）>C（h''）且 s（h'）=s（h''），说明在相等的有害生物种群存活率下，前一次的防治费用高于后一次，因此不能采用前一次的防治决策，计算所得的经济损害水平不能判定为有效经济损害水平。

多种防治策略的选择可在函数中分别用 h'、h'' 和 h''' 等依次表示。在诸多反复抽样及决策-防治过程中，可首先将一个最低种群密度下的防治投入成本定义为 h'，此时的 h' 与当时挽回经济损失等值。h^* 代表防治措施中的成本，并可逐步取代 h^0 成为新的对照。在此对照下，$h^*=h^0$ 为非防治下的种群密度，此时 $x=0$。

和式（4-14）类似的另一个多次经济损害水平模型为

$$C\left(h_t\right)-C\left(h_t^*\right)=Y\left\{x_t\left[s\left(h_t\right)\right]\right\}\cdot P\left\{x_t\left[s\left(h_t\right)\right]\right\}-Y\left\{x_t\left[s\left(h_t^*\right)\right]\right\}\cdot P\left\{x_t\left[s\left(h_t^*\right)\right]\right\} \tag{4-15}$$

式中，Y 代表单位面积的产量；其他参数和式（4-14）含义相同。

与式（4-14）不同的是，此模型将一定有害生物种群密度（包含存活率）下作物的产量与单位质量作物价格乘积，替代了式（4-12）中的单位产量损失；同时，由于优化后的经济损失程度越来越低，而采取防治措施后作物产量越来越高，因此公式右边含有 h^* 的函数置于 h_t 函数之后。

上述的式（4-13）、式（4-14）和式（4-15）是研究经济损害水平的通式。在实际应用过程中，研究者处理基础数据后会发现，挽回作物经济损害水平或者作物产量常常与有害生物种群密度直

接呈线性回归或非线性回归关系。由于作物商品单价等参数相对固定，可进一步简化式（4-13）、式（4-14）和式（4-15），将 $D\left\{x\left[s(h)\right]\right\}$ 转化为含有系数 d 的新的函数 $d\left\{x\left[s(h)\right]\right\}$，此时 d 代表单位面积和有害生物种群密度下的作物单价。

二、经济损害水平模型简化后的回归方程

（一）经济损害水平简化后的线性回归方程

式（4-14）可经过简化后获得下述线性回归方程：

$$C(h_t)-C(h_t^*)=d\left\{x_t\left[s(h_t^*)\right]\right\}-d\left\{x_t\left[s(h_t')\right]\right\} \tag{4-16}$$

式中，s（h）是有害生物在防治时的存活比例。

式（4-16）可经过进一步转化，得到经济损害水平（造成经济损失时有害生物最低种群密度）的一般计算方程，即

$$\mathrm{EIL}_t(h)=x_t=\frac{C(h_t)-C(h_t^*)}{d\left[s(h^*)-s(h)\right]} \tag{4-17}$$

式（4-15）同样可以进行简化。我们用 R 表示单位面积收益，得到 $R=Y \cdot P$，此时式（4-17）可转化为

$$\begin{aligned}C(h_t)-C(h_t^*)&=\left[R-pyx_ts(h)\right]-\left[R-pyx_ts(h^*)\right]\\&=pyx_ts(h^*)-pyx_ts(h)\end{aligned} \tag{4-18}$$

将式（4-18）进一步转化，得到经济损害水平的一般计算公式：

$$\mathrm{EIL}_t(h)=x_t=\frac{C(h)-C(h^*)}{py\left[s(h^*)-s(h)\right]} \tag{4-19}$$

（二）经济损害水平简化后的非线性回归方程

由于种群密度与挽回产量损失间存在二次函数关系，$D\left\{x\left[s(h)\right]\right\}$ 与 $d\left\{x\left[s(h)\right]\right\}^2$ 可建立相关二次回归方程，因此式（4-14）可转化为

$$C(h_t)-C(h_t^*)=d\left\{x_t\left[s(h_t^*)\right]\right\}^2-d\left\{x_t\left[s(h)\right]\right\}^2 \tag{4-20}$$

类似线性回归方程变化方法，可将式（4-20）转化为类似式（4-17）和式（4-19）的计算通式：

$$\mathrm{EIL}_t(h)=x_t=\sqrt{\frac{C(h_t)-C(h^*)}{d\left\{\left[s(h^*)\right]^2-s(h)^2\right\}}} \tag{4-21}$$

$$\mathrm{EIL}_t(h)=x_t=\sqrt{\frac{C(h_t)-C(h^*)}{py\left[s(h^*)^2-s(h^*)^2\right]}} \tag{4-22}$$

式中，p 为单位价格；y 为单位面积和密度下的产量损失。

对有关经济阈值的计算模型或者函数，农业学家和经济学家各自从不同角度做了详细分析，但本质上是一致的。结合经济阈值概念，我国昆虫学家盛承发做了细致的推导和证明，得到以下

相关函数：

$$R(d)=B(d)-C(d) \tag{4-23}$$

式中，d为有害生物的种群密度；B（d）为单位作物产值；C（d）为防治成本；二者差值R（d）即作物净收益。

将式（4-13）建立微分方程，即在防治策略的实施中，单位面积防治每增加 ΔC 即 $dC(d)$，种群密度下降 Δd，毛利润可增加 ΔB 即 $dB(d)$，净收入增量为 ΔR 即 $dR(d)$。这可以得到以下微分方程：

$$\frac{dR(d)}{d(d)}=\frac{B(d)}{d(d)}-\frac{C(d)}{d(d)} \tag{4-24}$$

即各自增量满足函数关系 $dR(d)=dB(d)-dC(d)$。当有害生物造成的经济损害水平等于防治费用时候，有 $dB(d)=dC(d)$，此时 $dR(d)=dB(d)-dC(d)=0$。根据其微分方程含义，该函数斜率在该有害生物种群密度下为0，即函数达到极值。也就是说，当种群密度等于经济阈值时，净收益函数R（d）达到最大值。

三、防治指标的计算方法

有关经济阈值模型是在经济损害水平函数基础上发展起来的（Onstad，1987）。首先根据式（4-13）得到经济阈值的一般通式：

$$C\left(h_{t+q}\right)-C\left(h_{t+r}^{*}\right)=D\left\{x_t\left[s\left(h_{t+q}^{*}\right)\right]\right\}-D\left\{x_t\left[s\left(h_{t+r}'\right)\right]\right\} \tag{4-25}$$

由于防治决策调查与防治实施之间存在时间间隔，因此引入了两个重要参数q与r。式中，h_{t+q}^{*}和h_{t+r}分别代表$t+q$时刻或$t+r$时刻所采取防治投入的时间和人力；x_t代表t时刻抽样调查的有害生物种群密度；D代表t时刻该种群密度下的产量单位损失。

当$q=r$时，经济损害水平和经济阈值相关的时间点一致，即我们通常定义的单一经济阈值或一次经济阈值。如果$q\neq r$，说明$h_{t+q}{}^{*}$和h_{t+r}属于两次不同的防治投入，即属于多维经济阈值函数。式（4-24）和式（4-14）经过变换后可以直接用来计算经济阈值。

为了能够更直观地了解经济损害水平函数的建立及使用方法，以多维经济损失水平在某一时间点的计算方法为例。

首先，参考式（4-17）和式（4-19），假定在实施防治后某一有害生物的种群存活率为s，那么此时该种群的死亡率为$1-s$。有害生物的数量减少直接影响着产量的增加，此时在种群密度x条件下，由于防治所挽回的作物经济损失与$1-s$呈显著相关。

其次，定义多维经济损害水平下不同时间、不同批次内防治措施下的投入，如表4-8所示，分别为h^0、h'、h''和 h'''。其防治成本分别为0元/hm²、50元/hm²、200元/hm²和100元/hm²，而对应的种群存活率分别为1、0.9、0.5和0.7。我们同时定义种群密度x与单位面积经济损害之间的函数为$D(x)=2x$，产量损失率与单位面积有害生物种群密度之间的二级函数为$d(x)=20/x(头\cdot元/\mathrm{hm}^2)$，此时的作物单价为1元/kg，那么根据公式$d=py$，联合$D(x)=2x$和$d(x)=20元/\mathrm{hm}^2/x头$等3个函数，我们可以直接得到下列函数关系：$y=200/x$（kg·元/hm²）。

表 4-8　多维经济损害主要参数

防治顺序	防治投入次序	种群存活率	防治成本（元/hm²）	经济阈值（头/hm²）
0	h^0	1	0	0
1	h'	0.9	50	250
2	h''	0.5	200	200
3	h'''	0.7	100	167

接下来开始计算当害虫种群密度为 0 时，即无有害生物时，此时 x=0，我们可以将 h^0 定义为 h^*。根据式（4-17）和（4-19），我们可以分别得到与 h'、h'' 和 h''' 相关的 $x(h')$、$x(h'')$ 和 $x(h''')$，值分别为 250 头/hm²、200 头/hm² 和 167 头/hm²。我们在这里只举出一个测算过程，即 $x(h')=\dfrac{50-0}{d(1-0.9)}=\dfrac{50-0}{0.2}=250$（头/hm²）。从计算结果中可以得出第一个经济损害水平为 250 头/hm²，是 h' 防治下的种群密度。得到相关经济阈值之后，我们接下来需要通过分析讨论，决定哪个种群密度是第一个经济损害水平；比较后发现 167 头/hm² 这一种群密度最低，因此，原先的 h''' 防治投入下的 $x(h''')$ 值是第一个经济损害水平。根据 h^*定义，我们需将 h''' 看作新的 h^*，然后其余 h 依次成为 h' 和 h''。此时我们需将表 4-8 作适当调整，如表 4-9 所示。我们将表 4-9 相关数据代入式（4-17）或（4-19），继续重新按照新的 h^*来计算。研究得到新的经济损害水平下种群密度 $x(h^*)$、$x(h')$ 和 $x(h'')$ 分别为 167 头/hm²、125 头/hm² 和 250 头/hm²，对于新的 h' 和 h'' 来说，$x(h')=125<x(h'')=250$，根据多维经济损害水平概念，h' 策略不被接受（在表 4-8 中，投入防治费用 h' 与表 4-8 中 h''' 相等，但是表 4-9 中种群密度却大于表 4-8 中该防治投入下的种群密度）。因此，h'' 防治策略下的经济损害水平作为第二个保留的经济损害水平。依次类推，如果更多的防治策略实施，通过反复计算比较可以得出更多的经济损害水平，这就是前面所提出的多维经济损害水平。需要特别指出的是，在表 4-8 中，如果 h''' 策略不可取，那么需要根据种群密度大小重新寻找新的第一个经济损害水平，因此在 200 头/hm² 密度下的对应经济损害水平应当作为第一个经济损害水平。特别指出，当对 h'' 和 h''' 经济损失（包括防治费用+产量损失值）比较时，根据 $D[s\,(h'')]=D[s\,(0.5)]=2\times0.5=1$，因此造成作物产量损失值为 $py=200\times1=200$ 元/hm²，因此防治费用+作物损失费用为 200 元/hm²+200 元/hm²=400 元/hm²；同样道理，计算 h''' 相关过程时，根据 $D[s\,(h''')]=D[s\,(0.7)]=2\times0.7=1.4$，造成作物产量损失值为 $py=200\times1.4=280$ 元/hm²，因此防治费用+作物损失费用为 100 元/hm²+280 元/hm²=380 元/hm²。h''' 策略的开展既能够降低田间的种群密度，又能够以较小成本为代价获得较高的利润。这个例子揭示了多维经济损失水平的计算和应用过程，为我们在实际生产中判定防治策略实施效果是否合理提供了基本思路。

表 4-9　多维经济损害动态变化参数

顺序	防治投入次序	种群存活率	防治成本（元/hm²）	经济损失水平（头/hm²）
0	h^0	1	0	0
1	h^*	0.7	100	167
2	h'	0.9	50	125
3	h''	0.5	200	250

实际生产中，我们一般采用 Higley 和 Pedigo（1996）、Higley 和 Wintersteen（1996）提出的公式，即 $C=V\times D'\times K$ 和 $D'=\dfrac{p_0}{100}\times y$。二者联用即

$$C = V \times K \times \frac{p_0}{100} \times y \tag{4-26}$$

式中，C是单位面积防治投入费用；V是单位植株（单位质量）产品价格；D'为单位面积上单位有害生物所引起的产量损失；K为施药后损失挽回系数（$0<K<1$）；p_0为作物密度或者单位面积作物植株数量或者单位面积总产量（有害生物种群密度最小）；y为作物产量损失百分比与单位种群密度所建立的函数关系。

由式（4-26）可见，防治费用就等于单位面积作物挽回损失与种群密度的函数关系。

例如，根据莴笋黑茶藨子长管蚜防治与不防治小区调查数据，分别建立各自回归方程：$y_1 = A_1 + B_1\ln x_1 (r = 0.8391,\ p = 0.0367)$和$y_2 = A_2 + B_2\ln x_2 (r = 0.9345,\ p = 0.0063)$。其中，$y_1$和$y_2$回归式中求出的两个参数分别为$A$（常数）和$B$（自变量前系数），分别为$A_1$、$A_2$和$B_1$、$B_2$。则有

$$C = V \times K \times \frac{p_0}{100} \times y = V \times K \times \frac{p_0}{100} \times \left[(A_1 - A_2) - (B_1 - B_2) \times \ln x \right] \tag{4-27}$$

式（4-27）经变化，将自变量有害生物种群密度x提出，即得到防治指标

$$x = \frac{\dfrac{100 \times C}{V \times p_0 \times K} + A_2 - A_1}{B_2 - B_1} \tag{4-28}$$

经计算，结果为$y_1 = 15.4258 + 7.3568\ln x_1 (r = 0.8391,\ p = 0.0367)$；对于未使用杀虫剂处理的可建立函数为$y_2 = 41.1311 + 17.9015\ln x_2 (r = 0.9345,\ p = 0.0063)$。则代入式（4-28）有$x = \dfrac{\dfrac{100 \times C}{V \times p_0 \times K} + 41.1311 - 15.4258}{17.9015 - 7.3568}$，而$C$、$V$、$p_0$和$K$均为已知数值，故经济阈值$x$可以计算出来。

也有国内学者将经济阈值的计算更加简化，直接使用下式来计算。

$$L = \frac{C}{E \times p_0} \tag{4-29}$$

式中，C为单位面积防治成本；p_0为单位质量产品价格；E为使用药剂防治时的防治效果。

有时候为了更加接近真实，研究者引入一个临界因子CF（critical factor，$1<\text{CF}\leqslant 2$）调整防治费用，将进一步确定经济阈值更加合理，即

$$L = \frac{C}{E \times p_0} \times \text{CF} \tag{4-30}$$

无论参数如何变化，我们最终都能够通过产量损失与有害生物种群密度，首先建立起合理的函数关系。此函数关系中，自变量一定是含有种群密度，或者种群密度的变形式。接下来再将防治成本与挽回经济损失建立合理的关系，通过这两步变换，我们最终能够计算出经济阈值或者防治指标。

复习题

1. 什么是损失？什么是防治指标？
2. 产量可以分为哪几种？不同产量概念之间有什么关系？
3. 简述防治指标的测定步骤。
4. 推算经济损害水平需要哪些基本数据？
5. 你认为有哪几种病虫害能经常在同一生长季节中危害同一种作物？试设计一个损失研究方案。

第五章　植物病虫害测报方法

思维导图

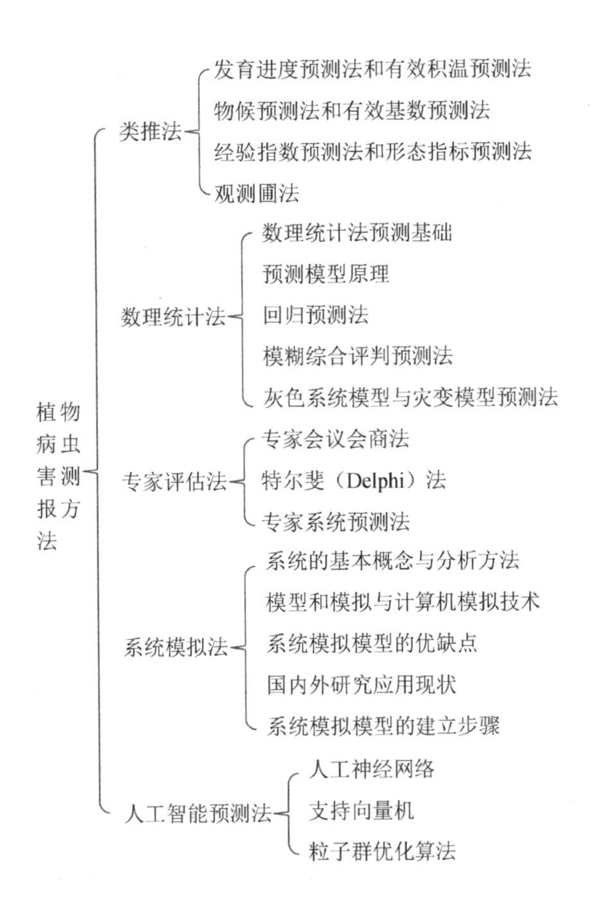

本章概要

植物病虫害测报就是根据某种病虫害发生发展现状、生长发育及栖息生态环境、农作物种植结构与品种抗性、未来气象条件等多种因素，应用相应的科学原理与方法，对将来一定时期的病虫害发生时期、发生程度、发生区域、防治适期、为害损失等做出科学判断，进而做出预报。按照植物病虫害预测原理和依据的差异，将预测方法分为类推法、数理统计法、专家评估法、系统模拟法和人工智能预测法。本章将分节介绍这些方法的原理、基本步骤和应用实例。

第一节　类　推　法

类推法是利用与植物病虫害发生情况有相关性的某种现象作为依据和指标，推测病虫害的发生期和发生量等，常用的发育进度预测法、有效积温预测法、物候预测法、有效基数预测法、经验指数预测法、形态指标预测法和观测圃法可归入这种类型。

一、发育进度预测法

（一）病害发育进度预测法

结合病原体的发育进度和作物易感病的生育阶段可进行病害防治适期的预测。苹果花腐病（*Sclerotinia mali*）不但为害花及幼果，而且为害叶及嫩枝，可造成花腐、叶腐和果腐。因此可根据田间感病品种'黄太平'或'大秋果'生育阶段进行该病防治适期的预测。花芽萌动后，幼叶分离、中脉暴露时为叶腐防治适期；始花期至初花期为花腐防治适期；盛花期至花末期防治果腐较好。另外，可收集病果2000～3000个，放置于湿度较大的地方，并用适当的方法保湿，从4月中旬开始，每天观察100个病果上子囊孢子的产生情况，当子囊盘开始释放子囊孢子时，即防治适期，这是利用病菌子囊壳的发育进度作为病害侵染期预测的依据。油菜菌核病、小麦赤霉病都可借鉴这种方法，预测病原菌的侵染时期。又如，苹果树液流动时（萌芽前），正是苹果腐烂病病斑迅速扩大的高峰期，因此，根据春季气温变化推测苹果树液流动期，对苹果腐烂病进行及时防治也可算在利用发育进度法预测之列。

（二）虫害发育进度预测法

1. 基本概念和方法

（1）害虫始盛期、高峰期和盛末期的划分标准。在害虫发生期预测中，研究者常将某种害虫的某一虫态或某一龄期的发生期，按其种群数量在时间上的分布进度划分为始见期、始盛期、高峰期、盛末期及终见期。在数理统计学上，人们通常可以把发育进度百分率达16%、50%、84%左右当作划分始盛期、高峰期和盛末期的数量标准。其理论依据是害虫各虫态或各龄虫在田间发生的数量消长规律，往往表现为由少到多，再由多到少。即害虫发生开始为个别零星出现，数量缓慢增加，到一定时候则急剧增加而达高峰，随后数量急剧下降，转而缓慢减少，直到最后绝迹。其整个发生经过可用坐标图来表示，以横坐标表示日期，以纵坐标表示数量（或百分率），可绘成近似正态曲线。如果纵坐标为累加虫数，横坐标不变，则改换成一条"S"曲线。两种曲线图如图5-1所示。

正态分布曲线中最高峰为曲线的平均值，常以μ表示。曲线以μ为对称，向右为正值，向左为负值，左右两方距μ达一个标准差σ处各有一个点，对应曲线上也各有一个点，称为"拐点"。在$\mu\pm\sigma$（即前后两拐点间）所夹面积代表的数量为整个曲线所夹面积（总数量）的68.26%，通常把这个数量发生的时间范围称为"盛发期"。$-\sigma$和$+\sigma$所处的时间分别称为始盛期和盛末期，而曲线的平均值μ所处时间的数值，代表总数量的一半，即50%，称为高峰期。将纵坐标改为累加虫数（或累加百分率），横坐标不变，这样就把正态曲线改为"S"曲线。"S"曲线的上、下两拐点，分别对应在累加值16%和84%，相当于正态分布中的前拐点和后拐点，分别称为始盛期和盛末期。当累加值达 50%时，即中拐点，称为高峰期。

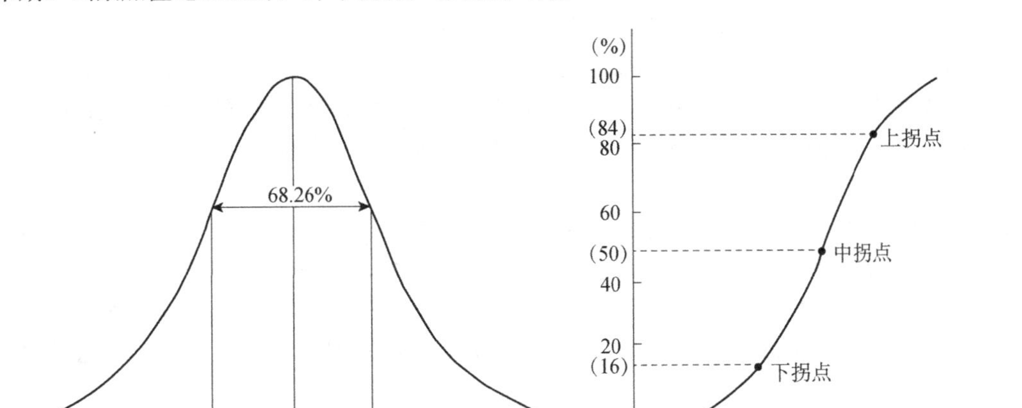

图 5-1　正态分布曲线（左）和“S”曲线（右）示意图

例如，根据安徽泾县农业技术推广站 2015 年对茶园斜纹夜蛾成虫蛾量的调查数据（表 5-1），人们可将成虫的始盛期定为 5 月 27 日至 5 月 29 日，高峰期定为 6 月 4 日至 6 月 6 日，盛末期定为 6 月 10 日至 6 月 12 日。

表 5-1　茶园斜纹夜蛾性诱蛾量统计结果（鲍传兵，2018）

时间（月/日）	5/21	5/23	5/25	5/27	5/29	5/31	6/2	6/4	6/6	6/8	6/10	6/12	6/14	6/16	6/18	6/20
诱蛾量（只）	2	6	5	9	11	9	3	8	36	33	9	11	5	2	2	0
累计蛾量（只）	2	8	13	22	33	42	45	53	89	122	131	140	151	156	158	158
累计百分率（%）	1.3	5.1	8.2	13.9	20.9	26.6	28.5	33.5	56.3	77.2	82.9	88.6	95.6	98.73	100	100

（2）发育进度预测中的关键工作。做好发育进度预测预报，首先要做好下列关键性工作。

1）查准发育进度。采用田间调查、诱集和室内外饲养观察等法，可得到害虫发生数量和虫龄分布曲线。此曲线作为预测起始线，所以可称为“基准线”。再自该线各点加害虫某一两个虫态的发育历期，向后顺延，就可绘出与基准线相平行的未来某虫态的发育进度曲线，可称为“预测曲线”。以后根据田间实地调查结果，把预测某虫态的实际发育进度的“S”形曲线也绘出来，这种实际发育的“S”形曲线可称为“实测曲线”。预测结果是否可靠，首先取决于是否测准了基准线，其次取决于采用的历期是否适合。

2）搜集、测定和计算害虫历期资料。预测是否准确，不仅决定于发育进度的基准线是否查得准确和有无代表性，而且在很大程度上还决定于使用的历期资料是否符合当时、当地的情况。在测报工作中，人们可因时、因地不同来选择或实验出所需的有关历期的资料。

历期资料的获得一般有以下途径：①搜集资料。从文献上搜集有关主要害虫的一些历期与温度关系的资料，分析出发育期与温度关系。②实验法。在人工控制的不同温度下，或在自然变温下饲养害虫，观察、记录其各世代、各虫态、各龄期和各发育级在其生长发育过程中的特征，从而总结出各虫态的历期和级卵、各龄幼虫、各级蛹、各级卵巢等的历期与温度关系的资料。③统计法。根据当地实验观察、田间调查和诱测的多年多次资料，应用统计学方法进行统计分析，找出某种或某些重要害虫各世代、各虫态、各龄、各发育级的历期。历期资料不仅可以从饲养中求得，也可以从田间调查和诱测中求得。探讨田间害虫自然发育历期，往往以害虫群体（众数）来推算，采用定田、定期系统调查方法，计算得到的前一虫态的始盛期或高峰期与后一虫态的始盛期或高峰期之间的时间距离，如化蛹50%至羽化50%之间的时间距离，可视为田间的蛹的历期。

2. *历期预测法*　这种方法是通过田间对某种害虫前一两个虫态发生情况的调查，查明其发育进度，如化蛹率、羽化率、孵化率，并确定其发育百分率达始盛期、高峰期和盛末期的时间，在此基础上分别加上当时当地气温下各虫态的平均历期，即可推算出后一虫态发生的始盛期、高峰期和盛末期相应日期。例如，表5-1中得到泾县茶园斜纹夜蛾成虫高峰期（50%）为6月4日至6月6日。同时查阅资料得到，泾县近十年6月上中旬的日平均气温一般为22～23℃，按22.5℃计算，在此温度下其产卵前期平均为5.0d，卵历期平均为5.17d，1龄幼虫历期平均为3.81d，2龄幼虫历期平均为2.66d。按照历期预测法可推算出，下一代3龄幼虫高峰期＝6月4日至6月6日（上一代成虫高峰期）＋5.0d（平均产卵前期）＋5.17d（卵平均历期）＋3.81d（1龄幼虫平均历期）＋2.66d（2龄幼虫平均历期）＝6月21日至6月23日，即预测6月21日至6月23日是3龄幼虫发生高峰期。

这个方法的预测值是否准确，不仅取决于正确的抽样技术和选择好类型田，每次获得活虫、蛹达20头以上，还需要定期多次调查，常费时费工较多。

3. *分龄分级预测法*　20世纪60年代初期，研究者发明了分龄分级预测法。该法利用各虫态的发育与内外部形态或解剖特性的关系对某一天的调查数据细分等级，再进行预测。如卵的发育、虫龄、蛹和雌蛾发育生殖过程均可再划分为若干等级，分别叫做卵分级、龄的发育分级、雌成虫的卵巢分级。目前全国测报站广泛应用害虫的分龄分级法做出短、中期预测，均获得良好的效果，预测质量有所提高。

关于各种重要害虫的幼虫分龄问题早已有研究记录。幼虫分龄是依照其头宽、体长和虫体各部分形态特征进行划分的，常以某种害虫的通过饲养观察而得到的蜕皮次数记录和测定的各种特征数据作为分龄的基础。对蛹则按其复眼色泽和翅色等变化进行分级，并试验出在不同气温、食料等条件下各龄、各级的历期，以供选用。例如，对三化螟、二化螟、玉米螟、稻苞虫、稻纵卷叶螟、黏虫、小地老虎、棉红铃虫、棉铃虫等重要害虫的卵、幼虫、蛹都有详细分龄、分级标准，以及不同温度下的历期资料；对飞蝗、稻飞虱、叶蝉等则依据其胚胎发育及外部色泽变化特征进行卵分级。卵分级方法已在测报上进行了应用。以下主要讨论幼虫分龄预测法。

以鲍传兵（2018）报道的茶园斜纹夜蛾预测为例，具体作法是：①选择有代表性的茶园3块作为定点调查地块，每块茶园面积不少于0.1hm²，采用平行跳跃法10点取样，每样点不少于2丛茶树（密植茶园不少于0.5m茶行），记录斜纹夜蛾各龄幼虫数以及占总幼虫数的百分比（表5-2）；②按发育先后将各级幼虫百分率进行累加，当分别累加到16%、50%、84%左右时，调查日即该级幼虫始盛期、高峰期和盛末期；③自调查日起分别加上该龄幼虫历期的折半数，以及以后各级虫龄历期和蛹的历期，累加后就可预测出成虫羽化的始盛期、高峰期和盛末期。再加上相应的产卵前期和卵的历期，就可推算出产卵和孵化的始盛期、高峰期和盛末期。

表5-2　茶园斜纹夜蛾2015年6月22日幼虫发育进度调查结果（鲍传兵，2018）

项目	幼虫龄期						总计
	6	5	4	3	2	1	
虫口数（头）	9	38	241	772	668	0	1728
百分率（%）	0.52	2.20	13.95	44.68	38.66	0	100
累计百分率（%）	0.52	2.72	16.67	61.34	100	100	

由表5-2可知，由于6月22日3龄幼虫的累计百分率已达50%左右（61.34%），故可认为6月

22日是3龄幼虫的发育高峰期。根据当时当地气温下各虫态的平均历期，即可算出下一代幼虫3龄高峰期＝6月22日＋2.50d/2（3龄历期的折半数）+2.30d（4龄历期）+2.89d（5龄历期）+3.53d（6龄历期）+10.93d（蛹历期）+5.0d（产卵前期）+4.06d（卵历期）+2.87d（1龄历期）+2.0d（2龄历期）=7月26.85日，即预测7月26日至7月27日为下一代3龄幼虫高峰期。

分龄分级预测法一般适用于各虫态历期较长的害虫。如生活史本来就很短，再分龄分级，预测的期限就太短了，或只能做隔代预测。分龄分级预测对始见期的预测也较为准确，当查得始蛹后，进行分级即可较准确地推算出始蛾期。过去的发生期预测，主要是为化学防治的用药适期提供依据，因此都以预测盛期为准，随着综合防治的开展（如释放寄生蜂等天敌），对某种害虫大发生世代或高卵量田块，除要求测准盛发期外，还要求预测始见期，以便确定寄生蜂的释放适期，以及对害虫大发生世代或高卵量田块进行初期施药防治的适期。

二、有效积温预测法

（一）基本原理

影响昆虫发生期的因素很多，但以温度的影响最为明显和直接。温度对昆虫生长发育的影响可用有效积温法则表示，即 $K=N(T-C)$，其中 K 为完成某一发育阶段需要的有效积温，N 为该阶段的发育历期，T 为该发育阶段所处环境的温度，C 为该发育阶段的发育起点温度。只要测得昆虫某一虫态或龄期的发育起点温度 C 和有效积温 K 后，根据当地常年同期平均气温，结合近期气象预报，逐日将日均温或旬均温预报值减去发育起点，再累加起来，即$\sum(T-C)$，此值接近或等于 K 时的日期便是下一个虫态或虫龄的发生期；也可根据 $N=K/(T-C)$ 计算昆虫完成当前虫态或虫龄发育需要的天数。调查日期加上该天数就是后一虫态或虫龄出现的时间。

从以上可知，基于有效积温预测昆虫的发生期，最关键和最基础的工作是要测定昆虫的发育起点温度和有效积温。

（二）发育起点和有效积温的测定

发育起点温度和有效积温是通过试验得到的。需要测定昆虫在不同温度（T）下的发育历期（N），然后根据有效积温法则 $K=N(T-C)$ 推算出 C 和 K 值。目前，常用的温度设置方法有人工恒温法、多级人工变温法和自然变温法3种。无论是哪种方法饲养昆虫，都需要知道不同实验温度 T 下的发育历期 N，然后把 N 转换为发育速率 $V=1/N$，把有效积温法则的数学表达式 $K=N(T-C)$ 转化为线性回归方程 $T=C+KV$，最后利用最小二乘法计算参数 C 和 K。一般要求不少于5个温度组数。

1. 测定不同温度下的发育历期

（1）人工恒温法。饲养一般在人工气候箱或培养箱中进行。研究者设定系列恒定温度，把需要测定的昆虫的某一虫态若干头放入人工气候箱内（温度灵敏度要求±0.5℃），给予适宜的湿度和光照等条件，幼虫和成虫期还要饲以新鲜食料，每天至少观察1次（幼虫和成虫期需要根据其生活习性定期清理和更换食料），记录昆虫的孵化（卵期）、蜕皮（幼虫期）等变态情况和死亡情况，直至完成一定发育阶段为止。剔除饲养过程中感病死亡的个体，计算各温度下某虫态或虫龄的平均发育历期。例如，黄芊等（2018）试验采用恒温饲养法，将劳氏黏虫初孵幼虫饲养于饲养盒中，分别放入5个不同温度梯度的光照培养箱中，温度分别为18℃、21℃、24℃、27℃、30℃，湿度均为75%±5%，光周期为L∶D=12∶12。每个温度处理5个重复，每个重复100头初孵幼虫。每天放入新鲜玉米叶片供其取食，并于当天 9 时和 15 时观察、记录劳氏黏虫各虫态出现的时间，直至羽化结束。最后可计算各温度下卵、幼虫和蛹的发育历期（表 5-3）。

表 5-3　不同温度下劳氏黏虫的发育历期（Mean±SE）（黄芊等，2018）

虫态	发育历期（d）				
	18ºC	21ºC	24ºC	27ºC	30ºC
卵期	7.12±0.05	6.83±0.04	3.79±0.04	3.70±0.04	2.95±0.03
幼虫期	66.25±0.91	31.04±0.19	23.53±0.90	22.59±0.17	15.49±0.12
蛹期	27.17±0.79	20.54±0.29	9.94±0.26	9.90±0.16	7.83±0.13

（2）多级人工变温法。研究者在人工气候箱内饲养昆虫。实验期间，人工气候箱要模拟昆虫发生期间自然温度的季节性变化和昼夜变化，湿度和光照等条件同人工恒温法。该法也可仅模拟昼夜温度，根据白昼温度和夜间温度及其相应的持续时间，折算成日平均温度，得到不同平均温度下昆虫的发育历期。

（3）自然变温法。在昆虫活动的季节，研究者在室内或室外的自然变温下饲养昆虫，观察、记录昆虫的变态及生长情况，并记录每日 2 时、8 时、14 时、20 时的温度，求出每日的平均温度，再计算出昆虫某个发育阶段的平均温度及相应发育历期。自然变温法花费的时间较长，但结果比较符合实际，预测的准确性较高。

2. 计算发育起点温度（C）和有效积温（K）

（1）检验变量 T 和 V 之间的相关显著性。把 $K=N(T-C)$ 转化为直线线性方程 $T=C+KV$，如果 T 和 V 之间存在显著的线性相关，则可应用最小二乘法计算 C 和 K。相关系数公式为

$$r=\frac{\sum TV-(\sum T\sum V)/n}{\sqrt{\left[\sum T^2-(\sum T)^2/n\right]-\left[\sum V^2-(\sum V)^2/n\right]}} \tag{5-1}$$

式中，n 为饲养昆虫时的温度组数；T 为温度；V 为昆虫发育速率；r 为相关系数。

如果 $r>r_{0.05,\ n-2}$，则表明 T 与 V 之间存在显著的线性相关关系，可根据式（5-2）和式（5-3）计算发育起点温度 C 和有效积温 K。以表 5-3 的数据为例，卵期 T 和 V 之间的线性相关系数 r=0.958，显著高于自由度 $df=n-2=5-2=3$ 的 $r_{0.05}$（0.878），因此可利用 $T=C+KV$ 计算 C 和 K。

（2）计算 C 和 K 的值。

$$C=\frac{\sum V^2\sum T-\sum V\sum VT}{n\sum V^2-(\sum V)^2} \tag{5-2}$$

$$K=\frac{n\sum VT-\sum V\sum T}{n\sum V^2-(\sum V)^2} \tag{5-3}$$

以表 5-3 的数据为例，可根据式（5-2）和式（5-3）计算出卵期的发育起点温度 C 为 11.82ºC，有效积温 K 为 52.55 日度。

（3）计算 C 和 K 的标准误。由于实验温度、样本大小、观察组数等对计算结果都会造成影响，因此计算结果存在一定的误差，还需要进一步计算 C 和 K 的标准误 S_c 和 S_k。

$$S_c=\sqrt{\frac{\sum(T-\bar{T})^2}{n-2}\left[\frac{1}{n}+\frac{\bar{V}^2}{\sum(V-\bar{V})^2}\right]} \tag{5-4}$$

$$S_k=\sqrt{\frac{\sum(T-\bar{T})^2}{(n-2)\sum(V-\bar{V})^2}} \tag{5-5}$$

式中，$\bar{V}$ 为平均发育速率；$\bar{T}$ 为根据 C、K 和不同温度下的 V 值计算的温度；n 为组数。仍以表 5-3 数据为例，计算得劳氏黏虫卵期 S_C=2.22℃，S_k=9.07℃。由此可知发育起点温度 C 为（11.83±2.22）℃，有效积温 K 为（52.55±9.07）日度。

上述计算过程比较复杂，现在可利用现有的统计分析软件（如 SAS 或 SPSS 等）或者直接利用 Excel，将 V 作为自变量、T 作为因变量，做散点图，按照线性回归求出截距 C 和斜率 K。

（三）根据有效积温法则预测发生期

在测得昆虫的发育起点温度 C 和有效积温 K 后，利用预测式 $N=K/(T-C)$ 可对某一虫态或虫龄的发生期进行预测。以黄芊等（2018）的表 5-3 的数据为例，通过上述计算结果，可知劳氏黏虫卵期发育起点温度 C 为（11.83±2.22）℃，有效积温 K 为（52.55±9.07）日度。当地调查产卵高峰期为 10 月 15 日，根据历年 10 月中下旬的平均气温为 23.5℃，代入公式得 N=52.55/（23.5−11.83）=4.5d，则卵孵化的高峰期是调查日期 10 月 15 日向后推 4.5d，即 10 月 20 日。

有效积温预测法是偏重温度对昆虫的影响，尽管还可以考虑均温和 C、K 值的标准误差，调整预报期，但这个方法多限于适温区和受营养等条件影响较小的虫期和龄期，而对受营养等条件影响较大的虫期和龄期，其预测值与实际发生值相比偏离度可能较大。因此，应用此法时要注意预测对象的生态学特性并加以研究。此法还可以预测害虫的地理分布及发生世代数的理论值。

三、物候预测法

物候预测法是根据自然界生物群落中两种或两种以上生物对同一地区综合的外界环境条件有同步的时间反应，参照其中一种生物生长发育阶段的出现期，预测另一种生物某一生长发育阶段的到来。生物有机体的发育周期与季节现象是长期适应其生活环境的结果，因此各生物现象之间的关系有着相对的稳定性。病虫害发生的物候预测法，就是通过长期的观察，找出与病虫害某一时期发生相关的其他某一生物的表现形式，称为病虫害发生的物候，如“榆钱落，幼虫多；桃花一片红，发蛾到高峰”，说的就是预测小地老虎发生期与榆树、桃树生长现象之间的关系。对以后年份的预测，则只需观察物候出现的时间，即可判断出害虫发育的情况。这种方法是长期生产经验的总结，有一定的地域限制性，即一个地方某一病虫害的物候到另一地区不一定适用。物候预测法操作简单，便于农户使用。但要得出病虫害发生期的物候，需通过科学的观察与检验。病虫害发生期的物候关系确定方法有以下几种。

（一）与病虫害生物学和生理学有直接联系的物候现象

害虫的某一虫期与其寄主植物的一定生长阶段常同时出现，就可依据寄主生育期的出现来估计害虫可能发生的时期。例如，越冬棉蚜卵孵化后必须有食物供其取食，越冬寄主如木槿芽吐绿后，棉蚜才会孵化，因此可用“木槿吐绿，棉蚜孵化”来预测棉蚜的孵化时间。又如，梨实蜂成虫盛发期与梨树开花盛期的物候相联系，因为该虫只能产卵于梨花花萼的表皮组织内，经长期适应后，二者发生期在时间上便相吻合。辽宁北镇梨树的盛花期在 4 月下旬到 5 月初，北京为 4 月中旬，这都是两地梨实蜂成虫的盛发期。这种有直接联系的物候现象是生物长期适应的结果，因此受地域条件的限制较小，且容易获得。

（二）与病虫害无直接关系的物候现象

这类物候与病虫害发生期无直接的关系，但在发生时间上二者具有长期的相对稳定的同步性，即一种现象出现后的一定时间内，病虫害某一时期就会发生。由于一种病虫害的某一时期和其他动植物的一定发育阶段同时受制于相同的自然条件，如大气温度和湿度等，从而使生物间某些生育阶段并行发展，或按先后顺序发生。这种间接的物候关系一定要经过多年观察，找出两者的相关性后，才能应用于病虫害发生期预测。

研究害虫发生的物候关系，主要是观察当地动植物优势种的生育过程与主要害虫发生间的关系，如华北地区研究花椒与棉蚜的关系。在物候预测研究上，最好选木本植物或有季节性活动的动物；也可选害虫的寄主植物或与害虫生态亲缘关系很密切的植物，系统观察其萌芽、出生、放叶、现蕾、开花、谢花、结果、落叶等生长发育过程；或观察当地某些动物如候鸟的季节性活动规律、出现和消失情况，包括出没、鸣叫、迁飞等。如在吉林省，高粱蚜越冬卵孵化期约在杏花含苞时，有翅蚜第一次迁飞在榆钱成熟时；在湖南湘西花垣，观察总结水稻二化螟越冬幼虫始蛹期为"蝌蚪见，桃花开"之时，化蛹盛期为"油桐开花，燕南来"之时，越冬代蛾盛发在"小旋花抽藤"时。这些物候关系与害虫的发生不存在内在的关联性，仅因为对气候条件适应的相似性，达到物候上的吻合。

蚕豆赤斑病、竹叶锈病和小麦赤霉病对环境条件的要求有相似之处，所以前者重后者则重。而禾缢管蚜与小麦赤霉病对环境条件的要求相反，所以前者重则后者轻。我们在工作中需要通过长时间的观察来积累经验，寻找比较直观的、与病害发生程度密切相关的某种现象作为病害发生程度的预测依据。潘月华等（1994）在研究大棚番茄灰霉病的预测中发现草莓和生菜较番茄更易感染灰霉病，通常草莓较番茄提早发病13～14d，生菜较番茄提早发病8d左右。因此，每年2月在大棚内种植草莓和生菜，可以利用草莓和生菜的发病始见期推测番茄灰霉病的始见期。孙俊铭等（1991）在观察安徽省庐江县1980～1990年油菜菌核病和小麦赤霉病的发生情况时发现，11年中有7年两种病害的发生程度完全相同，另外4年的发生趋势也较一致，当地油菜菌核病的发生盛期一般比小麦赤霉病的发生始期提早10～20d，所以，可用油菜菌核病的发生情况对小麦赤霉病的发生程度做出预报。

小麦扬花期的气候条件或其他现象可作为预测赤霉病发生程度的物候指标。例如，湖北省广济县通过1973～1979年的观察发现，若在4月上旬，蚕豆赤斑病发生早且发生重，则小麦赤霉病发生重。4月上旬，蚕豆上每百叶有50～100个病斑，中部叶片有300～500个病斑，小麦赤霉病为中度流行年，大于这个数字为大流行年，小于这个数字为轻度流行年。另外，若4月上旬竹叶上有锈病出现，则小麦赤霉病发生重；竹叶的叶枯病发生重，小麦赤霉病发生也重，反之则轻。根据浙江省永康市病虫害测报站（李平良等，1995）在1974～1979年的观察结果，人们发现3月31日小麦植株上禾谷缢管蚜的数量与当年小麦赤霉病的发生程度有一定的负相关，计算得到的相关系数为−0.8313。

四、有效基数预测法

（一）基本原理

这是目前害虫发生量预测应用比较普遍的一种方法。它是根据上一世代的有效虫口基数、生殖力、存活率来预测下一代的发生量。此法对一化性害虫或一年发生世代数少的害虫的预测效果较好，特别是在耕作制、气候、天敌寄生率等较稳定的情况下应用效果较好。预测的根据是害虫发生的数量通常与前一代的虫口基数有密切关系。基数越大，下一代的发生量往往也越大，相反则较小。研究者在预测和研究害虫数量变动规律时，对许多害虫可在越冬后、早春时进行有效虫口基数调查，作为预测第一代发生量的依据。例如，人们对小麦吸浆虫在小麦抽穗前进行淘土检查，根据上升于土表层的虫口基数预测当年成虫的发生量。三化螟、棉红铃虫越冬后的幼虫基数也可作为预测第一代发生量的依据。玉米螟越冬后幼虫基数的大小、死亡率高低，也可作为预测第一代发生量的依据。对许多主要害虫的前一代防治不彻底或未防治时，由于残留的虫量大、基数高，则后一代的发生量往往增大。

根据害虫前一代的有效虫口基数推算后一代的发生量，常用下式计算其繁殖数量。

$$P = P_0\left[e\frac{f}{m+f}(1-d)\right] \tag{5-6}$$

式中，P 为繁殖数量，即下一代的发生量；P_0 为上一代虫口基数；e 为每头雌虫平均产卵数；f 为雌虫数；m 为雄虫数；d 为死亡率（统计包括卵、幼虫、蛹、成虫未生殖前的死亡数量）。

（二）应用实例

某地于 5 月上旬调查各类型麦田黏虫第一代幼虫量，一类田 600hm²，平均每公顷活虫数 12 000 头；二类田 30hm²，平均每公顷活虫数 5000 头；三类田 20hm²，平均每公顷活虫数 300 头。用加权法计算出一代黏虫平均密度为

$$P_0 = \frac{\sum f_i x_i}{\sum f_i} = \frac{600\times 12\,000 + 30\times 5\,000 + 20\times 300}{600+30+20} = 11\,317(\text{头}/\text{hm}^2)$$

折合每亩为 755 头，即第二代黏虫发生量的基数。根据历年观察第二代黏虫成虫性比为 1∶1，每雌平均产卵量为 500 粒，再根据当年 5 月中旬至 6 月中旬天气预报参考历年资料，估计一代黏虫幼虫、蛹、成虫的总死亡率为 60%。由此预报第二代黏虫发生量为

$$P = P_0\left[e\frac{f}{m+f}(1-d)\right] = 755\times\left[500\times\frac{1}{1+1}\times(1-60\%)\right] = 75\,500(\text{头}/\text{亩})$$

预测该地第二代黏虫发生量为 75 500（头/亩），将猖獗发生，应注意对玉米和谷子等作物的防治。

依据基数预测发生量时，要真正查清前一代基数是不容易的；同时测定害虫的生殖力、死亡率、性比等有关数据，工作量也是很大的，要做定量预测不容易。在害虫测报中，基层测报站多采用基数做中、长期的定性预报，以田间调查虫口密度做短期校正，指导防治。

五、经验指数预测法

经验指数预测法在研究分析同一地区历年某种害虫种群发生密度与生物、气候的关系时，主要通过分析影响害虫发生的主导因子，并根据历年资料统计分析求得一个经验指数，根据经验指数来估计未来害虫数量的消长趋势；或通过相关分析，用统计分析方法找出影响害虫数量的主导因素和其他重要的影响因素，并建立一个正确反映它们之间关系的函数式，利用这个函数式进行害虫数量变动预测。常用的关键因子有温雨系数（温湿系数）、气候积分指数、综合猖獗指数和天敌指数等。

（一）温雨系数或温湿系数法

每一种害虫在其适生范围内都要求一定的温湿度比例，这段时间内的平均相对湿度或降雨量与平均温度的比值，称为该时段的温雨系数或温湿系数。

温雨系数为

$$E=P/T \text{ 或 } E=P/(T-C) \tag{5-7}$$

温湿系数为

$$E=\mathrm{RH}/T \text{ 或 } E=\mathrm{RH}/(T-C) \tag{5-8}$$

式（5-7）和式（5-8）中，P 为月或旬总降雨量（mm）；T 为月或旬平均温度（℃）；C 为该虫发育起点温度；RH 为月或旬平均相对湿度。

以温雨系数来举例说明。赵爱莉等（1996）对大豆食心虫为害情况的研究结果表明，大豆食心虫从化蛹到成虫产卵期的降雨量与日平均气温的比值和食心虫为害程度密切相关，见表 5-4。

表 5-4　温雨系数与大豆食心虫为害程度

年份	1985	1986	1987	1988	1989	1990	1991	1992	1993	1994
温雨系数	23.94	18.96	16.76	8.26	11.50	13.72	15.46	13.23	11.09	18.69
虫食粒率（%）	14.95	10.50	7.60	1.99	5.88	8.15	6.57	7.77	6.14	12.20

从表 5-4 中可以看出，温雨系数越大，大豆食心虫的危害程度越高。相关分析表明，大豆食心虫食粒率与温雨系数呈极显著正相关，$r=0.92$（$r_{0.01}=0.561$），可建立线性回归方程 $y=-2.78+0.71x$（$F=80.89>F_{0.01}=8.28$），因此，可利用温雨系数对大豆食心虫的为害程度进行预测。

（二）气候积分指数

气候积分指数不但考虑气候因子值的大小，而且把它们在不同年份间的变化差异也包含在内，如水分积分指数 Q 考虑了常年雨日和雨量及其标准差。水分积分指数计算公式为

$$Q=\left(\frac{x}{s_x}+\frac{y}{s_y}\right)/2 \tag{5-9}$$

式中，Q 为水分积分指数；x 为雨量（mm）；y 为雨日；s_x 为常年同期雨量标准差；s_y 为常年同期雨日标准差。

实例　山东省临沂地区根据多年观察认为，黏虫在麦田中的发生程度与 4 月中旬越冬代蛾量和水分积分指数有关。4 月中旬的水分积分指数是根据该地区 1957～1976 年 4 月中旬雨量雨日资料计算的，即 $Q=\left(\frac{x}{15.7}+\frac{y}{2.3}\right)/2$。

研究者将得出的经验指数列于表 5-5。

表 5-5　山东临沂地区麦田黏虫幼虫消长的预测指数

麦田幼虫发生程度	水分积分指数 Q（4 月上、中旬）	越冬代蛾量 y（最多连续 5d）
轻	$Q<1.58$	$y<300$
中	$1.58\leqslant Q<2.20$	$300\leqslant y<600$
重	$2.20\leqslant Q<2.820$	$600\leqslant y<900$
严重	$Q\geqslant 2.82$	$y\geqslant 900$

（三）综合猖獗指数

综合猖獗指数是将影响害虫密度的气候因子和害虫种群密度综合起来统计计算出的预测指数。

实例　棉小绿盲蝽在关中地区蕾期猖獗指数为$\frac{P_4}{10\,000}+\frac{R_6}{S_6}$。

式中，P_4为4月中旬苜蓿田中每亩虫口数；R_6为6月份总雨量（mm）；S_6为6月份日照时数；10 000为常年调查苜蓿田虫口理论数。

当指数大于3时，为严重发生年；当指数大于1且小于2时，为中等发生年；当指数小于1时，为轻发生年。

（四）天敌指数

天敌是一类重要的生物因素。在自然界，昆虫天敌种类非常丰富。在某些情况下，天敌可以成为左右害虫数量变动的主导因素。天敌指数就是利用害虫的消长与天敌之间的一定关系进行预测。

实例　华北棉区棉蚜种群数量消长与天敌种群数量消长关系很密切。分析当地历史资料中天敌数量及害虫数量动态，得出棉蚜消长和天敌指数的关系式为

$$P=\frac{x}{\sum(y_i e_{yi})} \tag{5-10}$$

式中，P为天敌指数；x为当时每株蚜虫数；y_i为当时平均每株某种天敌数量；e_{yi}为某种天敌每日食蚜量。

华北棉区在一般情况下P值在10左右，天敌自然种群不能控制蚜虫。但当$P\leqslant 1.67$时，则此类棉田在4～5d内天敌将抑制棉蚜，不需防治。

天敌指数也可用益害比表示。例如，水稻田蜘蛛与飞虱、叶蝉的比，如果早稻益害比为1∶4、晚稻为1∶(8～9)，天敌即可控制飞虱、叶蝉的发生数量；再如，山东聊城用七星瓢虫幼虫控制棉蚜的试验，在4月份平均气温比历年高，3月、5月份低的条件下，瓢蚜比为1∶(100～150)时，对棉蚜的控制效果较理想。

（五）气候经验指数法

气候、菌量或寄主是病害流行的三要素，三种之间辩证地影响病害的发生与流行关系，在存在大面积感病寄主和菌源量足够的情况下，气候因素就成为了病害发生与流行的主导因素。

实例1　马铃薯晚疫病的气候指标预测就是这种方法的典型事例。林传光（1960）在马铃薯晚疫病的预测研究中指出：从马铃薯开花起，如果多雨，空气相对湿度达到70%左右，就有中心病株出现的可能。利用BLITECAST模型做马铃薯晚疫病预测有两个关键指标，即10d的雨量超过30mm，5d的日均温不大于25.5℃，当这种天气情况出现时，马铃薯晚疫病就有发生的可能。

实例2　根据苏北地区12年的观察结果，有研究指出预测小麦赤霉病的气候指标是温度和雨日。小麦扬花到灌浆初期的旬平均温度在15℃以上，当扬花期至灌浆期的雨日数占该期总日数的75%以上时病害会大流行，占50%～70%时为中度流行，小于40%时为不流行。浙江省嘉兴地区农科所研究提出，上年10月下旬至11月中旬和当年1月或2月份，雨量都不低于90mm，不低于1mm的雨日≥9d，小麦赤霉病就可能为中度以上发生，否则为中度偏轻以上发生；上年9月平均气温低于21.8℃，12月至2月总降水量≥234mm时，赤霉病将偏重发生。

实例3　在病害的长期预测和超长期预测中，利用某气候现象作为病害预测的一种指标也是经常的事。厄尔尼诺现象是一种影响大范围气候变化的因素，是指东太平洋冷水域中秘鲁洋流水温反常升高的现象。研究者将厄尔尼诺现象的出现作为一种指标与长江中下游麦区小麦赤霉病发

生情况关联，发现厄尔尼诺暖流现象出现的次年，赤霉病大流行的概率为70%，而且厄尔尼诺现象持续时间越长，则次年赤霉病流行的程度越严重。

实例4　小麦条锈病是一种典型的气传性气候病害，暴发流行常常造成巨大的产量损失。季良和阮寿康根据雨露日和降雨量与条锈病流行数据，提出了经验气象指标预测表（表5-6）。

表5-6　小麦条锈病春季流行程度预测表（改自季良和阮寿康，1962）

菌量（3月下旬至4月下旬平均亩病点数）	4月份雨露及病害流行情况		
	雨露日15d以上 雨量50mm以上	雨露日10～15d 雨量15～40mm	雨露日5d以下 雨量10mm以下
10个	大流行	中度流行或者大流行	中度流行
1～10个	大流行或者中度流行	中度流行	轻度流行
1个以上	中度流行	轻度流行	大流行

六、形态指标预测法

环境条件对昆虫的影响都要通过昆虫本身的内因而起作用。昆虫对外界条件的适应也会从内外部形态特征上表现出来。如虫型、生殖器官、性比的变化及脂肪的含量与结构等都会影响到下一代或下一虫态的数量和繁殖力。例如，蚜虫及介壳虫有多型现象，飞虱有长、短翅型之分。一般在食料、气候等适宜条件下无翅蚜多于有翅蚜，无翅雌蚧多于有翅雄蚧，短翅型飞虱多于长翅型飞虱。当这些现象出现时，就意味着种群数量即将扩大。相反，如有翅蚜、有翅雄蚧、长翅型飞虱的个体比例较多，表示种群即将大量迁出，可远距离迁飞扩散。因此，研究者可以将这些形态指标作为数量预测指标及迁飞预测指标，来推算未来种群数量动态。

（一）蚜虫的数量预测

蚜虫处于不利条件下，常表现为生殖力下降，此时蚜群中的若蚜比率及无翅蚜的比率因之下降。因此，可以根据有翅若蚜比率的增减或若蚜与成蚜的数量比值来估测有翅成蚜的迁飞扩散和数量消长。例如，华北地区棉蚜群体中的有翅成、若蚜占总蚜口的比例，在双管解剖镜下观察达38%～40%时，或肉眼观察达30%左右时，常常在7～10d后将大量迁飞扩散。中国农业大学在14茬十字花科蔬菜上的系统调查证明，桃蚜蚜群中若蚜和成蚜的数量比率下降到2.17～2.91（95%置信范围）或2.03～3.05（99%置信范围）时，再过4～6d将开始出现有翅若蚜。然而，由于各种蚜虫的生物学特性不同，作为预测用的形态指标也就不一样。如对菜缢管蚜在8茬十字花科蔬菜上做系统调查，若蚜与成蚜的数量比率下降到8.56～9.75（95%置信范围）或8.29～10.03（99%置信范围）时，将在5～6d后出现有翅若蚜。有翅若蚜出现不久，将会出现有翅成蚜的迁飞扩散。

（二）飞虱的数量预测

在飞虱科昆虫中有不少种类的成虫有长翅型和短翅型之分。在一般情况下，长翅型的雌虫比例较低，寿命较短，而且产卵量也较少。相反，短翅型在营养丰富、高温多湿等好的条件下生存时，它的雌虫比例较高，寿命比长翅型的长3～5d，产卵量也较多，比长翅型约多1倍。也就是说，当外界条件不良时，长翅型成虫增多而有利于迁飞扩散。相反，外界营养等条件良好时，可促使出现短翅型，其生殖力增高。所以，短翅型个体的增加是飞虱将大发生的征兆。国内和日本的研究都一致证明，良好的营养和气候条件，是诱发褐飞虱及白背飞虱大发生的主导因素。据湖南的资料，7月中旬以前，正值早稻孕穗、抽穗、乳熟、灌浆期，食料充足，短翅型数量较多，可占总虫数的63.66%～92.68%；随后由于植株老化、营养不良，长翅型比例突增，短翅型比例下降到20%以下。湖南省农业科学院经多年调查总结：凡5月下旬至6月上旬在湖南地区，或6月中旬至6月下旬在湘中、湘北地区，每100丛稻中有短翅型成虫4～10头，15～20d后该类稻田褐飞虱会严重发生。又据江苏太仓市总结：9月上、中旬三代成虫盛发期中，如短翅型成虫占60%以上，每100丛达10头以上，则第四代褐飞虱将会大发生；与此相反，在营养和气候不太适宜时，尤以水稻黄熟期时，长翅型成虫就将迁飞扩散。

（三）根据蛹体内脂肪含量预测发生量

蛹体脂肪含量多少对越冬蛹成活率有很大影响，如脂肪含量多，能安全越冬；如脂肪含量少，则大批死亡，减少翌年发生基数。脂肪含量的多少也影响越冬代蛾的抱卵量。例如，棉铃虫蛹体内脂肪含量多少可以从腹部呈现云状黑纹多少判断，如果云状黑纹多则脂肪含量多，反之则少。所以棉铃虫蛹腹部云状黑纹是预测棉铃虫翌年发生量的形态指标之一。蛹体脂肪含量可间接反映蛹的重量，蛹重则脂肪含量高。广东省鉴江测定黏虫蛹重与生活力、繁殖力的关系，得出：凡蛹重（脂肪含量高）者，其羽化率高，寿命长，产卵量大。吴林等（1998）研究槐尺蛾产卵量与蛹重的关系，得出：蛹重0.1453mg，平均产卵量505.66粒；蛹重0.1923mg，平均产卵量786.44粒；蛹重0.1734mg，平均产卵量636.43粒。这些数据说明蛹重量影响成虫的繁殖量。浙江省宁波测定二化螟蛹重与成虫抱卵量的关系，表明在茭白中越冬的幼虫、蛹重0.087g，每蛾抱卵273粒；而在稻根中越冬幼虫、蛹重0.051g，每蛾抱卵223.4粒。这说明幼虫营养不同，不但影响蛹体脂肪含量，也影响成虫的繁殖量。

此外，东亚飞蝗的群集型、黏虫幼虫黑色型的出现，都预示其种群数量的显著增加，可作为形态指标进行数量预测。

七、观测圃法

研究者在病害常发区建立观测圃，种植感病品种，系统观测发病情况；观测圃内作物发病后，即可对大田进行调查，依据调查结果决定是否需要防治或何时进行防治；也可依据观测圃内作物的发病情况直接指导大田的病害防治。

利用观测圃进行病害发生始期和防治时期预测是一种简便易行的预测方法，而且效果也比较理想，但在建立预测面时一定要注意观测圃地点和种植品种的代表性。例如，在水稻白叶枯病的预测中，可在病区设置观测圃，创造高肥、高湿条件，诱导病害发生，预测病害的发生始期；同时采用不同抗病性品种的组合种植，还可以预测病菌新小种的发生情况及小种的动态变化。甘肃省天水市植保站在天水不同区域（川区、半山区和高山区）种植小麦，建立了15个条锈病动态观察圃，每个观察圃种植天水主栽小麦品种50～70个，代表当地小麦总播种面积的85%。从秋苗期开始至次年小麦灌浆成熟期，每10d左右调查1次，从小麦开始显症（10月中、下旬）调查记载，至条锈菌进入越冬（12月上、中旬）；第二年早春从小麦条锈病开始现症（2月下旬）调查记载，至小麦灌浆期（6月上、中旬）结束。通过观察圃定点定时监测调查，为提前准确预测小麦条锈病发生动态提供了重要基础数据。

第二节 数理统计法

在进行数理统计预测时，系统、正确、有效的历史资料或试验数据是基础；选择适合、实用的数学模型是关键；掌握模型拟合技术是核心。数理统计预测可以充分利用历史积累的信息、资料，减少田间调查和生物学试验的工作量；可以进行中、长期预测；可以利用建立的统计模型探讨病虫害发生与环境条件的关系；可以充分利用计算机技术进一步进行病虫害监测和建立预警系统。

一、数理统计法预测基础

1. *数理统计预测中的常用名词*

（1）预报量。预报量是人们所预报的病虫害发生、为害的主要特征，如害虫的发生期、发生量、为害损失等。

（2）预报因子。预报因子是用于预测病虫害发生、为害主要特征的相关因素，其中有生物因素如虫源等，以及非生物因素如各种气候因素或天气过程。

（3）预报要素。预报要素是预报量和预报因子的统称。

（4）变量。变量是指调查、测定或试验中来自所取样本的一组不同数值。变量在统计分析中通常用 x、y、z 等字母表示。

（5）常量。常量又称常数或参数，是指通过统计分析或建立统计模型后反映对预报量有固定影响的不变量。常量在统计分析和模型中常用 a、b、c 等字母表示。

（6）模型拟合。模型拟合是根据已有资料数据，计算模型参数，建立数学模型的过程。

（7）定量预报。定量预报是用数值直接表达预报量的预报。

（8）定性预报。定性预报是用描述性语言表达预报量的预报。

（9）历史符合率。历史符合率是在统计预测模型建立后，利用建立该模型历史资料中的预报因子，按样本逐个代入模型中，计算模型预测结果符合历史资料中反映的预报量的百分率。因此历史符合率测定又称为回报检验。

（10）预报准确率。从严格意义上讲，预报准确率是模型预测结果符合未来田间实际发生情况的百分率，但这势必在模型建立后要等待很长的时间，不利于迅速改进预测模型。因而测定预报准确率时，一般可在历史资料中随机抽取若干个或若干年的数据，不参加模型的拟合，然后利用这些历史资料计算预报准确率。

2. *数据的性状、精度及转换* 通过田间调查、实验、观测等手段得到的各种预报量和预报因子数据称为一级数据或原始数据，这是最宝贵的信息资料。在进行数理统计预测时，常常需要对一级数据进行必要的统计整理，甚至对其进行必要的转换，才能用作建模的预报要素。

（1）数据性状及精度。用数值表达的数据可区分为可量数据（连续性数据）和可数数据（离散性数据）。可量数据的精度用小数点后的位数（有效数字）表示，取一位小数表示精度为 1/10，两位小数为 1/100 等，小数点后位数的多少取决于计量的工具和使用的单位。对于测量时刚好为整数的数据，应当按规定的精度在整数的小数点后加 0 补足。可数数据均为整数，当对这类数据计算平均数时可能出现小数，如果不做显著性检验，可按四舍五入原则化为整数处理。

（2）数据转换。原始数据中无论是预报量或是预报因子，其变量内或变量间的大小常常差异很大，这些数据若用于种群分布型测定或方差分析、显著性检验等，都会产生较大的误差，这是因为常用的统计分析模型都是建立在数据为正态分布的基础上的。另外，预报因子的量纲（单位）常常不同，因此对预报因子数据按一定的计算规则进行中心化或标准化是必要的。数据转换的方法很多，应根据数据的性状和目的选择适当的方法。最常用的方法有数据分级、平方根转换（$\sqrt{x}$）、对数转换（$\lg x$ 或 $\ln x$）、反正弦转换（$\sin^{-1}\sqrt{x}$）、距平转换（$x-\bar{x}$）等。

3. 变量之间的统计关系　在自然界中变量之间相随变动的关系大致可分为两类，即函数关系（functional relation）和统计关系（statistical relation）。函数关系表达的是变量之间在数量上的确定关系，即一个或一组变量（自变量，一般用 x 表示）的变化完全按函数式确定了另一个或一组变量（因变量，一般用 y 表示）的值，即 $y=f(x)$。统计关系表达的是变量之间在数量上的经验关系，即一个或一组变量（因变量）随另一个或一组变量（自变量）而变动的规律，但是由于许多不确定的或随机的因素干扰，因变量与自变量之间的关系并不是完全确定的，所以它们的关系表达为 $y=f(x)+\varepsilon$，式中的 ε 即随机扰动的误差项。

4. 选取预报因子的原则　如何在众多的因子中选取良好的预报因子是病虫害统计预测成败的关键。经验证明，用同一种预测方法，采用不同的预报因子，其预报效果往往有很大的差异。选取良好的预报因子，其预报效果就好，否则就差。选取良好的预报因子，必须从与病虫害发生变化有关的因素中去选择。从已有的研究来看，害虫的发生大体上与虫源基数、寄主及食料、环境条件（包括气象、天敌、土壤、耕作等）有关；病害的发生大体上与初始菌源量、寄主的抗病性、环境条件等有关。选取预报因子应遵循以下原则。

（1）选择相关性高且较为独立的因子。所谓相关性高是指预报因子与预报对象的相关高；所谓独立是指预报因子之间的相关小，相互独立。选取多个预报因子时，至少应有一个预报因子与预报对象相关高，而且稳定，同时另取一些与这个因子能相互配合的因子，这样预报的准确性就高。实际上，如果要求选择的所有因子都与预报对象相关高，不但很困难，而且因子之间往往是不独立的。例如，同一个月的平均气温、平均最高气温和平均最低气温，三者作用重复，不宜同时采用。

（2）样本容量要大。样本数量太少，容易由于样本的随机波动而造成较高的历史符合率，但这种指标是不可靠的。因此应尽量利用历年的病虫害资料，以取得较大容量的样本，减少其偶然性误差。选择多个预报因子时，预报因子的个数应根据样本数量的多少来决定。一般因子的个数与样本数量的比例为1∶（5～10）。如有20年资料，可选2～4个因子，如果样本数量少，因子选得多，往往偶然性大，虽然历史符合率可能很高，但实际预报能力差。如果样本数量大，而因子选得过少，所提供的信息不充足，预报能力也差。因此选取因子的数目要适当，原则上要少而精。

（3）选取前兆因子。选择病虫害发生期间的前兆因子，才有中、长期预报的意义。如果选择病虫害发生期间的因子，可能会失去其预报的指示性，不能及时发挥预报指导防治的作用。

（4）选取时注意从因子中产生组合因子。组合因子的预报效果常较各个单因子要高。比如雨量、雨日若作为两个单因子，由于雨量、雨日一般是不独立的，结果只有一个发挥作用，另一个的作用是重复的。如果将雨量、雨日综合为水分积分指数［水分积分指数 $Q=(x/S_x+y/S_y)\div 2$，式中，x 和 y 分别表示某一时间的雨量和雨日，S_x 和 S_y，分别表示历年同期的雨量标准差和雨日标准差］，则雨量、雨日的作用都可以同时体现出来。环境条件对害虫发生消长的影响，既有单个条件对它的影响也有综合条件对它的影响。如常用的温湿系数（温雨系数）就是温度和湿度的综合作用。选取因子时注意产生组合因子，这样的组合因子更能反映问题的实质。

(5)尽可能保留预报因子对预报对象的信息。选择的预报因子最好用原始数据来建立预测式，如果将预报因子分级、编号，或转换为“0，1”资料，就会有损失信息的一面。但分级、编号等，也有简化计算手续、减少工作量的一面。在实际的害虫测报工作中，应根据具体情况，权衡得失，恰当处理。

二、预测模型原理

（一）病害预测模型的原理

1. 植物病害的侵染预测　植物病害的侵染预测是一个天气过程或一段时间过后，依据气象数据预测某种病原菌在该天气过程或过往的时段内有无侵染及侵染相对数量的多少。侵染预测属于短期预测，主要用于辅助植物病害化学防治决策。当预测到一种病原菌有侵染，且侵染量相对较大时，对于潜育期较长且能够用内吸治疗性杀菌剂防控的病害，如苹果锈病和梨黑星病，可以在病原菌侵染之后、发病之前，喷施内吸治疗性杀菌剂，铲除已侵染的病菌或抑制已侵染的病菌致病，从而控制病害的发生与流行。对于潜育期较短或没有内吸性杀菌剂防治的病害，如苹果的炭疽叶枯病和轮纹病，若无法在病害发病之前采用化学药剂控制病害的发生，可在病害发生后及时喷药保护寄主不受病原菌的侵染，或抑制病原菌产孢，进而控制后期病害的流行。当预测到病原菌的侵染量相对较少时，可在数次侵染、病原菌的侵染量累积到一定数量后，再用药防控，这样既可减少防治的次数，又能有效控制病害流行，如马铃晚疫病流行初期的侵染预测与病害防控。

在植物病害流行预测的众多方法中，侵染预测是最为准确可靠的一种预测方法。侵染预测主要依据两个要素：一是病原菌本身的生物学特性，二是以往的气象条件，在病害预测时，两个要素都是确定的要素。过往的气象条件是确定的因子，通过气象监测可获得确定而相对准确的数据，而且随着技术的进步，气象监测数据的准确度会逐渐提高。病原菌的生物学特性具有相对的稳定性，同一种病原菌在相同的环境条件下的行为表现基本一致，而且不断重现。如果能准确掌握病原菌的生物学特性和气象数据，就能较为准确地预测某种病原菌是否侵染，以及相对侵染数量的多少。侵染预测所依据的病原菌生物学特性是指病菌孢子在萌发侵入过程所需要的温度与湿度条件，以及温度和湿度对孢子萌发侵入速率和侵染数量的影响。为了更好地运用侵染测报方法为生产服务，首先需要在人工控制环境条件下进行系统的流行学试验，掌握病原菌孢子萌发侵入所需要的温度和湿度条件，以及温度和湿度与孢子萌发速度及侵染数量的量化关系。

侵染预测是目前应用最成功、应用范围最广泛的一种病害流行预测方法，而且容易实现自动化。1944年，美国的Mills给出了不同温度下黑星病病原菌导致苹果叶片轻度、中度和重度发病所需的叶片结露时间，称为Mills表。依据Mills表、叶面的结露时间和实测温度，可以预测黑星病病原菌导致苹果叶片发病的轻重程度，从而增强了药剂使用的精准度，减少了不必要的用药（Gadoury，1989；Mills，1944）。1980年，Jones等在Mills表的基础上，研发出了苹果黑星病测报器（Jones，1980；Jones et al.，1984）。该测报器装有温度和湿度传感器，实时监测果园内温度与湿度的变化，并计算病原菌有无侵染及侵染量，当预测到病原菌有侵染时，实时预警，提醒果农防治，实现了侵染测报的自动化。1995年，Xu等构建了基于自动气象站的苹果黑星病侵染预测模型，进一步提高了侵染测报的准确性和自动化程度（Xu et al.，1995）。韩国首尔大学基于植物病害侵染预测技术，构建了全国性的植物病害侵染测报系统。该系统在基本农田区以棋盘式布局，每隔数公里安装一台自动气象站；自动气象站实时采集气象数据，并传入服务器；服务器上的病害预测模型依据气象数据实时计算各种可能病害的相对侵染量，预测病害发生风险；当系统预测到某种病害有高发风险时，通过网络将病害预警信息实时发送给生产者和客户。最近，国内推广应用的基于自动气象站的马铃薯监测预警系统（黄冲等，2017）和小麦赤霉病监测预警系统（宋瑞等，2020）就是侵染预测技术的具体应用。

研究者依据病原菌的生物学特性和环境因子能够准确地预测某种病原菌是否侵染、侵染时间和相对数量，结合田间病原菌的数量或田间的发病程度和寄主的抗病性，可以较为准确地预测病原菌侵染的绝对数量或发病的严重程度，为病害的防控决策提供相应的信息。然而，某些病害病原菌孢子形成与侵染密切相关，新的孢子形成后才能启动病原菌的侵染过程，而且孢子的形成也需要特殊的条件。对于这一类病害的侵染预测还需考虑孢子形成所需的条件和时间。例如，葡萄霜霉病病原菌游动孢子囊的形成需要黑暗条件和90%以上的相对湿度，在适宜条件下游动孢子囊的形成需0.5～4h，如果新形成的游动孢子囊不能及时侵染，遇阳光后便失去侵染活力。因此，对于葡萄霜霉病的侵染预测就需同时考虑产孢、孢子传播、游动孢子囊萌发和游动孢子侵染四个生物学过程。

基于病原菌的侵染预测，可实时预测在整个生长期内病害的发生风险，为病害的防控提供决策信息。对于绝大多数的真菌病害，病原菌的侵染过程是决定病害能否发生与流行的关键环节，病原菌一旦侵染成功，病害基本都可以发生。然而，对于绝大多数地上部的真菌病害，病原菌的侵染需要相对特殊的条件，如降雨、叶面结露等，相对难以满足。在植物病害流行预测中，依据病原菌的侵染预测和病原菌种群数量的累积规律，就可以预测病害发生的风险程度。例如，在苹果褐斑病的预测中，5月份若遇3次及以上雨量超过10mm，且使叶面结露12h的降雨，就可以预测有大量子囊孢子初侵染，后期流行的风险极高，需要在5月底或6月初喷施高效的内吸治疗性杀菌剂，压低初侵染菌源量，控制褐斑病后期的流行。又如，8月中旬前，果园内病叶率若超过3%，1～2次能导致病原菌侵染的降雨过程，就可导致褐斑病的严重发病。因此，对于褐斑病的防控，在整个生长季节都要把病叶率控制在1%以下。

2. 植物病害侵染预测依据的因子　植物病害侵染预测主要依据病原菌萌发侵染期间的露时和露温两个因子。雨传病害遇1～3mm的降雨后，病原菌孢子才有可能传播到达健部组织、开始侵染，其侵染预测的前提是降雨。此外，需要考虑产孢的病害，还需考虑相对湿度和温度对产孢速度和数量的影响。除上述因子外，侵染预测还要考虑具有侵染活性的病原数量，或活的孢子数量，以及作物的寄主抗性对病原菌侵染与产孢的影响。

（1）露时和露温是病害侵染预测依据的主要因子。对于绝大多数地上部真菌病害，如霜霉病、黑星病、锈病等，自由水是病原菌孢子萌发和侵染的必要条件，即着落于植物体表的病原菌孢子只有在植物表面结露或湿润的条件下才能萌发侵染。无论是空气中水分冷凝、降雨或浇水在植物表面形成的自由水，都可以触发孢子的萌发过程。少数真菌虽不需要自由水，但需要较高的相对湿度，如粉红聚端孢、灰霉病病原菌、褐腐病病原菌分生孢子的萌发需要90%以上的相对湿度，只有当微环境内的相对湿度超过90%时，着落到基质或寄主表面的分生孢子才能萌发。当孢子萌发过程启动后，自由水和高湿环境还要保证孢子完成全部的萌发和侵入过程。当萌发的病原菌孢子与寄主建立寄生关系，并从寄主体内获取生长所需要的水分和养分后，寄主表面的自由水和高湿环境才能完成其使命。因此，植物表面的自由水和高湿环境需要维持足够长的时间，病原菌才能完成全部的侵染过程，引发病害。否则，病原菌孢子因得不到生长所需水分而停止生长，直至死亡。在植物病害侵染预测时，无论是空气中水分冷凝形成的自由水，还是降雨或喷水在植物表面形成的自由水，统称为“露”。

露时为植物表面维持湿润状态所持续的时间，或相对湿度超过病原菌孢子萌发所需要最低值后的持续时间。在一定温度下，生长最快的孢子完成全部的萌发和侵入过程，且能够引发病害所需的最短露时，为病原菌在该温度完成侵染所需要的最短露时。当实际露时超过病原菌侵染所需要的最短露时后，病原菌就能完成其全部的侵染过程，并引发病害；露时越长，病原菌的侵染量越大。如实际露时短于病原菌侵染所需要的最短露时，病原菌就不能完成全部的侵染过程，也不能引发病害。在实际应用中，露时可通过气象站的雨滴传感器直接监测获得；当没有雨滴传感器时，可通过气象站监测到的降雨持续时间和相对湿度两个参数，通过计算获得。在最适温度和最适侵染条件下，病原菌完成全部侵染过程并引发病害所需要的最短露时，为该种病原菌的侵染阈值。病原菌的侵染阈值主要取决于病原菌的生物学特性，而且保持相对的稳定性。例如，黄瓜霜霉病病原菌游动孢子囊侵染阈值不足30min（Sun et al.，2016），炭疽叶枯病病原菌分生孢子成功侵染的露时阈值约为3h（Wang et al.，2015），而梨黑星病病原菌分生孢子成功侵染的露时阈值约需要7h（Li et al.，2003）。

病原菌完成侵染所需要的最短露时除取决于病原菌的生物学特性，还与结露期间的温度，即露温密切相关。露温直接决定了孢子萌发和侵入速度，同时也影响着病原菌的侵染数量。在适宜的温度条件下，孢子的萌发侵染速度快，完成侵染需要的露时短，能够完成侵染的孢子数量多。当温度偏低或偏高，孢子的萌发侵染速度慢，完成侵染需要的露时较长，能够完成侵染的孢子数量少。当实际温度超出孢子萌发的温度范围时，即使露时再长，病原菌的孢子也不能萌发。在病害的预测模型中，温度与病原菌完成侵染所需要的最短露时常用数学模型描述。模型1为梨黑星病病原菌分生孢子在不同温度下完成侵染所需要的最短露时（图5-2）（Li et al.，2003）。

$$L=36.05-21.73T+1.69T^3 \quad (5\text{-}11)$$

式中，T为露温，即实际温度的1/10；L为最短露时。

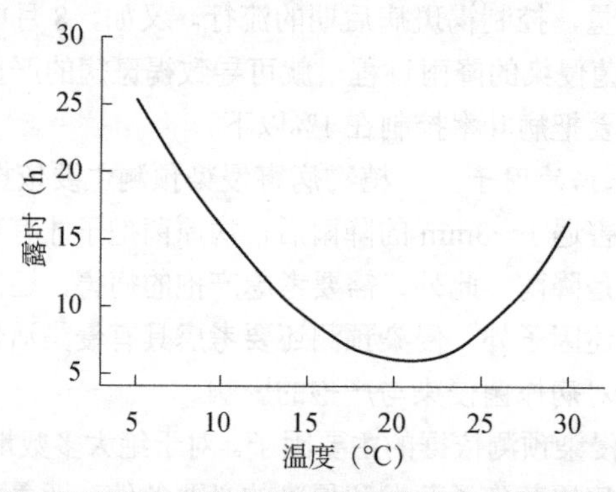

图5-2　梨黑星病病原菌在不同温度下完成侵染导致叶片发病所需要的最短露时（仿Li et al.，2003）

（2）降雨是雨传病害和子囊孢子侵染预测的前提条件。降雨是病原菌传播的必要条件，如炭疽病、轮纹病、黑星病等，病原菌孢子只有随雨水传播到达健康寄主组织的表面，才能启动其侵染致病过程。一般情况下，能使叶片滴水或使枝干流水的降雨（1～3mm）就能把病原菌孢子从病部带到寄主健康部位，启动孢子的萌发和侵染过程。子囊孢子无论是随气流传播，还是随雨水传播，其释放都需要雨水或湿润条件。成熟的子囊只有吸收足够的水分后，才能弹射出子囊孢子。因此，降雨也是子囊孢子侵染预测的前提。单纯的叶面结露，由于其不能传播病原菌孢子，也不能启动雨传孢子的萌发侵染过程，因此不能用于雨传病害的侵染预测，但可用于气传病害的侵染预测。

（3）相对湿度是影响病原菌产孢的重要环境因子。在病害的侵染预测中，对于需要考虑产孢过程的病害，首先要考虑病原菌产孢需要相对湿度，以保证病原菌产生第一个孢子所需要的最短时间，当环境湿度满足病原菌产孢的需要，且持续时间长于病原菌产孢所需要的最短时间后，病原菌才能产生孢子。在病原菌形成具有侵染能力的孢子之前，不能用侵染预测模型或方法预测病原菌有无侵染及侵染相对数量的多少。

（4）温度也是影响病原菌产孢的重要环境因子。温度不单影响病原菌的产孢速度，决定了病原菌产孢所需要的最短时间，而且影响病原菌的产孢数量。在病害的产孢预测中，温度与最短产孢时间和产生量的关系常用统计模型表述。

（5）寄主抗性除决定了病原菌能否侵染致病外，还能影响病原菌产孢量和侵染量等。寄主的抗病性分两种类型：一种抗性是可遗传的，主要由品种的特性所决定；另一种抗性是非遗传抗性，是在作物生长过程中形成的抗病性，称为个体发育抗性。例如，苹果幼嫩的叶片对锈病病原菌敏感，而发育成熟的叶片却高抗锈病。因此，在病害的侵染预测之前，首先要明确所针对作物的品种、作物的生长发育期及其抗性水平。

（二）害虫预测模型的原理

数理统计预测是害虫预测预报中的一类重要方法。它是通过对害虫发生情况调查的历史资料或试验资料进行整理分析，利用统计学原理，找出害虫发生与自身或环境因素之间的关系，建立恰当的、能通过显著性或适合性检验的数理统计模型；然后根据目前害虫发生和未来环境因子的情况，预测害虫未来的发生，并根据历史符合率和预测符合率对模型加以改进。

三、回归预测法

回归预测法是通过回归分析方法建立回归模型，进而对病虫害发生特征进行预测预报的方法，是目前病虫害统计测报中应用最多的一种方法。

回归分析是通过建立因变量（也叫依存变量，y）与自变量（x）的数学表达式（也可称为回归方程式），来描述自变量与因变量之间关系一种统计方法。其中，自变量是固定独立的，一般是观察或试验时预先设定的，没有误差或误差很小；因变量会随自变量的变动而随机变化，因而存在随机误差。基于确定的独立自变量基础上，通过因变量与自变量的回归方程，可以预测因变量的变动范围。这种方法被称为回归分析。

运用回归预测法进行病虫害测报工作时，需要先对预报量与相关的预报因子进行相关分析，进而选取与预报量最为密切相关的、又相互独立的预报因子，然后再利用回归分析方法，建立预报量与选取的预报因子的回归模型。

常见回归分析模型可分为一元线性回归模型、曲线回归模型、多元线性回归模型。

（一）一元线性回归模型

1. *基本原理*　如果在一组资料中，一个预报量（y）与一个预报因子（x）呈显著线性相关关系，两者之间的统计关系即可用一元线性回归模型描述：

$$\hat{y}=a+bx+\varepsilon \tag{5-12}$$

式中，a 为回归直线在 y 轴上的截距（回归截距）；b 为回归直线的斜率（回归系数）；ε 为回归误差；$\hat{y}$ 为预报量（y）的平均估计值。

在使用一元线性回归模型分析时，可先对相关系数（r）进行显著性检验，若相关系数 r 显著性检验结果不显著，则不需要进一步建立直线回归方程；若相关系数 r 显著性检验结果显著，再计算回归系数 b、回归截距 a，建立一元线性回归方程，用于进行预测和控制。

预报量（y）与预报因子（x）的相关系数（r）的计算公式为

$$r=\frac{\sum_{i=1}^{n}(x_i-\overline{x})(y_i-\overline{y})}{\sqrt{\sum_{i=1}^{n}(x_i-\overline{x})^2\sum_{i=1}^{n}(y_i-\overline{y})^2}} \tag{5-13}$$

要使 $\hat{y}$ 能够更好地代表 y 和 x 在数量上的相互关系，数学上常用最小二乘法来确定参数 a 和 b 的值。

$$b=\frac{\sum(x-\overline{x})(y-\overline{y})}{\sum(x-\overline{x})^2} \tag{5-14}$$

$$a=\overline{y}-b\overline{x} \tag{5-15}$$

值得一提的是，得到预报量（y）对应预报因子（x）的回归方程以后，在这里每给予一个 x 值，所预测的是 y 的平均估计值。那么，实际的 y 值离 $\hat{y}$ 差多少呢？这就要进行回归直线的精度估计，即直线回归标准误（S_e）的分析。

回归的估计标准误 S_e 为

$$S_e=\sqrt{\frac{\sum(y-\hat{y})^2}{df}} \tag{5-16}$$

式中，$df=n-2$。

在预报时，还要计算预报值的置信度。如 99%的置信度，即 $\hat{y}\pm t_{0.01}S_e$，其中 $t_{0.01}$ 为自由度 $n-2$、概率 $P\leqslant 0.01$ 时的 t 值。

值得注意的是，一般情况下，一元回归模型中只针对预测值 $\hat{y}$ 进行 t 检验（标准误和置信区间），截距 a 和斜率 b 的 t 检验可以忽略。但是，一旦截距 a 和斜率 b 存在明确的生态学意义，则必须计算它们的标准误和置信限。计算公式如下：

$$S_a=S_e\sqrt{\frac{1}{n}+\frac{\overline{x}^2}{\sum(x-\overline{x})^2}} \tag{5-17}$$

$$S_b=\frac{S_e}{\sum(x-\overline{x})^2} \tag{5-18}$$

一般来说，如果一元回归方程显著性检验达到极显著水平，亦即回归方程的标准误 S_e 较小，在进行预测时可直接使用方程的标准误 S_e 计算预报值的置信区间，而无需再计算预报值 y 的标准误 S_y。

2. 应用实例

实例 1 研究者依据湖北省汉阳县历年越冬代二化螟发蛾盛期与当年 3 月上旬平均气温（表 5-7），分析 3 月上旬平均温度（x）与越冬代二化螟发蛾盛期（y）的关系，并建立预测越冬代二化螟发蛾盛期的回归预测模型。

表 5-7 3 月上旬平均温度与越冬代二化螟发蛾盛期的情况表

年份	1961	1962	1963	1964	1965	1966	1967	1968	1969	1970
3 月上旬平均温度（℃）	8.6	8.3	9.7	8.5	7.5	8.4	7.3	9.7	5.4	5.4
越冬代二化螟发蛾盛期（6 月 30 日为 0）	3	5	3	1	4	4	5	2	7	5

经计算，预报量（y）与预报因子（x）的相关系数为 $r=0.7713$。查自由度为 8 的相关系数检验表，二者相关极显著。依据表 5-7 计算回归系数 b、回归截距 a，得到 3 月上旬的平均气温与越冬代二化螟发蛾盛期的预报回归模型：

$$\hat{y}=10.9107-0.8885x$$

式中，x 为 3 月上旬平均温度；$\hat{y}$ 为越冬代二化螟发蛾盛期。

依据该回归模型，进一步计算回归的估计标准误 S_e，根据上式可得 $S_e=\pm1.167$ 。

在预报时，还要计算预报值的置信度，本例中以 95%为例，即 $\hat{y}\pm t_{0.05}S_e$，其中 $t_{0.05}$ 的自由度为 8，查表得到 $t_{0.05,8}=2.3$。若在回归直线的两旁作平行线，则直线方程为 $\hat{y}'=10.9107+0.8885x\pm2.3S_e$，即

$$\hat{y}'=10.9107+0.8885x\pm2.7$$

上式仅仅表明，在原始数据给定的温度下，越冬代二化螟发蛾盛期的估值 $\hat{y}$ 有 95%的概率落在上式限定的范围内。

如果代入预报年 3 月上旬平均温度预测该年越冬代二化螟发蛾盛期，则预测值的标准误 S_y 还需要用标准误 S_e 予以校正：

$$S_y=S_e\sqrt{\frac{1}{n}+\frac{(x-\overline{x})^2}{\sum(x-\overline{x})^2}}=1.0012$$

则得到预报值 95%概率保证下的置信方法为 $\hat{y}'=10.9107+0.8885x\pm2.3S_y$，即

$$\hat{y}=10.9107+0.8885x\pm2.3\times1.0012$$

对应于该方程截距和斜率的“标准误差”S_a 和 S_b 分别为

$$S_a=S_e\sqrt{\frac{1}{n}+\frac{\overline{x}^2}{\sum(x-\overline{x})^2}}=2.0784$$

$$S_b=\frac{s_e}{\sum(x-\overline{x})^2}=0.2592$$

根据方程则可进行预报：假设代入 2021 年 3 月上旬平均气温为 5.1℃，预测该年越冬代二化螟发蛾盛期 $\hat{y}=6.3794\pm2.3$。95%概率保证下的置信区间为 4.1～8.7，则 2021 年越冬代二化螟发蛾盛期为 7 月 5 日至 7 月 9 日。

实例 2　为分析陕西关中玉米−小麦轮作区小麦赤霉病病穗率与初始菌源量间的关系，张平平（2015）等采用田间模拟试验的方法，在西北农林科技大学试验农场选择连续 5 年以上没有种植过小麦和玉米，且周围 200m 内没有麦田的地块作为试验地，设置 15 个小区，小区间距大于 17m，面积为 1m×1m，种植 6 行小麦，行距为 20cm。设 5 个处理，分别为小区内均匀放置 0、1、4、10、20 个产壳玉米秸秆，随机区组排列，3 次重复。从 2014 年 4 月 15 日起，将产壳玉米秸秆均匀散布于各小区内，用喷壶洒水使每平方厘米水量约 5mm（模拟降雨），使秸秆和麦穗保持湿润，次日 10 时在各小区随机采集 4 个麦穗，带回实验室检测，连续检测 5d（表 5-8）。第 5 天的穗表赤霉菌孢子数即玉米秸秆上成熟子囊壳所释放的子囊孢子成功着落在穗表的数目。产壳玉米秸秆密度与穗表赤霉菌孢子数的关系为

$$y_1=1.115+2.506x\quad(R^2=0.972,\ n=46)$$

式中，y_1 为穗表赤霉菌孢子数；x 为产子囊壳玉米秸秆密度（个 / m^2）。

表 5-8　穗表湿润时间对穗表孢子数的影响

产子囊壳玉米秸秆密度（个/m²）	叶片表面湿润时间（d）				
	1	2	3	4	5
1	0.08	1.58	2.33	2.92	3.25
4	0	2.75	7.67	8.08	8.67
10	0.17	6.25	14.58	29.67	30.83
20	0.92	17.75	30.5	49.17	49.42

（二）曲线回归模型

1. 基本原理　在很多情况下，预报量（y）对应预报因子（x）的回归方程并不都是线性关系。这时就不能选用线性回归模型描述预报量（y）对应预报因子（x）之间的相互关系，而应该用曲线回归模型来描述。预报量（y）与预报因子（x）之间的曲线回归模型的建立，要考虑观测值的分布情况来选择拟合恰当的曲线方程。值得注意的是，对于同一组观测数据，可选择几个相近的曲线拟合，建立几个曲线回归方程，然后根据 R^2 的大小和生物学等专业知识，选择既符合生物学规律、拟合度又较高的曲线回归方程来描述这两个变量间的曲线关系，用于病虫害的预测预报。

曲线方程无法直接进行参数估计，观测数据需要经过对数转换、倒数转换后，将原来的曲线回归模型转化为一元线性回归模型进行参数估计，最后再将其转换成原曲线方程。

2. 应用实例　研究者依据湖北省荆州市地区植保站调查得到棉铃虫有卵株率（x）和百株卵量（y）的数据（表 5-9），构建曲线回归预测模型。

表 5-9　棉铃虫有卵株率与百株卵量的原始数据表

观察序号	1	2	3	4	5	6	7	8	9	10
有卵株率（%）	0.1	0.5	26.8	32.0	20.4	2.9	3.0	12.0	12.0	16.2
百株卵量（粒）	0.1	0.6	54.1	60.5	32.4	5.2	4.3	18.0	17.2	25.0

依据表 5-9 数据制作散点图，分析发现该数据近似于幂函数曲线，故采用幂函数模型 $y = ax^b$ 拟合。

将 $y = ax^b$ 两端取常数对数得 $\lg y=\lg a+b\lg x$；令 $y' = \lg y$，$a' = \lg a$，$x' = \lg x$，则 $y' = a' + bx'$。根据直线化的方程，转换表 5-9 得到列表 5-10。

表 5-10　棉铃虫有卵株率与百株卵量相关计算

观察序号	有卵株率（%）	百株卵量（粒）	$x' = \lg x$	$y' = \lg y$	x'^2	y'^2	$x'y'$
1	0.1	0.5	−1.0000	−1.0000	1.0000	1.0000	1.0000
2	0.5	0.6	−0.3010	−0.2218	0.0906	0.0492	0.0668
3	26.8	54.1	1.4281	1.7332	2.0395	3.0040	2.4752
4	32	60.5	1.5051	1.7818	2.2653	3.1748	2.6818
5	20.4	32.4	1.3096	1.5105	1.7151	2.2816	1.9782
6	2.9	5.2	0.4624	0.7160	0.2138	0.5127	0.3311
7	3.0	4.3	0.4771	0.6335	0.2276	0.4013	0.3022
8	12	18	1.0792	1.2553	1.1647	1.5758	1.3547
9	12.2	17.1	1.0864	1.2330	1.1803	1.5203	1.3395
10	16.2	25.0	1.2095	1.3979	1.4629	1.9541	1.6908
	总计		7.2564	9.0394	11.3598	15.4738	13.2203

经计算，预报量 y' 与预报因子 x' 的相关系数为 r=0.9985。经查表为相关极显著，得到直线方程为 $\lg y$=0.1114+1.0937 $\lg x$。在得到参数 a' 和 b 后，根据转换过程，得到幂函数曲线方程中 a= $10^{0.1114}$ =1.2923，再得到原幂函数模型为

$$\hat{y} = 1.2923x^{1.0937}$$

得到理论曲线回归预测式后，进一步用卡方检验进行适合性测验，检验预报模型中预报因子与预报量的关系是否显著。

卡方检验统计量公式为 $\chi^2=\sum\frac{(y_i-\hat{y}_i)^2}{\hat{y}_i}$，其中 y_i 表示实测值，$\hat{y}_i$ 表示基于 $\hat{y}=1.2923x^{1.0937}$ 的预测值，计算得到 $\chi^2=2.4131$。经查 χ^2 表，自由度为 8 的 $\chi^2_{0.05}=15.51$。则 $\chi^2<\chi^2_{0.05}$，说明预测模型非常可信，故可认为所分配幂函数曲线的理论预测值与实测值显著符合，可以将所查得的有卵株率（x）值代入所求回归式，计算出百株卵量（$\hat{y}$）。

假设 2021 年有卵株率为 30，则百株卵量为 $\hat{y}=1.2923\times30^{1.0937}=53.32$。

（三）多元线性回归模型

1. *基本原理*　一元线性回归模型解决的是一个预报量（y）与一个预报因子（x）之间的回归问题，如果影响预测对象的因素不止一个，特别是当不同因素之间还可能存在相互影响的情况下，如果只考虑一个预报因子（x）与预报量（y）之间的关系往往不能得到准确的结果，需要同时考虑多个因子的协同作用，才能得到比较客观的结论。因此，这时必须建立多个预报因子（x_1，x_2，…，x_m）与一个预报量（y）的回归方程，即多元回归模型。其中，最为简单、常用并且具有基础性质的是多元线性回归方程。

假定预报量（y）与多个预报因子 x_1，x_2，…，x_m 间存在线性关系，其数学模型为

$$y_j=\beta_0+\beta_1x_{1j}+\beta_2x_{2j}+\cdots+\beta_mx_{mj}+\varepsilon_j(j=1,2,\cdots,n) \tag{5-19}$$

式中，x_1，x_2，…，x_m 为可以观测的随机变量；y 为随 x_1，x_2，…，x_m 变量而变的观测值，受试验误差影响；ε 为相互独立且都服从 $N(0,\sigma^2)$ 的随机变量。我们可以根据实际观测值对 β_0，β_1，…，β_m 以方差及 σ^2 做出参数估计。

设 y 对 x_1，x_2，…，x_m 的 m 元线性回归方程为

$$\hat{y}=b_0+b_1x_1+b_2x_2+\cdots+b_mx_m \tag{5-20}$$

式中，b_0，b_1，…，b_m 为 β_0，β_1，…，β_m 的最小二乘估计值，即 b_0，b_1，…，b_m 应使实际观测值 y 与回归估计值 $\hat{y}$ 的偏差平方和最小。

多元线性回归模型与一元线性回归模型的估算原理基本相同，但是计算难度更大，必要时需要应用计算机进行运算。

在实际病虫害预测预报过程中，常常预先假设某一个病害或虫害的预报量（y）与预报因子（x_1，x_2，…，x_m）之间存在线性关系而建立多元线性回归模型，然后对预报量（y）与预报因子（x_1，x_2，…，x_m）之间的线性关系进行显著性检验。当建立的回归方程达到显著性水平后，逐一对各偏回归系数进行显著性检验，发现和剔除不显著的偏回归关系对应的预报因子，重新建立预报量与预报因子的多元回归模型。

值得注意的是，在实际应用多元线性模型进行预测预报时，已建立的多元线性回归关系并不一定是最优解，可能存在其他更合理的多元非线性回归方程。

2. *应用实例*

实例 1　研究者依据某地区稻褐飞虱危害损失率与 4 个气象因子的相互作用关系（表 5-11）建立模型。其中，预报因子 x_1 为 7 月上旬至 8 月中旬的平均气温（℃）；x_2 为 7 月上旬至 8 月中旬的雨量（mm）；x_3 为 8 月下旬至 9 月上旬的雨量（mm）；x_4 为 9 月中旬至 10 月上旬的雨量；预报量 y 为稻褐飞虱危害损失量。

在实际应用中，往往预报量与预报因子的线性关系只是一种假设，得到假设的线性方程后，还需要对建立的线性回归方程进行显著性检验。

因此，可以根据表 5-11，计算得到预报稻褐飞虱危害损失率（y）的回归方程如下：

$$\hat{y}=146.4959-4.5723x_1+0.0336x_2-0.0974x_3+0.0168x_4$$

得到方程后，对预报量与预报因子间的现象关系假设进行显著性检验（F 检验），经计算可得 $F_{4,5}$=16.5863，大于查表所得的 $F_{4,5(0.01)}$，说明建立的回归方程达极显著水平，是合理的，可以用于基于以上预报因子的预测预报。

表 5-11　褐飞虱危害损失率与 4 个气象因子

年份	x_1	x_2	x_3	x_4	y
1971	30.7	82.7	65.3	41.8	5
1972	28.2	291.0	216.0	107.0	10
1973	28.6	273.0	160.8	154.7	10
1974	28.3	448.0	32.8	61.8	30
1975	28.9	391.0	87.8	106.5	25
1976	28.5	117.7	112.8	20.1	10
1977	29.6	364.2	137.5	195.8	10
1978	31.2	7.7	36.5	191.9	5
1979	30.0	143.6	56.2	8.8	5
1980	27.1	266.2	64.5	35	25

实例 2　研究者利用 2010～2018 年陕西省调查的小麦条锈病冬繁区发生县区数（x_1）、越冬区发生县区数（x_2）、累计发生县区数（x_3）、冬繁区发生面积（x_4）、越冬区发生面积（x_5）、累计发生面积（x_6）和最终发生面积（y）（表 5-12），以及 2009～2020 年当年 11 月至翌年 4 月的月平均气温（x_7～x_{12}）和月平均降雨量（x_{13}～x_{18}）（表 5-13）为数据集，构建陕西省小麦条锈病发生面积的多元线性回归模型。

将 2010～2018 年调查数据与当年条锈病最终发生面积进行皮尔逊相关性分析，筛选出累计发生县区数（x_3）、冬繁区发生面积（x_4）、1 月月平均温度（x_9）、2 月月平均温度（x_{10}）、1 月月平均降雨量（x_{15}）、3 月月平均降雨量（x_{17}）和 4 月月平均降雨量（x_{18}）作为自变量因子，采用前进法逐步回归分析法构建预测模型为

$$y=0.74x_3+19.94x_4+3.84x_9+1.06x_{15}+0.65x_{17}-8.43 \quad (R^2=0.9639, p=0.0226)$$

利用 2010～2018 年历史数据对建立的预测模型进行回测，预测拟合符合率为 93.99%。利用 2019～2020 年的调查数据对预测模型进行检验，预测准确度为 93.46%。利用该预测模型预测出 2021 年陕西省小麦条锈病的发生面积为（46.11±10.61）万 hm^2，当环境条件适宜发病时，发生面积可达 56.72 万 hm^2；当环境条件不适宜发病时，发生面积为 35.50 万 hm^2；实际发生面积约 60 万 hm^2。

表 5-12　2010～2021 年陕西省小麦条锈病发生情况

年份	发生县区数（个）（1 月 15 日之前）			发生面积（万 hm^2）（1 月 15 日之前）			最终发生面积（万 hm^2）
	冬繁区（x_1）	越冬区（x_2）	累计县区（x_3）	冬繁区（x_4）	越冬区（x_5）	累计发生面积（x_6）	
2010	3	10	13	0.07	3.93	4.00	36.21
2011	3	10	13	0.03	2.64	2.67	8.20
2012	2	5	7	0.15	1.15	1.30	20.99
2013	1	2	3	0.02	0.54	0.56	6.97
2014	1	6	7	0.01	0.64	0.65	25.33
2015	2	3	5	0.01	0.71	0.72	35.08
2016	3	11	14	0.15	1.57	1.73	16.36

续表

年份	发生县区数（个）（1月15日之前）			发生面积（万 hm^2）（1月15日之前）			最终发生面积（万 hm^2）
	冬繁区（x_1）	越冬区（x_2）	累计县区（x_3）	冬繁区（x_4）	越冬区（x_5）	累计发生面积（x_6）	
2017	8	8	16	0.09	1.00	1.09	61.47
2018	3	8	11	0.08	0.85	0.94	40.91
2019	0	4	4	0.00	0.06	0.06	12.43
2020	6	24	30	0.45	3.65	4.10	69.81
2021	5	32	37	0.17	5.48	5.64	

表 5-13　2009～2020 年与条锈病发生相关的月平均气温、月平均降雨量数据

年份	月平均气温（℃）						月平均降雨量（mm）					
	11月（x_7）	12月（x_8）	1月（x_9）	2月（x_{10}）	3月（x_{11}）	4月（x_{12}）	11月（x_{13}）	12月（x_{14}）	1月（x_{15}）	2月（x_{16}）	3月（x_{17}）	4月（x_{18}）
2009	4.67	1.44					51.71	5.37				
2010	7.87	2.70	1.66	3.87	8.01	12.69	11.14	5.16	0.80	9.56	42.33	58.40
2011	9.10	1.51	−2.70	3.63	6.80	15.86	63.74	8.33	3.16	15.80	19.99	18.10
2012	5.96	0.76	−0.40	1.61	7.51	16.01	18.96	3.26	8.84	1.17	16.46	24.79
2013	7.34	1.91	1.01	4.34	11.89	15.03	33.54	0.17	1.79	15.27	6.73	41.30
2014	7.87	1.57	2.40	2.03	10.36	14.61	30.17	1.01	1.40	19.27	25.03	95.76
2015	8.09	2.66	1.90	4.24	9.43	14.57	37.11	3.50	9.51	5.11	41.47	101.93
2016	7.78	4.03	0.01	3.77	9.84	16.04	25.99	5.24	6.74	9.21	13.94	36.07
2017	7.87	2.36	2.09	4.31	8.02	15.09	9.49	0.11	8.39	13.90	52.91	50.73
2018	7.03	1.24	−1.04	3.29	11.69	15.89	35.56	5.86	23.63	7.43	26.94	67.37
2019	8.09	3.04	0.71	2.56	10.12	16.13	21.47	2.94	9.51	11.47	10.09	63.13
2020	8.30	0.83	1.70	5.50	10.51	14.10	31.09	5.59	13.81	12.36	28.44	17.63

四、模糊综合评判预测法

1965 年，扎德在古典集合论的基础上提出：元素对于集合的关系仅仅是存在一定隶属程度的关系，即模糊子集。基于模糊子集概念建立起来的模糊数学，被广泛用来解决自然界中存在的大量模糊现象。模糊综合评判模型就是基于模糊数学中的隶属度理论而建立的病虫害预测预报的综合评价方法。首先，依据分级标准对评判对象（预测对象和预测因子）分级，并以分级值建立预报对象（y）与相关预报因子（x_i）的列联表。其次，根据列联表求得模糊向量（因素集合 X）和评判矩阵（评判集合 R），根据综合评判的数学模型 $Y=X\cdot R$，即可进行综合评判得到预报量（ Y ）；常用于病虫害发生量的评判模型有 5 个（以下会详细介绍），综合 5 个模型预报量（ Y ）的平均结果形成综合决策模型。最后，将分级转化前的数据资料代入各模型检验预报效果后，排序择优。

（一）基本原理

1. *数据资料分级和建立列联表*　首先依据观测的数据资料确定适宜的分级标准，对原始数据资料进行转化，建立预报因子的分级值表。以分级值表为基础，组建预报因子（x_i）与预报对象（y）的列联表。

2. 求算模糊向量和评判矩阵

（1）求算模糊向量（因素集合 X）。模糊综合评判法对每个与预报对象（y）相关的预报因子（x_i）赋予权重，组成模糊向量 X。不同预报因子与预报对象的相关程度不同，表示各预报因子对预报对象的作用大小不同，针对 x_i 标准化处理（$x_i = \frac{r_{x_i y}^2}{\sum_{i=1}^{m} r_{x_i y}^2}$），求得模糊向量 X=（x_1，x_2，…，x_m）。其中 $r_{x_i y}^2$ 为各个预报因子（x_i）与预报对象（y）的相关系数。

（2）建立评判矩阵（评判集合 R）。根据不同预报因子的条件概率 $P_{lk}^i = \frac{n_{lk}}{n_k}$ 构建 $a \times b$ 列联表，建立模糊评判矩阵 R。

3. 评判模型

（1）突出因素决定型（模型Ⅰ）。$y_i = \bigvee_{i=1}^{m}(x_i \vee r_{ij})$ 简记为 M_1=（∨，∨），表示突出因素的作用地位。符号“∨”的定义为 $a \vee b$=max（a，b）；（∨，∨）表示运算时先两数相比取其大，然后再取大。

（2）主要因素决定型（模型Ⅱ）。$y_i = \bigvee_{i=1}^{m}(x_i \wedge r_{ij})$ 简记为 M_2=（∧，∨），表示主要因素的作用地位。符号“∧”的定义为 $a \wedge b$=min（a，b）；（∧，∨）表示运算时先两数相比取其小，然后取大。

（3）次要因素决定型（模型Ⅲ）。$y_i = \bigvee_{i=1}^{m}(x_i \times r_{ij})$ 简记为 M_3=（×，∨），表示次要因素的作用地位。符号“×，∨”的定义为运算时先取两数的乘积，然后再取大。

（4）因素求和型（模型Ⅳ）。$y_i = \sum_{i=1}^{m}(x_i \wedge r_{ij})$ 简记为 M_4=（∨，+），表示总体因素效果的作用地位。符号“∨，+”的定义为运算时先两数相比取其大，然后再求和。

（5）加权平均型（模型Ⅴ）。$y_i = \sum_{i=1}^{m}(x_i \times r_{ij})$ 简记为 M_5=（×，+），表示所有因素的作用地位。符号“×，+”的定义为运算时先取两数的乘积，然后再求和。

（6）综合决策模型（模型Ⅵ）。综合决策模型反映所有因素的综合作用程度。取 5 个模型 y_i 各级的均值。按最终运算结果，取 y_i 的最大值，评判属某一级别。

（二）应用实例

研究者根据安徽省望江县棉花病虫预报站棉红龄虫第二代发生量（y）与第一代灯下总蛾量（x_1）、第一代灯下雌雄配对数（x_2）、第一代幼虫花害率（x_3）和 6～7 月总降雨量（x_4）关系（表 5-14），用模糊综合评判方法预测 1976 年棉红铃虫第二代发生量。

表 5-14　预报要素历年数据

年份	x_1(头)	x_2(对)	x_3(%)	x_4(mm)	y(头)
1973	17	7	6.88	492.2	37
1974	62	16	1.28	679.4	171
1975	64	25	3.40	363.0	271
1976	99	20	7.12	8.0	1743
1977	166	56	3.02	535.1	23
1978	59	23	2.68	100.2	1120

续表

年份	x_1(头)	x_2(对)	x_3(%)	x_4(mm)	y(头)
1979	371	120	5.61	387.6	1820
1980	92	22	6.75	496.2	198
1981	34	11	2.40	370.5	268
1982	172	52	3.95	290.5	776
1983	71	28	4.10	665.3	46
1984	10	4	1.78	445.4	33
1985	15	7	1.98	208.0	41

1. 预报因子分级　　按各要素分级标准表 5-15，将表 5-14 中的数据进行转化分级，如表 5-16 所示。

表 5-15　预报因子分级标准

级数	1	2	3	4	5
y	≤110	111～240	241～510	511～1430	≥1431
x_1	≤25	26～80	81～140	141～270	≥271
x_2	≤10	11～19	20～40	41～100	≥101
x_3	≤2	2.01～3.2	3.21～4.70	4.71～6.20	≥6.21
x_4	≤200	201～330	331～420	421～520	≥521

表 5-16　预报要素的分级值

年份	分级				
	x_1	x_2	x_3	x_4	y
1973	1	1	5	4	1
1974	2	2	1	5	2
1975	2	3	3	3	3
1976	3	3	5	1	5
1977	4	4	2	5	1
1978	2	3	2	1	4
1979	5	5	4	3	5
1980	3	3	5	4	2
1981	2	2	2	3	3
1982	4	4	3	2	4
1983	2	3	3	5	1
1984	1	1	1	4	1
1985	1	1	1	2	1

2. 组建预报因子 x_i 与预报对象 y 的列联表　　对表 5-16 分级值建立各因子 x 与预报量 y 的列联表 5-17。

表 5-17　各因子 x 与预报量 y 的列联表

x_1	y					$n_k.$	x_3	y					$n_k.$
	1	2	3	4	5			1	2	3	4	5	
1	3	0	0	0	0		1	2	1	0	0	0	
2	1	1	2	1	0	8	2	1	0	1	1	0	8
3	0	1	0	0	1	2	3	1	0	1	1	0	2
4	1	0	0	1	0	5	4	0	0	0	0	1	5
5	0	0	0	0	1	5	5	1	1	0	0	1	5
$n_{.l}$	3	5	4	8		20	$n_{.l}$	3	5	4	8		20
x_2	y					$n_k.$	x_4	y					$n_k.$
	1	2	3	4	5			1	2	3	4	5	
1	3	0	0	0	0		1	0	0	0	1	1	
2	0	1	1	0	0	9	2	1	0	0	1	0	9
3	1	1	1	1	1	4	3	0	0	2	0	1	4
4	1	0	0	1	0	3	4	2	1	0	0	0	3
5	0	0	0	0	1	4	5	2	1	0	0	0	4
$n_{.l}$	3	5	4	8		20	$n_{.l}$	3	5	4	8		20

3. 求模糊向量　　根据表 5-14 中数据，采用相关分析法，得到各预报因子 x_i 与预测量 y 的相关系数：r_{x_1y} =0.6409，r_{x_2y} =0.5794，r_{x_3y} =0.4240，r_{x_4y} =−0.6286。

将相关系数代入模糊向量 X 公式，得到模糊向量 X（0.3109，0.2541，0.1361，0.2990）。

4. 建立评判矩阵　　根据列联表 5-17 数据，按公式 $P_{lk}^{i}=\dfrac{n_{lk}}{n_k}$ 计算各预报因子的条件概率，组成条件概率表 5-18。以条件概率代替模糊概率，建立模糊评判矩阵。根据条件概率表 5-18 即可进一步进行评判模型的建立。

表 5-18　各预报因子条件概率表

x_1	y					x_3	y				
	1	2	3	4	5		1	2	3	4	5
1	1.00	0.00	0.00	0.00	0.00	1	0.67	0.33	0.00	0.00	0.00
2	0.20	0.20	0.40	0.20	0.00	2	0.33	0.00	0.33	0.33	0.00
3	0.00	0.50	0.00	0.00	0.50	3	0.33	0.00	0.33	0.33	0.00
4	0.50	0.00	0.00	0.50	0.00	4	0.00	0.00	0.00	0.00	1.00
5	0.00	0.00	0.00	0.00	1.00	5	0.33	0.33	0.00	0.00	0.33
x_2	y					x_4	y				
	1	2	3	4	5		1	2	3	4	5
1	1.00	0.00	0.00	0.00	0.00	1	0.00	0.00	0.00	0.50	0.50
2	0.00	0.50	0.50	0.00	0.00	2	0.50	0.00	0.00	0.50	0.00
3	0.20	0.20	0.20	0.20	0.20	3	0.00	0.00	0.67	0.00	0.33
4	0.50	0.00	0.00	0.50	0.00	4	0.67	0.33	0.00	0.00	0.00
5	0.00	0.00	0.00	0.00	1.00	5	0.67	0.33	0.00	0.00	0.00

5. 建立评判模型　　若要预报 1976 年棉红铃虫第二代发生量，已知第一代灯下总蛾量（x_1）为 99 头、第一代灯下雌雄配对数（x_2）为 20 对、第一代幼虫花害率（x_3）为 7.12%、6～7 月总

降雨量（x_4）为184.2mm，按照预报分级标准，结合表5-16和5-18即可得到x_1为3级，条件概率为0.00、0.50、0.00、0.00、0.50；x_2为3级，条件概率为0.20、0.20、0.20、0.20、0.20；x_3为5级，条件概率为0.33、0.33、0.00、0.00、0.33；x_4为1级，条件概率为0.00、0.00、0.00、0.50、0.50。因此得到评判矩阵$\boldsymbol{R}$：

$$\boldsymbol{R}=\begin{bmatrix}0.00&0.50&0.00&0.00&0.50\\0.20&0.20&0.20&0.20&0.20\\0.33&0.33&0.00&0.00&0.33\\0.00&0.00&0.00&0.50&0.50\end{bmatrix}$$

$$Y=X\bullet\boldsymbol{R}=\left(0.3109,0.2541,0.1361,0.2990\right)\times\begin{bmatrix}0.00&0.50&0.00&0.00&0.50\\0.20&0.20&0.20&0.20&0.20\\0.33&0.33&0.00&0.00&0.33\\0.00&0.00&0.00&0.50&0.50\end{bmatrix}$$

6. 各模型模糊运算

（1）突出因素决定型（模型Ⅰ）。

$$y_i=\bigvee_{i=1}^{m}(x_i\vee r_{ij})=(0.33\quad 0.50\quad 0.31\quad 0.50\quad 0.50)$$

（2）主要因素决定型（模型Ⅱ）。

$$y_i=\bigvee_{i=1}^{m}\left(x_i\wedge r_{ij}\right)=\left(0.20\quad 0.31\quad 0.20\quad 0.30\quad 0.31\right)$$

（3）次要因素决定型（模型Ⅲ）。

$$y_i=\bigvee_{i=1}^{m}\left(x_i\times r_{ij}\right)=\left(0.05\quad 0.16\quad 0.05\quad 0.15\quad 0.16\right)$$

（4）因素求和型（模型Ⅳ）。

$$y_i=\sum_{i=1}^{m}\left(x_i\wedge r_{ij}\right)=\left(0.34\quad 0.65\quad 0.20\quad 0.50\quad 0.95\right)$$

（5）加权平均型（模型Ⅴ）。

$$y_i=\sum_{i=1}^{m}\left(x_i\times r_{ij}\right)=\left(0.10\quad 0.25\quad 0.05\quad 0.20\quad 0.40\right)$$

（6）综合决策模型（模型Ⅵ）。综合决策模型反映所有因素的综合作用程度。取5个模型y_i各级的均值。按最终运算结果，取y_i的最大值，评判属某一级别。例如，$y_i=\left(0.20\quad 0.37\quad 0.16\quad 0.33\quad 0.46\right)$。

结果表明，最大值（0.46）所处级别为5，则应评判为5级。

7. 预报与回测　计算结果表明：根据模型Ⅰ有max（y_i）=0.5，其对应y_i的评判级别为2、4、5；根据模型Ⅱ有max（y_i）=0.31，其对应y_i的评判级别为2、5；根据模型Ⅲ有max（y_i）= 0.16，其对应y_i的评判级别为2、5；根据模型Ⅳ有max（y_i）=0.95，其对应y_i的评判级别为5；根据模型Ⅴ有max（y_i）=0.40，其对应y_i的评判级别为5；根据模型Ⅵ有max（y_i）=0.46，其对应y_i的评判级别为5。

最终根据综合决策模型，预报安徽省望江县1976年棉红铃虫第二代发生量（y_i）为5级，发生量将大于1431头。

将1973～1985年共13年的数据，代入各模型检验预报结果。结果表明，模型Ⅰ正确率为62%，模型Ⅱ正确率为54%，模型Ⅲ正确率为62.4%，模型Ⅳ正确率为85%，模型Ⅴ正确率为77%，模型Ⅵ正确率为77%，其中最好的模型是Ⅳ。因此，安徽省望江县棉红铃虫第二代发生量预报，应采用模型Ⅳ（因素求和型）。

五、灰色系统模型与灾变模型预测法

（一）灰色系统模型

1. *基本原理*　若一个系统的信息完全已知，可称为白色系统；若一个系统的信息完全未知，无法从内部得知信息，只能通过一些外部感知联系才能观测，则可称为黑色系统。这两种都是最基础的模式。但是很多情况下，一个系统同时存在已知和未知的部分，这就是介于白色和黑色系统之间的灰色系统。

灰色系统理论是我国系统科学领域专家邓聚龙教授最先创立的一种与模糊数学、粗糙集理论等并列的用来表示和解决各种不确定信息的不确定性系统理论和方法。灰色系统理论是基于“部分信息已知、部分信息未知”，针对“小样本、贫信息”的不确定系统，通过分析已知信息，掌握系统未来的发展变化规律，从而实现将系统中灰色部分变白的过程。

由于原始历史数据受很多外在因素影响，因此原始序列总是离散的，我们将这种数列称为灰色数列或者灰色过程，对这种灰色数列进行建模就是灰色模型（GM）。GM 即基于灰色系统理论，利用一定的数学方法（如累加、累减等），对所观测的原始数据进行预处理，然后根据预处理后的数据建立一组相应的微分方程。

由于在一块农田生态系统中，我们对农作物全部病虫害的种类、发生与发展情况等很难确切知道，所以农田生态系统属于灰色系统。在农田生态系统病虫害测报中，单个因素变量的 GM（1，1）预测模型较为常用。

GM（1，1）模型是 GM（1，N）中 N=1 的单变量一阶模型，是根据单变量的一阶微分方程所构建的预测模型。研究者通过对原始数据序列进行预处理，确定微分方程解的参数，并使用原始序列的初始数据和获得的参数构建预测模型。

（1）数据预处理。

1）累加生成数。将原始数据记为 $x^{(0)}$，r 次累加后生成的数列记为 $x^{(r)}$。算式为

$$x_k^{(r)}=\sum_{m=1}^{k}x_m^{(r-1)}=x_{k-1}^{(r)}+x_k^{(r-1)} \tag{5-21}$$

式中，k 为原始数据集中的数据个数（k=1，2，…，n）。

2）累减生成数。对累加生成数 $x^{(r)}$ 做 r 次累减得到累减生成数列，记为 $a^{(r)}\left[x_k^{(r)}\right]$。算式为

$$a^{(r)}\left[x_k^{(r)}\right]=a^{(0)}\left[x_k^{(r)}\right]-a^{(0)}\left[x_{k-1}^{(r)}\right]=x_k^{(r)}-x_{k-1}^{(r)} \tag{5-22}$$

（2）由累加或累减数列，组建数据矩阵 $\boldsymbol{B}$。算式为

$$\boldsymbol{B}=\begin{bmatrix}-(x_1^{(1)}+x_2^{(1)})/2 & 1\\ -(x_2^{(1)}+x_3^{(1)})/2 & 1\\ \vdots & \vdots\\ -(x_{k-1}^{(1)}+x_k^{(1)})/2 & 1\end{bmatrix} \tag{5-23}$$

（3）由累加或累减数列，组建数据矩阵 $\boldsymbol{Y}_n$。

$$Y_n = \begin{bmatrix} x_2^{(0)} \\ x_3^{(0)} \\ \vdots \\ x_k^{(0)} \end{bmatrix} \tag{5-24}$$

（4）利用参数计算式 $\hat{a}=(\boldsymbol{B}^T\boldsymbol{B})^{-1}\boldsymbol{B}^T\boldsymbol{Y}_n$（其中 $\boldsymbol{B}^T$ 为 $\boldsymbol{B}$ 的转置矩阵），得到参数列为

$$\hat{a} = \begin{bmatrix} a \\ u \end{bmatrix} \tag{5-25}$$

（5）组建模型。将参数代入 $\frac{dx^{(1)}}{dt}+ax^{(1)}=u$，得到微分方程。则离散型预测模型为

$$\hat{x}_{k+1}^{(1)}=(x_1^{(0)}-u/a)\ e^{-ak}+u/a \tag{5-26}$$

（6）模型精度检测。

1）计算模型预测值。将历史数据代入式（5-26），计算得到模型的预测值 $\hat{x}^{(1)}$。再根据算式（$\hat{x}_k^{(0)}=\hat{x}_k^{(1)}-\hat{x}_{k-1}^{(1)}$）还原后，计算得到 $\hat{x}^{(0)}$。

2）计算残差和精度。残差和精度的计算公式分别为

$$q_k^{(0)}=x_k^{(0)}-\hat{x}_k^{(0)} \tag{5-27}$$

$$精度=1-\frac{\left|x_k^{(0)}-\hat{x}_k^{(0)}\right|}{\hat{x}_k^{(0)}}q_k^{(0)}=x_k^{(0)}-\hat{x}_k^{(0)}\hat{x}_{k+1}^{(0)}=\hat{x}_{k+1}^{(1)}-\hat{x}_k^{(1)} \tag{5-28}$$

3）计算残差离差。

① 残差离差为

$$S_2^2=\frac{1}{n-1}\sum_{k=2}^{n}(q_k^{(0)}-\overline{q})^2 \tag{5-29}$$

② $\hat{x}^{(0)}$ 的离差的计算公式为

$$S_1^2=\frac{1}{n}\sum_{k=1}^{n}(x_k^{(0)}-\overline{x}^0)^2 \tag{5-30}$$

4）计算后验差比值 c。

$$c=\sqrt{S_2^2}\Big/\sqrt{S_1^2} \tag{5-31}$$

5）计算小误差频率。

$$P=\left\{\left|q_k\right|<0.7645S_1\right\} \tag{5-32}$$

指标 c 越小越好，c 越小，表明历史负荷数据越离散，但是模型所得的预测值与实际值之差却不太离散；指标 P 越大越好，P 越大，表明残差和残差平均值小于给定 $0.6745S_1$ 的点比较多。研究者一般以 c 和 P 这两个指标为依据，综合评估预测模型的精度。

6）预测预报。检验合格的模型，可以用于预测预报。

2. *应用实例*　以屠泉洪等（1990）所做的油松毛虫发生的灰色预测模型为例（表 5-19），介绍建立 GM（1，1）模型计算过程。为简便运算，将原始值除以 100 后得到原始序列。

表 5-19　油松毛虫发生历史数据

观察序号	1	2	3	4	5	6
y	880	183	185	206	297	468
$x_{(k)}^{(0)}$	0.88	1.83	1.85	2.06	2.97	4.68

（1）做累加生成操作（AGO）。按照累加公式（5-21）生成数列：

$$x_{(k)}^{(0)}=(0.88\quad 2.71\quad 4.56\quad 6.62\quad 9.59\quad 14.27)$$

（2）组建数据矩阵 **B**。按照式（5-23）生成数据矩阵 **B**：

$$\boldsymbol{B}=\begin{bmatrix}-1.795 & 1\\ -3.635 & 1\\ -5.59 & 1\\ -8.105 & 1\\ -11.93 & 1\end{bmatrix}$$

（3）组建数据矩阵 $\boldsymbol{Y_n}$。由式（5-24）得到向量矩阵 $\boldsymbol{Y_n}$：

$$\boldsymbol{Y_n}=\begin{bmatrix}1.83\\ 1.85\\ 2.06\\ 2.97\\ 4.68\end{bmatrix}$$

（4）利用参数计算式（5-25）得到参数列：

$$\hat{a}=\begin{bmatrix}a\\ u\end{bmatrix}=\begin{bmatrix}-0.2908\\ 0.8722\end{bmatrix}$$

（5）组建模型。根据式（5-26）得

$$\begin{aligned}\hat{x}_{k+1}^{(1)}&=\left(x_1^{(0)}-u/a\right)e^{-ak}+u/a\\ &=\left[0.88-\frac{0.8722}{-0.2908}\right]e^{-(-0.2908)k}+\frac{0.8722}{-0.2908}\\ &=3.8797\,e^{-(-0.2908)k}-2.997\end{aligned}$$

（6）模型精度检测。

1）计算模型预测值。将历史数据代入步骤（5）中的方程式，计算得到预测值 $\hat{x}^{(1)}$。再根据算式（$\hat{x}_k^{(0)}=\hat{x}_k^{(1)}-\hat{x}_{k-1}^{(1)}$）还原后，计算得到 $\hat{x}^{(0)}$。由式（5-27）和式（5-28）得到残差 $q^{(0)}$ 和精度（表 5-20）。

表 5-20　油松毛虫预测值和精度

y	$x^{(0)}$	$\hat{x}^{(1)}$	$\hat{x}^{(0)}$	$q^{(0)}$	精度（%）
88	0.88	0.88	0.88	0.00	100.0
183	1.83	2.19	1.31	0.52	60.2
185	1.85	3.94	1.75	0.10	94.4
206	2.06	6.28	2.34	−0.28	87.9
297	2.97	9.42	3.13	−0.16	98.4
468	4.68	13.61	4.19	0.49	88.3

2）计算残差离差。由式（5-29）和式（5-30）分别得残差离差与 $x^{(0)}$ 的离差：

$$S_2^2=\frac{1}{6-1}\times 0.5388=0.1078$$

$$S_1^2=\frac{1}{6}\times 8.5739=1.4290$$

3）计算后验差比值 c。

$$c=\sqrt{S_2^2}\Big/\sqrt{S_1^2}=\frac{\sqrt{0.1078}}{\sqrt{1.4290}}=0.2747$$

4）计算小误差频率。

$$P=\left\{\left|q_k\right|<0.7645S_1\right\}=\left\{\left|q_k\right|<0.7645S_1\right\}=\left\{\left|q_k\right|<0.8063\right\}$$

将表 5-20 中 $q^{(0)}$ 代入步骤（4）中的方程式进行判断，结果都小于 0.8063，即 P=1，模型可信度的标准为 P＞0.95，因此模型可信。

5）预测下一年的平均虫口数。将 $k=7$ 代入步骤（5）中的方程式，得到 $\hat{x}_7^{(1)}=19.21$，还原后计算得到 $\hat{x}_7^{(0)}=\hat{x}_7^{(1)}-\hat{x}_6^{(1)}=19.21-13.61=5.6$。因此下一年油松毛虫的平均虫口数为 $5.6\times100=560$ 头（数据做出处理时除以 100，所以乘以 100 得到最终的预测量）。

（二）灾变模型

针对病虫害发生数量超出平常发生数量的情况，灾变模型用于预测其出现的年份。

1. *基本原理*

（1）灾变模型的原始数据处理。如有原始观测值 $x_i^{(0)}=\left[x_1^{(0)},\ x_2^{(0)},\cdots,\ x_n^{(0)}\right]$，式中 $x_i^{(0)}$ 是指数列中第 i 年的病虫害发生量。令 ξ 为灾变阈值，如果 $x_i^{(0)}\geqslant\xi$ 称为上灾变；如果 $x_i^{(0)}\leqslant\xi$ 为下灾变。在病虫害的预测预报中，上灾变更受到学者和生产者的关注，即预估量超过灾变阈值时的时间。集合中的每一个观测值 $x_i^{(0)}$ 是与年序号 i 的相互对应的二元组合，记为 $\left[i,x\right]$［i，$x_i^{(0)}$］。

对 $x_i^{(0)}\geqslant\xi$ 阈值的所有观测值构建新的数列 $x_\xi^{(0)}=\left[x_1^{(0)},x_2^{(0)},\cdots,\ x_{n'}^{(0)}\right]$，这里 $n'<n$ 符合灾变定义的数列，对于上灾变则有：

$$x_{i'}^{(0)}\geqslant\xi\quad\left(i'\in\left[1',2',\cdots,n'\right]\right)\tag{5-33}$$

假定从 $x^{(0)}$ 到 $x_\xi^{(0)}$ 是一种映射，记为 $\xi\left[x^{(0)}\right]\rightarrow\left[x_\xi^{(0)}\right]$。$x_{i'}^{(0)}$ 与年序号 i 相互对应的二元组合，记为 $\left[i,x_{i'}^{(0)}\right]$。

为了便于辨认，把灾变年序号 i 记为 ω_i，并做灾变序号映射：

$$p\left[x_\xi^{(0)}\right]=\left[\omega_1^{(0)},\omega_2^{(0)},\cdots,\ \omega_n^{(0)}\right]=\omega^{(0)}\tag{5-34}$$

式中，$\omega_n^{(0)}$ 表示 $x_i^{(0)}\geqslant\xi$ 阈值所对应的灾变年序号。

（2）灾变年序号数列集预处理。对 $\omega^{(0)}$ 做一次累加获得一次累加生成数列：$\omega^{(0)}\rightarrow\omega^{(1)}$，构建灾变灰度模型 GM（1，1），计算公式为

$$\omega_n^{(1)}=\sum_{i=1}^{n}\omega_i^{(0)}\tag{5-35}$$

（3）由累加生成数列组建数据矩阵 $\boldsymbol{B}$。

$$\boldsymbol{B}=\begin{bmatrix}-(\omega_1^{(1)}+\omega_2^{(1)})/2 & 1\\ -(\omega_2^{(1)}+\omega_3^{(1)})/2 & 1\\ \vdots & \vdots\\ -(\omega_{n-1}^{(1)}+\omega_n^{(1)})/2 & 1\end{bmatrix}\tag{5-36}$$

（4）由累加生成数列组建数据矩阵 $\boldsymbol{Y}_n$。

$$\boldsymbol{Y}_n=\begin{bmatrix}\omega_2^{(0)}\\ \omega_3^{(0)}\\ \vdots\\ \omega_n^{(0)}\end{bmatrix} \tag{5-37}$$

（5）利用参数计算式 $\hat{a}=(\boldsymbol{B}^T\boldsymbol{B})^{-1}\boldsymbol{B}^T\boldsymbol{Y}_n$（其中 $\boldsymbol{B}^T$ 为 $\boldsymbol{B}$ 的转置矩阵），得到参数列。

$$\hat{a}=\begin{bmatrix}a\\ u\end{bmatrix} \tag{5-38}$$

（6）组建模型。将参数代入 $\frac{d\omega^{(1)}}{dt}+a\omega^{(1)}=u$，得到微分方程。则离散型预测模型为

$$\hat{\omega}_n^{(1)}=(\omega_1^{(0)}-u/a)\ e^{-a(n-1)}+u/a \tag{5-39}$$

（7）计算模型预测值。将历史数据代入，计算得到模型的预测值 $\hat{\omega}^{(1)}$。再根据算式（$\hat{\omega}_n^{(0)}=\hat{\omega}_n^{(1)}-\hat{\omega}_{n-1}^{(1)}$）还原后，计算得到 $\hat{\omega}_n^{(0)}$。

（8）计算残差。残差的计算公式为

$$q_n^{(0)}=\omega_n^{(0)}-\hat{\omega}_n^{(0)} \tag{5-40}$$

（9）模型检验。

1）残差离差的计算公式为

$$S_2^2=\frac{1}{n-1}\sum_{i=2}^{n}(q_i^{(0)}-\overline{q})^2 \tag{5-41}$$

2）$\hat{\omega}^{(0)}$ 的离差的计算公式为

$$S_1^2=\frac{1}{n}\sum_{i=1}^{n}(\omega_i^{(0)}-\overline{\omega}^0)^2 \tag{5-42}$$

3）计算后验差比值 c。

$$c=\sqrt{S_2^2}\Big/\sqrt{S_1^2} \tag{5-43}$$

4）计算小误差频率。

$$P=\left\{\left|q_k\right|<0.7645S_1\right\} \tag{5-44}$$

指标 c 越小越好，c 越小，表明历史负荷数据越离散，但是模型所得的预测值与实际值之差却不太离散；指标 P 越大越好，P 越大，表明残差和残差平均值小于给定 $0.6745S_1$ 的点比较多。研究者一般以 c 和 P 这两个指标为依据，综合评估预测模型的精度。

（10）预测预报。检验合格的模型，可以用于预测预报。

2. 应用实例　根据江西彭泽县从 1960～1986 年调查获得第三代棉红铃虫百株卵量的数据（表 5-21），预测下一次的暴发年。

表 5-21　第三代棉红铃虫百株卵量（y）的数据

观察序号	1	2	3	4	5	6	7	8	9
年份	1960	1961	1962	1963	1964	1965	1966	1967	1968
百株卵量（粒）	584	1343	1530	410	464	12385	1799	2242	2533
观察序号	1	2	3	4	5	6	7	8	9
年份	1969	1970	1971	1972	1973	1974	1975	1976	1977
百株卵量（粒）	775	4435	3117	428	270	4284	1527	7295	453

续表

观察序号	1	2	3	4	5	6	7	8	9
年份	1978	1979	1980	1981	1982	1983	1984	1985	1986
百株卵量（粒）	2888	2652	1954	2288	5870	2020	6148	2378	1384

根据灾变阈值对原始数据做出映射，根据表 5-21，得到原始数列 $x^{(0)}=\left[x_1^{(0)},x_2^{(0)},\cdots,\ x_n^{(0)}\right]$，可得

$$x^{(0)}=\begin{bmatrix} 584,1343,1530,410,464,12385,1799,2242,2533,775, \\ 4435,3117,428,270,4284,1527,7295,453,2888,2652,1954, \\ 2288,5870,2020,6148,2378,1384 \end{bmatrix}$$

根据经验，把 3000 定为灾变阈值。按照 $\xi \geqslant 3000$ 的标准，对表 5-21 做灾变映射：

$$\begin{aligned}\xi\left[x^{(0)}\right]&=\left[x_6^{(0)},x_{11}^{(0)},x_{12}^{(0)},\ x_{15}^{(0)},x_{17}^{(0)},x_{23}^{(0)},\ x_{25}^{(0)}\right]\\ &=[12385,4435,3117,4284,7295,5870,6148]\\ &=x_{\xi}^{(0)}\end{aligned}$$

再做灾变序号映射 $P\left[x_{\xi}^{(0)}\right]=\left[1',2',3',4',5',6',7'\right]=[6,\ 11,\ 12,\ 15,\ 17,\ 23,\ 25]=\omega^{(0)}$，则获得建立模型所需的原始数列 $\omega^{(0)}$。

（1）做 AGO 生成，得到一次累加生成数列 $\omega^{(1)}$。

$$\omega^{(0)}=[6,\ 17,\ 29,\ 44,\ 61,\ 84,\ 109]$$

（2）组建数据矩阵 $\boldsymbol{B}$。

$$\boldsymbol{B}=\begin{bmatrix} -11.5 & 1 \\ -23.0 & 1 \\ -36.5 & 1 \\ -52.5 & 1 \\ -72.5 & 1 \\ -96.5 & 1 \end{bmatrix}$$

（3）组建数据矩阵 $\boldsymbol{Y}_n$。

$$\boldsymbol{Y}_n=\begin{bmatrix} 11 \\ 12 \\ 15 \\ 17 \\ 23 \\ 25 \end{bmatrix}$$

（4）求解参数。

$$\hat{a}=\begin{bmatrix} a \\ u \end{bmatrix}=\begin{bmatrix} -0.1782 \\ 8.4817 \end{bmatrix}$$

（5）组建模型。

$$\hat{\omega}_n^{(1)}=\left(\omega_1^{(0)}-\frac{u}{a}\right)e^{-a(n-1)}+\frac{u}{a}=53.6095e^{0.1782(n-1)}-47.6095$$

（6）计算回测值和残差。计算得到的回测值和残差见表 5-22。

表 5-22　第三代棉红铃虫回测值和残差

年份	n	$\omega^{(0)}$	$\hat{\omega}^{(1)}$	$\hat{\omega}^{(0)}$	$q^{(0)}$
1965	1	6	6.00	6.00	0.0000
1970	2	11	16.46	10.46	0.5427
1971	3	12	28.59	12.50	−0.4971
1974	4	15	43.89	14.93	0.0651
1976	5	17	61.74	17.85	−0.8482
1982	6	23	83.07	21.33	1.6703
1984	7	25	108.56	25.49	−0.4904

（7）模型检验。

1）计算残差离差。

$$S_2^2 = \frac{1}{n-1}\sum_{i=2}^{n}(q_i^{(0)} - \overline{q})^2 = 0.7105$$

2）计算 $\hat{\omega}^{(0)}$ 的离差。

$$S_1^2 = \frac{1}{n}\sum_{i=1}^{n}\left(\omega_i^{(0)} - \overline{\omega}^0\right)^2 = 38.82$$

3）计算后验差比值 c。

$$c = \sqrt{S_2^2}\Big/\sqrt{S_1^2} = 0.14 < 0.35 \quad （0.35为后验差比值检验值）$$

因此，模型可信。

4）计算小误差频率。

$$P = \{|q_k| < 0.6745S_1\} = \{|q_k| < 4.2\}$$

将表 5-22 中 $q^{(0)}$ 代入步骤（4）中的方程式进行判断，结果都小于 4.2，即 P=1，模型可信度的标准为 P>0.95，因此模型可信。

（8）预报下一次棉红龄虫的暴发年。预报下一年的序号是 n=8，将其代入 $\hat{\omega}_8^{(1)} = 53.6095\mathrm{e}^{0.1782(n-1)} - 47.6095 = 139.02$，还原后计算得到 $\hat{\omega}_8^{(0)} = \hat{\omega}_8^{(1)} - \hat{\omega}_7^{(1)} = 139.02 - 108.56 = 30.46$。

根据最后一次灾变发生年（1984，n=7），$\hat{\omega}_7^{(0)} = 25$，根据 30.46−25≈6，即约在 6 年后（1990 年）棉红铃虫可能会大发生。

第三节　专家评估法

顾名思义，病虫害预测的专家评估法就是根据预测的目的和要求，向相关领域专家提供一定的背景资料，请他们就病虫害未来的发展趋势做出判断，并给出定性（或定量）的估计。该预测方法的依据是建立在专家的学识和专业知识基础之上，事实也已证明借助专家知识、经验和能力，可取得较准确的预测结果。按照操作方式不同，专家评估法主要包括专家会议法和专家函询法两类方法。此外，将专家知识与计算机技术相结合而形成的专家系统也已经被广泛应用于病虫害测报、农业生产管理与其他行业。本节将对上述 3 种方法做简要介绍。

一、专家会议会商法

专家会议会商法也称专家座谈法，是指由具有较为丰富知识和经验的人员组成专家小组，针对预测对象进行座谈讨论，相互启发、集思广益，最终形成预测结论的方法。选择合适数目的专家是决定预测结论可靠性和全面性的关键一步。所谓专家，一般是指在某些专业领域积累了丰富的知识、经验，并具有解决该专业问题能力的人。

1. *专家会议会商法的操作步骤*　该方法的具体操作步骤包括：①选择专家，确定专家数目和会议时间；②创造宽松气氛，专家充分讨论；③综合专家意见，确定预测结论。

2. *专家会议会商法的优缺点*　该方法是目前我国病虫害中长期预测中最常采用的方法，其优点包括：简便易行，占有信息量大，考虑的因素比较全面，参加会议的专家可以互相启发。当然，运用专家会议会商法进行病虫害预测也存在某些缺点：一是由于参加会议的专家人数有限而影响代表性；二是有时会议易受个别权威专家的左右，形成意见一边倒现象；三是有的与会专家可能由于不愿发表与多数人不同的意见，或不愿当场修改意见，或具有特殊的心理状态等而影响意见的表达等。

3. *专家会议会商法的应用实例*　目前，由全国农业技术推广服务中心（https：//www.natesc.org.cn/）组织进行的我国主要农作物的重大病虫害年度和关键时期发生趋势预测多采用专家会议会商法，如每年的“一类农作物病虫害全国发生趋势预测”“我国小麦中后期重大病虫害发生趋势预测”“玉米中后期病虫害发生趋势预报”“早稻病虫害发生趋势预报”“中晚稻病虫害发生趋势预报”和“北方马铃薯晚疫病发生趋势预报”等。这些预测预报是由全国农技中心组织全国相关农作物主产省测报技术人员及有关科研、教学单位专家进行专题会议会商（线上或线下）来进行。

二、特尔斐法

特尔斐（Delphi，又译为德尔斐）法是美国著名的智囊集团兰德公司首先提出的一种专家书面咨询法。特尔斐是古希腊神话中的一个圣地，建有一座阿波罗神殿，据说能预卜未来，非常灵验，这也是该方法以“特尔斐”命名的缘由。

兰德公司从1964年开始，采用特尔斐法对几十个重大课题（如人口问题、战争问题等）进行了预测，大多取得较好的预测结果，后来便迅速推广到世界各国。目前，特尔斐法在国外各类预测方法中占有相当重要的地位，国内也正在推广。

该方法的突出优点是简单易行。它的基本方法是对专家进行多轮书面咨询，首先制定一个关于需要咨询的问题的咨询表，请专家“背靠背”地回答。咨询表回收后，对回收结果进行统计处理，将统计结果寄给专家并提出新的咨询。通过如此几轮咨询后，一般可以得出比较集中和正确的结论。一般认为，对于一些基础资料不全、影响因素较多、政策性较强、难以采用其他预测方法进行预测的综合性问题，适宜采用特尔斐法进行评估。如果方法正确、专家支持，则有可能对咨询的问题得出一些有价值的建议和比较正确的评价结论。

1. *特尔斐法的特点*　该方法有3个显著特点：匿名性、反馈性和统计性。

（1）匿名性。专家会议会商法召集一组专家开会进行面对面讨论，往往易导致咨询会有许多阻碍，会出现同意权威意见的倾向，受人际关系影响而不能畅所欲言等。与之不同的是，特尔斐法所采用的方式是专家通过信函匿名发表意见，这样一来专家可以独立做出自己的真实判断和评价，不受权威或其他人员和因素的影响；如若专家需要修改或完全变更自己的观点、主张、结论时，也不会对自己的权威和名誉造成影响，因为负责人会为其全面保密。

（2）反馈性。特尔斐调查不同于一般的民意调查，需要达到沟通交流的目的，所以需要进行多次反馈沟通，一般要经过4～5轮。负责人将上一轮征集到的意见和情况反馈给各位专家，专家再对这些意见和情况进行正反两方面分析论证、推理和做出结论，使问题的答案逐渐统一。

（3）统计性。典型的专家组预测结果是反映多数人的观点，少数派的观点至多概括地提及一下，但这并不能表示出专家组中不同意见的状况。而统计回答却不是这样，它报告1个中位数和2个四分点，其中一半落在2个四分点之内，一半落在2个四分点之外。这样，每种观点都包括在此统计中，从而避免专家会议法只反映多数人观点的缺点。通过定性分析，以评分等方式进行定量化处理，是该方法的重要特点。

2. 特尔斐法的操作步骤　该方法的操作主要包括3个步骤：选择专家、明确预测内容、进行多轮次征询和反馈。

（1）选择专家。特尔斐法调查结果是集中所选专家的意见而得出的，因此一般会根据情况和预测的内容选择有关专家。在专家选择过程中负责人可以根据以下原则进行：专家具有相当学术水平，并且具有多年实践工作经验，对所预测或讨论的内容有具体突出贡献；选择专家的范围要广，可以选本领域的专家，也可选跨界专家；专家有精力、有时间对该问题进行预测；专家人数要适当。

（2）明确预测内容。领导小组要根据预测的目的和内容设计预测一览表，使参加预测的专家工作目的更加明确。

（3）进行多轮次征询和反馈。负责人需要对预测的目的和内容进行多轮次的征询和反馈，一般要经过3次循环。在第一轮将全部预测的结果和意见进行收回，立即进行统计处理，求出专家总体意见的概率分布，然后把统计出的结果反馈给专家，进行第二轮征询；专家可以根据第一轮的结果对自己的意见或建议进行一次评估意见，采用类似方法再对第二轮的结果进行处理；开始第三轮征询，最终得出结论（图5-3）。

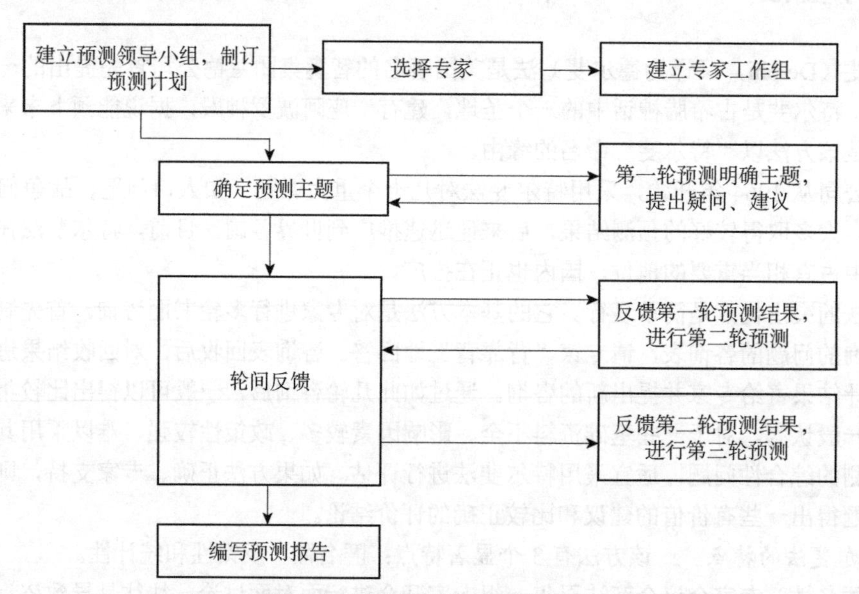

图5-3　特尔斐法预测过程（仿肖悦岩，1994）

3. 特尔斐法的局限性　特尔斐法的运用也存在一定的局限性，主要表现在3个方面：①通常所需时间周期较长，对时间要求严格的项目不一定合适；②该方法仍属于专家预测法，所以很难避免专家的主观因素对预测主题的影响；③该方法对于负责人的要求比较严格，除了需要妥善处理与专家之间的各种联系外，更需要对咨询的结果进行统计分析，从而把握大局来制订各轮的问卷及咨询表，保证咨询顺利进行。

4. *特尔斐法应用实例* 特尔斐法在经济发展等宏观方面和产品营销等微观领域的预测中运用较多，在我国农作物病虫害预测方面应用还较少，只是在20世纪90年代有少数的应用尝试。1993年，在“重大病虫长期运动规律及超长期预测协作研究”课题执行期间，由北京农业大学（现中国农业大学）、全国农作物病虫害测报站和有关省市协作，针对全国小麦条锈病等重大病虫害，在发生趋势的超长期预测中进行了特尔斐法的应用。项目组首先确定了预测工作领导小组，然后由领导小组选择了全国15位相关领域的专家组成了专家组，最后通过2轮函询对1994年全国小麦条锈病发生趋势进行了预测，与第一轮次相比，第二轮次的预测意见更加趋于集中（表5-23）。

表5-23 特尔斐法预测1994年全国小麦条锈病发生趋势专家意见及人数（仿肖悦岩，1994）

函询轮次	大流行	中偏重流行	中度流行	中偏轻流行	轻流行
第一轮	0	1	5	6	3
第二轮	0	1	3	9	2

目前，在全国和省市层面的农作物病虫害预测方面基本没有应用该方法。鉴于该方法在社会经济和营销领域的成功运用案例很多，因此还有待于植保领域工作者在农作物病虫害预测方面进行尝试和应用。

三、专家系统预测法

专家系统（expert system，ES）是一种计算机程序系统，其内部存储有大量的某个领域专家水平的知识与经验，能够利用人类专家的知识和解决问题的方法来处理该领域问题。简而言之，专家系统是一种模拟人类专家解决所在领域问题的计算机程序系统。

1. *专家系统的优点* 专家系统与人类专家相比，拥有综合性的知识和高速处理知识的优势，且不受时间、空间的限制和人类情感等因素的影响。农业专家系统不仅可以保存、传播各类农业知识和农业信息，并且能够把分散、局部的单项农业技术综合集成起来，经过智能化信息处理，针对不同的生产条件，为各类问题给出系统性和应变性很强的解决方案，为农业生产的全过程或某一生产环节提供专家水平的服务，从而促进农业生产的发展。

2. *农业专家系统的研究与应用现状* 国际上农业专家系统的研究是从20世纪70年代末开始的，以美国最为先进和成熟。1978年，美国伊利诺伊大学开发的大豆病虫害诊断专家系统（Plant/ds）是世界上应用最早的植物病虫害诊断专家系统。到20世纪80年代中期，专家系统研究从单一的病虫害诊断转向作物生产管理、经营决策与分析及生态环境影响等。我国农业专家系统的研究开始于20世纪80年代，许多科研院所、高等院校和各地方部门都开展了农业专家系统的研究、开发和推广应用。表5-24和表5-25列出了国外、国内已见报道的农业专家系统。

表5-24 部分国外研制的农业专家系统

名称	应用范围	研制者	年份
Plant/ds	大豆病虫害诊断系统	美国伊利诺伊大学	1978
Plant/cd	地老虎危害预测	美国伊利诺伊大学	1983
MICCS	番茄病害诊断	千叶大学园艺部	1983
	番茄栽培诊病施肥管理	东京大学农学院	
	番茄栽培生理管理	东京大学农学院	

续表

名称	应用范围	研制者	年份
COMAX	棉花综合管理	Mckiaion J M et al.	1985
POMME	苹果园害虫及果园管理	Roach J W et al.	1985
Plant/tm	草坪杂草识别	Fermanian et al.	1985
SEPTORIA	小麦斑枯病产量损失估计	Sands D C et al.	1986
GRAIN MARKETING ADVISOR	谷物市场变化分析和决策	Thieme R H et al.	1987
EPIN2FORM	小麦病害预测	Caristi	1987
EPRPRE	谷物病虫害预测与管理	瑞士	1996
PRO2PLAMT	小麦等作物病害预测	德国	1998
EXTRA	农业技术和资源保护	美国	
WHEAT COUNSELLOR	冬小麦病害管理	ICI	
AUNUTS-AAES	花生病虫害管理	Devis	
KMS	农业环境保护培训	Gareth	1993
GAAT	天然牧场系统经济效益多知识分析	Urspkrevier	1995
	花卉管理系统	Wolfson	1996
EXGIS	土地评价系统	Yialouris	1997
HYDRA	灌溉管理系统	Jacucci	1998

表 5-25 部分国内研制的农业专家系统

名称	应用领域	研制者	年份
	作物病虫害防治地理信息系统	蒋文科	
	棉田有害生物综合治理多媒体辅助系统	杨怀卿	
	玉米病虫害诊治专家系统	彭海燕	
	作物病虫害处方生成系统	康乐尘	
	大豆病虫害诊断	王亚	20 世纪 80 年代
Internet	果蔬病害检索系统	孙亮	
	作物施肥	熊范纶等	
CCDD	大豆疾病诊断系统	洪家荣	
	家蚕遗传育种	王申康	
	水稻褐飞虱管理	程家安	
	小麦、玉米施肥	杨守春等	
	小麦亲本选配	赵双宁等	
	棉花栽培	王增光	
	棉花害虫管理	纪力强	
ESYRE	小麦条锈病预测系统	肖长林、曾士迈	20 世纪 90 年代
WSPES	上海地区小麦赤霉病预测	欧阳达等	
ESRICE	水稻害虫管理	胡金胜	
ESPSPMR	梨黑星病预测及管理系统	李保华等	
NWSRMS	西北地区小麦条锈病预测及管理	孙慎侠等	
VPRDES	北京地区蔬菜病虫害诊治及管理	邵刚等	2006
	农业病虫害预测预报专家系统	刘明辉等	2009
	玉米病虫草害诊断系统	刘同海等	2012
	设施蔬菜作物病害诊断与防治管理专家系统	孙敏等	2014

3. *植物病虫害预测专家系统的一般结构*　通常，植物病虫害预测专家系统包括系统知识库、系统推理机、预测预报模块、知识库管理模块、案例库管理模块和预测结果解释模块等。系统功能包括系统专家知识库的维护、推理确认、病虫害预测预报结果显示、案例库管理（包括案例确认、补充信息及案例统计）及预测结果解释等（图 5-4）。

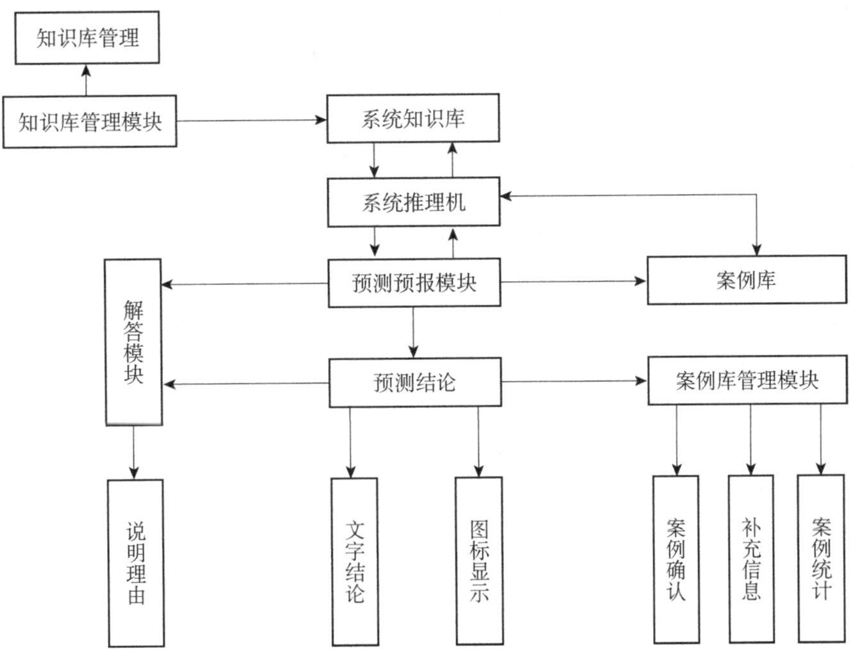

图 5-4　植物病虫害预测专家系统结构与功能示意图（仿高灵旺等，2002）

第四节　系统模拟法

系统模拟就是把研究对象作为一个系统，全面分析系统的组成部分（组分），针对每个组分的发展变化建立定量模型，并根据不同组分间的相互关系用定量模型把所有组分的模型关联起来，用这个复合的模型系统来模拟研究对象的发展动态。系统模拟模型是在计算机出现之后才发展起来的，因为它需要大量的计算，在计算机出现之前几乎是不可能实现的。因为系统模拟与之前所说的数理统计模型（黑箱）相比，系统的每个过程阶段和不同组分之间的关系均采用数学模型进行描述，即每个环节都很“透明”，所以被称为“白箱”模型，也称机理模型（mechanistic model)。植物病害流行的模拟模型是利用系统分析的方法，明确植物病害流行的诸多因子及它们之间的相互关系和互相作用，对各环节进行定量化（子模型），最后组建病害流行的动态模型。运用系统模拟模型对植物病虫害发生和流行进行预测的方法即系统模拟法。

一、系统的基本概念

英国《牛津词典》把系统定义为：“由相互连接或相互依存的成组事物或集聚的事物所形成的复杂统一体；根据某种方案或计划有秩序地安排各部分而组成的一个总体。”钱学森简明地概括为“系统是相互作用和相互联系的若干组成部分结合而成的具有特定功能的整体”。

系统的定义包含以下 5 个要点：第一，由两个或两个以上元素组成，单个元素构不成系统；第二，各元素之间相互联系、相互依赖、相互制约、相互作用，两个没有丝毫联系的元素构不成系统；第三，各元素协同动作，使系统作为一个整体而具有各组元素单独存在时所没有的某种特定功能；第四，系统是运动和发展变化的，是动态的发展过程；第五，系统的运动有明确的特定目标。系统有 6 个区别于非系统的特性，即整体性、关联性、层次性、集合性、目的性和环境适应性。

1. 系统的整体性　整体性是一切事物普遍具有的属性。客观世界从宏观的天体到微观的粒子，从无机界到有机界，从人类社会到人类思维，任何事物都是由各种元素以一定的方式构成的有机整体。但是，由于元素组成和相互作用的方式不同，所以整体性的形式千差万别。一种整体只是各组成部分的简单凑合，如一堆苹果、一堆玉米等，它是杂乱无章的，各组成部分之间缺乏有机的联系，并且各组成部分的数量、质量、堆积形式对整体功能的影响甚小。因此，这种整体只能称为非系统联系的整体。另一种整体的各组分之间，组分和整体之间，整体及其各组分与外部环境之间保持着有机的联系，如由头、胸、腹、四肢和各种组织、器官组成的人体，以及由根、茎、叶、花、果组成的高等植物。它们的各个组成部分的数量和结合形式，以及同外部环境相互作用的形式，对事物的整体功能产生直接的影响。因此，这种整体称为系统联系的整体。这就是通常所说的系统。

系统的整体性也可以归结为具有一定的结构。系统不仅是若干要素的集合，而且在要素基础上，以某种方式相互联系、相互作用，形成整体结构，这时才具有整体性。正是由于任何系统都有一定的结构，系统整体的功能才大于各组分功能之和，即“整体大于部分之和”。

整体性是系统理论的核心。它要求在考察任何系统时都要从整体着眼，着重考察系统的结构，即组成要素与它们之间的联系和系统与环境之间的联系；从整体上正确揭示系统的本质和发展规律，并注重系统结构的不断改进。

2. 系统的关联性　一方面，系统内各要素之间相互联系、相互作用，具有某种相互依赖的特定关系。组成系统的各元素之间按一定次序排列组合，以一定形式相联结，以一定数量比例关系相匹配，形成系统的内部结构，称为有序性。同样由化学元素 C、H、O、N、Ca、S、P、K 和一些微量元素组成的生物，由于其元素数量比例不同，以及排列组合方式（化学键和立体结构，细胞结构和组织结构）存在差异，就表现出不同的功能。另一方面，系统与外部环境之间也以一定的形式相联系。任何系统都存在于一定的环境之中，必然与外部环境发生物质、能量和信息的交换。环境因素及其变化影响系统内各元素及其相互关系，无论系统适应或不适应，都会发生相应的变化，这称为系统的环境适应性。因此，系统性能取决于系统内部结构（内因），但又必须在一定外部环境条件下才能充分发挥作用（外因）。

3. 系统的层次性　系统的层次观或等级观认为各种有机体都按照严格的等级组织起来。任何系统向下可以再分解为若干较低层次的子系统，同时自己又是从属于较高一级系统的子系统。例如，生态系统至生物可以由大到小地划分为生物圈—群落—种群—个体—系统—器官—组织—细胞—细胞器—生物大分子等多层次的系统。植物病害流行系统包括病原体、寄主和病害三个子系统，而本身又属于农田生态系统。病害子系统也可以按病害过程的不同阶段划分为传播、侵染、潜育、产孢等次级子系统。不同层次的系统具有不同的功能。对于系统，特别是复杂的系统，尤其要注重按其固有的结构逐层分解和研究，并将所获得的认识再逐层组装起来，以恢复原有的整体结构。这是十分重要的工作路线。

4. *系统的集合性*　系统的集合性是指由两个或两个以上的可以互相区别的对象（元素）所组成的系统类似一个集合。集合里的各个对象叫做集合的元素（子集）。例如，一个计算机一般由运算器、存储器、输入/输出设备等硬件设备组成，同时还要有操作系统、应用程序、数据库等软件系统，才能构成一个可以使用的计算机系统的完整集合。

5. *系统的目的性*　系统都具有一定的目的性，要达到既定的目的，系统必须具有一定的功能。

系统的目的一般用更具体的目标来体现。比较复杂的社会经济系统一般都具有多个指标，需要用一个指标体系来描述系统的目的。例如，衡量某种病虫害防治技术的好坏，不仅要考核它的防治效果，还要考核它的成本、便利性、对环境的影响等指标。在指标体系中各个指标之间有时是相互统一的，有时又是相互矛盾的，因此就要从整体目的出发，力求获得全局最优的效果，这就要求在指标之间做好协调工作，寻求平衡或折中方案。

为了实现系统的目的，系统必须具有控制、调节等管理功能，管理的过程也就是使系统有序化的过程，使它进入与系统目的相适应的状态。

6. *系统的环境适应性*　任何系统都是在一定的环境中产生，又在一定的环境中发展的。系统与外界环境产生物质、能量和信息交换，外界环境的变化必然会引起系统内部的变化。系统必须适应外部环境的变化，而不能适应环境变化的系统是没有持续生命力的，只有能够经常与外界环境保持最优适应状态的系统才是经常保持不断发展势头的理想系统。

二、系统分析方法

系统分析（system analysis）是近代在系统思想高度发展和成熟的基础上产生的一门科学。兰德公司将之定义为：系统分析是一种研究方略，它能在不确定的情况下，通过对问题的充分调查，找出其目标和可行方案，并通过直觉和判断，对这些方案的结果进行比较，帮助决策者在复杂问题中做出最佳的决策。

系统分析方法是一个立足整体、统筹全局、使整体与部分辩证地统一起来的科学方法，将分析与综合有机地结合起来。所谓分析，或是将系统的总目标进行分解，或是对系统层次、要素进行分解，或是对多级系统控制过程的状态进行分解，使复杂的整体大系统的问题变换为许多简单的小系统问题，但同时要明确地将各组分之间的物质、能量、信息交换用输入、输出表示出来。在完成各种定性的、定量的、动态的、静态的研究以后，还要进行综合。综合是将各组分按其固有结构形式统一为整体，研究系统的总体功能，再现系统的客观完整性，即根据系统的总任务和目标的要求，使子系统相互协调配合，实现系统的全局最优化。

系统分析强调模式化和最优化。在系统分析的几个要素中，构建一个能够在主要方面符合客观系统基本属性和运动规律的模型是十分重要的。用数学语言定量地、精确地描述研究对象的状态和运动规律的模型，能够通过种种参数体现环境因素的影响和组分之间的相互作用。利用模型所做的模拟试验为优化管理措施提供了可能性。

自《生态学中的系统分析》论文集发表以来，在短短的几十年内，系统分析已成为研究有害生物种群动态、预测预报和综合治理的重要方法。

三、模型和模拟

模型和模拟是系统分析的要素之一。病虫害的管理是一个多维多变的复杂系统，必须采用模型、模拟的方法加强认识，掌握病虫害发生的可能及其流行频率。通过系统模拟和模型可以加强对系统本质及其动态规律的认识，进行病害发展趋势的预测，做出科学管理决策。

1. 模型　“模型（model）是指将系统信息集合起来，并与系统有相似的物理属性或数学描述的实体”（杨士尧，1986）。在任何情况下，模型都是真实世界的抽象，一种对于真实性（或一部分）的简化了的逼近或摹写，但这并不意味着它是真实性本身。如相片，日本人称之为“写真”，在身份证上可以代表一个真实的人，但也仅仅显示了头部的主要形态特征，并不具备真人的其他属性。因此，模型是由与系统分析对象和研究目的有关的主要因素、主要关系重新组织的系统。其实，模型的概念并不罕见，科学研究从来都是通过抽象和简化，建立一类事物的模型，然后利用模型研究客观事物的原型。植物病理学研究的每一种病害，如黄瓜霜霉病、马铃薯晚疫病，已经不是某时、某地发生的一场场具体病害了，而是一种包括病原体、寄主和一定环境条件下表现出一定流行规律的病害类型，这已经是一种模型了。植物生长箱、孢子捕捉器是一类模型，基因对基因假说、垂直或水平的植物病害系统也是一类模型。随着目前科学技术的蓬勃发展，模型已超越了原来的狭义的理解，它不仅作为客体摹写、样本，业已成为对客观事物的特征和变化规律的一种科学抽象。

也正因为模型所要代表的真实系统的种种差异和研究者要达到的目的性的不同，模型也多种多样。一种比较容易接受的分类方式是将模型区分为物理模型和抽象模型，前者也称实物模型，是可以直接感知的。抽象模型则采用与真实系统差别较大的代表方式，可以分成图形、符号和数学模型，数学模型中又可以再分为确定性模型和随机性模型。计算机模型则兼有物理模型和抽象模型的特点，其硬件部分属于机械仿真，是物理模型；而软件部分利用了数学模型和逻辑推理构成了抽象模型。

（1）物理模型。物理（或实物）模型是指现实系统的放大或缩小、材料的替代等，与原系统之间具有某些相似的物理属性。如地球仪、沙盘，它们反映系统各组分之间的方位关系；钟表表示了时间的变化等。瓦格纳尔曾经设想利用水槽、水桶、弹簧、杠杆和水组成的物理模型来表示植物病害流行过程（Waggoner，1974）。假设以水槽内的水代表健康的寄主植物，当水流到水桶中就变成发病的植物，而发病植物所产生的传播体对健康植物的侵染作用可以利用水桶以重力拉动杠杆，使水槽的开口变大来实现。实物模型的优点是比较直观形象，但相对比较笨拙。固定的实物模型不能反映单元间的定量关系和变化过程。

（2）图解模型。使用图形、图表及各种符号来表示系统各组分间关系的模型统称图解模型，也称逻辑模型，如地图、工程设计图、化工生产流程图、计算机程序框图等。图解模型尽管已经将真实系统（事物或现象）做了抽象变化，但仍然是有形的、可见的。这种模型有助于获得对系统总体的全面认识，或有利于分析问题、与其他系统进行比较。

（3）数学模型。应用数学符号和各种关系式来表达系统各组成成分的相互作用和运动过程的数学描述称为数学模型。科学家总是在寻求描述过程的数学模型，以便对该过程有一个清晰的了解。如逻辑斯谛方程、侵染和显症模型，其中的主要参数包含了系统的主要特征。数学模型可以给出解析解，并通过变换参数，在计算机上进行动态模拟。

（4）计算机模型。借助电子计算机进行模拟的模型统称为计算机模型，其基础是集合若干逻辑推理和数学模型，并以软件（程序）组织起来。在系统分析中所用的模型绝大多数是指计算机模型。它把系统分解为若干子过程或组分，一一建立子模型，然后按系统发展的逻辑性及其相互作用规律组装成总体模型。这是简单数学模型所不能做到的。

2. 模拟　模拟（simulation，也译作仿真）是依据研究目的而定的系统要素及其活动的重演。系统仿真技术实质上就是建立仿真模型并进行仿真实验的技术。或者说建立模型并利用模型去研究原型的做法就是模拟。由于模拟能把试验调查和抽象逻辑思维结合在一起，因此能有效地突破空间和时间的限制，成为系统研究的一种主要方法。由于模拟是利用系统分析的理论和方法进行的，因此又常称为系统模拟（system simulation）。同电子计算机技术结合进行的模拟称为电算模拟（computer simulation），可以对那些复杂的大系统或难以在实际实现的系统，迅速而大量地进行模拟试验（simulation experiment），更有利于加深对系统的辨识和新系统的开发。在病害流行和预测研究中，图形（或逻辑）模型、数学模型和计算机模型已经成为互相联系的三种模拟方式。

模拟方法的特点在于能处理涉及众多变量的复杂问题，利用模型进行"试验"时，给定模型不同的输入条件，能模拟系统的输出结果。因而对于复杂问题的决策，模拟方法是一个很好的手段。

模拟是系统分析的核心方法之一，具有如下作用。

（1）有害生物的管理是一个多维多变的复杂系统。仅靠试验和调查的结果，尽管它是真实可信的，但只能代表动态系统多维空间中的某几个点，其数量十分有限，所得结论基本上也只是经验型的，难以用来观察整体变化的规律，更难以预测未来的发展。科研人员因此采用模型模拟的方法进行预测。该方法可以将人们多年积累的各种大量的单项研究资料、知识和经验融为一体，用逻辑的或数学的形式从整体上说明它们之间的结构关系和动态情况。

（2）生态关系固有的复杂性、生物有机体具有的变异性和人类对生态系统强加的各种影响，对病害流行产生了难以预料的后果。科研人员通过系统模拟可以用较少的风险、时间和费用来对实际系统进行多种模拟试验和研究，由此所得结论尽管是推理性的，但却是无限的、有弹性的。模拟能反映系统多维空间的动态变化的全貌，更好地调整系统的行为，有助于启发人的创造性思维；预见未来的病害系统，指导研究方向，指出研究重点，开发出更符合人类要求的系统。

（3）自然界中，有些问题是无法进行实地试验的，如新小种的流行、抗药性预测、病害大区流行等。这些更需要通过模型模拟，取得对其的认识，掌握发生的可能及流行频率，防患于未然。因此，科研人员通过模拟，可以不受时间、空间、条件的某些限制，迅速、大量地进行模拟试验。

（4）模拟方法可以把过去、现在和将来病害流行的知识、经验和数据中的最精华的科学信息不断提炼浓缩，便于后人继承和利用。

（5）模拟方法还可以使人们发现现有认识的不足，如认识上的空白需要补充，以及发现过去某些理论上和认识上的谬误，因此可以指导今后进一步研究的策略和途径，有助于加强病害流行研究人员的系统观、整体观和动态观。

四、计算机模拟技术

现代模拟技术的发展是与计算机的应用和发展紧密联系在一起的。由于电子计算机具有运算速度快、精度高、记忆能力惊人的特点，唯有它能够完成系统分析所需要的大量信息的存储、传递、分析和处理等任务。在农业等许多领域中，计算机应用的深度和广度，已经成为现代化的主要标志。

植物病虫害发生与流行是多维多变的复杂系统，病虫害管理则是更高一级的生物-经济系统，要了解其规律，需要进行基础生物学试验。但常规试验由于所需的时间周期长、空间范围大、耗资多等原因很难实行，因此该系统的复杂性只有借助于计算机才能给予表达。系统分析建立的模型必须考虑如何在计算机上执行，因此相关人员有必要了解计算机程序设计的基本知识。

1. 建立计算机模型的设计准则　建成模型的健全性、价值和灵活性在很大程度上取决于模型译成计算机代码所采取的形式。在实际建立模型之前，科学家需要设计计算机模型的细节，这里介绍顺序模型设计和模块程序设计。顺序模型设计是从一个问题出发，分成若干子问题，再继续分成更小的部分，直到得到一个容易处理的任务为止，在这里并没有涉及计算机程序，而是形成一个便于编程序的框架。有两条指导原则是有用的：①需要有一个系统的方法，首先规定输入、输出和每个子问题或模块的功能；模型是分级结构，子模块之间的联系只能通过更高一级的模块去实现。②从最高一级模块向下设计模型。顺序设计的优点是较高级的模块较之低级的模块得到更为彻底的检验，其健全性和灵活性更易得到保证。模块设计程序就是把高级模块定义为主要子程序，在每个子程序中，大一级的模块又被定义为子程序中的分离单元。

在写模块程序时必须遵循下列原则：①无论在高级还是低级模块中，只有一个入口和一个出口；②要限制模块的大小，但也不可把模块分得过细；③可以画一个判定表或真值表示确定引进一个模块的一切可能条件，将有助于保证模块在模型正常运行，特别是在模型建立人员没有预见的条件下被意外调用。

2. 计算机程序设计的要求

（1）清楚地说明模型性能的明确规格。在开始编制程序之前，必须对模型输入和输出的期望精度进行明确规定。

（2）清晰的文件。模型建立时的重要工作之一是要有一个准确、清楚的数据进展记录。主要文件类型有：程序编目；变量列表和定义；详细的结构图和框图；对模型的全面介绍，包括模型设计概念和理论、使用者手册、数据来源及数据在模型中的使用方式等。

（3）标准的编译程序。正确的模型建立制度避免采用任何非标准和未成文件的编译程序。

（4）避免任意使用程序转移。

（5）要有一个程序设计“系统”。即应有一个命名变量和使用标号的系统。

（6）要使程序简单。保持程序设计的简洁，会减少在维护和建立模型时出现的问题。

3. 选择计算机语言　大体上讲，计算机语言可以分成通用语言和专用语言两类。通用语言包括 BASIC、FORTRAN、ALGOL、Python、Java、R 和 PL/1 等。由于具有通用性，它们可以用来构成任何类型系统的模拟模型，使用这类语言建立模型，要求有程序设计的专门知识和对计算机及有关系统有足够的了解。计算机是通过以程序形式提供的一系列单操作指令进行工作的。虽然所有程序最终都要分成这些单操作步骤，但是大多数计算机使用者还是使用现代计算机上可利用的方便有效的高级语言。这些高级语言使用简单的、类似英语的动词和标准数学表达式来代表一系列单操作指令。专用语言如 CSMP、CPSS 语言等，具有建立特定类型状况的模型的专业化功能，目标是便于非程序员在没有程序专家的帮助下也能编写出自己的模型。

选用通用语言还是专用语言，有四个基本考虑：①可得性。只应使用现成可得并为就近计算机中心所充分支持的语言。②现有的程序设计技巧。③机器的独立性。当一个模型要在几个不同的中心使用时，语言的范围和功能必然会受到很大限制。④费用。许多专用语言的编译费和单位时间的运行费都很高。

五、系统模拟模型的优缺点

系统模拟模型因为是“白箱”模型，所以其优点主要表现为理论上比经验模型（黑箱）在不同地区和不同条件下的适用性要广；另外，系统模拟模型可对病虫害的发展做出动态预测，而经验模型通常是定性预测或某一时间点的定量预测。

然而，任何事物都有两面性，与经验模型相比，系统模拟模型的研发过程要复杂得多，人力、物力和时间成本也高得多，模型输入信息较多、准确性要求较高，并且必须要有计算机才能进行模型的运行和使用，其初期预测效果不一定很好，甚至有时还不如经验模型准确。

六、国内外研究应用现状

自从 1969 年 Waggone 和 Horsfall 发表了植物病害流行的第一个电算模拟模型 EPIDEM（番茄早疫病流行模拟模型）以来，已经有不少关于植物病害的电算模拟模型问世。其中一些模型已经用于指导生产中的病害防控。例如，意大利皮亚琴察大学开发的葡萄霜霉病机理模型已经多年应用于指导农场的病害防控，与当地农业技术顾问的决策建议相比，在防控效果相当的情况下，模型指导的用药次数更少。

国内自 1981 年曾士迈等首次发表小麦锈病春季流行动态模拟模型 TXLX 以来，目前已发表了多个系统模拟模型，多为气传多循环病害，如马铃薯（番茄）晚疫病和早疫病、小麦条锈病、小麦叶锈病、小麦白粉病、大麦锈病、稻瘟病、稻纹枯病、玉米小斑病、葡萄霜霉病、葡萄灰霉病、梨黑星病、黄瓜霜霉病、花生锈病、白菜病毒病等。如李文龙等（2009）基于集合种群模型对小麦和苜蓿锈病发生动态进行模拟研究，结果与实地试验结果一致。

七、系统模拟模型的建立步骤

系统模拟模型的建立步骤主要包括确定目标、系统分析、模型组建、系统组装和模拟应用等。

1. *确定目标*　确定要预测的目标（发生时间、发生区域、发生程度），根据需要对预测对象进行分析，确定预测的输出结果和表现形式，以及输入数据、信息和方式等。这个步骤非常关键，因为这是整个系统模拟模型建立的依据和将来的应用基础。

2. *系统分析*　对于要预测的植物病害或虫害进行系统分析，明确该系统的各个组分及相互关系，从而确定所要组建的系统模拟模型的总体结构。这一过程主要是依据病害的侵染过程和害虫的生活史进行，同时也要考虑寄主植物的生长发育过程，分析每个过程的各个环节和影响因素。在全面分析的基础上，结合预测目的确定系统模型的总体结构。例如，小麦条锈病的电算模拟模型 TXLX（曾士迈等，1981）由两个子模型构成：一个是显症率，另一个是日传染率。前者的输入为健康叶片数，输出为潜育叶片数，这一过程受到露时、露温、病斑平均面积、叶面积指数、抗病性参数、传染性病叶和总叶数等因素的影响；后者的输入为潜育期病叶数（前者的输出），输出为传染性病叶数，这一过程受抗病性参数、日均温等影响（图 5-5）。需要指出的是，系统分析和结构确定必须以病虫害的生物学原理为依据，所设计的系统模拟模型结构必须符合生物学逻辑，否则就不是一个真正的系统模拟模型。

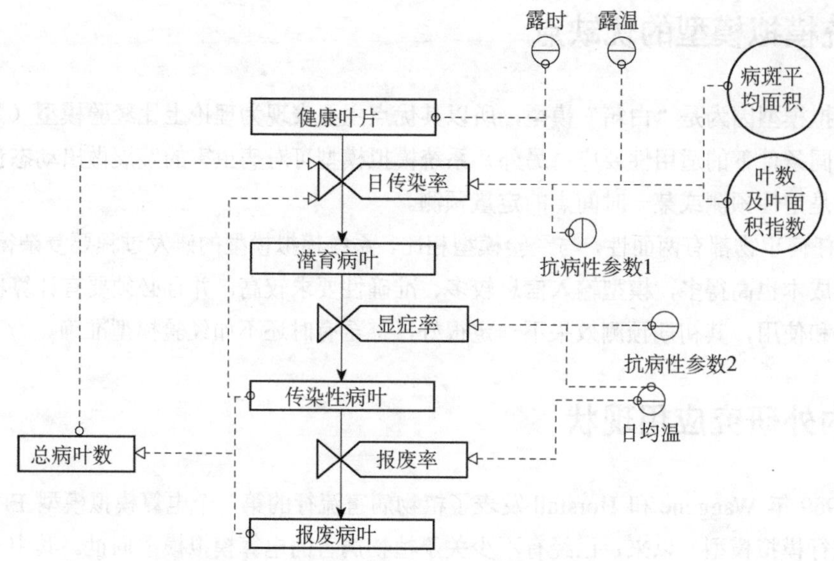

图 5-5　小麦条锈病模拟模型 TXLX 简要流程框图（仿曾士迈等，1981）

3. 模型组建　在上述系统分析的基础上，确定总体结构设计，然后对每个过程（或子系统）的输入和输出进行定量分析，建立定量模型。子模型是整个模拟模型预测准确性的主要决定因素，定量模型的组建过程通常需要通过实验来获得相关数据，然后采用前述的数理统计模型建立方法而获得。在各个子模型建立后，还要对其进行检验，以保证每个子模型的可靠性和准确性。只有每个子模型的可靠性和准确性符合要求，最终的系统模拟模型才有可能获得较好的可靠性和准确性。

4. 系统组装　科研人员根据系统结构设计，利用计算机程序把各个子模型有机结合到一起，组装成最终的系统模拟模型。该过程需要很多计算机和编程方面的知识与技术，往往由植保专业人员与计算机专业人员合作完成。需要注意的是，在此过程中一定要保证计算机程序算法完全符合系统模型设计的生物学逻辑，否则很难实现设计初衷。

在系统模拟模型组装完毕后，就要对其进行测试，通常需要利用多组已知相互关系的输入数据和输出结果进行测试，还需要利用一些极端值或边界值进行测试，检验模拟过程的逻辑是否正确，各项输出结果是否正确等。

5. 模拟应用　系统模拟模型组建完成并经过检验后，就可以进行应用测试了，也就是在实际应用条件下进行模型的运行和应用。在此过程中，还需要通过实际调查对模拟结果进行检验，对模型的应用效果进行评价，根据检验和评价结果对模型参数进行必要的修订或对子模型进行修改与完善。模拟模型在运行过程中始终需要进行检验-修正-再检验-再修正，因为病虫害和农业生产条件及气候总是在变化的，只有不断检验修正才能使模拟更符合实际情况。

第五节　人工智能预测法

人工智能是运用计算机执行与人类智能活动有关的各种基本功能，如进行识别、判断、证明、学习等的思维和活动。通过人工智能结合大数据与云计算等技术，人工智能被广泛地应用于医药、教育、金融及农业领域。在病虫害预测预报中，人工智能的应用重点是基于人工智能算法提取病虫害的各种参数，以记录的病虫害参数数据为基础对其进行分类分析，建立预测预报模型，进而做出病虫害预警，实现农作物病虫害的精准预警与精细管理。然而，农业生态系统是一个复杂多变且不稳定的系统，受到多因素的影响，其初值、输入、输出及物理机制等均具有不确定性。这使得人工智能预测法在病虫害测报中的应用还处于研发、测试与评价等阶段，需要通过优化病虫害特征选择算法、建立病虫害测报专家系统推理机、完善病虫害监测传感器、健全病虫害多级数据处理平台等，实现病虫害预测预报人工智能化。

机器学习是一种实现人工智能的方法，即使用算法来解析数据、从中学习，然后对真实世界中的事件做出决策和预测。机器学习算法有很多，分为分类、回归、聚类、推荐、图像识别等领域，常见的分类算法有人工神经网络、支持向量机、决策树和贝叶斯等；常见的回归算法有线性回归和逻辑回归等；常见的聚类算法有划分式聚类方法、基于密度的聚类方法和层次化聚类方法等；常见的推荐算法主要有基于内容的推荐算法、协同过滤推荐算法和基于知识的推荐算法等；常见的图像识别算法主要有粒子群优化算法、遗传算法、蚁群算法和模拟退火算法等。

下面，我们对几种在病虫害预测预报中应用较广的人工神经网络、支持向量机和粒子群优化算法做简要介绍。

一、人工神经网络

（一）基本原理

目前，许多数学模型多是以线性作基础，或以线性去拟合一些非线性过程，对存在于自然界中的复杂系统的非线性环境作一个简单的抽象描述，许多真实而有价值的因素却被忽略，从而常常导致模型失真。近些年来，人工神经网络由于其能处理高度非线性问题，具有自学习、自组织能力，具有良好的稳定性等特点，而在多种植物病虫害测报中显示出了良好的效果。

人工神经网络模型主要考虑网络连接的拓扑结构、神经元的特征、学习规则等。目前，已有近 40 种神经网络模型，其中有反向传播法（back propagation，BP）神经网络、感知器、自组织映射、Hopfield 网络、波耳兹曼机、适应谐振理论等。根据连接的拓扑结构，神经网络模型可以分为以下两种。

1）前向网络。网络中各个神经元接受前一级的输入，并输出到下一级，网络中没有反馈，可以用一个有向的无环路图表示。这种网络实现信号从输入空间到输出空间的变换，它的信息处理能力来自于简单非线性函数的多次复合。其网络结构简单，易于实现。BP 神经网络是一种典型的前向网络。

2）反馈网络。网络内神经元间有反馈，可以用一个无向的完备图表示。这种神经网络的信息处理是状态的变换，可以用动力学系统理论处理。系统的稳定性与联想记忆功能有密切关系。Hopfield 网络、波耳兹曼机均属于这种类型。

在病虫害预测预报中，人工神经网络的应用重点是进行病虫害预测预报模型的构建。目前应用较多的是 BP 神经网络，利用 BP 神经网络预测病虫害发生情况的过程包括如下几个步骤。

1）选择人工神经网络计算工具。一些通用性计算工具软件（如 MATLAB）就具备了人工神经网络计算的功能，也有一些根据需要自主开发的软件系统（如胡小平等开发的 BP 神经网络预测系统）。这些均可作为建立人工神经网络预测模型的工具，可根据实际情况加以选择。

2）选择目标病虫害发生情况及其主要影响因子的相关数据，并进行归一化处理。人工神经网络用于病虫害预测需有适宜的数据支撑，需根据预测对象的实际情况和预测需要加以选择，有时还需通过一些统计方法等筛选出主要的影响因子。例如，张映梅等采用逐步回归法筛选影响陕西关中地区小麦吸浆虫发生流行的主要因子，将 1 月平均温度、2 月平均温度、翌年 7 月平均温度、翌年 8 月平均温度、1 月平均降雨量、翌年 7 月平均降雨量、翌年 8 月平均降雨量和小麦易感品种种植面积比例作为预测因子，从而构建 BP 人工神经网络预测小麦吸浆虫的发生程度。对于不同地区不同病虫害的预测，其主要的影响因子均有所不同。

3）利用归一化处理好的数据对 BP 神经网络系统进行训练（图 5-6），利用已有数据对 BP 神经网络系统训练是系统自学习的过程，训练后网络的权值、阈值、实际训练次数保存在相关变量中，训练过的 BP 网络完成了函数逼近、矢量分类或模式识别的工作。

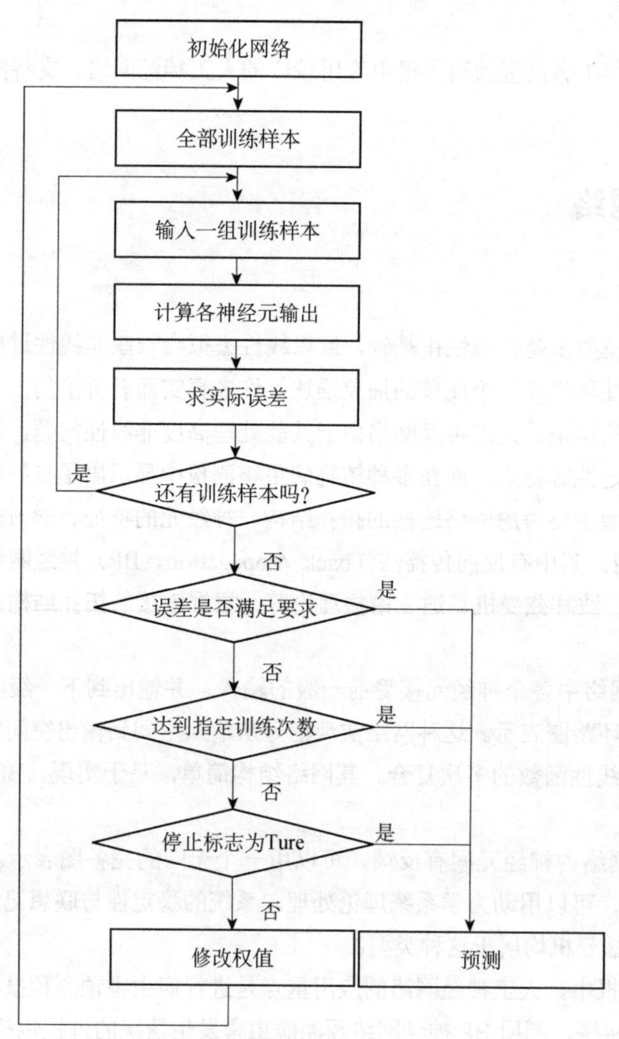

图 5-6　人工神经网络病虫害预测训练流程

4）利用预测样本参数进行病虫害预测。将预测样本的相关数据加载到训练完成并已达到稳定的虫情预测神经网络中，得到预测结果。

BP 神经网络预测方法在病虫害预测中已有大量的研究实例，并取得了良好的预测效果。除上述已经提到的例子外，应用 BP 神经网络进行病虫害预测预报的农作物很多，包括小麦、水稻、棉花、烟草、果树和森林等。BP 人工神经网络在病虫害测报中虽得到了广泛应用，但其学习算法存在两个严重的缺陷：收敛速度慢和易陷入局部极小点。收敛速度慢就无法满足一些情况下对虫害预测速度的要求，而陷入局部极小点就很难保证预测的精度。为了解决这些问题，对人工神经网络系统改进的研究已有一些相关的报道，包括模糊神经网络、径向基函数神经网络、概率神经网络和支持向量机等。

（二）应用实例

以刘庭洋等（2017）基于 BP 神经网络的稻瘟病预测预报研究为例来说明。

1. *选择试验点*　结合各地稻瘟病发生程度、发生面积、品种布局及气候环境因素，选取单双季籼稻区的德宏州芒市作为本研究的试验点。该试验点为云南省水稻种植的主产区，稻瘟病为当地水稻生产中的主要病害，且当地的气候、水稻品种、病原菌及栽培方式均有利于稻瘟病的发生。该地的稻瘟病发病较早。

2. *收集数据*　收集到本研究所需试验点共 10 年（2002～2012 年）的气象资料，包括均温、湿度、降雨量、雨日、日照时数；以及往年稻瘟病发生情况（病情指数），该数据由芒市植保站提供。

为验证模型有效性，参照稻瘟病测报调查规范（GB/T 15970—2009），对 2012 年的水稻稻瘟病病害发生情况进行田间调查。计算田间稻瘟病病情指数。

3. *筛选预测因子*　利用 SPSS 软件分析试验点的气象因子与水稻稻瘟病之间的相关性，筛选出建模所需数据。研究采用逐步回归分析方法，进行因子筛选。在 SPSS 中根据建立测报模型的需要，以筛选出对稻瘟病发病影响加大的因子和避免逐步回归过程中过度拟合为目标，设置 F 值，F 值<0.15 的自变量进入回归方程，而 F 值>0.18 的自变量剔除，筛选出显著相关的气象因子。筛选后与芒市水稻稻瘟病发生程度相关的气象因素有 5 月上旬累计日照时数、6 月中旬平均湿度、6 月下旬平均湿度、7 月中旬累计降雨量、7 月下旬累计日照时数（其中上、中、下旬均以 10d 为准）等 5 个气象因子（表 5-26）。

表 5-26　逐步回归筛选出芒市气象数据（刘庭洋等，2017）

气象因子	年份									
	2002	2003	2004	2005	2006	2007	2008	2009	2010	2011
5 月上旬累计日照时数（h）	72.3	70.9	93.4	79.1	62.1	84.1	58.9	56.8	72.3	66.4
6 月中旬平均湿度（%）	84	85	82	87	79	81	83	75	90	84
6 月下旬平均湿度（%）	87	86	86	88	80	80	79	83	91	86
7 月中旬累计降雨量（mm）	121.6	68.2	116.5	72.6	139	198	50.2	81.8	143	171
7 月下旬累计日照时数（h）	31.9	42.3	75.7	52.9	46.1	10.3	36.5	12.8	18.7	41.7

4. 建立BP神经网络模型　在MATLAB软件中选用traingd、traingdx和trainlm 3种训练函数，将归一化后的数据作为BP网络的学习样本，将气象因子作为学习样本的输入数据，将病情指数作为学习样本的输出数据。用threshold函数规定输入向量的最大值和最小值在［0，1］范围内，用newff函数创建一个前向BP网络。中间层神经元传递函数采用S形正切函数，相应的输出层神经元传递函数采用S形对数函数。选取合适的隐层神经元数目和训练函数，训练次数设置为100 000次，训练目标误差设置为0.0001，其他参数取默认值。对网络进行训练，以此来建立BP神经网络模型。

在各自最适隐层神经元数目的条件下，3种训练函数都可以使网络收敛达到目标误差。traingd训练函数的速度最慢，所需训练步数多；trainlm训练函数速度最快，所需训练步数最少；traingdx训练函数的速度及所需步数居中。对比图5-7A、B、C可以看出traingd、traingdx训练函数的误差平方和变化曲线比较平缓，而trainlm训练函数的误差平方和变化曲线较尖锐。

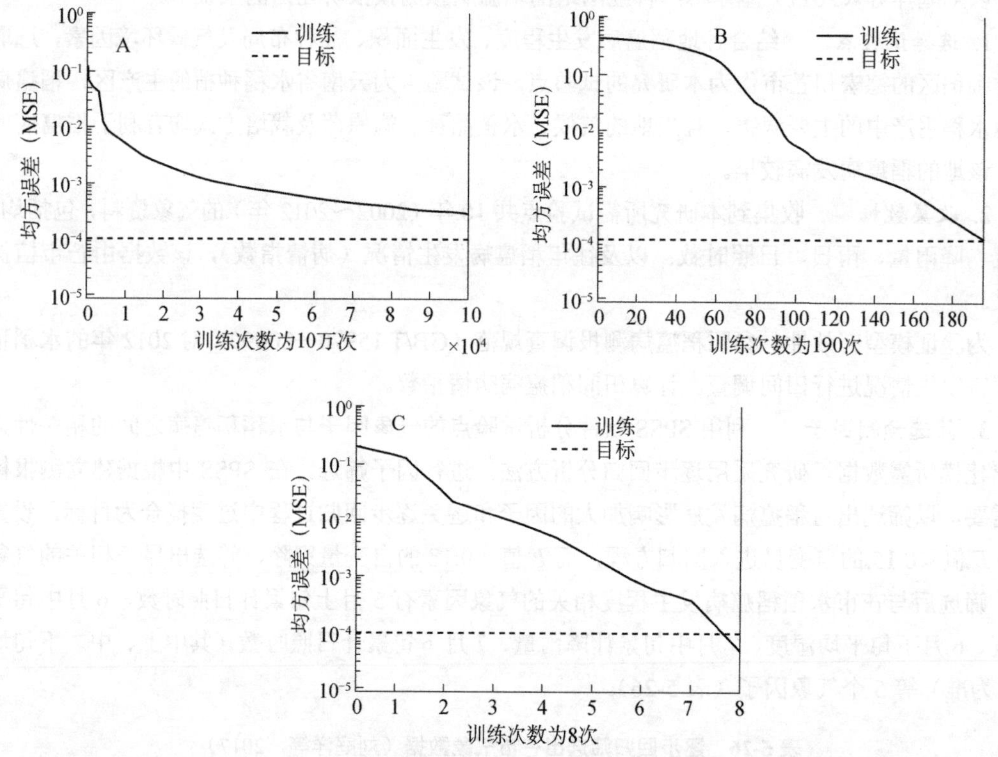

图5-7　traingd（A）、traingdx（B）和trainlm（C）函数网络性能图（刘庭洋等，2017）

鉴于trainlm训练函数是BP神经网络模型中3种函数性能最好、运算速度最快的，因此选择trainlm训练函数建立芒市试验点BP神经网络模型。利用MATLAB软件的结果，得出芒市BP神经网络的输出节点的阈值为−1.5290。由以上过程得到芒市试验点BP神经网络预测预报模型为：

$$y_j = f_1(\sum_i \omega_{ji} x_i - b_j) \tag{5-45}$$

$$Z = f_2(\sum_j v_j y_j - b) \tag{5-46}$$

$$f_1(x)=\frac{2}{1+e^{-2x}}-1 \tag{5-47}$$

$$f_2(x)=\frac{1}{1+e^{-x}} \tag{5-48}$$

式（5-45）至式（5-48）中，x_i 为预测当年气象因子输入数据；y_j 为隐层节点输出值；z 为预测病情指数输出值（该值为归一化后的）；ω_{ji} 和 b_j 分别表示第 i 输入节点到第 j 个隐层节点的权值和阈值；v_j 和 b 则分别表示第 j 隐层节点到病情指数输出值的权值和阈值；$f_1(x)$ 为输入层到隐层传递函数；$f_2(x)$ 为隐层到输出层传递函数。

5. 数据检验　将芒市试验点的历史数据输入到逐步回归模型和 BP 神经网络模型中，检验模型对历史数据的预测准确度。

将 2012 年数据作为测试数据输入模型，进行运算，得到稻瘟病当年病情指数的预测值，与实际病情指数进行比较，计算绝对误差及预测准确度，评价模型的有效性。结果显示芒市的 traingd、traingdx、trainlm 3 种训练函数模型对历史数据回检预测准确度都在 80% 以上，其回检预测值为合格。trainlm 训练函数的模型预测准确度最高，对芒市的水稻稻瘟病的拟合程度最好（表 5-27）。

表 5-27　芒市 trainlm 函数 BP 神经网络模型历史数据回检结果（刘庭洋等，2017）

年份	实际病情指数	预测值	绝对误差	预测精确度（%）
2002	28.5	28.3917	0.1083	99.61
2003	23.3	23.1831	0.1169	99.49
2004	15.8	16.2767	0.4767	97.07
2005	4.52	4.618	0.098	97.87
2006	4.6	4.5488	0.0512	98.87
2007	13	13.1276	0.1276	99.02
2008	20	19.971	0.029	99.85

二、支持向量机

（一）基本原理

支持向量机是基于统计学习理论，以最小化结构风险为原则，将样本在特征空间中以间隔最大化为目标的一种分类和预测类算法。该模型可分为线性支持向量机算法和非线性支持向量机算法两类。该方法具有以下优点：①在有限样本条件下，得到较好的统计规律；②获得全局最优解的同时，避免局部最优解；③推广能力强，该模型训练完的样本可由具体的、个别的扩大到一般的，即泛化错误率低。

支持向量机的开发流程有：数据收集；准备数值型或标称型数据；数据分析，建立可视化分隔超平面；算法训练、参数调优；算法测试；算法运用（二类问题直接使用，多类问题修改后使用）。

在病虫害预测预报中，支持向量机的应用重点是进行病虫害预测预报模型的构建。支持向量机的算法有多种，如块算法、分解算法、并行学习算法及最小二乘算法等。下文以最小二乘支持向量机为例展开介绍。

Suyken（1999）提出了最小二乘支持向量机（least squares support vector machines，LSSVM）模型。该模型将支持向量机的损失函数由一次变为二次，将约束优化问题转化为无约束优化问题，最终将训练过程简化为求解一个线性方程组，达到避免求解二次规划问题的目的，减少了计算量，提高了运算速度。

将样本数据定义为（x_i，y_i），…，（x_m，y_m），其中 $x_i \in R^k$ 为输入变量，$y_i \in R$ 为输出变量，核函数的非线性映射为 φ：$R^k \to H$（H 为特征空间）。

被估计函数 $f_{(x)}$ 可以表示为 $f_{(x)} = \omega^T \cdot \varphi(x) + b$

因此 LSSVM 可以表示为

$$\min\ J(\omega,\ e) = \frac{1}{2}\omega^T \omega + \frac{1}{2} r \sum_{i=1}^{m} e_i^2$$

$$s.t.\ y_i = \omega^T \varphi(x_i) + b + e_i \tag{5-49}$$

式中，$e_i \in R^k$ 为松弛变量；I=1，2，…，m。

一般情况下，ω 可能为无限维，为解决上述优化问题，通过引入 Lagrange 函数，将该问题转化为对偶问题进行求解。Lagrange 函数定义为

$$L(\omega,\ b,\ e,\ a) = J(\omega,\ e) - \sum_{i=1}^{m} a\left[\omega^T \varphi(x_i) + b + e - y_i\right] \tag{5-50}$$

通过求 L 对（ω，b，e_i，a_i）的偏导数等于 0，得到最优解的约束条件：

$$\begin{cases} \dfrac{\partial L}{\partial \omega} = 0 \Rightarrow \omega = \sum_{i=1}^{m} a_i \varphi(x_i) \\ \dfrac{\partial L}{\partial b} = 0 \Rightarrow \sum_{i=1}^{m} a_i = 0 \\ \dfrac{\partial L}{\partial e_i} = 0 \Rightarrow a_i = r\, e_i,\ i = 1, \cdots,\ m \\ \dfrac{\partial L}{\partial a_i} = 0 \Rightarrow y_i = \omega^T \varphi(x_i) + b + e_i,\ i = 1, \cdots,\ m \end{cases}$$

LSSVM 与 SVM 的最优条件相比较，只有 $a_i = r e_i$ 不一样，因此使得 LSSVM 不再具有 SVM 的稀疏性。消去得到以下简化式：

$$\begin{bmatrix} 0 & (\boldsymbol{l_m})^T \\ \boldsymbol{l_m} & \boldsymbol{\Omega} + \frac{1}{r} l \end{bmatrix} \begin{bmatrix} b \\ a \end{bmatrix} = \begin{bmatrix} 0 \\ r \end{bmatrix}$$

式中，向量 $\boldsymbol{l_m} = (1,1,\cdots,1)^T$；$a = (a_1,\ a_2,\cdots,\ a_m)$；$Y = (y_1,\ y_2,\cdots,\ y_m)$；$\boldsymbol{\Omega}$为矩阵。由此得到 LSSVM 的表达式：

$$f_{(x)} = \sum_{i=1}^{m} a_i k(x,\ x_i) + b \tag{5-51}$$

具体流程如图 5-8 所示。

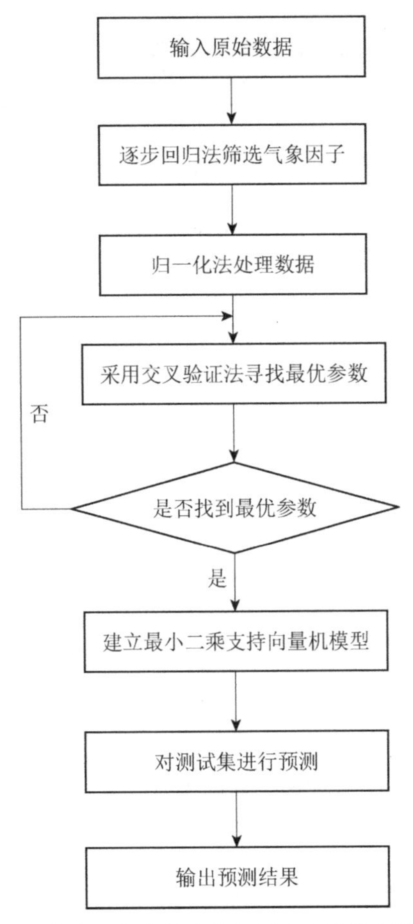

图 5-8　最小二乘支持向量机病虫害预测训练流程

（二）应用实例

以靳然（2017）基于神经网络和支持向量机的麦蚜发生动态预测研究为例来说明。

1. 选择试验点　采样地点在古魏镇北关村，该村位于北纬 34°36′～48°30′，东经 110°36′～42°30′，年平均气温 12.77℃，无霜期 250d 左右，年降水量 513mm。全镇耕地面积近 5000hm^2，单对角线 5 点取样，每点固定 50 株，当百株蚜量超过 500 头时，每点可减少至 20 株，定点、定时、固定方法调查有蚜株数、麦蚜种类及数量。

2. 收集数据　麦蚜原始数据来自山西省植保植检总站，在 1980 年 2 月～2011 年 6 月，于每年 2 月底到 6 月初，每隔 4d 采集一次数据。经多年调查，山西的麦蚜种类主要有麦二叉蚜、禾谷缢管蚜、麦长管蚜、小麦无网长管蚜。

3. 筛选预测因子　在 SPSS 软件中进行逐步回归，选择“数理统计—回归—线性回归”，将训练集每年的麦蚜最大发生量作为 Y 值，140 个气象因子作为自变量，在方法框中选择“逐步回归”作为分析方法，根据逐步回归结果，选出 13 个自变量进入模型训练（表 5-28）。

表 5-28　逐步回归法筛选气象因子分析结果

气候因子	偏相关系数	T 检验值
x_{70}	−0.984	−21.865
x_{113}	−0.970	−16.041
x_{32}	0.969	15.705
x_{26}	−0.931	−10.230
x_{35}	−0.910	−8.781
x_{75}	0.897	8.112
x_{13}	0.886	7.651
x_{108}	−0.884	−7.557
x_{137}	−0.830	−5.944
x_{122}	0.823	5.799
x_{89}	−0.808	−5.495
x_{95}	−0.665	−3.599
x_{77}	−0.597	−2.979

4. *数据归一化*　建立逐步回归后的麦蚜最大发生量样本集，并归一化后得到表 5-29 用于建模和预测。

表 5-29　归一化后的麦蚜最大发生量样本集

年份	x_{13}	x_{26}	x_{32}	x_{35}	x_{70}	x_{75}	x_{77}	x_{89}	x_{95}	x_{108}	x_{113}	x_{122}	x_{137}	y
1980	0.7303	0.0000	0.8791	0.8788	0.2049	0.3320	0.4922	0.0191	0.8000	0.7410	0.6236	0.2925	0.5945	0.5033
1981	0.6657	0.0000	0.5721	0.8052	1.0000	0.2885	0.2073	0.2261	0.7774	0.0717	0.0000	0.3672	0.5118	0.0265
1982	0.9326	0.5252	0.0512	0.5714	0.3756	0.6996	0.4819	0.0605	0.6566	0.6295	0.4966	0.3050	0.1457	0.1440
1983	0.6067	0.0000	0.8047	1.0000	0.1951	0.1304	0.8031	0.1592	0.3019	0.4622	0.8027	0.2469	0.3701	0.3450
1984	0.7612	0.0000	0.0000	0.7706	0.6732	1.0000	0.4819	0.0000	0.6302	0.1355	0.6100	0.3402	0.4606	0.0000
1985	0.6461	0.0000	0.3116	0.4026	0.3415	0.0000	0.4249	0.6083	0.7472	0.7490	0.6485	0.6037	0.4567	0.0088
1986	0.5028	0.1295	0.4186	0.5931	0.3659	0.0000	0.6528	0.0510	0.5358	0.4502	0.6553	0.5166	0.7126	0.0026
1897	0.8174	0.0072	0.1674	0.3074	0.6488	0.0356	0.0674	0.0000	0.2566	0.6375	0.5079	0.2635	0.3543	0.0402
1988	0.5834	0.4964	0.5442	0.3853	0.4049	0.2134	0.5751	0.0701	0.7208	0.5857	0.7302	0.3568	0.5000	0.0681
1989	0.2809	0.3237	0.6558	0.7056	0.4049	0.1976	0.2591	0.2484	0.7509	0.4104	0.3288	0.3506	1.0000	0.0546
1990	0.1826	0.4317	0.9256	0.3593	0.5902	0.3162	0.3782	0.0000	0.5208	0.9562	0.4898	0.3693	0.9528	0.0011
1991	0.1573	1.0000	1.0000	0.3030	0.8293	0.6245	1.0000	0.0000	0.2000	0.7291	0.1383	0.4751	0.4331	0.0464
1992	0.3933	0.0144	0.0279	0.9870	0.1610	0.1186	0.5130	0.0000	0.8038	0.0000	0.5805	0.1929	0.4882	0.0016

1993	0.4775	0.0000	0.0558	0.2511	0.3366	0.2134	0.4197	0.0701	1.0000	0.4343	0.6122	0.6266	0.6181	0.0992

续表

年份	x_{13}	x_{26}	x_{32}	x_{35}	x_{70}	x_{75}	x_{77}	x_{89}	x_{95}	x_{108}	x_{113}	x_{122}	x_{137}	y
1994	0.6798	0.4676	0.5628	0.2987	0.4146	0.0000	0.2487	0.4172	0.7170	0.0717	1.0000	0.8320	0.7283	0.0173
1995	0.6770	0.0000	0.4279	0.6753	0.1268	0.0000	0.3886	0.0000	0.7283	0.7331	0.4218	0.6618	0.2323	0.5576
1996	0.8034	0.2590	0.4140	0.0000	0.5366	0.1581	0.4249	0.0191	0.6830	0.4582	0.6825	0.8921	0.3504	0.3746
1997	0.7444	0.0000	0.4605	0.5022	0.7073	0.0000	0.3782	0.1943	0.5245	0.5498	0.2653	0.5083	0.6496	0.1288
1998	0.9522	0.2446	0.6326	0.3550	0.5610	0.2490	0.0052	0.0541	0.9585	1.0000	0.8594	0.9751	0.9921	0.0346
1999	0.5871	0.0000	0.0698	0.3680	0.2341	0.0000	0.3886	0.0000	0.4755	0.9522	0.7166	0.3320	0.3898	0.0504
2000	0.8792	0.0144	0.7535	0.5368	0.3561	0.0158	0.2487	0.7516	0.3887	0.3586	0.9410	0.5166	0.3898	0.2505
2001	0.7107	0.0288	0.5023	0.4242	0.2098	0.0000	0.2073	0.0000	0.8906	0.6813	0.0363	0.6473	0.3898	0.8121
2002	0.3371	0.0000	0.4884	0.4502	0.3268	0.0000	0.0570	0.2134	0.2792	0.2311	0.6599	0.2635	0.8583	0.1986
2003	0.3876	0.0000	0.9860	0.2078	0.0000	0.0000	0.2591	1.0000	0.6528	0.8008	0.1565	0.5851	0.7874	1.0000
2004	1.0000	0.7194	0.4558	0.5974	0.4780	0.0870	0.2121	0.0000	0.4075	0.3506	0.7664	0.7780	0.3150	0.1056
2005	0.1573	0.0719	0.3953	0.4026	0.6244	0.0988	0.1969	0.0000	0.4679	0.2590	0.8118	0.9772	0.2165	0.1352
2006	0.7388	0.0000	0.1814	0.3247	0.2829	0.0040	0.1710	0.2070	0.6830	0.3466	0.4785	0.5319	0.6969	0.3562
2007	0.2303	0.0000	0.4837	0.3593	0.3805	0.0000	0.2435	0.0000	0.3132	0.3016	0.5714	0.2925	0.2047	0.2484
2008	0.6826	0.0000	0.6698	0.5671	0.7463	0.0830	0.0000	0.0032	0.6755	0.7888	0.2948	0.6909	0.5866	0.2070
2009	0.2856	0.0647	0.5116	0.6537	0.3902	0.0000	0.4560	0.0127	0.1321	0.8964	0.4535	0.4025	0.5748	0.0874
2010	0.0000	0.0000	0.3395	0.2121	0.4927	0.0000	0.4456	0.0064	0.1585	0.5737	0.2086	0.0000	0.0000	0.2128
2011	0.0140	0.0000	0.3535	0.6320	0.2098	0.0000	0.2176	0.2325	0.2642	0.9044	0.7800	1.0000	0.5630	0.0992
2012	0.6384	0.0000	0.2465	0.4848	0.5561	0.9565	0.3575	0.0000	0.2868	0.5299	0.7732	0.6079	0.3622	0.3045
2013	0.4410	0.0072	0.3860	0.4848	0.6000	0.0000	0.8135	0.2070	0.0000	0.1355	0.1088	0.6556	0.4961	0.3804
2014	0.4410	0.0719	0.7488	0.7143	0.5122	0.0000	0.2435	0.1975	0.3057	0.7649	0.4308	0.1515	0.4134	0.0921

5. *核函数筛选结果*　选取不同核函数建立 LSSVM 模型，分别计算均方误差（MSE）和平均绝对百分误差（MAPE）。结果表明选用径向基核函数时，模型的 MSE 和 MAPE 值达到最小，因此，确定其为 LSSVM 模型（表 5-30）。

$$\mathrm{MSE}=\frac{1}{n}\sum_{i=1}^{n}(y_i-\hat{y}_i)^2 \tag{5-52}$$

$$\mathrm{MAPE}=\frac{1}{n}\sum_{i=1}^{n}\left|\frac{y_i-\hat{y}_i}{y_i}\right| \tag{5-53}$$

式（5-52）和式（5-53）中，y_i 为最大虫株率的实际值；$\hat{y}_i$ 为模型的预测值；n 为训练样本数。MSE 值越小，说明模型稳定性越好；MAPE 值越小，说明模型预测精度越高。

表 5-30　选取不同核函数对应的预测误差

核函数类型	MSE	MAPE（%）
多项式核函数	191 090.00	28.3768
径向基核函数	8 065.40	9.9653
线性核函数	484 350.00	60.0924

运用 5 折交叉验证法筛选最优参数（表 5-31），当惩罚因子 gam（主要控制对错分样本惩罚的程度）为 10，核参数 sig2（径向基核函数的参数）为 0.01 时，平均均方误差值最小，此参数组合为最优组合。

表 5-31　参数筛选结果

gam	sig2	平均均方误差
0.01	0.01	1.48E+06
0.1	0.01	1.42E+06
1	0.01	1.40E+06
10	0.01	1.15E+06
100	0.01	1.41E+06
10	0.1	1.34E+06
10	1	1.35E+06
10	10	1.54E+06
10	100	1.55E+06

6. 基于 LSSVM 模型的 1980～2009 年麦蚜最大发生量拟合结果比较　运用逐步线性回归（stepwise linear regression，SLR）-LSSVM 模型对 1980～2009 年麦蚜最大发生量进行训练，其中 16 年的拟合精度高于 90%，其拟合结果可以较为准确地反映麦蚜发生量的变化规律（图 5-9）。

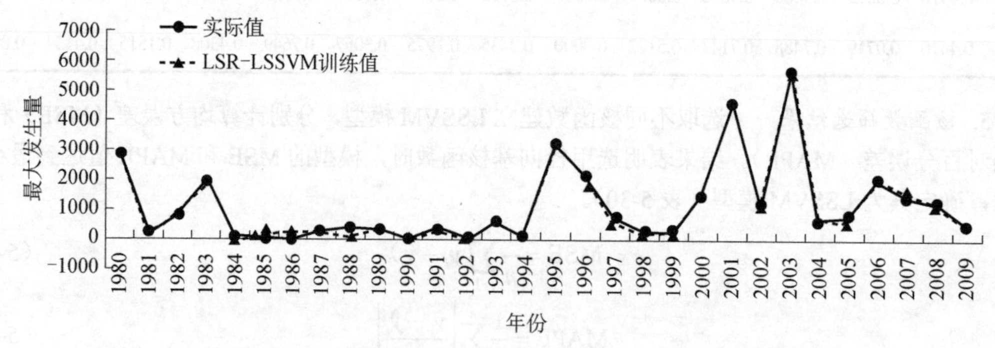

图 5-9　基于 LSSVM 模型的 1980～2009 年麦蚜最大发生量训练结果拟合图

7. 基于 LSSVM 模型的 2010～2014 年麦蚜最大发生量预测结果　运用 SLR-LSSVM 模型对 2010～2014 年麦蚜最大发生量预测结果显示（表 5-32），模型预测 5 年的平均准确率达到 90.03%；MSE（$8.07×10^3$）在 5 年的预测中，3 年的预测精度在 95%以上，只有 2011 年的预测值略低（但也超过 75%）。这说明 SLR-LSSVM 模型能非常准确地预测出麦蚜的发生量。

表 5-32　基于 LSSVM 模型的 2010～2014 年麦蚜最大发生量预测结果

年份	实际值	预测值	误差绝对值	拟合精度（100%）
2010	1230.8	1293.03	62.23	94.94
2011	582	438.36	143.64	75.32
2012	1754.8	1771.67	16.87	99.04
2013	2188.5	2092.85	95.65	95.63
2014	541.6	621.53	79.93	85.24

三、粒子群优化算法

粒子群优化算法是基于模仿群居动物（如鸟群、鱼群等）的群居行为的进化计算方法，具有相对简单性、可调参数少和收敛速度较快的特点。粒子群优化算法的计算过程分为四层：第一层是初始化种群；第二层是粒子评价，设定目标函数，代入粒子信息，求得适应度值；第三层是群体的进化，个体信息共享，寻找全局最优方向；第四层是迭代寻找全局最优解。

（一）基本原理

1. *基本形式*　学者 Kennedy 和 Eberhart（1995）提出一种粒子群优化算法（particle swarm optimization，PSO），即模拟鸟群寻觅食物的过程。其中，优化问题就是鸟群寻找食物的问题，搜索空间就是鸟群的飞行空间，粒子就是在搜索空间里寻找优化问题解的一只鸟。粒子被假定为没有体积的点在搜索空间中运动，它通过自身飞行经验和同伴的飞行经验动态调整速度，以改变方向和位置，最后使用迭代获取最优解。粒子会在每次迭代后使用两个极值使自己更新，个体极值是粒子它自身寻获的最优解，全部极值是粒子种群寻获的最优解。

一个由 m 个粒子组成的粒子群在 J 维搜索空间中运动，第 i 个例子在第 l 次迭代时位置表示为 $x_i^l = x_{i1}^l, x_{i2}^l, \cdots, x_{iJ}^l$；粒子在飞行过程中经历过的最佳位置表示为 $k_i^l = k_{i1}^l, k_{i2}^l, \cdots, k_{iJ}^l$，也就是 k_{best}。在第 l 次迭代时，粒子群中所有粒子的最佳位置表示为 $g_i^l = g_{i1}^l, g_{i2}^l, \cdots, g_{iJ}^l$，也就是 g_{best}。粒子飞行速度用 $v_i^l = v_{i1}^l, v_{i2}^l, \cdots, v_{iJ}^l$ 表示。

粒子在第 $l+1$ 次迭代中个体极值的每一维均由式（5-54）更新：

$$k_{id}^{l+1} = \begin{cases} x_{id}^{l+1} \ F\left(x_{id}^{l+1}\right) < F\left(k_{id}^l\right) \\ k_{id}^l \ F\left(x_{id}^{l+1}\right) \geqslant F\left(k_{id}^l\right) \end{cases} \tag{5-54}$$

式中，$F(x)$为适应度函数。

所有粒子在第 $l+1$ 次迭代中的全局极值的每一维均由式（5-55）更新：

$$g_{id}^{l+1} = arg\left\{\min F\left(x_{id}^{l+1}\right)\right. \tag{5-55}$$

粒子 i 在第 $l+1$ 次迭代的速度、位置分别由式（5-56）和式（5-57）更新：

$$v_{id}^{l+1} = \omega v_{id}^l + c_1 r_1\left(k_{id}^l - x_{id}^l\right) + c_2 r_2(g_{id}^l - x_{id}^l) \tag{5-56}$$

$$x_{id}^{l+1} = x_{id}^l + v_{id}^{l+1} \tag{5-57}$$

式中，ω表示惯性权重；c_1和c_2为学习因子（加速常数）；r_1和r_2为（0，1）范围内的随机数。

2. 基本流程（图 5-10）

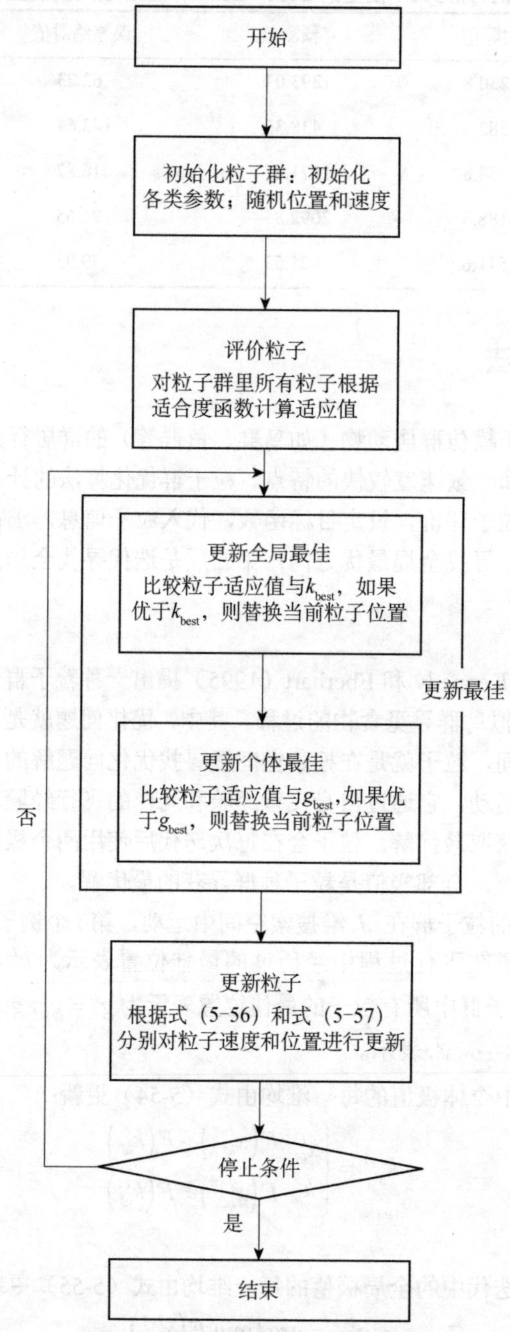

图 5-10　粒子群优化算法的基本流程

（二）应用实例

以基于 PSO-SVM 农作物病虫害的识别方法为例。

1. 图像获取

（1）图像获取信息。2016 年 6 月 4 日，在广州某龙眼果园采集龙眼病虫害图片 200 张。

（2）所用仪器信息。Canon PowerShot SX210 IS 型数码相机拍摄采集龙眼病虫害图像，然后以 JPG 图片格式保存（分辨率为 3240×4320）。

2. *彩色图像预处理*　采用不同的滤波算法，选取均方误差（MSE）和峰值信噪比（PSNR）两种常用的评价参数评价不同方法的滤波效果（图 5-11，表 5-33）

$$\text{MSE}=\frac{1}{M\times N}\sum_{i=1}^{M}\sum_{j=1}^{N}(I_{ij}-Y_{ij})^2 \tag{5-58}$$

$$\text{PSNR}=10\times\log_{10}\frac{I_{\max}^2}{\text{MSE}} \tag{5-59}$$

式（5-58）和式（5-59）中，M 为图像像素行数；N 为图像像素列数；I_{ij} 为原图像；Y_{ij} 为滤波后的图像；$I_{\max}$ 为原图像最大像素数。

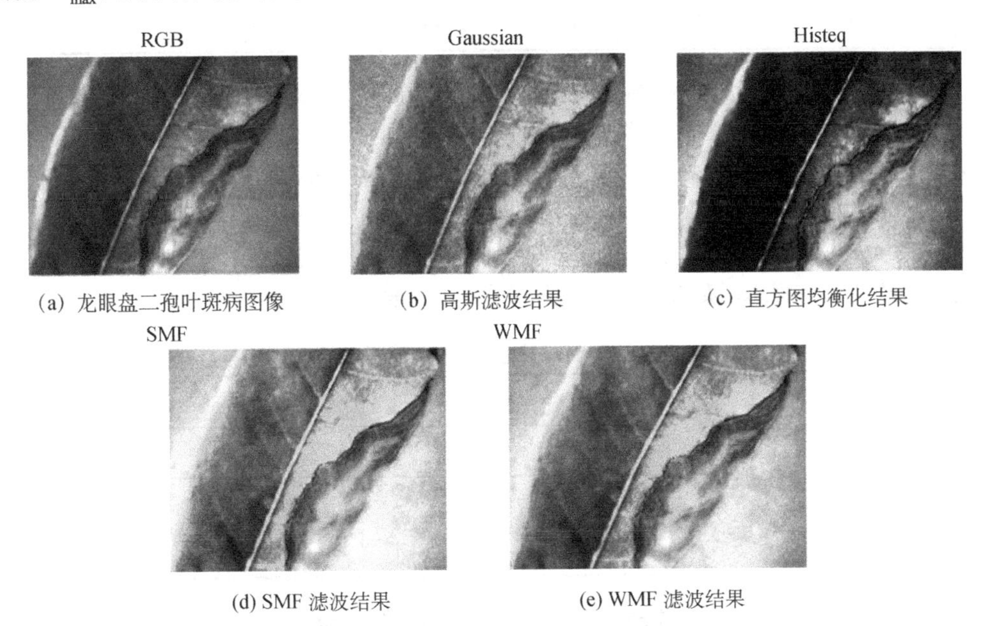

(a) 龙眼盘二孢叶斑病图像　(b) 高斯滤波结果　(c) 直方图均衡化结果

(d) SMF 滤波结果　(e) WMF 滤波结果

图 5-11　不同的滤波算法的病害图片

彩图

表 5-33　基于不同滤波算法的评价指标

	Gaussian	Histeq	SMF	WMF
MSE	99.2345	100.0891	120.0851	98.2191
PSNR	27.1346	26.9280	26.7041	27.7171

注：高斯平滑滤波（Gaussian）；标准中值滤波（SMF）；加权中值滤波（WMF）；直方图均衡化（Histep）

应用彩色滤波方法时，WMF 的 PSNR 值较高，同时 MSE 值较低，故 WMF 算法要比其他一些算法效果更好。

3. *图像分割*　采用不同的算法对彩色病斑图像分割，如基于新颜色空间的 Otsu 和分水岭算法的彩色病斑图像分割方法；一种基于 HIS 空间的混沌粒子群算法和模糊聚类算法（CPSO-FCM）；使用 RGB 颜色空间的 FCMCPSO 算法。

采用分割区域数和区域一致性 U 评价方法对分割结果进行评价（表 5-34）。

图像的区域均值为

$$\mu_i=\sum\nolimits_{(x,\ y)\in R_i} I(x,\ y)/A_i \tag{5-60}$$

式中，i=1 或 2；R_i 分别是目标区域和背景区域；A_i 是区域内像素点的个数。区域方差为

$\sigma_i^2=\sum_{(x,\ y)\in R_i}(I(x,\ y)-\mu_i)^2$。则区域一致性可以表示为 U=1−$(\sigma_2^1+\sigma_2^2)/c$，其中，$c$ 是图像的像素点总和。

表 5-34　分割区域数和区域一致性

图像	RGB-CPSO-FCM		HIS-CPSO-FCM		Otsu-Watershed	
	区域数	U	区域数	U	区域数	U
1	112	0.9054	60	0.9330	20	0.9612
2	6	0.9773	5	0.9799	3	0.9802
3	49	0.9585	28	0.9615	18	0.9732
4	37	0.9635	26	0.9800	16	0.9904

在区域一致性指标方面，Otsu-Watershed 方法的结果要好，与人的视觉基本一致。

4. *彩色病虫害图像的多特征提取*　基于二进制混沌粒子群算法的多特征选择算法（CBPSO-SVM）和基于主成分分析法的多特征选择算法（PCA-SVM）算法对图像进行分类（表 5-35）。选用龙眼灰斑病、龙眼壳二孢叶斑病、龙眼藻斑病这 3 个类别作为主要研究对象，其中，灰斑病 53 张、壳二孢叶斑病 60 张、藻斑病 60 张（图像所有像素被规格为 200×200）。抽取其中的 35 张图片作为训练样本，剩余的图片作为测试样本（表 5-36）。

表 5-35　两种算法的 SVM 参数设置

分类方法	惩罚参数		核参数	
	C_{max}	C_{min}	r_{max}	r_{min}
PCA-SVM	10	1	1	2^{-15}
CBPSO-SVM	10	1	1	2^{-15}

表 5-36　两种算法的图像分类结果比较

分类方法	精确率（%）			平均精确率（%）
	灰斑病	壳二孢叶斑病	藻斑病	
PCA-SVM	82.50	79.33	83.67	81.83
CBPSO-SVM	98.22	77.78	97.78	91.26

从表 5-35 和表 5-36 可以得出如下结论：CBPSO-SVM 算法与 PCA-SVM 算法相比，分类精度明显要高，算法更趋稳定。

5. *彩色病虫害图像识别方法*　通过提取龙眼病虫害的颜色、纹理、形状及局部特征，可进一步用于对病虫害图像的识别。本例中使用基于结合粒子群算法的支持向量机参数寻优算法（PSO-SVM），利用结合粒子群算法（PSO）自动获取支持向量机（SVM）的惩罚因子和核函数，用交叉验证方法得到不同方法的参数，将提取的特征值输入到参数选择后的 PSO-SVM 分类模型中，从而提高分类性能。

将上述提取的龙眼病虫害图像的多特征集 X 作为 PSO-SVM 模型的输入，用 PSO-SVM 模型得到龙眼病害图像分类准确率，具体流程如图 5-12。

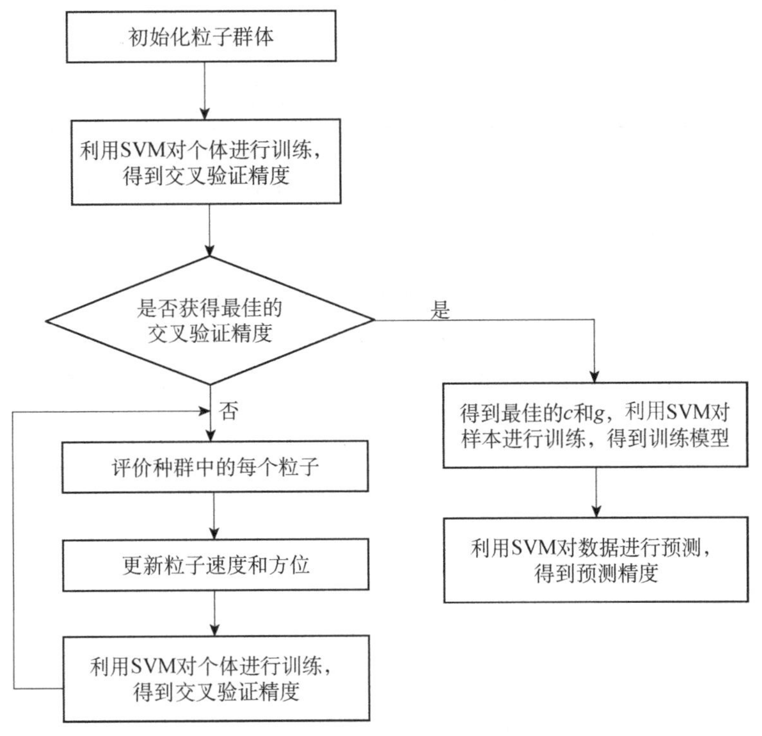

图 5-12　PSO-SVM 分类算法流程图

SVM 模型的输入数据是利用 CBPSO 融合方法得到的特征，采用方差最大旋转法对不同的粒子群参数进行实验，目的在于确定适合的参数，最后得到最佳的 PSO-SVM 模型。方差最大旋转法实验是将c_1和c_2的值两两组合，得到对应的实验结果，共 16 种情况（表 5-37）。

表 5-37　病害识别结果

c_1	c_2	精确率（%）			平均精确率（%）
		灰斑病	壳二孢叶斑病	藻斑病	
1.49445	1.30000	90.36	88.12	85.08	87.85
1.49445	1.49445	90.42	88.49	84.86	87.92
1.49445	2.00000	90.39	88.37	85.11	87.96
1.49445	2.05000	90.41	88.29	85.01	87.90
2.00000	1.30000	90.38	88.36	84.97	87.90
2.00000	1.49445	90.38	88.31	84.81	87.83
2.00000	2.00000	90.40	88.33	85.02	87.92
2.00000	2.05000	90.42	88.40	84.75	87.86
2.05000	1.30000	90.33	88.38	84.71	87.81
2.05000	1.49445	90.29	88.11	84.89	87.76
2.05000	2.00000	90.35	88.07	84.92	87.78
2.05000	2.05000	90.39	88.44	85.39	88.07

续表

c_1	c_2	精确率（%）			平均精确率（%）
		灰斑病	壳二孢叶斑病	藻斑病	
2.80000	1.30000	90.35	88.40	85.32	88.02
2.80000	1.49445	90.38	88.42	85.02	87.94
2.80000	2.00000	90.35	88.44	84.75	87.85
2.80000	2.05000	90.39	88.40	85.02	87.94

当设置c_1和c_2的值相等且为2.05000，粒子数m=20时，分类准确率最高，灰斑病、壳二孢叶斑病、藻斑病的分类准确率分别为90.39%、88.44%、85.39%，平均分类准确率为88.07%。

复习题

1. 常见的类推法预测病虫害时有何优缺点？
2. 数理统计法预测病虫害的原理是什么？
3. 数理统计法进行病虫害预测分为哪几步？
4. 几种专家预测法的优缺点是什么？
5. 为何我国目前主要病虫害的中长期预测仍多采用专家会议会商法？
6. 专家系统应用的局限性有哪些？
7. 如何提高专家系统预测的准确性？
8. 系统模拟法有哪些优缺点？
9. 为何系统模拟模型又叫仿真模型？
10. 如何才能保证系统模拟模型的预测效果？
11. 哪些植物病虫害预测应用了人工智能预测？效果如何？

第六章　信息技术与植物病虫害监测预警

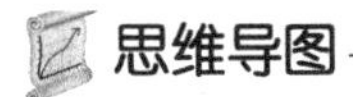

思维导图

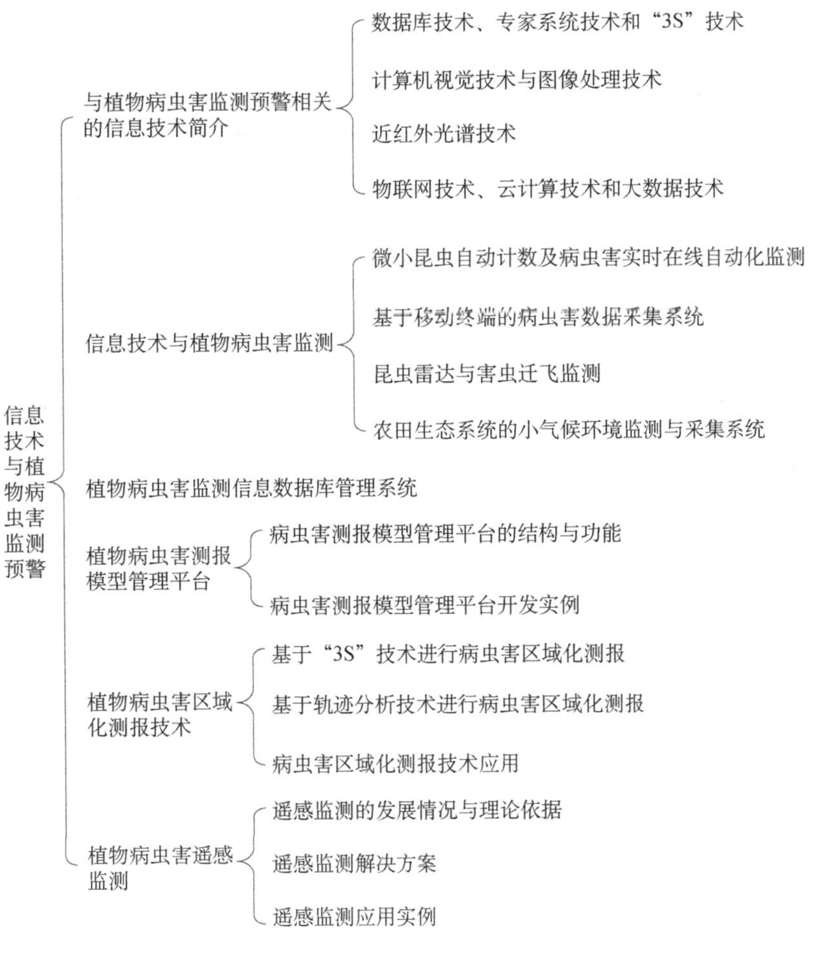

本章概要

本章介绍植物病虫害监测预警的发展趋势，由于加强了信息技术的应用，提高了监测预警水平，使得监测预警由传统的方式向数字化、自动化、智能化方向发展。传感器技术、物联网技术、无人机技术、“3S”技术、图像识别技术等信息技术逐步用于病虫害监测预警研究，相关的研究成果逐步在生产实际中应用，提高了病虫害监测预警的准确性和信息传播速度。

植物病虫害的监测预警是开展病虫害防治的重要前提和依据。由于病虫害的发生和危害与植物、环境、人为活动等多种因素有关，因此，进行植物病虫害的监测预警需要获得多种相关因素的信息资料，并且需要对获得的信息资料进行处理和分析，获得监测预警结果，再把监测预警结果及时发布给相关受众，以便及时制订和采取病虫害治理应对策略和措施。

在过去，基本是依靠人工调查获取植物病虫害发生和危害的相关信息资料，需要大量的人力、物力和时间，并且信息相对简单，一般是记录于纸质材料上，这种方式影响信息获取效率，会由于纸质材料损害或丢失造成信息的不完整，所获取信息的共享和应用非常有限；针对这种信息的利用亦会消耗大量的人力和时间，挖掘的信息有限，影响监测预警的时效性和准确性。另外，监测预警结果的发布主要依靠纸质材料邮寄和传送、电报、电话、广播、电视等，影响信息的传递效率和及时性。

21 世纪是信息化时代。人们无时无刻不与信息打交道，计算机技术与信息技术已经极大地改变了人类的生活方式，同时，也促进了科学的发展与技术的进步。信息技术（information technology，IT）是用于收集、开发、管理、处理和利用信息所采用的各种技术和手段的总称。信息技术是一门综合性技术，主要包括计算机技术、传感技术、通信技术、微电子技术、控制技术等。信息技术是高新技术的核心，对现在科学技术的发展起着先导作用。信息技术在农业方面的应用推动了农业信息化发展，使得农业向智慧农业、现代化农业方向发展。在植物保护领域，信息技术应用范围不断扩大，与植物保护知识相结合，形成了独具特色的植物保护信息技术。随着信息技术的逐步发展，人工智能技术、数据库技术、计算机视觉技术和图像处理技术、“3S”技术（地理信息系统技术 geographic information system、遥感技术 remote sensing、全球定位系统技术 global positional system 的统称）、物联网技术、云计算等信息技术在植物病虫害的监测预警方面应用越来越多，发挥的作用越来越大，极大地提高了监测预警水平，并且对于缓解技术人员短缺、提高工作效率等都具有重要意义。

信息技术在植物病虫害信息获取、传输方面发挥着重要作用，有利于调查和监测数据的规范化和标准化，从而有利于相关数据的共享和利用。各种网络技术的发展为植物病虫害信息的传输提供了便捷通道，网络的覆盖区域的增加和网络速度的提高扩大了植物病虫害自动化监测范围。随着移动互联等技术的发展和进步，基于移动终端的植物病虫害识别诊断系统和监测预警系统不断被开发应用，使得植物病虫害的诊断、识别、评估、监测预警等更加便捷。

“3S”技术在植物病虫害调查和监测预警中发挥着重要作用。利用遥感技术可以从多平台（近地、航空、航天）、多水平（单叶、冠层、区域）对病虫害进行监测，方便及时掌握病虫害发生情况；利用全球定位系统可以对病虫害发生地点进行定位、在病害调查中进行导航；利用地理信息系统可对病虫害数据进行管理和分析，还可与病虫害预测模型相结合以进行病虫害的预测，可视化的展示使得病虫害发生区域和动态更加直观。地理信息系统技术、遥感技术、全球定位系统技术集成在一起可以形成一个功能非常强大的现代技术体系，可更好地服务于植物病虫害的监测预警。

物联网技术是植物病虫害监测预警技术体系的一个综合性技术。该技术通过视频和传感器，借助于网络传输，可远程获取农业生产场景中的环境因素、植物、病虫害信息等；与计算机视觉技术和图像处理技术相结合，可以实现远程的病虫害种类识别、危害程度评估、病原孢子和害虫的自动计数等；与病虫害的预测模型相结合，可以自动预测病虫害的发生趋势，供相关部门进行发布。

监测预警结果信息的发布已经发生了很大的变化，虽然现在纸质材料仍有使用，但在很大程度上仅起到存档的作用，基于信息技术的监测预警结果信息的发布成为了主流和主要渠道。发布渠道包括电子邮件、手机短信、Web 网站、微博、QQ（QQ 群、QQ 空间等）、微信（公众号、朋友圈、聊天群等），尤其是微博、QQ、微信等新媒体或融媒体形式更是便捷，应用日益增多。

目前，人工智能（artificial intelligence，AI）技术已经与人们的日常生活和工作息息相关。深度学习（deep learning，DL）算法研究与应用成为近年来研究的热点。在植物病虫害的监测预警方面，人工智能技术主要应用于病虫害信息的自动获取、病虫害的自动识别和危害程度的自动评估、基于模型的自动预测等。

从现场监测数据的获取、传送、处理和分析，到监测预警结果的发布，信息技术已经应用于植物病虫害监测预警的各个环节。信息技术为监测预警的数字化、自动化、智能化提供了支撑，促进了植保信息化的发展，更是推动着传统植保向现代植保、智慧植保的变革。

第一节　与植物病虫害监测预警相关的信息技术简介

在植物病虫害监测预警过程中，信息技术应用非常广泛，有利于更方便、快捷、准确地获取病虫害发生相关信息，并且及时处理大量的数据资料，发挥了很大的作用；同时，推进了病虫害监测预警数字化、自动化、智能化。本节将介绍一些在病虫害监测预警中应用广泛的信息技术，以及最新发展、受到广泛关注、在病虫害监测预警中具有较大应用潜力的信息技术。

一、数据库技术

现代社会每天产生大量的数据，如何采集、存储、处理和应用这些数据是非常重要的问题。对大量数据进行安全、快速的处理，需要构建数据库，并利用数据库管理系统进行管理。数据库是现在进行安全、便捷的信息管理不可缺少的，是对收集的大量数据进行分析，以一定的方式进行存储，对数据实行高效管理和利用的重要方式之一。

数据管理经历了人工管理阶段（20 世纪 50 年代中期以前）、文件管理阶段（20 世纪 50 年代后期至 60 年代中期）、数据库系统阶段（20 世纪 60 年代后期至今）3 个阶段的发展。利用数据库技术可以高效地进行数据的存取和管理，有利于数据的利用和共享，同时能保证数据的完整性和安全性。

（一）数据库及其使用的数据模型

数据库（database，DB）是按照一定的结构进行组织、存储和管理数据的仓库。简而言之，数据库是相互关联数据的集合。在数据库中用于表示现实世界中的事物及其相互联系的数据和结构称为数据模型（data model）。数据库使用的数据模型有层次数据模型、网状数据模型、关系数据模型、面向对象数据模型等。

（1）层次数据模型是采用树形结构组织、存储和管理数据的数据模型。在这种数据模型下，每一个记录类型都是用节点表示的，每一个双亲节点可以有多个子节点，但是每个子节点只能有一个双亲节点。

（2）网状数据模型是采用网状图结构组织、存储和管理数据的数据模型。在这种数据模型下，一个节点可以有多个双亲节点和多个子节点。层次数据模型可看作网状数据模型的一个特例。

（3）关系数据模型是采用二维表格组织、存储和管理数据的数据模型。在这种数据模型下，采用二维表格表现实体类型与实体间的关系，其中，实体是指包含有效数据特征的事物对象。

（4）面向对象数据模型是面向对象程序设计方法与数据库技术相结合产生的一种数据模型。在这种数据模型下，基本的数据结构是对象。

（二）数据库管理系统

数据库管理系统（database management system，DBMS）是指一种专门用于创建和管理存储在数据库中的数据的软件系统。简单来说，数据库管理系统就是用于管理数据库的软件系统。数据库管理系统有 Oracle、DB2、SQL Server、Access、MySQL、PostgreSQL 等。

数据库管理系统的主要功能有以下 4 种。

（1）数据定义。利用 DBMS 提供的数据定义语言（data definition language，DDL）可对数据库中的数据对象进行定义。

（2）数据操作。利用 DBMS 提供的数据操作语言（data manipulation language，DML）可以操作数据，实现对数据库的查询、插入、删除和修改等基本操作。

（3）数据库的建立、组织、运行、管理与维护。利用 DBMS 可以建立数据库，实现数据的输入和增加，并对数据库进行统一管理、控制和维护，通过数据库的恢复、并发控制、完整性控制、安全性控制等实现对数据库的保护，以保证数据的安全性和完整性。

（4）提供存取数据库信息的接口和工具。利用 DBMS 提供的接口，应用程序员可以通过编程进行数据库应用程序的开发；利用 DBMS 提供的工具，数据库管理员可以对数据库进行管理。

（三）数据库系统

数据库系统（database system，DBS）是指由数据库及其管理软件、硬件等所组成的系统。数据库系统一般由数据库、数据库管理系统、操作系统和应用程序、计算机硬件、用户（包括数据库设计员、数据库管理员、应用程序员、终端用户等）组成；数据库管理系统是其基础和核心；应用程序用于辅助数据库管理系统进行数据库管理和数据处理。目前，应用的数据库系统有 SQL Server、Oracle、DB2、MySQL、Access、Foxpro 等。

（四）结构化查询语言

结构化查询语言（structured query language，SQL）是关系数据库环境下的标准查询和程序设计语言，可用于数据查询、更新、插入、添加以及管理关系数据库系统。SQL 语言是由 Boyce 和 Chamberlin 于 1974 年提出的。1987 年 6 月，国际标准化组织（International Organization for Standardization，ISO）将 SQL 作为关系数据库语言的国际标准。

SQL 语言主要包括以下 4 种。

（1）数据定义语言（DDL）：用于创建、修改、删除数据库对象，包括 CREATE、ALTER、DROP 语句。

（2）数据操作语言（DML）：用于增添、修改、删除数据，包括动词 INSERT、UPDATE、DELETE。

（3）数据查询语言（data query language，DQL）：也称为数据检索语句，用于对数据库进行数据查询，包括 SELECT 语句。

（4）数据控制语言（data control language，DCL）：用于对数据库对象访问进行权限控制，包括 GRANT、REVOKE 语句。

（五）关系数据库

关系数据库是建立在关系数据模型上的数据库，其将数据集合到通过特殊字段相互关联的表中，是多个数据表的集合，如利用 MySQL 创建的数据库。

在关系数据库中，保存数据的二维表格称为表（table）。一个关系数据库包含有多个数据表。一个数据表可以包含多行多列：行又称为元组，每一行为一个记录；用字段来表示列，每个字段代表记录的一个属性。用于建立表与表之间关联的公共字段称为键（key），有主键（primary key）和外键（foreign key）之分。在一个表中，唯一确定表中记录的列或列组合称为主键，主键值不能为空；若表中的列是其他表的主键，则此列称为外键。在关系数据库中，除了表外，其中还包含索引、视图、存储过程、存储函数、触发器等其他数据库对象。目前，常见的关系数据库管理系统有 Oracle、SQL Server、DB2、Sybase ASE、MySQL、Access、Foxpro 等。

MySQL 是一种运用非常广泛的关系数据库管理系统（relational database management system），由瑞典 MySQL AB 公司开发，现在属于 Oracle 公司旗下产品。MySQL 软件采用双授权政策，可分为社区版（MySQL Community Server）和企业版（MySQL Enterprise Edition）。用户可登录 MySQL 官方网站下载相关软件和资料，其官方网站的地址为 https：//www.mysql.com/。MySQL 是开源的系统，使用标准的 SQL 数据语言形式，操作简单、稳定性高、运行速度快。MySQL 可支持多种操作系统，并为包括 C、C++、Python、Java、Perl、PHP、Eiffel、Ruby.NET、TCL（tool command language）等多种编程语言提供了应用程序接口（application programming interface，API），同时具备 GIS 的空间扩展功能。鉴于 MySQL 的特点和优势，一般地，中小型网站开发会优先选择 MySQL 作为网站的数据库管理系统。

利用 MySQL，开发者可以创建数据库、修改数据库、选择数据库、删除数据库，以及创建数据表、修改表结构、删除数据表、查询数据、插入数据、修改数据、删除数据、排序等。其所建立的数据库可以存储文字、图像、视频等，支持多种数据类型，主要包括数值类型、字符串（字符）类型、日期/时间类型，每一类型又包括多种数据。

（六）分布式数据库

分布式数据库（distributed database，DDB）是通过网络连接的、在逻辑上相互关联的数据库的集合，是由分布于计算机网络上的局部数据库相互连接组成的；这些局部数据库存储在不同的物理节点上，在逻辑上是一个整体。分布式数据库可以抽象为全局外层、全局概念层、局部概念层和局部内层 4 层结构模式，各层间具有相应的层间映射。分布式数据库的研究开始于 20 世纪 70 年代中期，是数据库技术与计算机网络技术相结合的产物。分布式数据库管理系统（distributed database management system，DDBMS）是指用于管理分布式数据库的软件系统。分布式数据库系统（distributed database system，DDBS）包括分布式数据库管理系统（DDBMS）和分布式数据库（DDB）。

（七）NoSQL

NoSQL 即 No-SQL，是指非关系数据库，或 Not Only SQL，即“不仅仅是 SQL”。NoSQL 数据库结构简单，具有易扩展特性，并且适于大数据，用于云数据存储，由非关系数据存储数据类、灵活数据模型和多个模式组成。

NoSQL 数据库可分为键值（key-value）存储数据库、列存储数据库、文档型数据库、图形（graph）数据库等。键值存储数据库主要是使用一个哈希表，表中的 key 指向特定的数据（value）。列存储数据库以列簇式进行数据存储。文档型数据库与键值存储数据库相似，以文档的形式进行数据存储。图形数据库利用图结构进行数据存储。NoSQL 数据库软件有 MongoDB、Membase、Redis、HBase、BigTable、DynamoDB 等。

二、专家系统技术

专家系统（expert system，ES）是运用特定领域的专门知识或专家经验，基于一定的规则进行推理，模拟专家解决问题的方式，达到与专家同等解决问题能力的智能计算机程序系统。专家系统是人工智能的一个重要分支和应用领域，其利用计算机技术，集中了大量的领域专门知识或专家经验，用于解决遇到的领域范围内的问题，有助于解决缺少专家或单个专家认知局限的问题。

（一）专家系统的结构

专家系统通常由人机交互界面（human-machine interface）或用户界面（user interface）、知识库（knowledge base）、推理机（inference engine）、解释器（explainator）、综合数据库（global database）、知识获取（knowledge acquisition）等 6 个部分组成（图 6-1），其中，知识库和推理机是专家系统的核心。

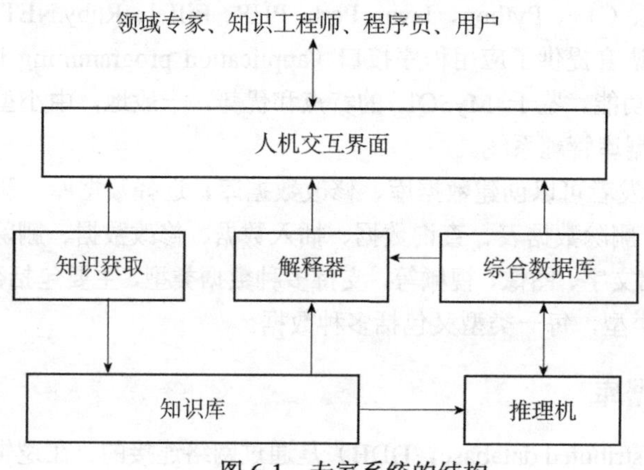

图 6-1　专家系统的结构

人机交互界面是领域专家、知识工程师或程序员、用户与系统相互交流的界面。借助于人机交互界面，用户通过输入信息回答系统的提问，系统将推理结果和相关解释呈现给用户。

知识库用于存放领域知识（包括事实和规则），是用于解决问题的领域知识的集合。领域知识是以一定的知识表示形式在知识库中进行存储的。知识库中的领域知识水平是专家系统解决问题的关键，决定着专家系统的质量水平。专家系统开发人员和用户可以通过完善知识库中的领域知识而提高专家系统的性能。专家系统的领域知识表示和组织多种多样，主要有描述型知识、数据型知识、规则型知识 3 种类型。对于常识型、原理型、经验型知识，专家系统利用描述型知识进行表示；对于数据型知识，应用数据库进行管理和应用；对于决策型、判断型知识，利用规则型知识表示。

推理机可被认为是专家系统的控制中心，其根据需要解决问题的相关信息、事实和条件，与知识库中的规则进行匹配或按照一定的规则进行推理，由此获得结论和结果。

解释器用于向用户解释和说明求解和推理过程，回答用户为什么需要提供相关信息和系统如何获得相关结论和结果，使得用户了解系统的工作机制。

综合数据库用于存放系统运行所需要的原始数据和运行过程中产生的所有信息，主要包括用户通过人机交互界面输入的信息、推理机推理过程的记录、推理产生的中间结果以及最终的结论和结果等。

专家系统通过知识获取进行知识库的建立、修改、扩充和完善。一般地，专家系统是由领域专家和知识工程师等共同配合将领域专家的知识和经验转换为知识库中的领域知识，实现知识获取的。此外，专家系统可以利用计算机辅助工具或机器学习算法等进行知识的半自动获取或自动获取，从而可以节省人力和物力。知识库可以通过知识获取不断完善，从而提高专家系统的性能。

（二）专家系统的推理方式

专家系统是由推理机基于知识库，按照一定的推理方式（或推理机制）解决问题的。专家系统的推理方式其实是专家系统运用领域知识和通过人机交互界面获取的信息模拟专家解决问题的方式。根据知识特点和知识表示方法的不同，专家系统可有正向推理、反向推理、正反向混合推理、基于案例的推理、不确定性推理等多种推理方式。

（1）正向推理（forward reasoning，FR），又称为正向链接推理，从已知事实、数据或信息出发，逐步推导获得最后的结论和结果。其是一种事实驱动推理方式。正向推理方法正向使用推理规则，利用已知事实、数据或信息与知识库中的规则的条件进行匹配，从而选取推理规则，将推导出的事实加入综合数据库，作为继续推理的已知事实，直到将最终匹配的规则的结论部分作为最后的结论和结果，通过人机交互界面呈现出来。

（2）反向推理（backward reasoning，BR），又称为后向链接推理或逆向推理，首先提出假设，逐步找到支撑假设成立的事实、数据或信息。其以假设目标为出发点，反向应用规则进行推理，是一种目标驱动推理方式。反向推理将提出的假设与知识库中的规则的结论部分进行匹配，从而选择推理规则，不断验证假设目标。

（3）正反向混合推理（forward and backward mixed reasoning），也称双向推理，是指混合使用正向推理和反向推理。其可以有“先正向推理后反向推理”和“先反向推理后正向推理”两种推理方式。

（4）基于案例的推理（case-based reasoning，CBR），是一种基于之前的案例解决当前的问题的推理方式。在 CBR 专家系统中，知识是以案例的形式存储于知识库（案例库）中。CBR 根据当前的问题信息，在知识库（案例库）中搜索匹配最相似的案例，若有匹配的案例，则选用该案例的解作为当前问题的解。这一推理方式往往需要大量案例作为基础。K 最近邻（K-nearest neighbor，KNN）、人工神经网络（artificial neural network，ANN）等可被用于案例匹配（张煜东等，2010）。

（5）不确定性推理（uncertainty reasoning，UR）是指运用不确定性的知识，推导出具有一定程度不确定性的合理或近乎合理的结论的推理方式。当专家系统的知识库包含着大量不确定性的知识时，可应用不确定性推理方式解决推理机的推理问题。不确定性推理涉及的主要理论和方法有概率论、模糊集理论、证据理论、确定性因子理论、粗糙集理论、贝叶斯网（Bayesian network）等。

（三）专家系统的基本工作流程

一般地，用户通过人机交互界面回答专家系统的提问；推理机将用户输入的信息与知识库中的规则条件进行匹配，将被匹配规则的结论保存于综合数据库中，并通过人机交互界面将结论呈现给用户。在人机交互过程中，专家系统还可以通过解释器向用户解释系统向用户提出相关问题的原因和专家系统得出结论的推理过程。

（四）专家系统的开发工具

早期的专家系统是采用不同的程序设计语言（如 Pascal、Fortran、C 语言等）或人工智能语言（如 LISP、Prolog、Smalltalk 等）开发的，对开发人员（知识工程师和程序员）的要求较高，需要开发人员熟悉计算机语言，并与领域专家进行合作。因此，专家系统的开发往往周期长、难度大，对于不熟悉计算机语言的领域专家来说，建立专家系统很困难。目前，国内外已经出现不少专用的专家系统开发工具，如LOOPS、EMYCIN、EXPERT、OKPS、“天马”专家系统开发工具、“雄风”农业专家系统开发工具、ASCS农业专家咨询系统开发平台、农业专家系统开发平台（Platform for Agricultural Intelligence-system Development，PAID）等，满足了不是很熟悉计算机语言的领域专家建立专家系统的需求。利用专家系统开发工具，领域专家只需将本领域的知识装入知识库，经调试、修改后，便可开发获得本领域的专家系统。

（五）专家系统的分类

按照任务类型和功能的不同，专家系统可以分为用于对已知数据和信息进行解释的解释型专家系统，用于根据已知数据和信息进行推断和预测可能发生情况的预测型专家系统，用于根据已知数据和信息进行对象发生异常情况诊断和分析的诊断型专家系统，用于根据既定目标进行行动规划的规划型专家系统，用于根据已知数据和信息进行对象行为控制和管理的控制型专家系统等。

按照软硬件系统结构的不同，专家系统可分为单机版专家系统和网络版专家系统。

按照知识表示方法的不同，专家系统可以分为基于规则的专家系统、基于框架的专家系统、基于逻辑的专家系统、基于语义网络的专家系统、基于案例的专家系统、基于模型的专家系统等（表6-1）。

表6-1　按照知识表示方法进行的专家系统分类

专家系统类型	知识表示方法
基于规则的专家系统	利用规则表示领域知识
基于框架的专家系统	以框架方式表示领域知识
基于逻辑的专家系统	基于逻辑表示领域知识
基于语义网络的专家系统	基于语义网络表示领域知识
基于案例的专家系统	以案例方式表示领域知识
基于模型的专家系统	以模型表示领域知识

（六）专家系统技术的应用

自美国斯坦福大学的Edward Albert Feigenbaum等于1965年研制出第一个专家系统DENDRAL以来，专家系统已被应用于农业、生物、医学、气象、军事、商业、工程技术、自动控制等多个领域。20世纪70年代末，美国开始研究农业专家系统，最初用于农作物的病虫害诊断。1978年，伊利诺伊大学开发的大豆病害诊断专家系统（PLANT/ds）是世界上应用最早的病害诊断专家系统。20世纪80年代初，我国已开始农业专家系统的研究（熊范纶，1999），并且陆续开发了多个植物病虫害诊断专家系统和病虫害预测专家系统。目前，在植物保护领域应用的专家系统基本上以数据库专家系统和模型专家系统为主，为用户提供有关植物病虫害的诊断、预测预报、综合治理及植物检疫、农药管理等方面的服务。

计算机图像识别技术和“3S”技术等计算机技术、通信技术和网络技术的飞速发展，极大地促进了植物病害诊断计算机专家系统的发展，国内外陆续开发了一些基于Web的远程诊断和预测系统以及植物病虫害诊断和预测应用程序或应用（application，App）。用户通过拍摄或上传植物病虫害的图像，专家系统可自动或通过线上领域专家进行鉴别和诊断；用户可以根据地理位置进行植物病虫草害发生情况的分析、预测和病虫草害的有效管理。此外，多媒体技术与专家系统技术相结合，可使专家系统中的知识表示以及结果和结论的呈现更加形象生动。随着机器学习等相关技术在专家系统中的应用，专家系统正向更加集成化、综合化、智能化方向发展。植物保护领域的专家系统可以作为农业生产管理专家系统的子系统，更有利于服务农业生产管理。

三、“3S”技术

“3S”一般是指全球定位系统（global positioning system，GPS）、遥感（remote sensing，RS）、地理信息系统（geographic information system，GIS）。由于有时 GPS 专指美国所研制的 GPS 系统，因此为了进行区分，研究者将全球导航卫星系统（global navigation satellite system，GNSS）、RS、GIS 统称为“3S”。本章中所述“3S”就是 GNSS、RS、GIS 的统称。“3S”技术是在多学科发展基础上，综合了空间技术、传感器技术、卫星定位与导航技术、通信技术、计算机技术等多种技术的现代信息技术。研究者利用“3S”技术可对空间信息和环境信息进行采集、处理、管理、分析、传播和应用。GNSS、RS、GIS 这 3 种技术的融合发展和有机集成可形成更加强大的功能，从而发挥更大的作用。

（一）GNSS

GNSS，也可称为全球卫星导航系统，是借助于地球轨道卫星进行测时、测距，在全球范围内进行实时定位、导航的系统。用户接收机根据接收到的 GNSS 卫星信号推算出卫星所处位置以及卫星与用户接收机之间的距离，并综合多个卫星的数据，实现用户接收机的精准定位。GNSS 具有实时、全天候、全球性、高精度定位、导航特性。目前，美国 GPS 系统（global positional system）、俄罗斯格洛纳斯全球卫星导航系统（globalnaya navigatsionnaya sputnikovaya sistema，GLONASS）、欧盟伽利略卫星导航系统（Galileo satellite navigation system）和中国北斗卫星导航系统（BeiDou navigation satellite system，BDS）共同构成世界四大卫星导航系统。

美国 GPS 系统于 20 世纪 70 年代开始研制，于 1994 年全面建成。目前，GPS 由空间部分、地面控制部分、用户部分组成。其空间部分由 24 颗卫星组成；地面控制部分由监测站、主控站、注入站组成；用户部分主要是 GPS 信号接收机。GPS 的定位精度为 10m。

北斗卫星导航系统是我国根据“自主、开放、兼容、渐进”的原则，自行研制、独立运行的全球卫星导航系统。1994 年，中国启动北斗一号系统工程建设，并于 2000 年发射 2 颗地球静止轨道卫星，建成系统并投入使用；为进一步增强系统性能，2003 年发射第 3 颗地球静止轨道卫星；目前，北斗一号系统已退役。2004 年，中国启动北斗二号系统工程建设，并于 2012 年年底完成 14 颗卫星（5 颗地球静止轨道卫星、5 颗倾斜地球同步轨道卫星和 4 颗中圆地球轨道卫星）发射组网。2009 年，中国启动北斗三号系统建设，于 2018 年年底完成 19 颗卫星发射组网，完成基本系统建设，2020 年建成北斗三号全球卫星导航系统。北斗卫星导航系统由空间段、地面段和用户段三部分组成。空间段由若干地球静止轨道卫星、倾斜地球同步轨道卫星和中圆地球轨道卫星组成混合导航星座。地面段包括主控站、时间同步/注入站和监测站等若干地面站。用户段包括北斗兼容其他卫星导航系统的芯片、模块、天线等基础产品，以及终端产品、应用系统与应用服务等。北斗三号卫星导航系统具有实时导航、快速定位、精确授时、位置报告和短报文通信服务 5 大功能，定位精度为 2.5～5m，测速精度为 0.2m/s，授时精度为 10ns。

GNSS 在军事、交通运输、勘探测绘、救援、农业、林业、气象等多个领域得到了应用。GNSS 用户可以利用 GNSS 接收机实现精准定位和导航。GNSS 接收机有多个品牌，GARMIN（佳明）、集思宝、杰威森、彩途等品牌的手持式定位导航仪便于携带，在野外调查和研究中使用较多。目前，一些智能手机和手机App具有GNSS定位功能，使用更加便捷。

（二）RS

RS意即“遥远地感知”，是一种不接触目标物，通过接收目标物反射或辐射的电磁波，获得目标物的光谱或影像并经过处理分析，识别目标物及其特征，从而实现对其进行远距离探测的综合性科学和技术。RS从20世纪60年代开始迅速发展，到20世纪80年代，兴起的可获得很多很窄电磁波波段的高光谱遥感（hyperspectral remote sensing）进一步拓宽了遥感技术的应用领域（浦瑞良和宫鹏，2000）。

物体具有电磁辐射特性，不同的物体由于物理和化学性质上的差异，具有特定的辐射特征。物体对电磁波的响应特性表现为物体的光谱特性，这是遥感的理论基础。遥感技术主要建立在对物体光谱特性研究的基础之上，与计算机技术、数学、地学、传感器技术、光学技术、微波技术、雷达技术等密切相关。

一般地，遥感技术系统包括空间信息采集系统、地面接收和预处理系统、地面实况调查系统、信息分析应用系统（倪金生等，2004）。研究者利用主要由遥感平台和传感器组成的空间信息采集系统获得光谱数据或遥感影像，通过地面实况调查系统获取目标物相关信息，通过地面接收和预处理系统、信息分析应用系统对光谱数据、遥感影像、目标物信息进行处理分析。

遥感技术具有不同的分类方法。根据工作平台的不同，遥感可分为地面遥感（近地遥感）、航空遥感、航天遥感。根据遥感数据资料获取方式的不同，遥感可分为成像遥感和非成像遥感。一般地，遥感数据包括按照非成像方式获得的光谱数据和按照成像方式获得的遥感图像（或影像）数据。根据遥感工作中电磁波的来源不同，遥感可分为主动式遥感和被动式遥感。根据传感器的工作波段不同，遥感可分为紫外遥感、可见光遥感、红外遥感、微波遥感和多波段遥感。

对于获取的光谱数据，研究者可以按照光谱数据预处理、谱段选择和光谱特征提取、定性或定量建模等步骤进行分析。研究者利用摄影方式和扫描方式可获得遥感图像。最常用的遥感图像数据格式有3种，即逐像元按波段次序记录（band interleaved by pixel，BIP）、逐行按波段次序记录（band interleaved by line，BIL）、按波段次序记录（band sequential，BSQ）。遥感图像一般具有空间分辨率、光谱分辨率、时间分辨率、辐射分辨率4种特征。研究者对遥感图像数据进行解译与处理分析时，需要进行几何校正、辐射校正、图像增强、特征提取与选择、图像分类等操作。地面遥感可用于航空遥感和航天遥感的校准。ENVI（the Environment for Visualizing Images）、ERDAS IMAGINE、Geomatica等软件可用于对遥感图像进行处理分析，还可与GIS相关软件整合，提高遥感图像的解译精度，并可进行地图输出。

由于高光谱成像光谱仪获得的遥感数据具有波段多、图谱合一、空间分辨率高等优点，高光谱成像光谱仪在地面遥感和航空遥感中应用越来越广泛。近年来，无人机技术发展迅速，以无人机为平台的航空遥感也得到迅速发展，并且所搭载的传感器，由照相机逐渐替换为高光谱成像光谱仪。IKONOS、SPOT、OrbView、EROS、Pleiades、QuickBird、GeoEye、WorldView和我国高分系列卫星等高分辨率遥感卫星的升空，极大地促进了航天遥感的发展。QuickBird的空间分辨率为0.61m，是世界上最先提供亚米级分辨率的商业卫星。

目前，遥感技术已被广泛应用在农业、林业、工业、勘探测绘、救灾、气象、海洋等多个领域，在农业和林业领域，其主要用于农林业资源监测、农作物产量估测、农林植物生长情况监测、农林业自然灾害的监测和预测预报等方面。

（三）GIS

GIS，即地理信息系统，亦称为空间信息系统，是一种对空间数据采集、存储、显示、管理、分析和应用的信息系统。GIS 是一个跨学科的技术系统，结合了地球科学、计算机科学、信息科学、系统科学等多个学科的知识。

GIS 的发展始于 20 世纪 60 年代。1963 年，加拿大科学家 Roger F. Tomlinson 提出并领导开发了世界上第一个 GIS 系统，后来将其命名为"加拿大地理信息系统（Canada Geographic Information System，CGIS）"，并于 1968 年正式发表提出了"geographic information system"这一术语（Tomlinson，1968）。目前，应用较多的地理信息系统软件有 ArcGIS、MapInfo、SuperMap GIS、MapGIS 等，其中，ArcGIS 的应用最为广泛。

GIS 由计算机硬件和系统软件、数据库、数据管理和分析系统等组成。计算机硬件主要指计算机、绘图仪、数字化仪等；系统软件主要指操作系统。数据库包括空间数据库和属性数据库两部分。数据管理和分析系统包括 GIS 运行平台以及数据输入、数据存储、数据检索、空间数据分析、应用模型分析、数据输出等模块。

GIS 所用数据主要有空间数据和属性数据两种，基于空间数据进行的空间分析（包括空间查询分析、缓冲区分析、路径分析、空间叠加分析等）是 GIS 的核心和主要特征。GIS 和地统计学（geostatistics）结合提高了空间分析能力，在进行地统计学分析时，常利用克里格插值法（Kriging）在区域化变量存在空间相关性的前提下，在有限区域内对区域化变量的未知样点进行无偏最优估计（汤国安和杨昕，2006）。克里格插值法包括普通克里格插值法（ordinary Kriging）、简单克里格插值法（simple Kriging）、泛克里格插值法（universal Kriging）等多种类型。

GIS 可分为 GIS 系统平台、组件式 GIS、WebGIS、移动 GIS 等。GIS 系统平台是指具有数据输入、数据编辑、数据存储、数据检索、数据分析、数据输出、二次开发等功能的 GIS。组件式 GIS 是指将 GIS 作为控件（COM 或 ActiveX）引入到 Visual C++、Visual Basic、Delphi 等集成开发环境中，由开发人员在所开发软件中引入 GIS 对象以实现 GIS 功能。WebGIS 是基于 Internet 的 GIS，将网络技术与 GIS 技术相结合，实现基于 Internet 的地理数据查询、地图显示、空间分析等。移动 GIS 是运行在移动终端上的 GIS，可以通过无线网络与服务器进行交互，也可以独立运行。

目前，GIS 已被广泛应用于城市规划、交通运输、军事、农业、林业、土地管理、救援、资源管理、环境保护等多个领域。

（四）"3S"集成技术

GNSS、RS、GIS 各有自己的优势。GNSS 可为 RS 和 GIS 信息获取提供精确的定位和导航功能，并在遥感图像解译中提供辅助信息，有利于提高遥感图像处理的精度。RS 具有强大的信息采集能力，可获得多时相、大范围的信息，其中包括 GIS 所需要的空间信息和属性信息。GIS 可对 GNSS 和 RS 获取的信息进行管理和分析。GNSS、RS、GIS 三者可以通过 GIS 的纽带作用，集成和构成一个集空间信息采集、管理、处理、分析和进行决策的综合性信息系统（技术体系）（倪金生等，2004）。"3S"集成技术是由 GNSS、RS、GIS 优势互补、有机融合形成的"3S"一体化技术，能够提供更先进的手段和方法。

在植物病虫害监测预警中，研究者利用 GNSS 能够实时、快速地对发生的病虫害进行准确定位，提供病虫害的空间地理位置；利用 RS 可以采集和解译植物病虫害发生的空间数据，可以监测病虫害发生区域和范围、影响病虫害发生的环境、病虫害严重程度，并对病虫害造成的损失进行评估，能够实时、快速地提供多时相、大面积的植物病虫害信息，反映病虫害发生过程的各种变化；利用 GIS 能够管理植物病虫害的相关数据资料，对多种病虫害相关数据信息进行快速地分析处理。"3S"集成技术可为植物病虫害监测预警提供更加便利的工具和支撑。

四、计算机视觉技术与图像处理技术

视觉是人类感知世界的重要方式，而图像是视觉的核心，蕴含着丰富的信息。随着计算机技术和机器学习的发展，人类尝试使机器获得感知能力的研究有了工具支撑，计算机视觉逐渐成为计算机科学的一个重要领域，相应的计算机视觉技术与图像处理技术得到迅速发展，应用日益广泛。

简单来说，计算机视觉（computer vision）就是研究利用计算机及相关设备代替人类肉眼看世界的科学，也可以理解为研究利用计算机及相关设备模拟生物视觉的科学。具体地说，计算机视觉是利用图像传感器获取物体的图像信息，利用信号转换将图像信息转换成数字图像后，借助于计算机程序对图像进行处理和分析。计算机视觉技术是一种综合性技术，涉及传感器技术、图像处理技术、模式识别技术、人工智能技术等多种技术。一个计算机视觉系统一般应该包括图像获取系统、数字图像处理系统、智能判别系统等。

图像处理技术是对通过一定的方式获取的图像进行处理和分析，以获得图像中目标信息的一种技术。这里所指的图像一般是数字化图像（包括遥感影像）或经过数字化处理的图像。随着数码相机、具有拍摄功能的手机等多种图像获取设备的普及，图像获取更加方便、快捷，并且随着技术的进步，所获取图像的分辨率不断增加，所含有的信息更加丰富。

（一）主要的图像处理技术

图像处理技术复杂，涉及多种算法和处理。主要的图像处理技术包括图像增强、图像分割、图像特征提取、图像识别等。用于图像处理和分析的软件一般有 Adobe Photoshop、MATLAB、Python 等软件。图像处理一般是基于图像的 RGB、HSV/HIS、XYZ、$L^*a^*b^*$等颜色空间进行处理的。

（1）一般地，对获取的图像需要进行预处理，使图像符合像素大小要求，降低或消除图像噪声，提高图像的清晰度和对比度。图像预处理包括：图像压缩、图像裁剪、图像增强等。

图像压缩一般是通过插值算法减少像素个数来进行的。图像裁剪是指从获得的原图像中裁剪出矩形块子图。图像增强一般是通过调整图像的对比度，突出和改善图像中目标的细节，可以通过均值滤波、中值滤波、高斯滤波等方法实现。

（2）图像分割是将图像中的感兴趣区域或目标与其他部分分开。可以利用聚类算法（*C* 均值聚类算法、*K* 中值聚类算法、*K* 均值聚类算法等）、监督分类算法（线性判别分析、Logistic 回归模型、朴素贝叶斯模型等）、阈值分割法等进行图像分割。

（3）图像特征提取是指利用一定的算法对图像分割区域的特征信息进行提取。一般提取的图像特征包括颜色特征、形状特征、纹理特征 3 类。一般地，颜色特征包括颜色矩（颜色一阶矩、颜色二阶矩、颜色三阶矩）以及 *R*、*G*、*B* 分量的颜色比值 *r*、*g*、*b* 等；形状特征包括面积、周长、圆度等；纹理特征包括能量、熵、对比度、Hu 不变矩等，此外，小波变换（wavelet transform，WT）近年来在纹理特征提取中得到了较多的应用。

提取的图像特征未必均适于进行图像识别，另外，如果特征量大，会提高对计算机处理能力的要求。可以通过遗传算法（genetic algorithm，GA）、逐步判别分析法、主成分分析（principal component analysis，PCA）、ReliefF、1R（1-rule）、CFS（correlation-based feature selection）等方法进行图像特征选择，用于识别模型的构建。

（4）图像识别是构建模式识别模型对图像中的感兴趣区域或目标进行判别。一般用机器学习算法构建识别模型，常用的识别模型有人工神经网络（ANN）、支持向量机（support vector machine，SVM）、贝叶斯判别法（Bayesian discrimination）、决策树（decision tree，DT）、随机森林（random forest，RF）、K最近邻（KNN）等。

（5）在进行图像处理的过程中，经常用到数学形态学操作，用于进行图像预处理、图像分割、图像特征提取等。基本的形态学变换是腐蚀（erosion）和膨胀（dilation）。简单地说，腐蚀可以使图像中的目标区域变小；膨胀可以使图像中的目标区域变大。这两种变换不是互逆变换，这两种变换可相互结合形成开运算（opening）和闭运算（closing）。开运算是一种先腐蚀再膨胀的形态学变换；闭运算是一种先膨胀再腐蚀的形态学变换。

（二）图像识别解决方案

传统的图像识别步骤一般是图像获取、图像预处理、图像分割、图像特征提取、提取特征选择、建立识别模型、图像识别。目前，深度学习在图像识别中应用越来越广泛，在图像分类、图像目标检测、图像分割等方面表现出巨大优势，打破了传统的图像识别步骤，形成了多个图像识别的解决方案（图6-2）。应用深度学习，大多图像识别问题可以将图像直接或经过一定的处理后输入到建立的深度学习模型中而自动找到感兴趣区域或目标，并可得到感兴趣区域或目标的类别和位置。此外，研究者可以利用深度学习模型进行图像特征的提取，然后经过提取特征选择、建立识别模型而获取识别结果。

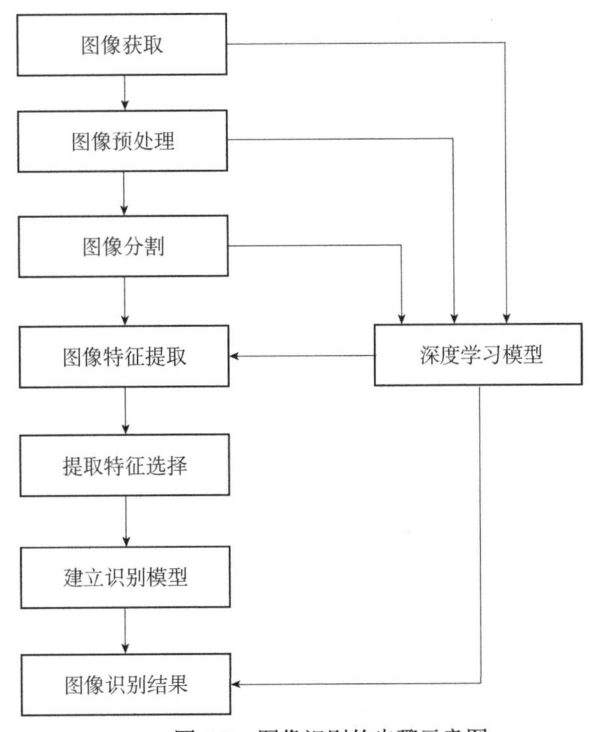

图6-2　图像识别的步骤示意图

（三）计算机视觉技术与图像处理技术在植物病虫害监测预警中的应用

目前，计算机视觉技术和图像处理技术在智能手机、物联网、遥感、无人机、机器人等方面得到应用，推动了相关科学和技术的快速发展。在农业方面，利用计算机视觉技术和图像处理技术，从业者可以获得农田作物生长的大量信息，还可以随时监测农田作物的生长变化。这些技术的应用提高了无人值守作业能力，并且提高了农业生产和管理的自动化、智能化水平。这些技术的应用，使得植物病虫害测报向智能化方法发展。利用计算机视觉技术与图像处理技术，可以获取农作物生长状态、有害生物形态、有害生物危害状等相关的图像，并对图像进行判读，获取农作物生长状态、有害生物形态、有害生物危害严重程度等相关数据，提高植物病虫害监测预警水平，为病害管理服务。基于计算机视觉技术和图像处理技术开展的植物病虫害监测预警，可以大幅度地降低人的劳动强度，提高工作效率，并可与病虫害的防治决策和精准防治相结合，综合提高植物病虫害的管理水平。

计算机视觉技术与图像处理技术主要可应用于植物病虫害种类定性识别、危害程度定量评估、病原体和害虫的自动计数等方面。并且，这些技术与物联网、无人机、机器人等相关技术结合，可以实现病虫害的远程监测、病虫害防治中的变量施药、病虫害的精准防治。

基于计算机视觉技术和图像处理技术，研究者已经开展了植物病害种类识别、植物病害病情估测、病原体显微图像识别、病原体孢子自动计数等方面的研究与应用。从单一种类病害，到两种病害，再到多种病害，从单一植物种类的病害，到多种植物种类的病害，均有相关的应用计算机视觉技术和图像处理技术进行识别和评估的报道，实现了小麦、水稻、玉米、棉花、苹果、苜蓿等多种植物的病害定性识别和定量评估（Sankaran et al.，2010；Patil and Kumar，2011）。由于将获取的病原体显微图像进行处理分析后，可以进行病原体的识别和图像中病原孢子的自动计数，这一技术的应用可以解决孢子捕捉仪所捕获孢子计数难的问题，并且也使得基于物联网技术通过获取捕捉的孢子显微图像进行田间病原自动监测成为可能。

国内外基于计算机视觉技术和图像处理技术进行了害虫分类识别、害虫检测、危害程度评估等研究，实现了对多种植物害虫的识别（Liu et al.，2019）。为了便于害虫监测中虫体计数，尤其是要解决微小害虫监测过程中人工计数难的问题，开展害虫自动计数的研究已有不少报道（Maharlooei et al.，2017；俞佩仕等，2019；王茂林等，2020）。此外，计算机视觉技术和图像处理技术与物联网技术结合，可以实现基于物联网的植物虫害远程自动识别和自动计数，实现田间害虫的远程监测。

近年来，以卷积神经网络（convolutional neural networks，CNN）为代表的深度学习算法在病虫害识别方面的研究报道呈现“井喷式”现象，已经出现了多个深度学习框架，如 TensorFlow、Theano、Keras、Torch、Caffe、Deeplearning4j。常用的深度学习网络架构有 Alexnet、GoogLeNet、VGG-16、Faster R-CNN、ResNet、YOLOv4、YOLOv5 等。深度学习是一种可以实现图像特征自动提取的技术，省去了专门进行特征提取的环节。由于深度学习算法要求训练集图像数量较多，在进行深度学习网络训练之前，研究者一般会通过图像翻转（image flipping）、图像旋转（image rotation）、图像缩放（image scaling）、图像裁剪（image cropping）、添加噪声（noise injection）等多种数据增强（data augmentation）方法进行训练集扩充。Mohanty 等（2016）利用从 PlantVillage 数据库中获得的发病和健康植物叶片图像，训练了一个深度卷积神经网络进行 14 种作物的 26 种病害的识别，总体准确率达到 99.35%。Geetharamani 和 Pandian（2019）利用从 PlantVillage 数据库中获得的 13 种植物的发病和健康植物叶片图像，通过对图像数据增强处理后构建了一个深度卷积神经网络，其对检验集的识别准确率达到 96.46%。深度学习也可用于病虫害图像特征的提取，然后基于所获得图像特征，利用其他的机器学习算法建立病虫害识别模型。秦丰等（2017）对采集的 899 张 4 种苜蓿叶部病害进行裁剪、病斑图像分割处理后获得 1651 张典型单病斑图像，对 R、G、B、H、S、V、L^*、a^*、b^*共 9 个颜色分量的灰度图像，提取所利用的 6 层 CNN 网络的下采样层 S4 的 12 张特征图的一阶矩、二阶矩、三阶矩特征，然后基于这些特征，建立病害识别支持向量机（SVM）

模型，所建最优 SVM 模型的训练集识别正确率为 94.91%，测试集识别正确率为 87.48%。

网络技术和人工智能推动了基于计算机视觉技术和图像处理技术的植物病虫害识别和评估的快速发展，包括从单机到互联网再到移动终端等不同研究和应用层次。研究者已经开发了一些基于单机、Web 或移动端的病虫害的自动识别系统，并且与物联网技术相结合，构建了一些植物病虫害远程监测系统。陈天娇等（2019）利用包含约 18 万张图像的测报灯下害虫图像数据库和包含约 32 万张图像的田间病虫害图像数据库，基于深度学习方法，构建了病虫害种类特征自动学习、特征融合、识别和位置回归计算框架，研发了移动式病虫害智能化感知设备和自动识别系统，经在生产实际中检验，所研发的系统对 16 种测报灯下常见害虫的识别率为 66%～99%，对 38 种田间常见病虫害（症状）的识别率为 50%～90%。中国科学院合肥智能机械研究所、安徽中科智能感知产业技术研究院有限责任公司和全国农业技术推广服务中心等单位合作，应用大数据技术、人工智能技术、深度学习技术开发了一个农作物病虫害移动智能识别系统——随识（谢成军等，2020），该系统为一款手机应用程序。该系统架构主要由客户端、应用服务端、深度学习和识别服务端组成，以 Android Studio 作为客户端和应用服务端开发工具，利用第三方 GUI 工具搭建数据库，应用服务端采用 Tomcat 容器，深度学习和识别服务端使用 ubuntu 系统，以 Python 作为开发语言，采用 nginx、gunicorn 容器。应用该系统，用户利用手机可以通过拍照或上传图像，实现农作物主要病虫害的识别，并可以获取防治决策和服务信息。河南鹤壁佳多科工贸有限公司、浙江托普云农科技股份有限公司等研制了基于自动获取的植物害虫和病原体孢子图像进行病虫害监测的物联网系统，并在生产中进行了推广应用。

五、近红外光谱技术

近红外光谱（near infrared spectroscopy，NIRS）技术是基于所获得的样品近红外光谱区包含的物质信息，对样品进行定性分析和定量分析的一种技术。近红外光谱区的波长范围为 770～2500nm，其频率范围为 13 000～4000cm^{-1}（严衍禄等，2013）。近红外光谱区自身具有谱带重叠、吸收强度较低、需要依靠化学计量学方法提取信息等特点（严衍禄，2005）。NIRS 主要依靠的是样品中 O—H、N—H、S—H、C—H 等含氢基团振动的倍频与合频信息。NIRS 是一种间接分析技术，可分为定性分析和定量分析。在利用 NIRS 对未知样品进行定性或定量分析时，研究者需要获得大量已知样品近红外光谱数据，借助化学计量学方法建立判别或定量数学模型。NIRS 一般包括近红外光谱信息采集、信息处理（近红外光谱数据预处理、光谱建模范围选择、光谱特征提取）、构建关联模型、待测样品信息提取和判别等过程。

（一）近红外光谱信息采集

样品的近红外光谱信息采集一般是采用专门的近红外光谱仪进行的，如德国 Bruker 公司生产的 MPA 傅里叶近红外光谱仪、美国 Thermo Fisher Scientific 公司生产的 Antaris Ⅱ傅里叶变换近红外光谱仪等。根据近红外光谱产生的过程，近红外光谱可分为近红外吸收光谱和近红外发射光谱。

所测定获得的样品的近红外光谱受到多种因素的影响。近红外光谱采集时应该注意光谱测量方式、光谱采集范围、光谱分辨率等光谱测量参数的设置。一般地，近红外光谱测量方式有透射、漫反射、透反射、漫透射等，进行近红外光谱测量时，应选择合适的光谱测量方式。进行样品物理结构分析时，主要用漫反射、漫透射方式；进行样品化学定性、定量分析时，主要用透射、漫反射、漫透射方式（严衍禄等，2013）。一般地，对于真溶液样品进行测量时多采用透射方式，对固体样品多采用漫反射方式，对悬浮液或乳状液多采用透反射方式，对于不同厚度层次的固体样品多采用透漫射方式（严衍禄等，2013）。

同时，在进行样品定性分析时，应该确定建模样品的类别；在进行样品的定量分析时，应该应用标准方法定量测定建模样品中待测量的化学值（也可称为真值或参考值）。

（二）近红外光谱数据的预处理

利用近红外光谱仪采集的样品近红外光谱除包含样品自身的信息外，还可能包含来自于仪器、测定环境和操作等的噪声。为减弱各种非目标因素对近红外光谱的影响以及提高相关模型的准确度和稳定性，研究者可以根据需要和实际情况，对采集获得的原始近红外光谱数据进行预处理。常用的近红外光谱预处理方法有附加散射校正（multiplication scatter correction，MSC）、标准正态变量变换（standard normalized variate，SNV）、矢量校正（vector normalization，VN）、一阶导数、二阶导数、中心化、极差归一、平滑等。

（三）近红外光谱建模范围或波长的选择

在进行近红外光谱分析时，若分析光谱范围（谱区）选择过宽，则可能无效信息过多，有效信息率低；若分析谱区过窄，则会因丢掉有效信息而导致模型分析的精确度降低。在选择建模谱区时，应该消除随机噪声较大谱区的影响，尝试选择不同谱区建模，以筛选出适合建模的谱区。在建模时，有时会选用若干波长点，因此，波长点的筛选可能决定所建模型的应用能力和效果。常用的近红外谱区或波长选择方法有相关系数法、线性回归法、连续投影算法（successive projections algorithm，SPA）、遗传算法（GA）、无信息变量消除法（uninformative variables elimination，UVE）、间隔偏最小二乘法（interval partial least squares，iPLS）等。

（四）近红外光谱定性分析模型或定量分析模型的构建

1. *定性分析模型的构建*　近红外光谱的定性分析可通过相似性分析、模式识别或判别分析进行。对样品进行近红外光谱定性分析时，需要根据获得的近红外光谱和建模样品的类别数据，经近红外光谱预处理和建模谱区选择后，建立定性分析模型。有时在近红外光谱预处理和建模谱区选择后，需要进行光谱特征提取和选择，然后再建立定性分析模型。常用的光谱特征选择方法有主成分分析（PCA）、逐步回归（stepwise regression）、偏最小二乘法（partial least squares，PLS）、K-W 检验（Kruskal-Wallis testing）、小波变换（WT）等。常用的近红外光谱定性分析建模方法有簇类独立软模式法（soft independent modeling of class analogy，SIMCA）、定性偏最小二乘法（distinguished partial least squares 或 discriminant partial least squares，DPLS）、人工神经网络（ANN）、支持向量机（SVM）、K 最近邻（KNN）、决策树（DT）、随机森林（RF）、贝叶斯判别等。研究者可根据所建模型的判别准确率等指标选择最优的定性分析模型。

2. *定量分析模型的构建*　对样品进行近红外光谱定量分析时，需要根据获得的近红外光谱和定量测量的样品的化学值数据，经近红外光谱预处理和建模谱区选择后，建立定量分析模型。有时，在近红外光谱预处理和建模谱区选择后，需要利用逐步回归、主成分分析（PCA）、小波变换（WT）等方法对光谱数据进行降维处理，然后再建立定量分析模型。常用的近红外光谱定量分析建模方法有多元线性回归（multivarate linear regression，MLR）、主成分回归（principle component regression，PCR）、定量偏最小二乘法（quantitative partial least squares，QPLS）、支持向量回归机（support vector regression，SVR）、人工神经网络（ANN）等方法。定量分析模型建立后，需要对所建模型进行效果评价、检验和验证。研究者可常根据决定系数（R^2）、校正标准差（standard error of calibration，SEC）、预测标准差（standard error of prediction，SEP）、平均相对误差（average absolute

relative deviation，AARD）等进行所建模型的评价指标，选择最优的定量分析模型。

（五）近红外光谱技术应用

NIRS 作为一种快速、无损、低成本、无污染的分析技术，已被广泛应用于农业、食品、石油、化工、医药等行业。在植物保护领域，NIRS 已被用于植物病虫害的检测、有害生物种类的定性识别、危害程度评估、病原体定量分析等方面，相关研究需进一步加强和受到关注。一般地，利用近红外光谱技术对植物病虫害或有害生物可以按照图 6-3 所示流程进行定性分析和定量分析。

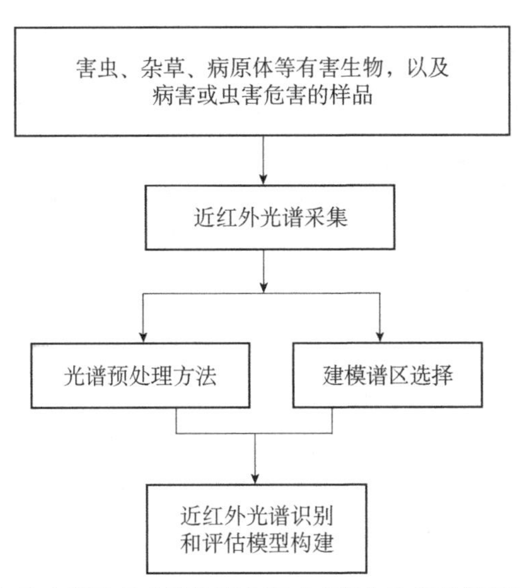

图 6-3　基于近红外光谱技术对植物病虫害或有害生物样品进行定性和定量分析流程图

中国农业大学的研究人员利用 NIRS 开展了病害的早期检测（李小龙等，2013）、病害严重度评估（李小龙等，2015）、病原的定性识别（李小龙等，2014；Zhao et al.，2019）以及混合病原的定量分析研究（李小龙等，2014），并利用 NIRS 进行了小麦条锈病病菌萌发率的定量测定（Zhao et al.，2015）。NIRS 可用于对受到侵染和为害的植物组织或器官中病原数量进行定量检测和分析（Zhao et al.，2017；Cagnano et al.，2020）。

NIRS 可用于检测粮粒中的害虫及其龄期，这为粮食储藏和检疫过程中害虫的检测提供了一种技术；同时，NIRS 可用于进行水果中害虫的检测（Saranwong et al.，2010）。在农产品线上分检作业过程中，NIRS 可用于病虫害的早发现和分类处理，避免病虫害通过农产品的运输进行传播和扩散。NIRS 可用于植物产品中毒素的检测和定量测定（Levasseur-Garcia，2018；郭志明等，2020），这对于植物产品的质量评估和食品安全非常重要。

随着便携式近红外光谱仪器的发展，近红外光谱分析技术在植物健康监测和植物病虫害测报方面将会得到更多应用。NIRS 可以与物联网技术结合，用户利用近红外光谱仪获得样品的近红外光谱数据之后，通过网络传输至物联网的数据处理中心进行处理和分析，可以实现样品的远程监测。若将这一相关技术应用于有害生物、病害、虫害的监测方面，NIRS 可以帮助实现植物病虫害的远程、无损监测，为病虫害的预测预报和有效管理提供支撑。

六、物联网技术

物联网（Internet of Things，IoT）的概念由美国麻省理工学院（Massachusetts Institute of

Technology，MIT）的 Ashton K. 教授于 1999 年首次提出（Biggs and Srivastava，2005）。物联网被称为继计算机、互联网之后世界信息产业发展的第三次浪潮，其发展和应用受到高度重视。

物联网是利用各种传感器、射频识别（radio frequency identification，RFID）、视频采集终端等感知技术与智能装备，按照一定的协议把任何物品与互联网联系起来，进行物与物之间的信息交换和通信，以实现智能化识别、定位、跟踪、监控和管理的一种智能网络（李道亮，2012）。物联网是在互联网基础上延伸和扩展的网络，利用物联网技术可将所有能够被独立寻址的普通物理对象连接成为互联互通的网络，实现彼此之间的信息交流。物联网可以说是万物相连形成的网络。

（一）物联网技术体系

物联网技术是现代信息技术的重要组成部分，其与多种信息技术有关，涉及传感器技术、射频识别技术、GPS 技术、RS 技术等感知技术，无线传感网络技术、移动通信技术和互联网技术等信息传输技术，以及各种信息处理和识别技术等，并与大数据技术、云计算技术、人工智能技术等相融合，关系密切（孙其博等，2010；李道亮和杨昊，2018）。

（二）物联网的基本特征

物联网的基本特征为全面感知、可靠传输、智能处理（孙其博等，2010）。全面感知是指利用射频识别、定位器、传感器等感知、测量设备和技术实时采集和获取物体的各种信息。可靠传输是指将物体接入信息网络，按照一定的协议，依靠无线网络、有线网络、互联网等各种网络的融合，将物体的信息准确地、实时地进行传输，实现信息的交互和共享。智能处理是指利用各种智能计算技术，将感知获取和传输的数据和信息进行分析和处理，实现智能化的监测、决策和控制。

（三）物联网的基本网络架构

一般地，物联网具有感知层、传输层、处理层、应用层 4 层网络架构。

感知层是物联网获取数据和信息的基础，主要涉及信息感知技术，包括传感器技术、射频识别（RFID）技术、定位技术（GPS 技术、GIS 技术）等。利用各种传感器，可以采集获取环境温度、湿度、光照等各种农业要素信息，为农业生产的管理提供数据基础。RFID 技术是一种非接触式的自动识别技术，通过无线射频方式进行非接触双向数据通信，根据射频信号实现自动识别目标。该技术便于信息的快速获取、存取和传输，便于目标物的及时检测和分拣，在农产品流通、质量监督、溯源等方面应用较多。在植物病虫害监测预警和管理中，RFID 技术在通过农产品传播的有害生物的溯源方面将发挥重要作用。定位技术可用于获得感知对象的准确地理位置，可实现对感知对象的精准定位和跟踪。研究者通过感知层获得大量的数据，这些数据的标准化对于数据的存储、处理和交流非常重要。

传输层也称为网络层，主要涉及无线或有线网络传播，用于数据和信息传输的网络有有线网络（局域网、拨号网络、专线网络等）、无线网络、互联网（Internet）等。通过传输层，可以实现数据和信息的快速、高效传输。无线传感器网络（wireless sensor networks，WSN）是物联网中应用较广的一种传输网络，是一种分布式传感网络，是通过无线通信方式形成的一个多跳自组织网络；处于网络末梢的传感器通过无线方式通信和连接，并可通过有线或无线方式与互联网进行连接。ZigBee 技术、WiFi 技术、蜂窝移动通信技术、蓝牙技术等常被应用于无线传感网络的组建。

处理层和应用层负责所获取信息的处理和分析、决策和管理、应用，主要涉及专家系统、决策支持系统、大数据技术、云计算技术、地理信息系统、智能控制技术等信息技术。研究者通过处理层对传输来的大量数据和信息进行数据挖掘，发现新的、有价值信息，开展决策和管理。应用层利用各种应用服务系统实现具体应用。有时，处理层和应用层也统一称为应用层。

（四）物联网技术的应用

物联网技术已被应用于多个领域，推动了相关领域的快速发展。物联网技术已被应用于农业环境监测、大田种植、设施园艺、畜禽养殖、植物病虫害监测和管理、农产品物流等农业相关领域，改变了农业生产、管理、经营和服务等多个环节的模式，促进了农业信息化，提高了农业生产的精准化、数字化、自动化、智能化水平，提高了效率和效益。在农业领域应用的物联网也被称为农业物联网。农业物联网是利用各种传感设备，感知和采集农业生产中的各类信息，并经过网络传输，实现对农业生产过程进行远程实时监控、智能处理、实时管理的网络体系和技术集成。农业物联网的应用可减少农业从业人员现场作业的必要性，可缓解农业基层技术人员短缺、农业劳动力逐渐减少等为农业生产带来的问题，尤其是可以解决我国偏远、交通不便地区农业生产管理难的问题。农业物联网的迅速发展将在我国实现农业现代化的过程中发挥重要的推动作用。

物联网技术应用于植物病虫害监测预警的网络架构如图 6-4 所示，其可提高病虫害监测预警的信息化、自动化、智能化水平，为病虫害的及时、有效、安全防控提供强有力支撑。信息的自动感知和获取可为病虫害预测预警、管理和决策提供基础数据和支撑，提高病虫害预测预报和管理的水平。①从业者可建立田间病虫害监测预警物联网，进行环境监测（空气温度、湿度、光照强度，土壤肥力或营养元素、温度、湿度、金属含量、pH，温室二氧化碳等气体），植物监测（生长状态、生育期、叶面湿度），以及病虫害监测（病虫害种类、发生情况）。在田间可装配传感器、红外摄像头等设备，实时监测田间的环境温湿度、病害发生程度、害虫密度等，当相关数值超过设定的阈值、临界值或警戒值时，设备会自动发出警告或发送预警信息至用户手机等移动终端上。用户通过物联网可以对田间病虫害实现早期识别和诊断，可以实时了解田间病虫害发生情况，及时做出管理决策。通过物联网，智能农业机械装备在田间通过 GPS 定位和导航，借助传感器或摄像头等，对病虫害进行识别和精准定位，通过数据处理和决策系统的判断，实现精准施药和变量施药，达到病虫害精准防治、减药增效的目的。②从业者可以建立农产品储藏监测物联网，实时监测和了解农产品储藏环境中的各因素的状态和随时间的变化，以便及时决策和采取相关措施。③从业者可以构建基于 RFID 的农产品安全追溯系统和平台，一旦发现危险性有害生物，可以追溯来源和流通途径，便于及时采取相关治理措施。该系统和平台可以与农产品电子交易平台或电子商务平台等农产品流通相关的平台进行对接。农产品安全追溯系统应该覆盖农业全产业链，从种苗来源、种植、生产管理到收获、加工、存储、运输、销售等多个环节。

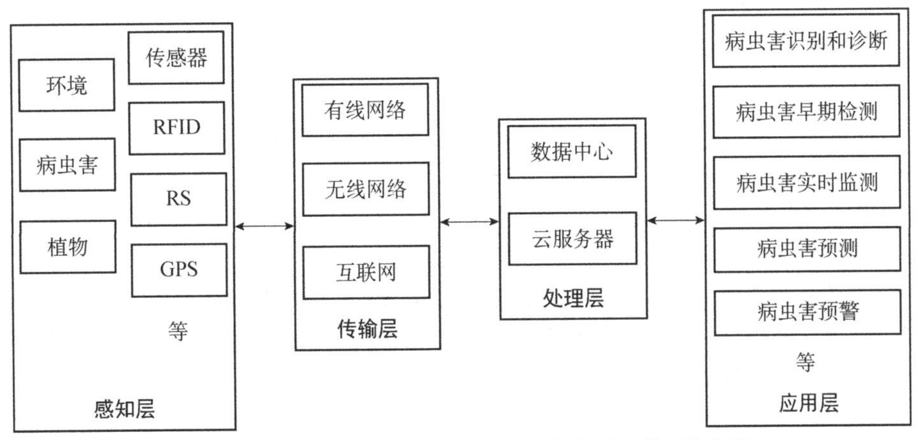

图 6-4　基于物联网的植物病虫害监测预警网络架构

物联网技术用于植物病虫害监测预警的实例不少。目前，物联网技术的应用受到感知层技术和病虫害自动诊断、定量评估等信息处理技术的制约，主要应用于视频远程病虫害诊断、病虫害实时视频监测、病虫害发生环境监测等。对于与环境条件密切的马铃薯晚疫病、小麦赤霉病等大田作物病害以及一些设施栽培作物病害，从业者已经构建效果较好的基于物联网的自动监测预警系统。全国农业技术推广服务中心开发了中国马铃薯晚疫病实时监测预警系统；北京依科曼、宁波纽康等企业研发了害虫性诱远程实时监测系统；美国建立了远程视频诊断识别系统（distance diagnostic and identification system，DDIS）（黄冲和刘万才，2015）。河南省佳多农林科技有限公司研发的佳多农林病虫害自动测控物联网系统（佳多农林 ATCSP 物联网），可以实现虫情信息自动采集、孢子信息自动捕捉培养、农田小气候信息采集等，可将采集的数据无线传输到数据中心，进而实现田间病虫害远程智能化管理，经过实际应用，获得了较好的经济效益、社会效益和生态效益。全国农业技术推广服务中心自 2013 年开始依托河南鹤壁佳多科工贸有限公司建立农作物病虫实时监控物联网，截至 2018 年年底，在河南、广西、新疆等 26 省（自治区、直辖市）已经建成联网的站点 165 个（陈天娇等，2019）。西北农林科技大学、陕西省植物保护工作总站、西安黄氏生物工程有限公司共同研制了基于物联网的小麦赤霉病自动监测预警系统（张平平等，2015；张平平，2015）。

七、云计算技术

云计算（cloud computing）是将网络资源和计算资源集中起来，利用软件实现自动化管理，借助于网络实现提供资源共享和服务的一种计算和服务模式。云计算引入效用模型（utility model）进行远程提供可扩展和可测量的资源，是分布式计算的一种特殊形式。云（cloud）是为了实现远程提供可扩展和可测量的资源而设计的一个 IT 环境。云计算技术涉及网络、软件、数据库等多种信息技术。云计算最显著的特点是虚拟化，利用虚拟化技术通过虚拟平台根据用户所需提供服务。云计算具有高效的计算能力，用户可根据需求快速部署应用程序和资源，并且云计算具有很高的敏捷性、可靠性、可扩展性、可恢复性，即使单个服务器出现故障，可通过分布于其他服务器上的应用或通过动态扩展功能部署新的服务器继续提供服务。利用云计算可以实现信息存储资源和计算能力的分布式共享。用户利用云计算可便捷、高效地实现数据存储和计算等功能，仅需根据所使用的服务进行付费，可节省大量的硬件和软件资源的投资。

（一）云计算的服务类型

一般地，根据云计算提供的服务资源层次，云计算的服务类型可以分为基础设施即服务（infrastructure as a service，IaaS）、平台即服务（platform as a service，PaaS）、软件即服务（software as a service，SaaS）、数据即服务（data as a service，DaaS）等 4 种类型。在实际应用中，可以将云计算的服务类型组合起来，为用户提供更好的云服务。

（1）IaaS 为用户提供计算机资源、网络资源、数据存储空间等基础设施服务，用户可通过基于云服务的接口和工具对这些基础设施进行访问和管理。

（2）PaaS 为用户提供设计、开发、测试等平台化服务，用户在云端即可完成开发工作。

（3）SaaS 为用户提供应用程序软件服务，用户无需单独购买和本地安装应用程序软件，利用 SaaS 在云端即可使用应用程序完成工作。

（4）DaaS 为用户提供所需要的数据服务，包括为用户提供数据访问服务和为用户提供挖掘数据中有价值信息的服务。

（二）云计算的部署模式

云计算的部署模式主要是指按照所有权、大小、访问方式等进行划分的云环境类型。云计算的部署模式主要包括公有云（public cloud）、社区云（community cloud）、私有云（private cloud）、混合云（hybrid cloud）等4类。

（1）公有云是由云服务供应商为用户（社会公众）提供的云。在公有云模式下，由云服务供应商为用户提供存储、平台、应用程序等共享资源服务；有些服务是免费的，有些服务需要用户根据需求和使用量进行付费；云服务供应商具有对服务和云端资源进行管理的权利，对于用户来说，可能存在一定的数据安全性问题。主要的公有云有AWS（Amazon Web Services）、Microsoft Azure、谷歌云（Google Cloud）、阿里云、百度云、腾讯云等。

（2）社区云是为一个由多个共同关切的组织组成的特定社区建设的云，仅供特定的用户社区中的成员使用。

（3）私有云是为一个组织机构或单位建设的云，仅供组织机构或单位内部人员使用，可提供专有资源服务。

（4）混合云是公有云、社区云、私有云中的2种或2种以上的云的集成模式。

（三）云计算在植物病虫害监测预警中的应用

在植物病虫害监测预警中，利用云计算技术，从业者可以实现监测数据的实时存储和共享、监测数据的远程分析处理、防治决策和预警发布等工作。通过物联网技术与云计算技术相结合，从业者可将人工调查或传感器获得的植物病虫害监测数据通过无线网络上传至云计算平台进行存储，并可利用云计算平台上的应用程序软件，由移动终端远程设置需求对数据进行处理，获得病虫害的发生状态、发生动态、预警信息、防治决策等相关信息，指导用户做好病虫害的管理工作。

云计算在植物病虫害监测预警中已经得到实际应用。①浙江托普云农科技股份有限公司研发了智能虫情测报灯（亦称智能虫情测报系统），该智能虫情测报灯内置2000万像素的工业级高清摄像头，可以实时采集获得高清的虫情照片，并实时上传至物联网云平台进行虫体的自动识别和统计，可通过电脑端或手机端发布指令，对虫害发生情况进行分析和预测。②为了将田间虫害测报与田间气象条件相结合，浙江托普云农科技股份有限公司综合利用传感器技术、物联网技术、云计算技术等研发了一款可以自动监测气象数据和自动诱捕虫情信息的产品——益特IT智慧性诱测报系统，利用该产品可采集环境温度、湿度、光照强度、雨量、风速、风向、土壤温度、土壤水分、大气压、作物苗情图像等参数，并通过无线网络上传至云平台，在电脑端或手机端利用云管理平台，综合虫情和气象数据，实现虫情测报。③浙江托普云农科技股份有限公司研发了一套病虫害监测预警系统，该系统由远程拍照式虫情测报灯、远程拍照式孢子捕捉仪、无线远程拍照式孢子捕捉仪、无线远程自动气象站、远程视频监控系统等组成，可将自动采集获取的虫情信息、病菌孢子、气象信息，通过远程无线传输自动上传至云服务器，可实现监测信息实时显示，并可通过云平台或手机APP分析病虫害发生动态、预测病虫害的发生时间和趋势。

八、大数据技术

如今是个高速发展的时代，每天都有大量的数据产生，如何更好地利用这些数据已经成为迫切需要。大数据技术为充分利用海量数据提供了支撑，可对这些数据加工处理，挖掘出有价值的信息。大数据技术的出现受到广泛关注，已经在医疗、金融、商业、教育、交通等行业得到深入应用，在广告投放、社会应急响应、农产品调度管理等多方面发挥了重要作用。

大数据（big data）是指利用常规软件工具在一定时间范围内难以进行捕捉、管理和处理的数据集合。大数据不仅仅是海量数据，其主要特征可以概括为高容量（volume）、高速度（velocity）、多样性（variety）、真实性（veracity）、低密度价值（value）。农业大数据主要包括农业生产环境数据、农田变量信息、农田遥感数据、农产品市场经济数据、农田生命信息数据等（李道亮和杨昊，2018）。

我国已经组建国家农业科学数据中心（https：//www.agridata.cn），包括作物科学、动物科学与动物医学、热带作物科学、渔业科学、草地与草业科学、农业资源与环境科学、植物保护科学、农业微生物科学、食品营养与加工科学、农业工程、农业经济科学、农业科技基础等方面的大量数据。其中，植物保护科学相关数据按照病虫害、杂草鼠害、生物防治进行归类，包含大量病虫草鼠害调查和监测数据、抗病性监测数据、病虫害图像数据、病虫害种类数据、农药试验数据、生物防治菌转录组数据等。2021 年 11 月 19 日，我国农业农村部大数据发展中心正式成立，将会进一步推动我国农业信息化和农业现代化建设，加快我国农业向数字农业、智慧农业发展。

大数据的数据可以分为结构化数据、非结构化数据、半结构化数据。结构化数据是指可用二维表形式进行逻辑表现的数据，一般存储在数据库中。非结构化数据是指不宜用二维表形式进行表现的数据，如办公文档、文本、图片、音频、视频等。半结构化数据是指处于结构化数据和非结构化数据之间的数据，如 HTML（hypertext markup language）文档。

大数据处理一般包括大数据的产生、获取、存储、分析等环节。面对海量数据，数据的存储会占用大量的空间，存储形式非常重要。用于存储大数据的数据库有关系数据库和非关系数据库两种。大数据分析中，数据挖掘技术、机器学习算法发挥了重要作用。大数据分析通常与云计算紧密相关。

来自 Apache Software 的开源软件 Hadoop 和 MapReduce 可用于大数据的存储和分析。Hadoop 是一个开源框架，可在分布式环境中存储和处理大数据。MapReduce 是一种编程模型，亦是 Hadoop 的核心。利用 MapReduce 可将大型数据集在集群节点上进行处理。大数据经过处理之后，可通过数据可视化以计算机图形或图像的直观形式进行显示，以供管理决策等应用。

基于大数据技术，从业者可以构建植物病虫害的监测预警系统。该系统包括信息采集系统、信息传输系统、信息存储系统、信息分析处理系统、预警系统；亦可以将其作为农田综合管理系统的一个子系统，将病虫害监测和农田生产管理相结合，以便更系统、科学地实施农田管理措施。

第二节　信息技术与植物病虫害监测

信息技术在植物病虫害监测中发挥了重要作用，为病虫害监测提供了重要的技术手段，提高了监测效率，促进了病虫害监测向自动化、数字化、智能化方向迅速发展。本节重点介绍信息技术在微小害虫自动计数、病虫害实时在线自动化监测、基于移动终端的病虫害数据采集系统、昆虫雷达与害虫迁飞监测、农田生态系统的小气候环境监测与采集系统等方面的应用。

一、微小害虫自动计数

蚜虫、叶蝉、飞虱、粉虱、蓟马、潜叶蝇、螨类等个体微小的害虫在生产中危害严重，并且不少种类的微小害虫是植物病原体的传播介体，给农业生产带来很大的问题。开展这些害虫的调查和监测对于这些害虫的有效防控意义重大。

微小害虫的常规调查和监测方法是依靠人工观测进行的，这些害虫个体小，观测费时、费力，并且有些害虫受到惊扰容易飞蹦，给准确计数带来很大困难，影响调查和监测结果质量。利用害虫的趋性，诱集板、黑光灯、虫情测报灯等得到了较广泛的应用，在害虫监测中起到很大作用，但是由于诱集害虫数量多，人工计数困难，准确率低。图像处理技术可为微小害虫的准确计数提供一种快速、方便、简单的方法。图像处理技术已经在微小害虫计数方面得到了应用，减少了这些害虫调查和监测中的人力和物力消耗，并且提高了工作效率和准确性，提高了监测水平，为这些害虫的有效防控提供了支撑。

目前，在进行微小害虫监测时，可将植物器官表面的害虫或诱集到的害虫进行拍照，或者可以借助物联网将害虫图像自动传输到数据处理中心或服务器，利用图像处理软件或专用的微小害虫自动计数系统进行自动计数。并且，从业者还可开发微小害虫自动计数系统App，在田间用手机拍照后自动进行计数。对于诱集到的和图像中的微小害虫数量较多的情况，更适于利用基于图像处理技术的微小害虫自动计数方法进行计数，这样才更能体现出微小害虫自动计数的效率。但是，若诱集的微小害虫数量过大，容易造成害虫相互挤靠和重叠，这会对害虫的准确计数带来困难。

（一）微小害虫自动计数的步骤

基于图像处理技术进行微小害虫自动计数的步骤（图6-5）一般有如下几项。

（1）图像获取。可以借助数码相机、带有摄像头的手机等移动终端、物联网传感设备等，对诱集板上、诱集器中的微小害虫或植物器官表面的微小害虫进行现场拍照。

（2）图像预处理。利用计算机中的图像处理软件或专用的微小害虫自动计数系统以及移动终端平台上的基于图像处理技术的微小害虫自动计数软件App等，对获得的图像进行剪切、缩放、增强等预处理。

（3）图像分割。对预处理的图像利用阈值分割、*K*-means聚类算法、边缘分割等多种分割方法进行分割处理，将微小害虫区域从图像中分割出来，获得二值图像。

（4）二值图像形态学操作。对分割后的二值图像进行腐蚀、膨胀、开操作、闭操作等形态学操作，保持微小害虫基本形状，去除二值图像中的杂质。

（5）粘连区域分离操作。对于图像中存在微小害虫粘连在一起的情况，可以利用基于分水岭变换的图像分割方法，对粘连区域进行分离操作。

（6）连通区域计数。每一个连通区域代表一只害虫，利用连通区域标记算法对图像中的连通区域进行计数，即可实现微小害虫的自动计数。

若要对图像中的微小害虫进行标记，则可对二值图像中的连通区域进行区域边界跟踪，获得连通区域的轮廓，然后可用彩色对连通区域进行标记。

由于微小害虫个体较小，在利用图像处理技术进行自动计数的时候，不少研究没有考虑害虫种类的识别，而仅仅对分割后的连通区域进行计数处理，从而实现微小害虫的自动计数。随着深度学习的发展及应用，深度学习网络逐渐被用于微小害虫的计数研究，在对微小害虫进行种类识别的同时可以完成计数。

（二）微小害虫自动计数的技术方法

目前，基于图像处理技术已经实现了粉虱、蚜虫、潜叶蝇、蓟马、螨类等多种微小害虫的自动计数。

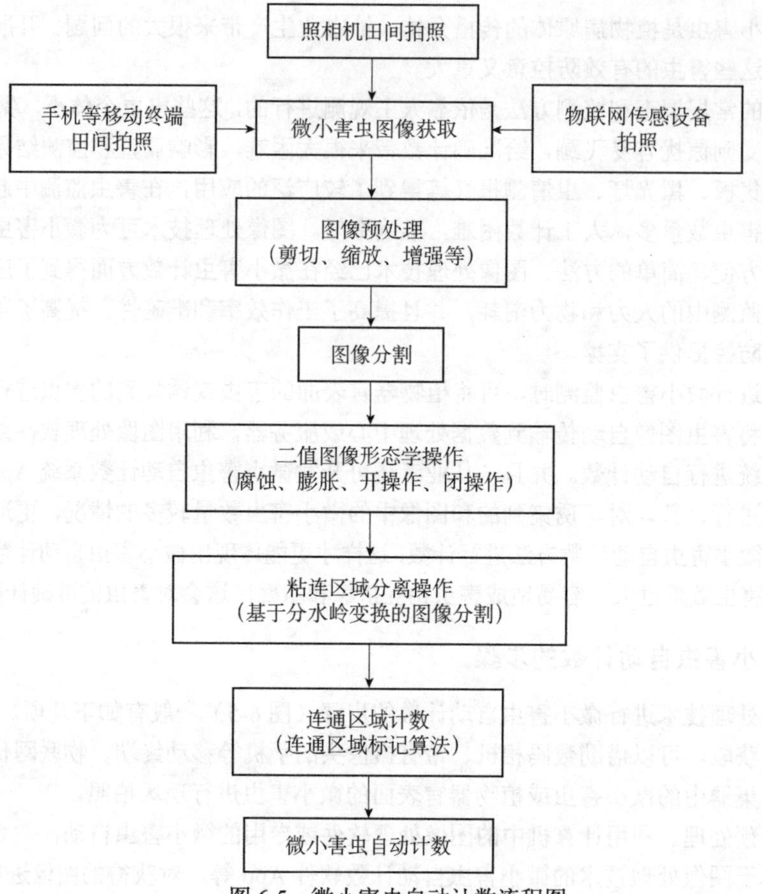

图 6-5　微小害虫自动计数流程图

（1）已有开发的单机版的微小害虫自动计数系统软件，利用其可实现微小害虫的自动计数。张建伟（2003）基于图像处理技术、计算机编程技术、昆虫学知识，利用可视化编程语言 Visual C++6.0，采用面向对象的编程方法开发了微小害虫自动计数软件系统 BugCounter。利用该软件系统可以将通过相机等拍摄的图像导入系统，也可以利用视频图像获取设备直接拍摄图像用于处理。该软件系统提供自适应窗口大小、图像缩放、图像旋转等 6 种图像文件几何操作方法，利用该系统可以进行基于 LUV 颜色空间的彩色图像分割、彩色图像至灰度图像的各种转化、彩色图像 R、G、B 三个颜色通道数据的分离提取、基于多种方法的图像增强处理、灰度图像分割（包括固定阈值分割、滑动阈值分割、自适应阈值分割等 7 种分割方法）、二值图像的数学形态学操作（包括腐蚀、膨胀、开操作、闭操作）、基于分水岭变换的图像分割、计数连通区域个数、连通区域标记，可用红色、蓝色或绿色在原图像上标记出微小害虫体，从而实现微小害虫的自动计数。该软件系统界面友好，操作方便，图像处理结果和分析结果均可在计算机屏幕显示，便于用户观察和使用。张建伟（2003）利用微小害虫自动计数软件系统 BugCounter 对温室中的蚜虫、粉虱、斑潜蝇以及大田中的麦蚜进行了自动计数应用，软件系统计数效果较好。刘钰燕等（2013）利用数码相机对在田间诱集到葡萄斑叶蝉（*Erythroneura apicalis*）的黄板进行拍照，利用 Photoshop 软件擦除图像中与葡萄斑叶蝉大小差异较大的昆虫、水珠、泥土等噪声点后，将图像导入 BugCounter 中进行处理和葡萄斑叶蝉的计数，结果表明，自动计数结果与人工计数结果之间无显著差异，自动计数平均误差率约为 7%。

张建伟等（2006）以 Visual C++6.0 为工具开发了蚜虫自动计数软件 AphidCounter，将利用数码相机拍摄的诱集到蚜虫的黄板图像导入软件后，利用软件将彩色图像转变为灰度图像，对灰度图像经阈值变换后将其转变为二值图像，对二值图像进行阈值分割，然后对分割后的图像进行连通区域标记和计数，从而实现对蚜虫的自动计数，并经麦田实际应用检验，自动计数准确率可达93.88%以上。

（2）借助于图像处理软件，可以进行微小害虫的自动计数。Maharlooei 等（2017）利用图像处理技术研究了大豆叶片上大豆蚜（*Aphis glycines*）的自动计数方法，利用不同的数码相机在不同光照度和分辨率条件下获得的受到大豆蚜为害的大豆叶片图像，利用软件 MATLAB™ R2014a 中的图像处理工具箱对获取的图像进行处理和分析，对图像进行人工裁剪，利用超绿法（excess green method）进行图像分割，将获得灰度图像转换成二值图像，然后经过空洞填充、颜色空间变换、图像增强、阈值分割等处理过程，最后利用 MATLAB 的内置函数 bwconncomp 计算分割出的大豆蚜数量。结果表明，从业者使用不是很贵的普通数码相机在高光照度条件下获取图像后，利用图像处理技术可以获得满意的计数结果。

此外，从业者可以借助于远程监控系统拍摄微小害虫的图像，利用图像处理软件实现害虫的计数处理。王茂林等（2020）利用远程监控摄像头拍摄蓝色粘虫板上的蓟马图像，这些图像经图像远程传输系统上传到服务器，在 Python 环境下利用 OpenCV 对图像进行分割、去噪、数学形态学操作、边缘检测等处理后获得感兴趣区域的图像，然后利用 VGG19 深度学习网络对目前图像识别和统计蓟马数量，计数的准确率平均值达 96.8%。

（3）随着智能手机的普及化，开发基于手机平台的微小害虫自动计数系统 App 成为必要，利用相关 App，在田间现场即可进行微小害虫的计数。曹旨昊等（2018）开发了一种基于 Android 手机平台的粘虫板害虫自动计数系统，可对在茶园中利用粘虫板诱集的小绿叶蝉、潜叶蝇、黑刺粉虱进行自动计数。利用该系统可对在田间现场拍摄的粘虫板图像或储存在手机中的粘虫板图像进行处理，通过将图像由 RGB 颜色空间转换到 HSV 颜色空间和中值滤波去除图像中的无关背景，然后进行灰度化和二值化处理，利用均值滤波对害虫边缘进行处理，以减少噪声干扰，最后通过对不同面积范围内的连通区域进行统计计数，即可以获得不同种类害虫的数量。

二、病虫害实时在线自动化监测

及时、准确地获得田间病虫害发生情况及相关信息，可以为病虫害的预测预报提供数据基础，为病虫害防治决策的制定提供依据，尤其是在病虫害尚未造成植物不正常表现情况下或在病虫害发生的早期，若能对病虫害进行诊断、识别、预测，则可以提前做好应对措施，将病虫害控制在经济损害水平之下。信息技术在植物病虫害实时在线自动化监测方面发挥着不可替代的作用，为病虫害信息获取、传输、管理、处理、分析提供了强有力支撑和保障。

在植物病虫害实时在线自动化监测中，从业者借助于传感器技术、有线/无线网络技术、大数据技术、云计算技术、人工智能技术等进行数据的实时自动化获取、传输、储存和分析，依靠部署的传感器和通信网络，实现智慧感知、信息传输、自动存储、智能分析。从业者通过实时在线自动化监测，实时了解植物的生长状态，掌握病虫害的危害、位置、危害程度和群体数量，获得所监测地点的环境因素，实现农情实时了解、及时预测预警，有利于实现病虫害的精准控制和智慧管理。从业者通过多点的实时在线自动化监测，可以掌握区域性的病虫害发生信息，为病虫害的区域性协调管理提供依据。此外，从业者依靠装配有传感器和病虫害监测系统的现场作业的机械设备，通过病虫害的实时在线自动化监测，可以及时发现病虫害；并通过作业管理系统，可以进行变量施药和精准防治。

（一）病虫害实时在线自动化监测的软硬件要求

病虫害实时在线自动化监测系统由硬件和软件两部分组成。硬件部分主要包括各种传感器设备（环境因子传感器或小型气象站、摄像头、拍照设备等）、病原体和害虫捕获装置、数据传输系统、电源系统、数据处理中心或服务器、移动端（手机、平板电脑等）等。软件部分主要包括数据处理中心或服务器端的数据管理和分析系统，该系统可以包括数据存储管理系统、数据分析系统、图像处理系统、病虫害预测系统、基于 GIS 的分析和显示系统等。传感器的优劣直接影响获取病虫害相关信息的精度和准确性。基于物联网技术实现病虫害的实时在线自动化监测，可以实现病虫害监测的可视化、数字化、智能化。数据传输系统的网络传输能力对实现病虫害实时在线自动化监测影响很大，数据的快速、安全传输可以提高获取信息的效率。5G 网络传播速度快，将会为病虫害实时在线自动化监测提供强有力的动力。人工智能技术、图像处理技术、地理信息系统技术等应用，提高了数据管理、处理和分析能力，使得数据管理和分析系统的功能更强大。

（二）病虫害实时在线自动化监测技术框架

一般地，病虫害实时在线自动化监测可以通过 3 个途径实现，即基于物联网进行监测、基于可移动设备进行监测、基于在线作业的农业机械进行监测（图 6-6）。

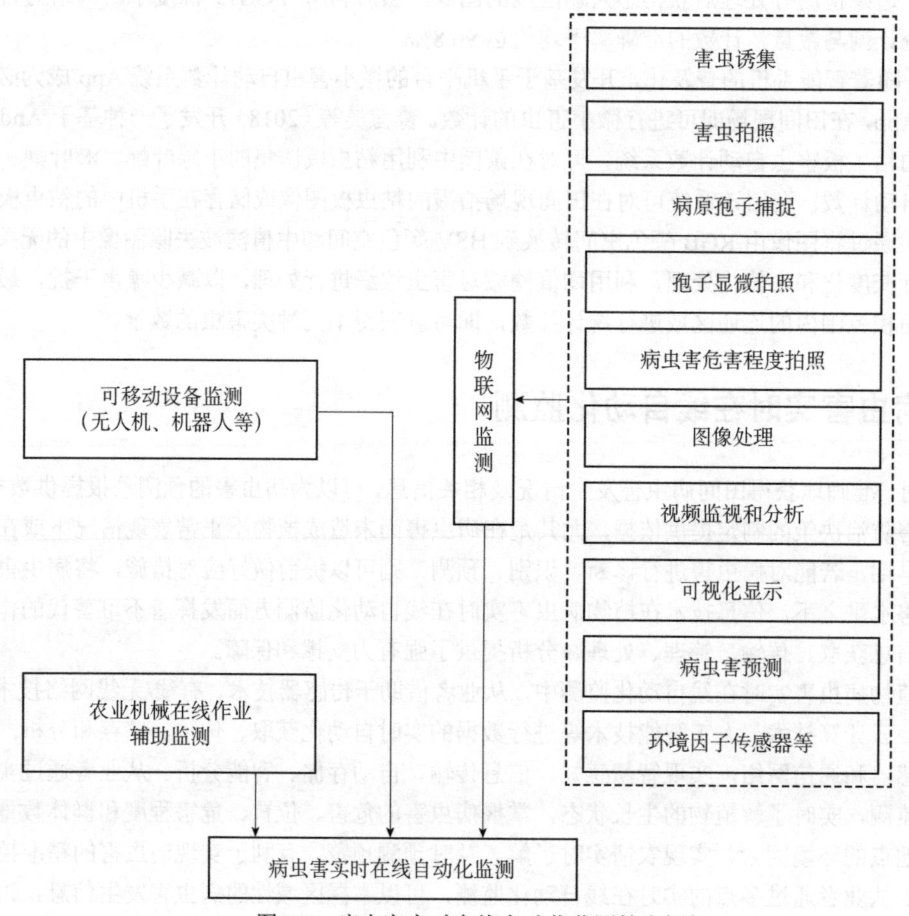

图 6-6　病虫害实时在线自动化监测技术框架

（1）基于物联网进行病虫害实时在线自动化监测是目前常用的一种方式。从业者通过部署基于物联网的软硬件设备，利用性诱剂、粘虫板、虫情测报仪等诱集目标害虫，利用孢子捕捉仪捕获病原体孢子，借助于拍照和摄像设备获取害虫、病原孢子、病虫害危害程度、植物等的图像，并利用环境因子传感器获取温度、湿度、光照、二氧化碳（CO_2）、土壤温度、土壤湿度等数据，经过网络传播至数据处理中心或服务器，利用数据管理和分析系统进行数据的管理、分析，基于模型进行病虫害的预测。物联网可以与手机、平板电脑等移动终端进行连接，利用移动终端可随时查看植物生长情况、病虫害发生情况，并获得病虫害预测结果。目前，对于视频图像的自动分析技术具有很大的缺陷，需要进一步研究从监控视频中自动捕获有用信息的技术。

（2）基于可移动设备进行病虫害实时在线自动化监测。主要是由无人机、机器人等可移动设备配置各种传感器，利用这些可移动设备在田间进行巡视，获取病虫害信息，并通过无线网络传输至数据处理中心或服务器进行信息的管理和分析，实现病虫害的自动化监测。

（3）基于在线作业的农业机械进行实时在线自动化监测。主要是在农业机械上配置各种传感器或智能化传感系统，当农业机械在现场在线作业时，依靠传感器获取病虫害信息，经无线网络传播至数据处理中心或服务器分析处理后，获取病虫害的监测结果，并可将结果传输给作业的农业机械；或者依靠智能化传感系统，将获取的病虫害信息进行现场自动处理和分析。这种监测方式若与农业机械作业管理系统相结合，可以指导农业机械的现场作业，这在田间病虫害的定点防控和蔬菜果品的在线分拣中已有应用。

（三）病虫害实时在线自动化监测实例

国内外已经开发了多个病虫害实时在线自动化监测系统，并且有些监测系统已经在生产中得到应用。①2000 年，我国开始研发和推广应用自动虫情测报灯（刘万才等，2015）。河南鹤壁佳多科工贸有限公司研制的自动虫情测报灯可以自动开启和关闭、自动诱虫，利用远红外处理诱集的虫体，利用集成的照相机自动拍照、图像存储和上传，为进一步利用图像处理系统进行害虫自动识别和计数提供了数据。②该公司研发了虫情信息采集系统，借助于虫情测报灯、虫情信息采集器、虫情信息无线传输系统、虫情信息处理中心、虫情信息终端系统，实现自动诱虫处理、自动图像采集，与佳多农林 ATCSP 物联网系统联网，实现与国家、省、市、县、乡各级信息采集站数据的共享。③该公司研发了孢子培养统计分析系统，借助于孢子捕捉仪、孢子信息采集器、孢子信息无线传输系统、孢子信息处理中心、孢子信息终端系统，实现空气中气传病原菌孢子的自动采集、培养、图像采集，图像信息可自动上传至服务器，该系统可与佳多农林 ATCSP 物联网系统联网，实现与国家、省、市、县、乡各级信息采集站数据的共享。目前，病虫害实时在线自动化监测在马铃薯晚疫病、小麦赤霉病以及设施栽培病虫害的监测预警中应用较多。

1. 马铃薯晚疫病监测预警系统　全国农业技术推广服务中心开发了中国马铃薯晚疫病实时监测预警系统，实现了对马铃薯晚疫病的全国联网监测（黄冲等，2015）。该系统使用 B/S（browser/server，浏览器/服务器）架构，基于 JSP+jQuery 进行开发，系统总体架构包括田间终端、传输层、数据层、应用层、用户层（图 6-7）。该系统的 WebGIS 功能是基于百度地图（Baidu Map）二次开发的。该系统利用布置于田间的小气候监测仪（Davis Vantage Pro Ⅱ自动气象站）每小时自动采集田间温度、湿度、降水等气象数据，并将所获得的数据自动无线传输至数据库服务器，基于比利时埃诺省农业应用研究中心（Centre for Applied Research in Agriculture-Hainaut，CARAH）建立的马铃薯晚疫病监测预警模型——CARAH 模型，在数据层进行马铃薯晚疫病的侵染分析和监测预警，可以分析当日或预测未来 1～3d 的马铃薯晚疫病病菌侵染情况，并可在地图上通过不同颜色或插值分析进行展示。同时，该系统可以给出监测点马铃薯晚疫病的防治决策，形成包括马铃薯晚疫病侵染情况、预测意见、防治措施等的预警信息，并通过邮件和短信的形式将预警信息传递给政府决策部门、技术人员、种植大户。

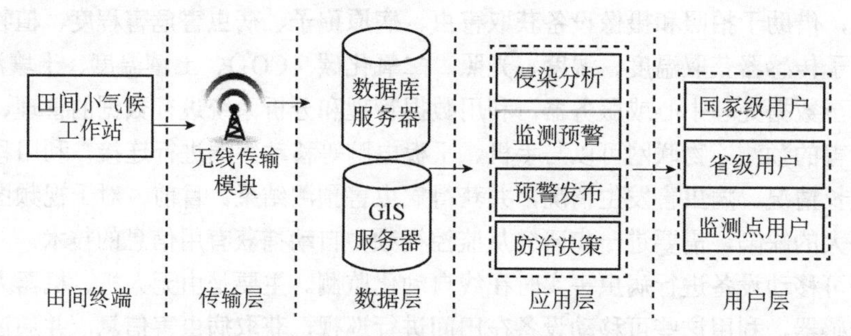

图 6-7　马铃薯晚疫病物联网实时监测预警系统架构（据黄冲等，2015）

2. 小麦赤霉病自动监测预警系统　小麦赤霉病自动监测预警系统由西北农林科技大学胡小平教授课题组和陕西省植物保护工作总站联合研制，硬件设备由西安黄氏生物工程有限公司设计制造。该系统由小麦赤霉病预报器和预警软件平台系统组成（张平平，2015），该系统可实时记录温度、相对湿度、叶片表面湿润时间、降雨量等田间环境因子数据，可实现数据的实时显示、远距离无线传输、自动存储等功能，利用内置的预测模型，根据初始菌源量和采集获取的麦田环境相关因子实时监测数据，可在扬花期前 1 周预测小麦蜡熟期赤霉病的发生程度，并可在预测的赤霉病发生程度超过防治指标时及时发送警报，提醒和指导进行病害的及时防治。利用该小麦赤霉病自动检测预警系统，袁冬贞等（2017）于 2016 年在陕西关中地区的眉县、周至县、杨凌区、兴平市、临渭区、华县 6 个县区进行试验，结果表明，该系统可在小麦扬花期前 1 周发出预警信息，预测准确率为 94.4%。宋瑞等（2020）于 2018 年在江苏、陕西、河南、湖北、安徽 5 省 18 个县（市）开展了小麦赤霉病自动监测预警系统预测准确性的检验研究，结果表明，该系统的预测准确率为 71.8%。黄冲等（2020）于 2017～2019 年在长江流域和黄淮沿淮麦区的 6 个县（市）对小麦赤霉病自动监测预警系统的有效性进行试验评估，对小麦赤霉病病穗率和发生程度的平均预测准确率分别为 79.9%和 67.1%。按照生态区来看，该系统对病穗率的预测准确率在黄淮麦区平均为 86.8%，高于长江流域的 73.0%；对赤霉病发生程度的预测准确率在黄淮沿淮麦区平均为 84.3%，高于长江流域的 50%，可见该系统对黄淮及沿淮麦区小麦赤霉病的短期预测效果优于对长江流域麦区小麦赤霉病的短期预测效果。

三、基于移动终端的病虫害数据采集系统

开展植物病虫害的调查和监测可为病虫害预测和防控提供依据。此外，在植物抗性品种选育过程中亦需要进行病虫害的调查。目前，大多数的植物病虫害调查和监测使用传统的人工调查方法进行。在进行植物病虫害的人工调查时，一般将调查数据记录在纸张上，然后再带回室内整理、录入计算机进行存储、处理和分析。应用这种病虫害数据采集方法进行大量病虫害调查工作时，数据记录和录入工作量大，并且易造成数据出现错误。病害严重度、害虫危害程度、害虫数量或密度等的评估受人为因素影响大，易产生较大误差，并且工作效率低。

随着网络技术、集成电路技术等的迅速发展，可以在移动中使用的计算机设备得到了迅速发展，这些设备一般称为移动终端（mobile terminal），亦称为移动互联网终端或移动通信终端。移动终端主要包括个人数字助手（personal digital assistant，PDA）、智能手机、平板电脑（tablet personal computer）、手持 GPS 仪、笔记本电脑等。这些移动终端一般具有便携性的特点，利用这些移动终端，使得数据采集、存储、传输、处理、应用等更加便捷，可以实现随时随地的信息处理，并

且在网络存在情况下，可以实现远程信息传输和处理，促进了信息技术的更广泛应用。尤其是随着各种应用程序（App）的发展，智能手机具有了更多的功能，给人们生活、生产和工作等各方面带来了翻天覆地的变化。移动终端为植物病虫害数据采集提供了便利。利用基于移动终端的植物病虫害数据采集系统，可以现场将调查数据录入存储，便于后续数据的处理和应用，实现了植物病虫害数据采集的数字化，特别是具有定位、病虫害发生程度估测、害虫自动计数等功能的病虫害数据采集系统，更是提高了病虫害调查和监测的水平、工作效率和结果的准确性。

（一）移动终端的类型

可用于病虫害数据采集的移动终端主要有以下几种类型。

（1）PDA。PDA 又称为掌上电脑，是辅助个人在移动中工作、学习和娱乐的数字工具。PDA 具有 CPU、存储器、显示芯片以及操作系统等，具有移动通信功能，可以接入互联网，具备信息输入、存储、管理、传递等功能，具有操作简单、功能实用的特点。严格意义上讲，在工业和销售行业使用的条码扫描器、RFID 读写器、POS 机以及人们日常使用的智能手机和平板电脑都属于 PDA。

（2）智能手机。智能手机是具有独立的操作系统，可以通过移动通信网络实现无线网络接入，并可由用户安装第三方提供的应用软件的手机。智能手机除具备手机的通话功能和短信功能外，融合了 PDA 的大部分功能，可通过移动通信网络和 WiFi 接入互联网，并可通过多种应用程序（App）实现多种功能。目前，智能手机的内存、处理器、拍照功能、无线网络传输等基本可以满足田间数据获取的需要。

（3）平板电脑。平板电脑是一种小型、方便携带的个人电脑，如 iPad、华为（HUAWEI）、三星（SAMSUNG）、联想（Lenovo）等不同品牌的平板电脑。平板电脑具有独立的操作系统，以触摸屏作为基本的输入设备，可通过移动通信网络和 WiFi 接入互联网，并可通过安装第三方提供的多种应用程序（App）实现多种功能，集移动商务、通信和娱乐于一体。

（4）手持 GPS 仪。手持 GPS 仪是手持式的 GPS 移动定位和导航设备。手持 GPS 仪具有定位、导航、轨迹记录、长度和面积测量、数据存储和编辑等功能，可直接存储具有空间信息（地理坐标）的数据，这些数据导出后可直接利用 GIS 软件系统进行处理和分析，并且可以通过无线网络连接，与服务器进行数据信息交互。目前，应用较多的手持 GPS 仪品牌有 GARMIN（佳明）、UniStrong（合众思壮）、BHCnav（华辰北斗）等。

（二）基于移动终端的病虫害数据采集系统的类型

基于移动终端，可以利用第三方应用软件或自主开发的植物病虫害数据采集系统，进行现场病虫害调查和监测。在无线网络存在的情况下，所获得的数据可以直接通过无线网络传输至服务器、数理处理中心或云平台进行存储、处理和分析，并可将分析结果通过无线网络传输至移动终端，供用户及时了解相关情况和采取相关措施。在不能连接网络的情况下，所获得的数据可以直接存储在移动终端，然后在有网络存在的情况下再传输至服务器、数据处理中心或云平台，或者带回室内导入计算机中，进行存储、处理和分析。

（1）中国农业大学采用 Visual Studio 工具软件开发了基于 PDA+GPS 的病虫害田间数据采集系统（张国安和赵惠燕，2012）。该系统主要包括采集模块、处理模块、输出模块。在进行田间病虫害数据采集时，利用采集模块中的交互界面可以录入人工调查数据，同时，可利用内置或外接的 GPS 硬件设备接收 GPS 卫星信号，并对接收的卫星信号进行解析，获得 GPS 经纬度数据；利用处理模块，将 GPS 经纬度数据与人工调查数据进行绑定，并搜索存储磁盘，检查是否存在本次调查生成的 XML（extensible markup language）文件，若不存在，则利用 XML Write 技术进行序列化处理，并创建 XML 文件，同时，生成 XSL（extensible stylesheet language）模板，应用 DOM（document object model）技术在 XML 文件中添加数据节点；利用输出模块，可以输出和保存调查数据的 XML 文件。用户可利用浏览器直接查看该 XML 文件，亦可通过互联网或无线网络将该 XML 文件上传到数据库服务器。用户利用这一采集系统，可现场对调查的相关数据进行计算分析并查看结果，可将调查数据及时地通过网络传输到服务器，可明显提高工作效率；并且该系统将病虫害田间发生数据与 GPS 经纬度数据进行了绑定，所获得的数据可直接利用 GIS 软件系统进行分析和处理，用于病虫害的监测预警和防治决策。

（2）随着网络技术和智能手机技术发展，智能手机日益普及，多个基于手机的病虫害数据采集系统被开发出来，并且一部分已经在科研和生产中得到了实际应用。

赵庆展等（2015）以 Android/iOS 手机操作系统为平台，采用 C/S（client/server，客户端/服务端）架构，开发了基于移动 GIS 的棉田病虫害信息采集系统。Android 操作系统客户端的开发环境为：Android SDK+JDK 7+Eclipse 6.0；iOS 操作系统客户端的开发环境为：iPhone SDK 6.0+XCode 5。该系统服务端采用免费开源的 Tomcat 7 服务器，操作系统为 Windows Server 2008，数据库选用 Oracle11g，采用 ESRI 公司的 ArcMap 10.1 和 ArcGIS Server 10.1 进行空间分析和服务发布。该系统运用 GPS 定位、离线地图加载、图形绘制等技术实现病虫害发生位置和发生等级等属性信息的快速采集，所采集的数据信息被看作一个对象，以键值对格式封装成 JSON（JavaScript object notation）对象，以 JSON 数据格式通过无线网络传输至服务端的数据库，实现空间数据与属性数据的聚合存储，并且在数据信息传输的同时，系统自动保存一份至本地的 SQLite 数据库，以保证系统在没有网络连接情况下能够正常工作。服务端利用空间插值对数据进行分析、处理和可视化表达，并将结果推送给移动终端用户。该系统实现了棉田病虫害信息从采集、发送、存储、处理分析到提供服务，经推广试用，可以较好地满足棉田病虫害信息采集要求。

叶海建和郎睿（2017）应用 Android Studio 2.1 和 JDK 1.7，并通过共享库形式调用 OpenCV 的图像处理功能，开发了基于 Android 的自然背景下黄瓜霜霉病定量诊断系统。该系统可对获得的黄瓜叶部彩色图像进行预处理和背景剪除，对病斑区域进行识别，并根据计算的病斑区域占其所在叶片区域的百分比进行病害等级划分。该系统可用于自然背景条件下的黄瓜霜霉病定量评估。

曹旨昊等（2018）基于 Android 手机平台，利用 Android Studio 2.3.3、Android API 14、OpenCV 2.4 图像库、Java JDK 7 的应用程序开发环境，以阿里云服务器作为应用服务器，以 MySQL 作为服务器数据库，开发了一种基于 Android 手机平台的粘虫板害虫自动计数系统。该系统可对在茶园中利用粘虫板诱集的小绿叶蝉、潜叶蝇、黑刺粉虱进行拍照，实时进行图像处理，实现害虫的自动计数，并将结果上传至服务器。该系统可对诱集到的微小害虫进行自动计数，提高了田间害虫数量统计的效率，并可将统计结果实时上传，可为害虫的预测预报及时地提供依据。

（3）此外，从业者可以根据生产实际需要，综合利用多种技术开发专用的病虫害数据采集移动设备。中国科学院合肥智能机械研究所、安徽中科智能感知产业技术研究院有限责任公司和全国农业技术推广服务中心等单位合作，基于大数据技术、人工智能技术、深度学习技术，研发了一款农作物病虫害移动智能采集设备——智宝（ZPro）（刘万才等，2020）。该设备是根据调查测报人员田间病虫害调查的需求进行开发设计的，不仅可以自动获取田间农作物病虫害发生数据，而且集成了微气候传感器，可以获取农作物生长环境下的局部气象数据。根据作物种类和应用环境，该设备可分为手持模式、微距模式、探杆模式、支架模式，其中，支架模式包括器件最全，由智能信息终端、无线镜头、探杆套件、温湿度传感器、支架组成（图 6-8）。该设备的应用软件集成了人工智能技术、数据库技术、专家系统技术等，主要由智能调查模块、图片采集模块等组成。该设备可通过人工拍照，实现对田间农作物重大病虫害发生图像、发生位置、发生数量、微环境因子等数据的实时自动采集和上报；通过设备中的病虫害自动识别系统，可实现重大病虫害的自动精准识别和自动计数，并可对病虫害发生严重程度进行智能判别分级，可进行病虫害发生趋势的辅助分析预测；实现了对农作物病虫害田间发生数据的自动采集处理、分类识别、分析上报的一体化。该设备正处于试验示范和技术改进阶段。

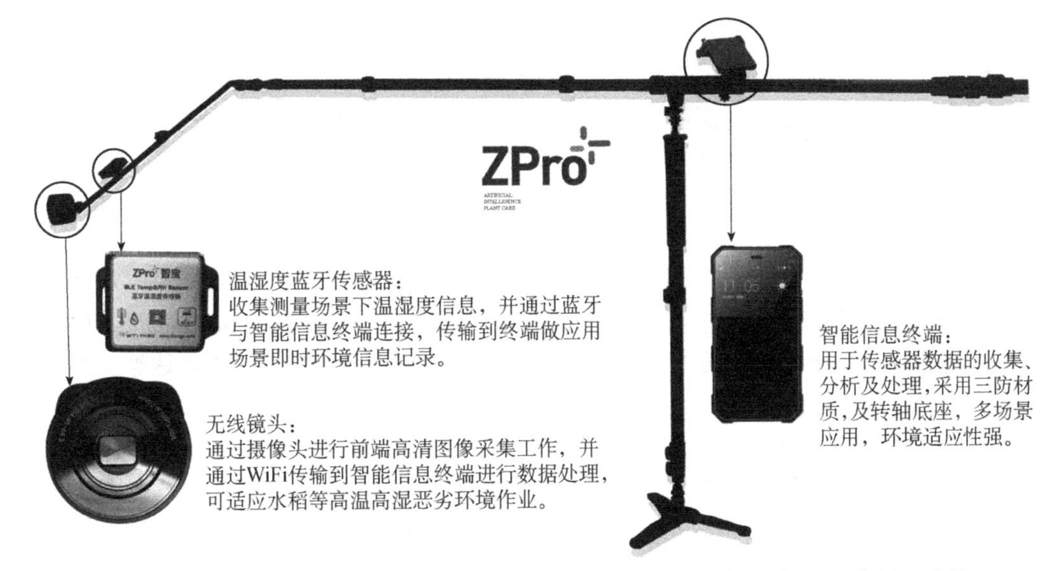

图 6-8　智宝（ZPro）农作物病虫害发生数据移动采集设备支架模式构成（改自刘万才等，2020）

四、昆虫雷达与害虫迁飞监测

很多种类的昆虫具有迁飞习性。昆虫迁飞是昆虫种群通过自主飞行或借助外力，从一个地方成群长距离转移到另一个地方的现象。很多迁飞性昆虫是重大农业害虫，通过迁飞，往往可以导致其大范围暴发成灾。我国重要的农业害虫草地贪夜蛾（*Spodoptera frugiperd*）、草地螟（*Loxostege sticticalis*）、稻纵卷叶螟（*Cnaphalocrocis medinalis*）、棉铃虫（*Helicoverpa armigera*）、蝗虫、黏虫、稻飞虱、麦蚜等均为迁飞性害虫。因此，开展迁飞性害虫的迁飞监测对于其预测预报和防控具有重要意义。但是，由于迁飞性害虫的飞行高度远远超出了人类的视力范围，如果不借助于专门的设备，则无法对其迁飞过程进行直接监测和定量分析。昆虫雷达的出现为迁飞性害虫的监测提供了一种不可替代的工具。

雷达是“radio detection and ranging”缩写“radar”的音译，意为“无线电探测与测距”，俗称“千里眼”。雷达是一种无线电波探测装置，其利用目标物对电磁波的反射或散射现象发现目标物，并对其进行定位、跟踪、成像和识别（黄世奇，2015）。昆虫雷达是为了研究昆虫在空中的迁飞或扩散行为而专门改进或设计的雷达。发射系统发射的电磁波在传播过程中遇到昆虫会被反射，若反射回来的电磁波能被接收系统接收，则可实现对昆虫的检测。反射能量的大小受到昆虫的大小、形状、身体组织的类型、体液等自身特性，以及昆虫在雷达波束中的定向和位置、雷达频率、雷达发生的能量大小等多种因素的影响。昆虫反射回来的雷达能量越大，则昆虫越能在较远范围内被检测。昆虫一般不会感觉到雷达电磁波的存在。利用昆虫雷达观测迁飞性害虫，不会受到光线的影响，也不会干扰害虫的行为，可以监测害虫的迁飞活动、行为现象、时空分布。利用昆虫雷达，可以远距离、大范围、快速地对迁飞性害虫空中种群进行取样观测，通过对雷达信号的处理和分析，可以获得害虫的迁飞数量、高度、移动方向和速度等重要信息，可以分析影响害虫迁飞的因素、进行迁飞性害虫的分布区预测等。

1949 年，美国科学家证实雷达可以检测到昆虫。1968 年，英国建立了世界上第一部昆虫雷达，并用于观测昆虫迁飞。我国于 1984 年由吉林省农业科学院建成我国第一台昆虫雷达——公主岭昆虫雷达，并先后观测了草地螟、黏虫等的迁飞。南京农业大学在 20 世纪 80 年代末与英国合作观测了稻飞虱、稻纵卷叶螟等水稻迁飞性害虫的迁飞。1998 年，中国农业科学院建成我国第二台昆虫雷达，观测了棉铃虫在华北的迁飞。2004 年，中国农业科学院组建了我国第一台厘米波（3.2cm）垂直监测昆虫雷达，先后被用在四川、内蒙古、吉林、北京、广西等地开展迁飞性害虫的自动监测。2006 年，中国农业科学院自主建成了我国第一台 8.8mm 的毫米波昆虫雷达，用于观测稻飞虱的迁飞。目前，我国已经建造多台昆虫雷达，为开展迁飞性害虫迁飞监测预警、迁飞行为研究等提供了支撑。

昆虫雷达有多种分类方式。根据工作波长，昆虫雷达可分为毫米波昆虫雷达和厘米波昆虫雷达；根据工作方式，昆虫雷达可分为扫描雷达、垂直监测雷达（vertical looking radar，VLR）、谐波雷达、双模式雷达；根据调制方式，昆虫雷达可分为脉冲雷达和调频连续波雷达等（张智等，2021）。

传统的扫描昆虫雷达取样空间范围大，但是信号数据化和分析非常困难，缺乏计算机数据采集和分析系统，不能进行实时监测。随着信息技术的快速发展，扫描雷达的信号数字化取得了很大进展。在我国第二台昆虫雷达建成后，为了解决信号采集和分析困难的问题，程登发等（2004）开发了扫描昆虫雷达实时数据采集分析系统。所建成的昆虫雷达的信号处理显示单元提供了一个 VGA 显示输出接口，该数据采集分析系统接收 VGA 输出信号，经过高速数据采集，获得单帧或序列采集的雷达回波图像。通过对单幅图像的分析处理可获得害虫迁飞活动方位、高度、密度数据；通过对多幅图像的叠加处理分析，可获得害虫飞行活动的速度、方向等数据。该系统的开发为我国扫描昆虫雷达工作的开展提供了重要支撑，提高了工作效率。为了更好地对毫米波扫描昆虫雷达信号进行分析，胡晓文等（2013）基于我国第一台毫米波扫描昆虫雷达，采用 C#语言，以 MySQL 作为数据库，以 Microsoft Visual Studio 2008 为开发平台，在 Windows XP 操作系统下，开发了毫米波扫描昆虫雷达数据处理分析系统。利用该数据处理分析系统，研究者可对通过实时程序采集获得的雷达原始数据（单帧文件和序列文件）进行解析、存储等操作，形成统一形式的数据库表结构；再经过坐标转换与绘制等图像处理，获得普通图片格式的雷达回波图；可根据用户需求对雷达回波点进行统计分析，显示相应的统计分析图和空间分布模拟图；并可将分析结果与虫情数据资料相结合，建立害虫预测模型（图 6-9）。该数据处理分析系统可实现雷达数据的管理、转换、查询、统计与分析，利用该系统可计算获得昆虫数量、空中密度、飞行速度、定向等昆虫迁飞参数，为毫米波昆虫雷达提供了通用的数据分析功能，为迁飞性害虫的监测预警提供了支撑。

目前，各国普遍采用的昆虫雷达是能够长期自动化运行的垂直监测雷达（封洪强，2011）。垂直监测雷达系统主要包括天线、发射机、电脑控制及信号分析系统等。与传统的扫描昆虫雷达相比，垂直监测昆虫雷达具有解算参数丰富、识别目标能力较强、自动化程度较高等优势，但是，

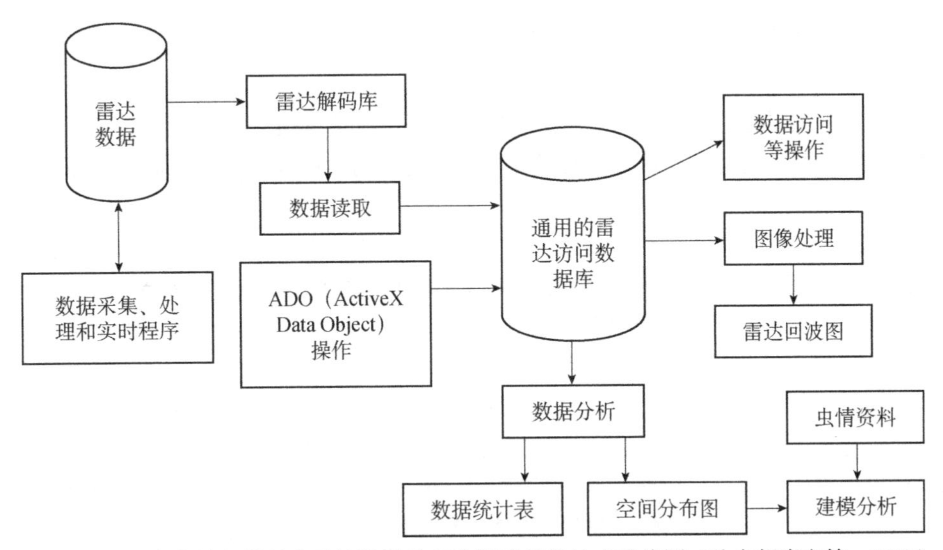

图 6-9 毫米波扫描昆虫雷达数据处理分析系统的技术路线图（改自胡晓文等，2013）

其取样空间范围太小，具有雷达上方 150m 或 200m 的探测盲区（张智等，2012）。

昆虫雷达已经用于多种迁飞性害虫的监测研究，如草地贪夜蛾、草地螟、舞毒蛾（*Lymantria dispar*）、黏虫、棉铃虫、稻飞虱、草地蝗（*Parapleurus alliaceus*）、沙漠蝗（*Schistocerca gregaria*）、马尾松毛虫（*Dendrolimus punctatus*）、稻纵卷叶螟、甜菜夜蛾（*Spodoptera exigua*）等，为迁飞性害虫的发生规律研究、预测预报和有效防控提供了支撑。

五、农田生态系统的小气候环境监测与采集系统

植物病虫害是在一定的环境条件下发生的，特别是病原体的越冬/越夏、害虫的越冬都对环境条件有一定要求。植物需要适宜的环境条件才能健康生长。因此，环境因素是植物病虫害系统中的重要组成部分，对病原体/害虫和寄主植物均会产生重要影响，并进一步影响病虫害的发生范围和危害程度。环境因素往往与地理空间位置有关系，因此，与环境因素具有密切关系的植物病虫害在发生过程中，会表现出一定的空间相关性。农田生态系统中的小气候环境直接影响环境内的植物生长和病虫害发生。在设施栽培情况下，人工调控可以创造有利于植物生长而不利于病虫害发生的环境条件。由于小气候环境对病虫害发生的重要性，研究者在开展病虫害预测预报时，需要将环境因素作为重要的依据。因此，对农田生态系统中的小气候环境进行监测，对于了解生境条件对病虫害发生的适宜程度、开展病虫害预测预报和病虫害防控具有重要意义。

对小气候环境的监测，过去主要依靠人工现场进行测量和进行仪器测量结果的记录，比较费时、费力，并且人在现场的活动也会影响测量结果的准确性。因此，在进行病虫害预测预报时，一般是利用当地气象台（站）对环境相关因子的监测数据，但是，这些数据往往与病虫害发生的实际环境相关数据具有较大差异，会影响病虫害预测预报的准确性。因此，实现农田生态系统的小气候环境的自动化监测对于准确、及时地获取病虫害发生环境信息非常重要。随着现代信息技术的发展，传感器技术得到迅速发展，各种适于采集农田生态系统小气候环境信息的传感器不断出现，为自动采集相关环境因子数据提供了支撑。

目前，农田生态系统的小气候环境数据的自动采集主要有以下三种方式。

（1）将传感器置于农田，一般以充电电池作为传感器工作电源，也可将太阳能电池板或外接

交流电作为传感器工作电源；设置采集参数后，传感器采集环境数据；一定时间后借助计算机或U盘将传感器中存储的数据导出。

（2）建设配置有传感器的农业小气候观测站，一般以太阳能电池板或外接交流电作为工作电源；设置采集参数后，进行环境因子数据的采集；一定时间后由人工到现场借助计算机或U盘导出相关数据。

（3）建设农田生态系统小气候环境因子数据采集系统，将传感器或农业小气候观测站采集的环境数据直接通过有线/无线网络传输至数据处理中心或服务器；或者是将传感器或农业小气候观测站作为基于物联网的农田病虫害监测预警系统的一部分，所采集的环境数据通过有线/无线网络传输至数据处理中心或服务器。

现在可用于农田生态系统的小气候环境监测的传感器有多种，包括温湿度传感器、CO_2传感器、光照度传感器、紫外线传感器、雨量传感器、土壤温湿度传感器、土壤pH传感器等。因此，采集系统可以根据需要进行多种环境因子的数据采集。目前，农田生态系统小气候环境因子数据采集系统或包含有环境因子数据采集模块的基于物联网的农田病虫害监测预警系统在生产中逐步得到应用，可以实时将数据存储于数据处理中心或服务器中，用户可以通过计算机或移动终端实时查看相关数据，方便数据管理和应用。

目前，在所建立的农业物联网监测系统中，一般都具有农田小气候观测站/工作站，用于田间环境因子数据的自动监测。全国农业技术推广服务中心开发的中国马铃薯晚疫病实时监测预警系统利用布置于田间的小气候监测仪可以每小时自动采集田间温度、湿度、降水等气象数据，并将采集的数据自动无线传输至数据库服务器供马铃薯晚疫病监测预警使用（黄冲等，2015）。由西北农林科技大学胡小平教授课题组和陕西省植物保护工作总站联合开发、硬件设备由西安黄氏生物工程有限公司设计制造的小麦赤霉病自动监测预警系统，可利用布置于田间的预报器配置的传感器实时采集温度、相对湿度、叶片表面湿润时间、降雨量等环境因子数据，所采集的数据可以实时显示、远距离无线传输、自动存储等，用于小麦赤霉病的预测预警（张平平，2015）。

第三节　植物病虫害监测信息数据库管理系统

在过去植物病虫害监测过程中，病虫害数据一般都是利用纸张进行记载的，数据的传播和交流以纸质材料邮寄或电报方式进行。我国植物保护部门在对当地病虫害进行多年的系统监测中，积累了大量的数据资料。随着计算机技术、互联网和通信网络的发展，监测数据的数字化形式成为记载和传播的主体。进行田间病虫害监测调查时，调查者已经可以利用移动终端将病虫害调查数据直接记录保存和通过网络传输系统上传到有关的数据管理系统中。从业者可以将利用各种传感器采集获得的环境因子数据通过定期拷贝到计算机上，还可以通过网络传输系统上传到数据中心或服务器。另外，为了更好地保存、管理和利用大量的病虫害历史数据资料，需要将纸质材料数字化。这就需要开发病虫害监测信息数据库管理系统。利用病虫害监测信息数据库管理系统，研究者可以对病虫害监测过程中获得的病虫害数据以数据库的形式进行管理，有利于数据查询、处理、分析、利用，可促进病虫害监测数据的规范化和标准化，方便进行交流和共享。病虫害数据的数字化管理为病虫害预测预报的建立提供了支撑，可方便、充分地利用数据库中的数据为病虫害预测预报和病害管理服务。

随着信息技术的发展，病虫害监测信息数据库管理系统逐渐由单机版发展到网络版，从利用计算机进行访问和使用发展到在移动终端即可方便地访问和使用，从数据的人工输入发展到数据从接口直接传入或导入数据库，从数据的表格化展示发展到统计图或地图形式的展示。病虫害监测信息数据库管理系统的功能逐渐强大，并且逐渐与其他系统相结合，形成了病虫害监测预警系统、病虫害防治系统、农业生产管理系统等。

开发病虫害监测信息数据库管理系统，根据功能需要，会使用到数据库技术、计算机技术、编程技术、网络技术、GIS 技术、GPS 技术等多种信息技术。为了数据的规范化和标准化，目前我国农业部门制定了多种病虫害监测调查规范，并且有些已经成为国家标准和农业行业标准。在进行病虫害监测信息数据库管理系统开发时，应将这些规范中相关的调查表格按照数据库的规范进行设计，在数据库中建立相应的数据表，方便用户人工输入或接口直接导入。病虫害监测信息数据库管理系统需要为用户提供登录界面（图 6-10），一般包括病虫害数据库、地理信息数据库、测报业务数据库、气象数据库、系统日志数据库等。

图 6-10　农作物重大病虫害数字化监测预警系统登录界面

病虫害监测信息数据库管理系统应该具备监测数据管理、监测数据导入和导出、监测数据统计分析、区域数据管理、气象数据管理、系统管理等功能。其中，监测数据管理是系统的最主要功能。

（1）监测数据管理。用户可通过数据管理功能将病虫害监测数据添加进数据库，并可根据需要对数据进行修改、插入、删除等各种管理。

（2）监测数据导入和导出。用户可将监测数据输入计算机中，存为 Excel 文件、TXT 文件等文件形式，利用监测数据导入功能可以直接将数据导入到系统中，以方便不同用户的数据录入方式需求；或者将通过传感器获得的数据直接从系统接口传入。同时，用户利用监测数据导出功能，可将存储在系统中的数据导出另存为 Excel 文件、TXT 文件等文件形式，以方便用户进一步使用。

（3）监测数据统计分析。系统允许用户按照年份、监测地点、病虫害种类、作物种类等对监测数据进行汇总和进行简单的统计，将监测数据以列表或图形的形式展现给用户。目前，病虫害监测信息数据库管理系统与 GIS 技术结合，可以用地图的形式形象地展示监测结果和统计分析结果。

（4）区域数据管理。利用区域数据管理，用户可以对系统内的监测区域信息进行修改、添加、删除等操作。区域的划分可以按照行政区域进行，也可以按照农作物种植区进行，或根据需要进行。

（5）气象数据管理。病虫害的预测预报需要大量的气象数据作为依据，因此，在系统内设置气象数据管理功能可方便对相关数据的管理、处理和分析。用户可通过气象数据管理功能输入气象数据，或通过数据导入功能导入系统，并可进行修改、插入、删除等操作。

（6）系统管理。通过系统管理功能，系统管理员可进行用户管理、角色管理、密码修改、代码管理、区域管理、数据填报任务管理、数据表管理等。

随着科学和信息技术的发展，病虫害监测信息数据库管理系统应该能够提供数据输入接口，方便由病虫害数据自动采集系统和病虫害自动监测系统获得的数据实时传入数据库；并且，系统还应为监测数据的分析和应用提供接口，方便数据的分析和应用。

多个国家和机构已经建立各种病虫害监测信息数据库管理系统，可接收病虫害监测数据，实现数据统一管理，方便共享，为病害预测和病害管理决策服务。全国农业技术推广服务中心于1996年5月建成了“全国病虫测报信息计算机网络传输与管理系统”（王建强等，1997），并从2002年起组织开发了“中国农作物有害生物监控信息系统”（夏冰等，2006），又从2009年起对原有系统进行了换代升级，开发建设了“农作物重大病虫害数字化监测预警系统”（黄冲等，2016），实现了对我国水稻、小麦、玉米、马铃薯、棉花、油菜等作物重大病虫害的数字化监测预警。同时，全国农业技术推广服务中心从2009年起，开发建设了“中国主要农作物有害生物数据库系统”（全国农业技术推广服务中心，2013），加快了有害生物监测调查数据的传输速度，规范了数据的填报和管理。这些系统的开发建设保障了我国病虫害监测数据的规范性和完整性，实现了全国主要病虫害监测信息的网络传播、分析处理和资源共享，促进了全国有害生物数字化监测预警建设，提高了监测信息传播的时效性和监测预警水平。

第四节　植物病虫害测报模型管理平台

农林业的安全、健康生产受到病虫害的影响很大，尤其是暴发性强、危害严重的病虫害，更是会极大地影响植物产品的产量和品质。开展病虫害的预测预报具有重要意义，及时、准确的病虫害预测预报是安全、经济、有效地控制病虫为害、减少损失、降低农药使用量和保护环境的前提。

广大科研工作者所开展的病虫害监测为预测预报提供了丰富的数据基础。国内外已经建立了大量的植物病虫害预测模型，这些模型大多尚未被开发成简单易用的软件，用户难以理解这些模型的工作机制和所应用的数学知识。虽然有些预测模型被开发成软件或基于Web的预测平台，但是一般所用预测模型相对单一，并且基本是基于局地调查数据建立的，推广应用具有很大的局限性。由于植物病虫害的发生受到环境条件的影响，在建立病虫害预测模型时，当地气象因子往往被作为预报因子，因此所建立的模型具有很强的地域局限性，往往仅适于当地推广应用，而不能简单地应用于其他地区。并且，时常见到针对同一地区同一种植物病虫害重复建立预测模型的现象，导致资源的浪费。随着气候变化、种植制度改变、品种更换等，病虫害的发生规律也会发生相应的变化，如果所建立的模型不能进行相应的维护和修改，会造成模型无法进行病虫害的准确预测预报。由于病虫害系统的复杂性，单一预测模型有时难以准确进行病虫害的预测预报，将多个模型组合起来可能会收到很好的效果。因此，有必要建立病虫害预测模型管理平台，将已经建立的病虫害测报模型集中在一起，并且根据实际情况的变化，可以对模型进行维护和修改，或将一些模型组合起来建立组合模型，或利用模型生成技术建立新的模型，做到模型的共享和适应性改造，可避免资源的浪费，满足生产中病虫害预测预报的需要。

一、病虫害测报模型管理平台的结构与功能

对于所建立的病虫害测报模型，研究者利用计算机可以按照模型程序、模型程序包、模型库（model base）的形式进行使用和管理。目前，后两种形式应用较多。模型程序是指研究者利用计算机语言描述所建立的病虫害模型的算法过程。研究者将根据所建模型编制的模型程序组合在一起开发成模型程序包；在病虫害测报模型管理平台中，用户可通过菜单进行人机交互，根据需要调用相应的模型程序，然后输入数据即可获得预测结果。模型库是将多个模型按照一定的结构形式组织起来，研究者利用模型库管理系统（model base management system，MBMS）对测报模型库进行管理和使用。模型库管理系统是对模型进行存取和各种管理、控制的软件系统，其可将多个病虫害测报模型组合起来形成更大的模型，并且具有生成模型的能力，因此，模型库是目前对病虫害测报模型进行使用和管理的最主要形式。

以模型库的形式进行模型管理而开发的病虫害测报模型管理平台其实就是一个模型库系统（model base system，MBS）平台，其由模型库、模型库管理系统、模型字典（model dictionary，MD）组成（图 6-11）。模型库用于存储各种病虫害测报模型，所存储的测报模型可以是从文献中获得的或通过研究建立的固定的静态模型，也可以是模型形式和参数等具有变动性的动态模型。模型库管理系统可进行建模管理、模型存取管理和运行管理等。模型字典是关于病虫害测报模型描述信息的特殊数据库，包含针对测报模型描述和存储的信息，是模型库管理系统的核心；模型库管理系统通过模型字典实现对测报模型资源的有效管理。

病虫害测报模型管理平台操作简单，并且容易扩展，可以应用于病虫害监测预警系统或预测预报系统中，为开展病虫害的监测预警或预测预报提供支持。

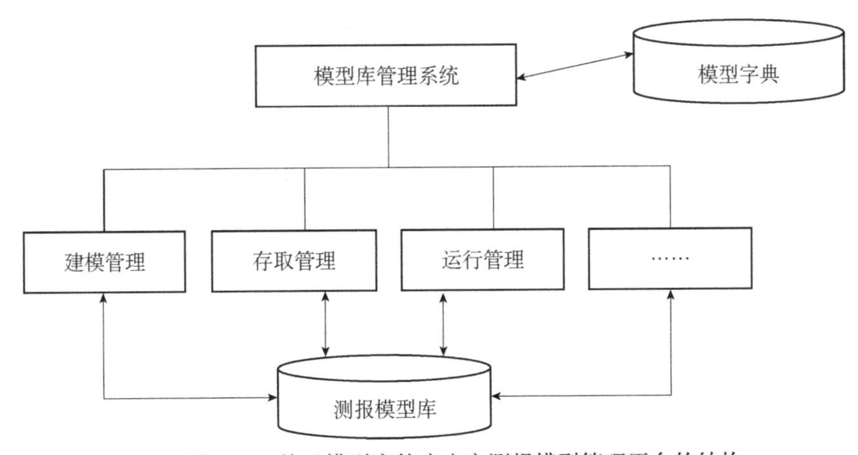

图 6-11　基于模型库的病虫害测报模型管理平台的结构

二、病虫害测报模型管理平台开发实例

国内外对病虫害测报模型管理的研究，大多数是将病虫害测报模型库作为病虫害监测预警系统或预测预报系统的一个数据库，为病虫害预测预报提供模型支撑，也有一些研究开发了病虫害测报模型管理平台，将多个病虫害测报模型集中进行管理和共享。下面以两个实例说明病虫害测

报模型管理平台的开发和应用。

杨和平等（2011）检索获得了我国的 50 余种重要害虫的预测预报文献约 530 篇，基于从中筛选出的 350 篇预测模型文献中获取的模型建立了害虫预测模型库，利用 B/S（browser/server，浏览器/服务器）网络框架，构建了农作物害虫预测模型网络共享平台系统。该平台系统主体由用户模块、模型模块、预测模块、评论模块、害虫预测模型库组成。在进行害虫预测模型库的建立时，首先确定害虫名单，检索、查阅、整理文献，按害虫名称、发生地点、预测内容对预测模型进行提取，然后对模型进行归类，分为回归分析、模糊数学、判别分析、其他共 4 个类别，利用 VBScript 将模型的关键影响因子输入、预测算法运行、预测结果输出等过程进行程序化表达，将相关模型转换成计算机可识别运行的函数包，最后按照省或地区名称、害虫名称及预测模型的名称归类到 SQL 数据库中（图 6-12）。该平台系统将复杂的害虫预测模型转变成方便用户操作的页面填空模式，在使用时，通过用户交互界面，用户首先选择需要预测的害虫名称，再选择需要预测的地区，之后根据预测内容选取所需的预测模型，然后针对所选模型运行所需要的预报因子，输入相应数据，最后运行模型即可获得预测结果。该平台系统还设计了预测结果评价模块，可用于对模型有效性进行评价。该平台系统整合了大量的害虫预测模型，有利于相关害虫的预测预报工作开展。

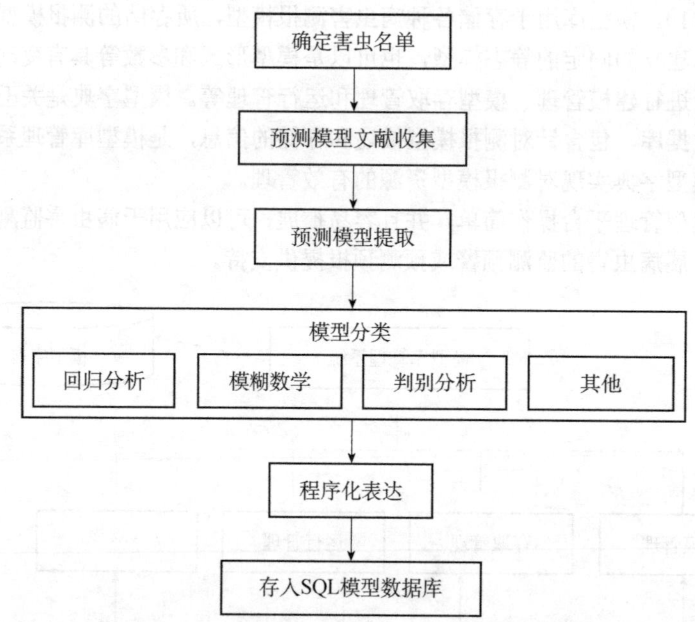

图 6-12　农作物害虫预测模型网络共享平台系统中害虫预测模型库的建立流程图（改自杨和平等，2011）

汪辰等（2013）收集了针对果树食心虫常用的预测模型，按照食心虫类别、发生区域、预测方法对模型进行提取、归纳，采用 B/S 架构，以 PHP 开源技术、MySQL 数据库和 Apache 服务器为支撑，开发了基于 Web 的果树食心虫预测模型库系统。该系统包括用户模块、测报数据模块、模型管理模块、预测模块、预测结果检验评价模块。用户可将利用田间气象监测设备采集的气象数据传输到系统中，供预测使用。模型管理模块包括动态模型和静态模型。动态模型采用一元线性回归与多元线性回归方法，用户可通过输入系数以及选择变量所代表的相关气象因子对食心虫进行预测预报。静态模型使用发育进度预测法、物候预测法、有效积温法、期距法构建，利用 PHP 进行程序化表达，用户只需根据模型所使用地区的不同修改相关变量的系数即可对食心虫进行预测预报。

第五节　植物病虫害区域化测报技术

植物病虫害的发生不仅是在时间进程中的群体数量或危害程度的变化，而且也是病虫害在空间尺度上的发生范围或危害程度的变化。尤其是气传病原体和迁飞性害虫，在适宜条件下，其在空间上扩展蔓延速度快，容易造成暴发和严重危害。为了实现对植物病虫害的精准防治和可持续治理，需要了解病虫害在区域水平上的发生过程和空间分布，这都需要了解病虫害发生的空间位置信息和在相应位置上的病虫害发生程度。开展病虫害区域化测报，可以为从宏观上管理病虫害提供依据。

对病虫害发生、监测、预报的研究，一般是在一定空间范围内的研究。根据所研究空间范围的大小，研究可以分为田块水平、区域水平、洲际水平等不同层次。一般地，田块水平的研究较多；区域水平的研究较少；受到获取信息资料和研究手段的限制，洲际水平的研究更少。利用传统的病虫害现场调查的方法开展研究，掌握区域水平的植物病虫害发生情况需要大量的人力、物力和时间，难度较大。但是，由于现代信息技术的发展，研究者利用“3S”技术、轨迹分析技术等可以实现区域水平的病虫害的测报研究，并在实际中进行应用。

一、基于“3S”技术进行病虫害区域化测报

植物病虫害的发生与危害程度往往与地理环境条件相关，在空间上呈现出一定的规律性。并且，生产上危害严重的病原体和害虫大多数具有远程传播或迁飞的特性，大范围的发生信息的获取对于区域化测报非常重要。GIS 具有强大的空间数据管理能力，可以实现数据采集、管理、分析、表达等功能，可用于分析病虫害在区域上的空间分布特性以及与地理空间的关系。在病虫害的监测预报中，GIS 可以集成 RS 影像、气象数据、病虫害发生环境因子、病虫害监测数据、病虫害预测预报模型、基础地图数据等进行空间分析，以专题图形式展现病虫害的分布和病虫害的发生程度。并且，研究者可以利用 GIS 的空间分析技术，基于建立的病虫害预测预报模型，可对病虫害发生区域和发生程度进行预测，并用地图展示预测结果。WebGIS 和移动 GIS 的发展，促进了基于 GIS 的病虫害监测预警研究，可将监测和测报结果在网络上展示，可利用手机等移动终端便捷地进行病虫害发生区域的定位、监测和测报结果的查看。由于 GIS 可以通过多种可视化形式展现病虫害监测和预报结果，从业者可更直观了解病虫害发生情况和发生趋势。

GIS 可用于研究病虫害发生时空动态、有害生物风险分析、病虫害发生与其他因子的关系、病虫害发生趋势预测等。由于 GIS 强大的空间分析功能和空间模拟功能，GIS 在分析病虫害空间格局、病虫害空间传播扩展动态及趋势等方面表现出特有的优势，可为病虫害的区域化测报提供强有力的支撑。研究者若要结合 RS 和 GPS，利用 GIS 开展植物病虫害区域化测报研究，一般可以按照图 6-13 所示技术路线进行，所需要的包括中国省行政区图、县级行政区图和中国高程图在内的地理数据，均可从国家基础地理信息中心网站下载（http：//www.ngcc.cn/ngcc/）。GIS 已被用于多种植物病虫害的区域化测报研究。

除了地理数据，利用“3S”进行病虫害区域化测报研究所需要的病虫害发生数据可以通过病虫害的调查和动态监测获得，我国已经建立了分布于全国的多个病虫害监测站，可对病虫害发生

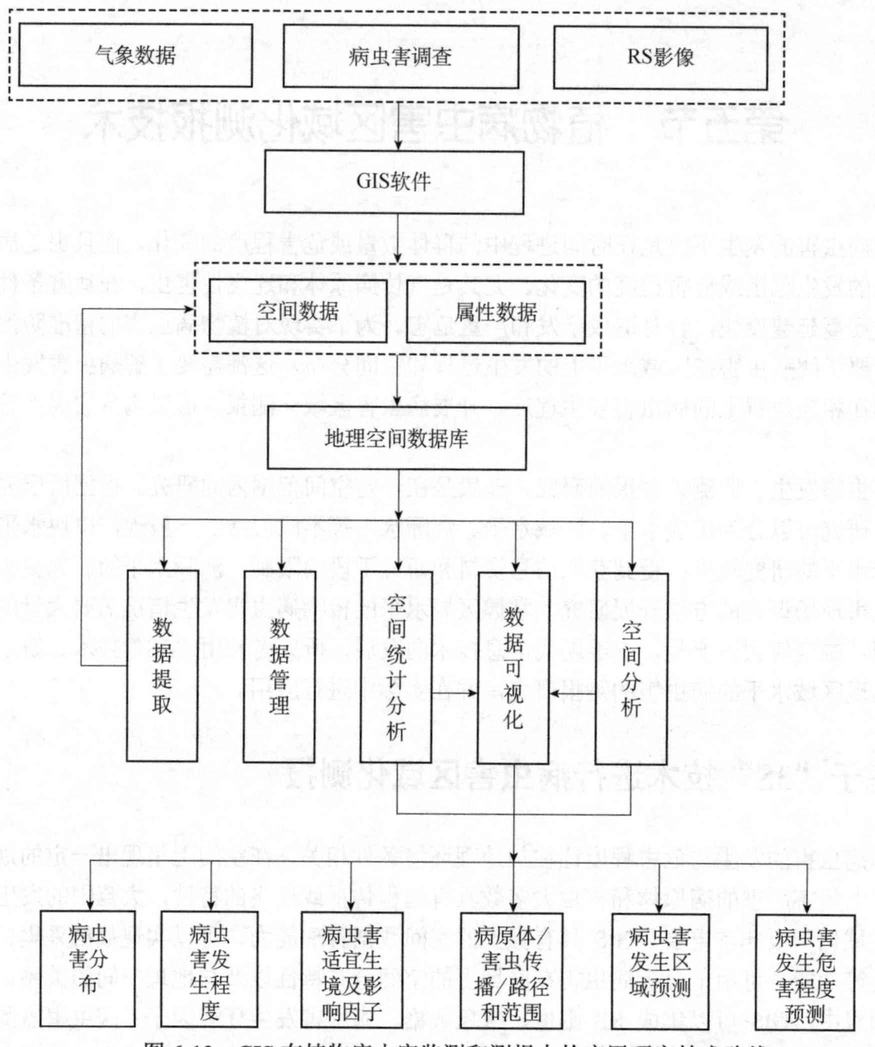

图 6-13 GIS 在植物病虫害监测和测报中的应用研究技术路线

动态进行系统监测，获得丰富的数据资料；此外，各地会组织当地病虫害的普查工作，亦会提供一定的病虫害发生数据。目前，由于手持 GPS 仪或具有全球定位功能的手机 App 软件应用非常广泛，所获得的调查数据均具有 GPS 定位坐标信息，为利用 GIS 进行病虫害时空动态分析和预测预报提供了基础数据。病虫害区域化测报需要大量的气象数据资料，可由各地气象部门提供，并可以利用小气候观测站等采集气象数据。各地气象部门的预报数据汇总后，可进行病虫害的发生趋势预测。测报中所需的区域性作物分布和生长动态数据，可以通过人工调查获得或通过 RS 影像解析获得。现代信息技术可用于构建多地多点的病虫害实时在线自动监测网络，开展更加及时、准确的病虫害发生相关数据信息的获取。

在获取相关数据后，研究者可以充分利用 GIS 的数据管理、处理和分析能力，进行数据处理工作，尤其是进行空间统计分析和空间分析，形成病虫害区域化测报结果，为区域性病虫害管理服务。

二、基于轨迹分析技术进行病虫害区域化测报

病原体和迁飞性害虫的远程传播或迁飞与气流的流动具有密切关系。可借助于空气动力学软

件对病原体和迁飞性害虫进行传播或迁飞轨迹分析，推断病原体和迁飞性害虫的来源地、途径区域和降落地点，了解传播或迁飞路线，可进行病虫害的区域化测报。

进行轨迹分析常用的模型软件有 HYSPLIT（hybrid single-particle lagrangian integrated trajectory）、FLEXPART（flexible particle dispersion model）等，其中，HYSPLIT 是最常用的轨迹分析模型。HYSPLIT 由美国国家海洋和大气管理局（national oceanic and atmospheric administration，NOAA）和澳大利亚气象局联合开发，采用 Lagrangian 方法进行平流和扩散计算，采用 Eulerian 方法进行浓度计算。这一模式包括以轨迹和浓度应用为主的模块程序库，可以单机安装使用，亦可在线运行。HYSPLIT 模型可以使用多种同化模式输出的分析场资料以及数值天气预测模式产生的预报场资料，可进行预测分析。HYSPLIT 模型可以通过访问网址 https：//www.ready.noaa.gov/HYSPLIT.php 进行在线使用或下载到本地安装使用。

进行病原体传播和迁飞性害虫的迁飞活动的轨迹分析，除了利用空气动力学软件外，一般离不开 GIS 技术的应用。一般地，研究者在利用空气动力学软件获得含有地理信息的病原体传播和害虫迁飞的相关轨迹结果后，可将结果经过转化或直接利用 GIS 软件进行进一步分析或图形化展示。目前，常用的空气动力学软件一般包含 GIS 组件，便于进行数据分析。

三、病虫害区域化测报技术应用

利用上述病虫害区域化测报技术的相关研究已有不少。

随着计算机技术和网络技术的快速发展以及计算机和智能终端的广泛应用，结合网络技术和 GIS 技术的网络地理信息系统（WebGIS，Web GIS 或 Web-based GIS）得到迅速发展。计算机和智能终端的 Internet 用户通过网络可以在客户端实现数据浏览和管理、专题图制作、空间分析等几乎全部传统 GIS 软件系统所具有的功能。借助 WebGIS，用户可更方便地进行病害信息管理、有害生物风险分析和病害风险分析、病害预测预报等。黄鸿和杜道生（2005）以 MapInfo 公司发布的 MapXtreme for NT 作为开发平台，基于气象数据、外来有害生物调查资料、外来有害生物适生相似距模型，开发了基于 WebGIS 的有害生物灾害风险评估系统，可将对外来有害生物适生相似距分析结果以地图的形式进行显示。贾启勇等（2007）基于 MapInfo，利用 Java，结合病虫害资料数据库、预测预报模型数据库和气象数据库，开发了基于 WebGIS 的病虫害预测预报预警平台系统，可以用地图的形式显示病虫害预测预报结果。宫彦萍等（2008）集成 WebGIS、数据库、ASP.NET 等技术，基于 SuperMap IS.NET 5，综合利用遥感、气象、病虫害模型知识，采用 B/S 结构模式，开发了基于 WebGIS 的作物病虫害监测预报系统，可进行基于网络平台的病虫害预测预报和大面积实时的遥感病虫害专题图发布。Kuang 等（2013）利用 C#和 JavaScript 编程，基于 ArcGIS Server 9.3，开发了基于网络的小麦条锈病预测系统，可以用地图的形式显示小麦条锈病预测结果。我国科学家利用 WebGIS 技术开发的中国马铃薯晚疫病监测预警系统（China-blight）（www.china-blight.net）（胡同乐等，2010；张玉新等，2012）可用于全国范围内的马铃薯晚疫病的监测预警，并提供了化学防治的辅助决策支持系统；美国科学家开发的 ipmPIPE（https：//ipmpipe.org）可用于美国范围内大豆锈病（*Phakopsora pachyrhizi*）等多种病害的发生情况地图可视化显示和预测预报；美国科学家开发的 Fusarium Head Blight Prediction Center（http：//www.wheatscab.psu.edu）可用于对美国范围内的小麦赤霉病（*Fusarium graminearum*）进行基于天气条件的风险评估，并以地图的形式显示风险级别。

河北农业大学研发的“中国马铃薯晚疫病监测预警系统”（China-blight）（www.china-blight.net）（胡同乐等，2010；张玉新等，2012）于 2008 年 6 月开始运行。该系统采用 B/S 架构，Web

应用服务器采用 Tomcat 6.0，数据库服务器采用 MySQL 5.5，采用 Rational Rose 2007 作为数据库设计平台，并开发了小型 GIS 系统用于地图的动态显示和地图信息的维护。该系统可在 Windows、Unix、Linux 等多种操作系统上运行。该系统主要包括"中国晚疫病实时分布""未来 48h 不同区域晚疫病菌侵染危险性预测"和"晚疫病化学防治决策支持系统" 3 个子系统，并提供"马铃薯晚疫病防治方法""马铃薯晚疫病防治药剂""马铃薯品种抗病性""马铃薯其他病虫害""用户田间管理电子档案"等信息和服务。该系统收到病害发生信息之后，可在地图上自动实时更新显示。用户将鼠标停留在发病点位置时，系统即可显示该点的发病信息；通过点击省份（直辖市或自治区）所对应区域或地图下表格中的地点名称，可以进一步了解马铃薯晚疫病在相应区域的发生情况。该系统根据中央气象台的天气预报数据、马铃薯种植区域分布、适宜马铃薯晚疫病病菌大量侵染的天气条件，可对未来 48h 不同区域马铃薯晚疫病病菌侵染危险性进行预测，并用不同颜色在地图中显示。利用该系统，用户通过选择性点击相应需要输入系统的信息（包括生育期、品种抗病性、地块周围晚疫病发生情况、本地近期天气情况、近期针对晚疫病的用药情况等），可以获得系统给出的预测结果和防治建议。

Pan 等（2006）综合利用 HYSPLIT-4 和中尺度大气模式（MM5）构建了气候-传播综合模型系统（climate-dispersion integrated model system），对大豆锈菌洲际间的远程传播做了预测，预测结果得到实际调查数据验证。国际上基于 HYSPLIT 模式进行小麦秆锈病病菌 Ug-99 传播的监测预警（Hodson et al.，2009）。

第六节　植物病虫害遥感监测

传统的植物病虫害调查和监测是通过人工现场调查进行的，需要大量的人力、物力和时间，准确、及时地掌握植物病虫害发生情况具有较大难度，往往会造成不能对植物病虫害准确预测和发展情况的监测，为病害的有效管理带来很大难度，尤其是对偏远地区或交通不便地区的植物病虫害的及时监测难度更大。遥感技术使得解决这一难题成为了可能。并且，航空遥感和航天遥感可以获取人们不易到达或难以到达地区的植物病虫害发生信息。另外，由于遥感是一种非接触获取信息的方式，可以避免对病虫害样品的破坏作用。

研究者利用遥感技术，通过多平台的遥感监测，建立植物病虫害反演模型或预测模型，可以进行病虫害信息获取、病虫害发生程度反演、病虫害预测预警等。地面（近地）冠层遥感可以实现小范围的植物病虫害遥感监测、病虫害种类识别，并为航天遥感、航空遥感提供支撑和理论基础；航空遥感可以实现多田块水平和较大面积植物病虫害的遥感监测；航天遥感可以实现区域水平的植物病虫害的监测。

一、植物病虫害遥感监测的发展情况

植物病虫害遥感监测预警是指应用遥感技术，通过非接触方式获取植物病虫害的光谱数据或遥感影像，通过处理和分析，实现对病虫害进行种类识别、发生情况评估，为病虫害预测预报和防治决策提供依据。

遥感技术在林业病虫害监测过程中发挥了重要作用。由于森林面积大，森林病虫害的人工现场调查难度大，需要大量的人力、物力，费时、费力，从业者难以及时、准确掌握病虫害的整体情况，影响病虫害预测和防治决策，容易导致巨大损失，因此，人们迫切需要一种便捷、快速的森林病虫害监测方式。20 世纪 30 年代，国外就开始将航空拍摄应用于森林虫害监测研究中，70 年代开始进行卫星遥感监测森林病虫害的试验研究，80 年代开始卫星遥感监测森林病虫害的实际应用。

在农业领域，遥感技术较多地被应用于作物产量评估、水涝和干旱等灾害对农业生产影响的评估等。在农业病虫害监测方面，主要是从高光谱遥感技术出现之后，相关研究逐渐增多并受到关注和重视，从地面遥感（近地遥感）逐步发展到热气球、无人机、载人飞机平台的遥感监测；目前，农业病虫害的航天遥感取得了一定的进展，对区域水平的病虫害防控提供了一定的参考。在农业病虫害遥感监测方面，大部分研究集中于病害的遥感监测，而虫害的遥感监测研究相对较少。

二、植物病虫害遥感监测的理论依据

植物受到病虫害为害时，植物细胞和组织内部会发生生理生化的变化，如呼吸作用增强、叶绿素含量降低、光合作用减弱、营养和水分的吸收受到影响、代谢物质产生变化等；内部组织结构发生变化，并且会改变植物的外部形态特征，如植物褪绿、黄化，产生病斑，引起干枯或萎蔫等。这些由于受到病虫害为害而产生的变化，会造成植物光谱反射特性发生改变，从而造成遥感光谱和影像数据的响应性变化，并表现出一定的特异性，不同的病虫害种类和危害程度，会导致遥感光谱和影像数据的不同变化，这就为植物病害的遥感监测提供了依据。研究者基于获取的遥感光谱和影像数据，进行一系列处理和分析，可以获得病虫害发生的信息。因此，研究者可利用遥感技术对植物病虫害种类、危害程度、病虫害生境进行监测。并且，研究表明，利用遥感技术可进行病虫害早期监测，为病虫害的监测预警和早期防治提供了支撑。另外，遥感技术可用于植物病虫害损失评估。

三、植物病虫害遥感监测解决方案

植物病虫害遥感监测一般包括获得遥感数据、病虫害调查数据、植物生化指标数据、产量相关指标数据等，数据处理，模型构建，识别、反演或分类等步骤（图 6-14）。进行病虫害遥感监测，需要在获取病虫害遥感数据的同时，进行病虫害调查、植物生化指标测定；若进行产量损失估计，需要测定产量相关指标，然后进行遥感数据分析。

对于在叶片水平上的病虫害遥感监测，一般是借助于积分球等设备或者以黑色材料作为背景，利用非成像光谱仪获得叶片的光谱数据。同时，确定叶片病害种类或危害叶片的害虫种类、评估病虫害危害严重程度、测定叶片的生化指标。根据所获得的光谱数据以及所获取的叶片相关的属性数据，主要通过定性/定量分析，进行病虫害危害程度的反演、病虫害种类识别和病害早期诊断；也可以确定光谱变化与植物生化指标之间的关系，为航空遥感和航天遥感提供基础。

对于病虫害地面（近地）遥感，一般是利用手持、背负、固定于支架或装载于农业机械上的非成像光谱仪或成像光谱仪，可以获得遥感光谱数据或遥感图像数据。同时，确定危害地面作物的病害种类或害虫种类、评估病虫害危害严重程度、测定作物冠层叶面积指数以及作物产量等指标。对所获得的数据进行处理和分析，可进行病虫害危害程度反演、病虫害种类识别和病虫害损失评估等。并且，可以利用地面遥感对航空遥感和航天遥感进行校正。

利用航空遥感和航天遥感获得的图像数据，结合基于 GPS 定位的田间病虫害调查数据和产量损失测定数据，利用图像处理方法，通过构建模型，可进行病虫害危害程度评估、病虫害地理分布和发生动态监测、病虫害损失评估等。利用航天遥感还可在大范围区域内预测病虫害的发生趋势，为病虫害的防治决策提供科学依据。目前，航天遥感主要应用于森林病虫害的遥感监测。在森林病虫害的航天遥感监测中，Landsat TM 和 SPOT 资料应用较多，主要是应用可见光至短波红外波段。由于遥感卫星分辨率的限制，虽然利用卫星进行森林病害监测已有一些应用，但是利用卫星影像进行农作物病害监测尚处于研究探索阶段，距离真正实际应用尚有一段距离。

应加强进行多平台、大尺度以及多时相、多波段光谱的研究，建立不同平台间关系模型，并分析多种不同病虫害类型的光谱特征，建立不同病虫害类型的光谱数据库系统，可以促进 RS 在植物病虫害监测预警中的应用。

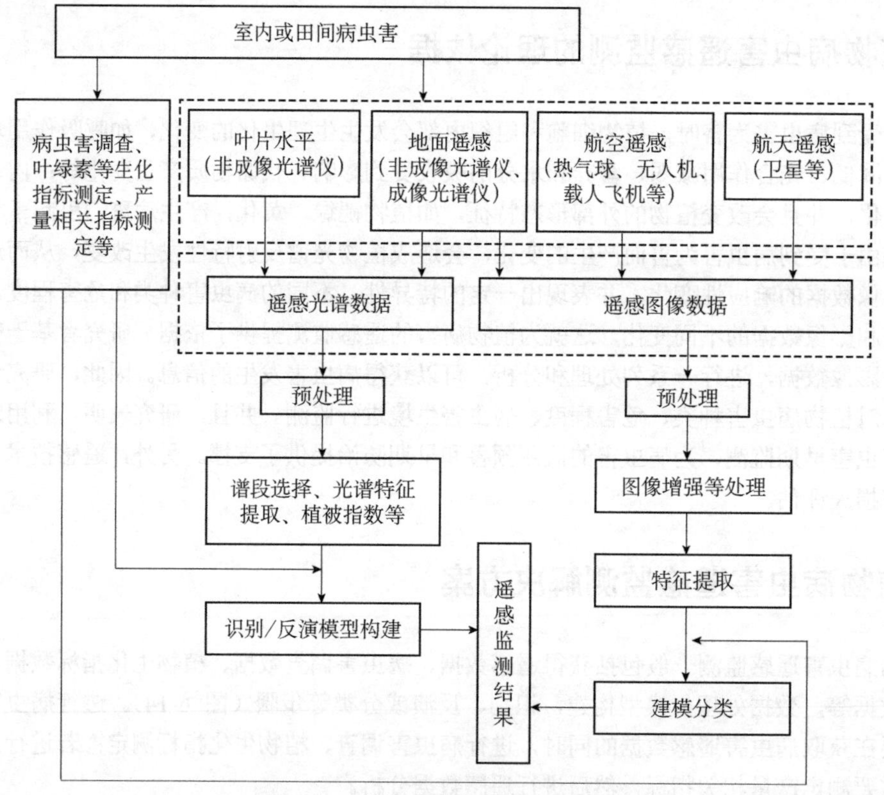

图 6-14　植物病虫害遥感监测技术路线

研究者对获得的病虫害遥感光谱数据进行预处理时，为了降低数据冗余、增强有用信息、提高信噪比等，常对原始光谱进行一阶微分变换、二阶微分变换、对数变换等光谱变换处理。在进行病虫害遥感数据分析时，常提取光谱吸收峰的波长位置、宽度、深度、面积等光谱特征参数和归一化植被指数（normalized differential vegetation index，NDVI）、比值植被指数（ratio vegetation index，RVI）、差值植被指数（difference vegetation index，DVI）、变换植被指数（transformed vegetation index，TVI）、光化学植被指数（photochemical reflectance index，PRI）、花青素反射指数（anthocyanin reflectance index，ARI）等植被指数用于模型构建。可以利用遗传算法（GA）、决策树（DT）、人工神经网络（ANN）、支持向量机（SVM）、定性偏最小二乘法（DPLS）等方法对遥感数据进行定性识别和分类分析。利用遥感数据进行定量分析时，可以采用线性回归（linear regression）、SVM、支持向量回归机（SVR）、定量偏最小二乘法（QPLS）等方法进行建模。

四、植物病虫害遥感监测应用实例

遥感技术应用于植物病害监测的研究较多，而应用于植物害虫监测的研究相对较少。

国内外对农作物病害遥感监测的研究和应用已有不少报道，其中包括对小麦条锈病（*Puccinia striiformis* f. sp. *tritici*）、小麦白粉病（*Blumeria graminis* f. sp. *tritici*）、小麦全蚀病（*Gaeumannomyces graminis* var. *tritici*）、稻瘟病（*Magnaporthe oryzae*）、棉花枯萎病（*Fusarium oxysporum* f. sp. *vasinfectum*）、大豆孢囊线虫病（*Heterodera glycines*）、蚕豆赤斑病（*Botrytis fabae*）、甜菜丛根病（*Beet necrotic yellow vein virus*）、油菜菌核病（*Sclerotinia sclerotiorum*）等多种植物病害的遥感监测。按照病害种类，病害遥感监测在小麦条锈病和小麦白粉病方面的研究报道相对较多，已有报道从多个平台对其进行了较为系统的研究。下面将重点以我国相关科研人员从叶片、近地冠层、航空、航天 4 个水平开展的大量小麦条锈病遥感监测研究工作为例，介绍 RS 在植物病虫害监测方面的应用。

小麦条锈病叶片水平的遥感监测可为利用遥感技术从近地、航空、航天水平遥感监测该病害提供基础。利用非成像光谱仪与积分球、叶片夹和黑色背景材料（如黑色纸）相结合，可以测定叶片的光谱，用于小麦条锈病识别、发病叶片严重度评估、条锈病菌侵染早期监测等。黄木易等（2004）利用 ASD FieldSpec Pro FR2500（350～2500nm）型光谱仪耦合积分球测定了小麦条锈病不同严重度级别单叶的光谱，基于利用相关分析法选择的敏感波段、540～740nm 特征反射峰的吸收深度和吸收面积以及设计的光谱角度指数（spectral angle index，SAI）和吸收面积指数（absorption area index，AAI），构建了严重度的线性回归反演模型。王海光等（2007）基于获得的小麦条锈病不同严重度级别单叶的光谱数据，选择 350～1500nm 作为建模光谱范围，构建了病害严重度 SVM 反演模型。Wang 等（2016）利用 ASD 手持式光谱仪（FieldSpec HandHeld 2），以黑色纸为背景，采集了健康小麦叶片、条锈病和叶锈病潜育期小麦叶片、条锈病和叶锈病发病期小麦叶片的高光谱数据，对原始光谱进行了一阶导变换、二阶导变换、反射率倒数的对数变换，并对多个光谱特征参数进行了筛选，分别利用 DPLS 和 SVM 建立了小麦条锈病和叶锈病的判别模型，利用 QPLS 和 SVR 分别建立了小麦条锈病和叶锈病的严重度反演模型。

小麦条锈病近地冠层遥感监测主要是在利用非成像光谱仪获得冠层光谱的基础上，开展冠层光谱特性分析、小麦条锈病识别和早期诊断、病情指数反演、条锈病胁迫下小麦生化参数的变化与反演、条锈病造成的损失估计等方面的工作。这些方面的研究阐明了小麦条锈病遥感机理，为通过航空、航天遥感大面积监测小麦条锈病提供了依据。黄木易等（2003）对在不同生育期内利用 ASD FieldSpec Pro FR2500（350～2500nm）型光谱仪获得的不同发病严重程度的冬小麦条锈病冠层光谱分析的结果表明，630～687nm、740～890nm 和 976～1350nm 为遥感监测小麦条锈病的敏感波段，绿光区、近红外平台处和黄光区的冠层光谱反射率分别随病情的加重呈明显的上升、下降和上升趋势，条锈病的红边发生蓝移，叶绿素含量随条锈病的病情指数的增大而下降，并建立了多个用于条锈病病情指数反演的线性回归模型和指数模型。蔡成静等（2005）利用 ASD FieldSpec Pro FR1075（325～1075nm）手持式光谱仪获得了小麦条锈病冠层光谱数据，病情指数与冠层光谱反射率相关分析结果表明两者在 930nm 附近具有极显著的相关性，以 930nm 处的反射率为自变量建立了病情指数回归反演模型。李京等（2007）对用 ASD 非成像光谱仪测定的小麦条锈病冠层光谱进行一阶微分处理后，发现随病情指数增大，一阶微分光谱在绿边（500～560nm）内逐渐增大，在红边（680～760nm）内逐渐降低，以红边（680～760nm）内一阶微分总和（SDr）与绿边（500～560nm）内一阶微分总和（SDg）的比值作为植被指数，可在肉眼观察到症状前12d识别健康和发病小麦。Wang等（2015）利用ASD FieldSpec HandHeld 2手持式光谱仪采集小麦条锈病和叶锈病潜育期、发病期及健康小麦的冠层光谱数据，分别利用小波包分解系数、光谱数据特征参数、原始光谱反射率及其一阶导数和二阶导数，构建了病害识别SVM模型和病情指数反演SVR模型，获得了较高的识别和反演效果。王爽等（2011）分析了条锈病胁迫下小麦产量与不同生育时期的小麦冠层光谱反射率和一阶微分光谱的相关关系，结果表明，产量与各个生育期的冠层光谱反射率均呈显著正相关；据此选择相关性高的植被指数（NDVI和RVI）和一阶微分参数（SDr）建立了条锈病胁迫下的小麦产量估计回归模型。

小麦条锈病航空遥感监测主要是在热气球、无人机、载人飞机上搭载非成像光谱仪、成像光谱仪和照相机获得光谱数据，进行病害严重程度估计和病害分布分析等。蔡成静等（2007）借助GPS技术，利用ASD FieldSpec Pro FR1075（325～1075nm）手持式光谱仪获得了小麦条锈病近地冠层和热气球平台下的光谱数据，发现在热气球平台测定的光谱反射率在可见光谱区域明显大于近地获得的光谱反射率，提取可见光区域的红边（650～695nm）和蓝边（460～510nm）一阶微分和之比作为植被指数变量，并建立了热气球平台和近地冠层该变量之间的回归模型。Zhang等（2019）利用无人机（unmanned aerial vehicle，UAV）搭载的高光谱成像仪在一个生长季的5个不同时间获得了包含小麦条锈病发病区和健康区试验田的高光谱图像，建立了基于深度卷积神经网络（deep convolutional neural network，DCNN）的模型并用于自动检测小麦条锈病发病区，效果优于随机森林分类器（random forest classifier）。刘良云等（2004）采用“运5”飞机，航高为1000m，利用面阵推扫型成像光谱仪（pushbroom hyperspectral imager，PHI），在拔节期、灌浆始期、乳熟期3个生育期获得小麦条锈病多时相的PHI航空高光谱图像数据，建立了病情指数与所设计的病害光谱指数之间的线性回归模型，根据该模型利用PHI航空高光谱图像获得的各个生育期的冬小麦病情和范围与实际情况吻合。

小麦条锈病航天遥感监测主要是根据卫星遥感影像，进行病害严重程度估计、病害范围分析和病害损失估计等。张玉萍等（2009）利用ENVI软件从SPOT-2卫星遥感影像中提取小麦条锈病发病区和无病对照区的光谱反射率，并与同一时相利用ASD FieldSpec Pro FR1075（325～1075nm）手持式野外光谱仪测定的近地冠层光谱反射率进行了比较，发现可以用该卫星的B3波段进行小麦条锈病的遥感监测。郭洁滨等（2009）利用ENVI4.5对获得的SPOT-5多光谱遥感影像进行了分析，认为以B2、B3波段反射率计算获得的NDVI和RVI可用于小麦条锈病监测。王利民等(2017)利用获得的我国GF-1/WFV 7幅影像,结合地面病害调查数据和利用ASD FieldSpec 3便携式地物波谱仪测定近地光谱反射率,构建冬小麦条锈病指数(wheat stripe rust index,WSRI),对WSRI指数进行阈值划分，获取条锈病发病区域范围，对河南省西华县冬小麦条锈病2017年空间分布识别的总体精度在84.0%。刘良云等（2009）对获取的2007年4月10日、4月26日、5月12日、5月28日共四期Landsat TM卫星影像进行了几何校正和辐射校正，借助GPS定位，分析了试验区小麦条锈病和白粉病各个时期的光谱特征及其变化，并以从前两期的卫星影像中计算获得的NDVI为自变量建立了小麦产量的早期预测模型。

对于植物害虫的遥感监测，主要集中于对森林和草地（草原）害虫的监测，针对农作物害虫的监测较少。遥感主要用于对害虫危害程度、害虫群体数量、害虫生境因子等的监测。在蝗虫遥感监测方面，卫星遥感主要用于蝗虫生境的监测（Latchininsky，2013）。乔红波等（2005）利用ASD FieldSpec HandHeld野外便携式光谱仪（325～1050nm）测定了田间不同程度麦蚜危害的小麦冠层反射光谱，通过分析发现在麦蚜危害初期，近红外反射率明显降低，随着危害加重，反射率在不同波段明显下降，尤其在近红外区下降更为显著，并利用归一化植被指数（NDVI）建立了百株蚜量预测模型（线性回归方程），认为可以用 NDVI 反演小麦上的蚜虫数量。胡祖庆等（2015）采用便携式野外光谱仪 ASD FieldSpec HandHeld（325～1075nm）进行麦长管蚜（*Sitobion avenae*）胁迫下的 3 个小麦品种的冠层光谱测量；麦长管蚜百株蚜量与 400～900nm 范围内的光谱反射率之间的相关性分析表明，400～900nm 波段范围内，3 个品种百株蚜量均与光谱反射率呈负相关，分别利用可见光波段的 405nm 与近红外波段的 835nm 处的光谱反射率所构建的 3 个小麦品种的百株蚜量预测模型（回归方程）拟合效果较好；结果表明，利用高光谱遥感可进行不同小麦品种麦长管蚜百株蚜量的预测。杨粉团等（2013）利用黏虫发生前期、中期和后期的多时相环境减灾卫星 CCD（HJ-CCD）影像，并结合野外定位观测的叶片生物量数据，研究发现重归一化植被指数（renormalized difference vegetation index，RDVI）可作为遥感参量很好地表征玉米叶片被黏虫咬食的程度，建立了基于多时相 RDVI 的玉米叶片生物量监测模型，并根据叶片生物量与黏虫灾害严重度的关系，实现了研究区玉米黏虫灾情的空间分布监测。

复习题

1. 试述有哪些信息技术可以用于植物病虫害监测预警。
2. 信息技术对植物病虫害监测预警的发展有哪些影响？
3. 试述物联网技术的发展对病虫害监测预警的作用。
4. 试述图像处理技术对植物病虫害监测预警的作用。
5. 如何利用信息技术手段实现微小害虫和病原菌孢子的自动计数？
6. 试述专家系统在植物病虫害监测预警中的作用。
7. “3S”技术在植物病虫害监测预警中有哪些应用？
8. 如何利用“3S”技术进行植物病虫害监测预警？
9. 如何利用信息技术开展植物病虫害区域性监测预警？
10. 试述智能手机在植物病虫害监测预警中如何发挥作用。
11. 分别列举一个信息技术用于植物病害和虫害监测预警的实例。
12. 展望一下在信息技术发展的推动下未来应该会如何开展植物病虫害监测预警。

第七章　植物病虫害测报体系与预报发布

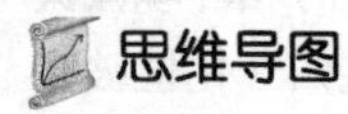

思维导图

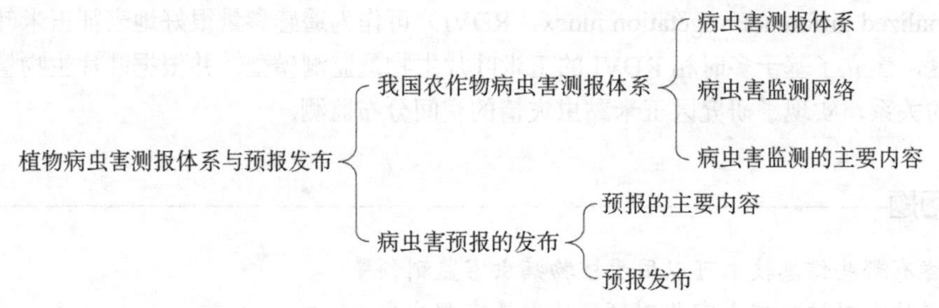

本章概要

本章主要介绍了我国农作物病虫害测报体系的组成、发展历史、病虫害监测网络、病虫害监测的主要内容，以及病虫害预报的主要内容、预报发布的主体、发布形式等。

第一节　我国农作物病虫害测报体系

病虫害测报是病虫害防控中重要的基础性工作，既为领导部门制定病虫害防治决策、指导农业生产提供依据，也为指导农业生产者开展病虫害防治提供信息服务。新中国成立以来，我国农作物病虫害测报工作在党和政府的高度重视和大力支持下不断发展：探索并形成了适合我国农作物病虫害治理的一整套有效的病虫害测报制度、方法和技术体系；重大病虫害监测预警能力明显提高，实现对小麦条锈病、水稻迁飞性害虫、蝗虫等重大病虫害的及时监测和准确预报；为各级农业主管部门指挥重大病虫害防治、减轻农业生物灾害发挥了重要作用，为保障国家粮食安全和主要农产品有效供给做出了重要贡献。

一、病虫害测报体系

（一）病虫害测报组织体系

我国农作物病虫害测报体系是植物保护体系的重要组成部分，由国家、省、市和县四级植物保护机构构成（图 7-1）。党和政府历来高度重视病虫害测报体系建设：1951 年，农业部设置病虫害防治司，于 1954 年将其更名为植物保护局，负责植保行政与技术的管理工作；1956 年，农业部在全国建立植物保护或植物检疫站 150 个，病虫测报站 138 个。改革开放后，农林部恢复设立植物保护局，成立全国植物保护总站、农作物病虫测报总站。1995 年，农业部在全国植物保护总站、农作物病虫测报总站的基础上，成立全国农业技术推广服务中心，内设病虫害测报处，负责全国农作物病虫害测报工作。各省、市、县也成立相应的植物保护机构，内设病虫害测报相关科（室、组），配备专职测报员及兼职测报员，负责开展病虫害测报工作。

为对全国农作物重大病虫害进行联合监测和预报，我国在全国范围内按照农作物生态布局、重大病虫害迁飞路线和流行规律，在农作物病虫害发生源头区、境外病虫源早期迁入区、境内迁飞流行过渡区、常年重发区及粮食作物主产区或经济作物优势区，选择 1000 多个县级植保（测报）站作为全国农作物病虫害监测区域站，建设全国重大农作物病虫害测报网络。我国始终坚持专业测报和群众测报相结合，在不断加强国家、省、市、县各级专业测报体系建设的基础上，广泛建立群众性的测报组织，发挥群众性测报的作用。1953 年，在南方稻区，固定专人对稻螟虫进行定时定点调查记载，系统地发布预报，这是我国基层测报组织的雏形；目前，各级农业植保部门充分发挥专业合作组织、种植大户等在群众性测报中的作用。

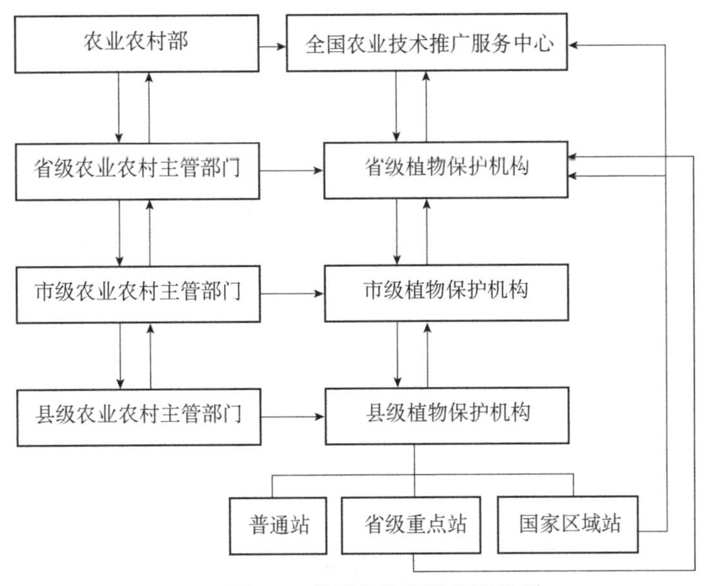

图 7-1　我国植物保护组织体系

为提升病虫害监测预警能力，国家加强植物保护基础建设，从 1989 年起开始实施植物保护工程，分期分批建设全国重大农作物病虫害测报网络区域性测报站，基层病虫害测报工作条件得到改善，病虫害监测预警能力得到提升。为加强现代植保体系建设，自 2017 年起，国家发展改革委、农业部等四部委联合制定实施《全国动植物保护能力提升工程建设规划（2017—2025）》，以田间监测点为重点，按照聚点成网和“互联网+”的思路，利用现代信息技术提升病虫害监测预警能力。自 1949 年起，经过 70 多年的努力，全国已经形成了从中央、省、市、县到乡级较为完善的病虫害测报体系。

在病虫害测报法治建设方面，农业部于 1993 年制定颁发了《农作物病虫预报管理暂行办法》，对病虫害监测调查、预测预报等做出规定。2020 年，国务院发布实施《农作物病虫害防治条例》，病虫害测报工作正式步入法制化轨道；根据《农作物病虫害防治条例》要求，农业农村部对 1993 年制定颁发的《农作物病虫预报管理暂行办法》进行了修订，颁发《农作物病虫害监测与预报管理办法》，对病虫害测报网络建设、监测调查、信息报送、预测预报等做了规定。

（二）病虫害测报技术体系

农作物病虫害测报是一项技术性、规范性要求都较高的工作，我国逐步形成了由病虫害测报调查技术国家标准、农业行业标准和地方标准，以及其他测报技术规范组成的病虫害测报技术体系。根据《农作物病虫害防治条例》，农作物病虫害监测技术规范由省级以上人民政府农业农村主管部门制定。1955 年，农业部颁布了《农作物病虫预测预报方案》，首次制定了农作物病虫害预测预报办法，这是我国第一个预测预报的行业标准。此后经广泛试行和数次修订，技术方法日趋成熟和完善，1979 年，农业部农作物病虫测报总站将其修改和增订为《农作物主要病虫测报办法》，内容包含水稻、小麦、旱粮、棉花和油菜 5 大作物 32 种（类）病虫，病虫害测报规范性进一步提高。截至 2021 年，我国已制定农作物病虫害测报技术国家标准 19 个、农业行业标准 34 个。

规范除前言、附录外，主要包括术语、发生程度分级、系统调查、大田普查、预报方法，以及测报资料收集、汇报和汇总等部分。现以《小麦蚜虫测报调查规范》（NY/T 612—2002）为例介绍规范的主要内容。

（1）前言部分。主要介绍标准的提出单位、主要起草单位、主要起草人信息，以及对规范性、推荐性附录的规定。

（2）范围部分。主要规定了标准规范的主要内容，以及适用的病虫害测报调查。如《小麦蚜虫测报调查规范》，规定“本标准规定了小麦蚜虫发生程度记载项目和分级指标，系统调查、大田普查和天敌调查方法，测报资料收集、汇报和汇总方法。本标准适用于实施小麦蚜虫的测报调查。”

（3）术语与定义部分。主要是对小麦蚜虫测报调查的相关术语等进行定义，如系统调查、大田普查、蚜株率、百株蚜量等。如对系统调查的定义为：为了解一个地区病虫发生消长动态，进行定点、定时、定方法的调查。

（4）发生程度分级指标。主要是对小麦蚜虫发生级别的评判标准，即通过田间小麦蚜虫虫量判定小麦蚜虫发生的级别、发生程度，如大发生（5 级）、偏重发生（4 级）等。

小麦蚜虫发生程度分为 5 级，主要以当地小麦蚜虫发生盛期平均百株蚜量（以麦长管蚜为优势种群）来确定，各级指标见表 7-1。

表 7-1　小麦蚜虫发生程度分级指标

指标	级别				
	1	2	3	4	5
百株蚜量（头，Y）	$Y≤500$	$500<Y≤1500$	$1500<Y≤2500$	$2500<Y≤3500$	$Y>3500$

（5）系统调查、大田调查部分。从调查时间、调查田块、调查方法等方面规范小麦蚜虫系统调查和大田调查，保证各地按照统一的时间、方法进行蚜虫的系统调查和大田调查，增强调查数据的规范性及可比性。如蚜虫系统调查时间上，规定在小麦返青拔节期至乳熟期止，开始每 5d 调查一次，当日增蚜量超过 300 头时，每 3d 查一次；调查田块上，应选择当地肥水条件好、生长均匀一致的早熟品种麦田 2～3 块作为系统观测田，每块田面积不少于 2 亩；调查方法上，采用单对角线 5 点取样，每点固定 50 株，当百株蚜量超过 500 头时，每点可减少至 20 株，调查有蚜株数、蚜虫种类及其数量，并记录结果。由于天敌影响蚜虫种群，规范中还明确了蚜虫天敌的调查时间、方法等。

（6）测报资料收集、汇报和汇总部分。主要对测报调查数据资料的收集、汇总及汇报的时间、方式等做出规定。

（7）附录部分。主要是给出蚜虫秋季、春季调查的模式报表，如表 7-2，以及蚜虫调查统计表等规范性附录表。

表 7-2　小麦蚜虫秋季模式报表组建表（MQMYA）

汇报时间：11 月 25 日

序号	查报内容	查报结果
1	病虫模式报表名称	MQMYA
2	调查日期（月/日）	
3	平均有蚜株率（%）	
4	平均有蚜株率比常年增减比率（+%或−%）	
5	平均百株蚜量（头）	
6	平均百株蚜量比常年增减比率（+%或−%）	
7	最高百株蚜量（头）	
8	一、二类麦苗比率（%）	
9	一、二类麦苗比率比常年增减比率（+%或−%）	
10	天气预报冬季（12 月至翌年 2 月）降水量比常年增减比率（+%或−%）	
11	天气预报（12 月至翌年 2 月）气温比常年高低（+℃或−℃）	
12	预计翌年发生程度（级）	
13	调查汇报单位	

二、病虫害监测网络

病虫害监测网络是开展农作物病虫害监测的组织和条件保障。《农作物病虫害防治条例》规定，国家建立农作物病虫害监测制度，并对农作物病虫害监测网络的规划、建设和管理做出了明确规定。

（一）监测网络规划

国务院农业农村主管部门负责编制全国农作物病虫害监测网络建设规划并组织实施，省、自治区、直辖市人民政府农业农村主管部门负责编制本行政区域农作物病虫害监测网络建设规划并组织实施，县级以上人民政府农业农村主管部门应当加强对农作物病虫害监测网络的管理。

（二）监测网络建设

根据建设主体和病虫害监测重点不同，监测网络主要包括县级农作物病虫害监测网络、省级农作物病虫害监测网络和全国农作物病虫害监测网络。县级农作物病虫害监测网络，重点开展一类、二类病虫害及当地其他主要病虫害的监测，原则上按照耕地面积丘陵山区每 3 万～5 万亩、平原地区每 5 万～10 万亩设立不少于 1 个田间监测点的标准组建，并配备必要的设施设备。省级农作物病虫害监测网络，重点开展一类、二类病虫害的监测，由省级农业农村主管部门及其所属的植保机构根据本行政区域一类、二类农作物病虫害监测需要，选择一定数量的县级植保机构作为省级农作物病虫害监测重点站，组建省级农作物病虫害监测网络。全国农作物病虫害监测网络，由农业农村部及其所属植保机构，根据一类农作物病虫害监测工作需要，选择一定数量的省级农作物病虫害监测重点站，作为全国农作物病虫害监测区域站，组建全国农作物病虫害监测网络，重点开展一类病虫害的监测。全国农作物病虫害监测区域站，应位于农作物病虫害发生源头区、境外病虫源早期迁入区、境内迁飞流行过渡区、常年重发区，以及粮食作物主产区或经济作物优势区，要具有农作物病虫害系统观测场（圃），具有配备了相应的监测设施设备的田间监测点，配备监测调查所需交通工具，具有一定数量的专业技术人员和完备的工作制度等。县级、地市级农作物病虫害监测网络及省级农作物病虫害监测重点站可参照全国农作物病虫害监测区域站建设。

例如，小麦条锈病是我国小麦重要的大区流行性病害。为做好小麦条锈病全国联合监测和预报，我国在病害越夏区、冬繁区以及春季流行区等不同流行区建设小麦条锈病监测网络。有关省、市、县级植保机构均有专人负责小麦条锈病监测；在重点省及县级植保机构，建设小麦条锈病菌源地综合治理试验站、预警与控制站；相关县建设田间监测点，配备小麦条锈病监测相关的孢子捕捉器、田间小气候仪等设施设备；开发建设数字化监测预警系统，进行数据采集、传输和分析处理，形成了完善的“全国—省—市—县—监测点”的监测网络。

（三）监测网络管理

各级农业农村主管部门及其所属的植保机构，应加强监测网络管理，维持监测网络正常开展病虫害监测，应加强农作物病虫害观测场（圃）、监测设备、设施的管理、维护和更新。任何单位和个人不得侵占、损毁、拆除、擅自移动农作物病虫害监测设施设备，或者以其他方式妨害农作物病虫害监测设施设备正常运行。新建、改建、扩建建设工程应当避开农作物病虫害监测设施设备；确实无法避开、需要拆除农作物病虫害监测设施设备的，应当由县级以上农业农村主管部门按照有关技术要求组织迁建。农作物病虫害监测设施设备毁损的，县级以上农业农村主管部门应当及时组织修复或者重新建设。

三、病虫害监测的主要内容

根据农作物病虫害监测预警需要，《农作物病虫害防治条例》对病虫害监测内容进行了明确规定。农作物病虫害监测包括以下内容：农作物病虫害发生的种类、时间、范围、程度；害虫主要天敌种类、分布与种群消长情况；影响农作物病虫害发生的田间气候；其他需要监测的内容。

各级植保机构开展农作物病虫害监测，应遵循相关的病虫害监测调查方法，采取田间监测点定点系统监测与大田定期普查相结合的方式开展监测调查，其中全国农作物病虫害监测区域站、省级农作物病虫害监测重点站重点开展一类及二类农作物病虫害的系统监测。监测的病虫信息应按照要求定期报送，如遇病虫害新发、突发、暴发等紧急情况，应按要求紧急报告。

农作物病虫害监测，由县级以上农业农村主管部门及其所属的植物保护机构或植物病虫害预防控制机构组织开展。农业生产经营者等有关单位和个人应当配合做好农作物病虫害监测。境外组织和个人不得在我国境内开展农作物病虫害监测活动，确需开展的，应当由省级以上农业农村主管部门组织境内有关单位与其联合进行，并遵守有关法律、法规的规定。

第二节 病虫害预报的发布

病虫害预报是重要的农业信息服务，是服务主管部门决策和指导农业生产者进行病虫害防治的重要信息。时效性和覆盖面是发挥病虫害预报作用的基本要求。长期以来，各级植保机构积极创新病虫害预报发布方式，在提高信息到位率和覆盖面上做了有益的探索，充分利用信息技术开展病虫害预报服务，广播、彩信、电视、网络等手段陆续被用于发布植物病虫害预报，提高病虫害预报的到位率。

一、预报的主要内容

农作物病虫害预报包括农作物病虫害发生或可能发生的种类、时间、范围、程度以及预防控制措施等内容，并注明发布机构、发布时间等。根据预报对病虫害防治指导时限长短划分，农作物病虫害预报分为长期预报、中期预报、短期预报和警报，各类预报的主体内容组成基本一致。其中，长期预报应当在距防治适期30d以上发布，中期预报应当在距防治适期10～30d发布，短期预报应当在距防治适期 5～10d 发布。一旦农作物病虫害出现突发、暴发势头时，植保机构应立即发布警报。

农作物病虫害预报的主体内容，一般由预报结果、预测依据、预防控制措施等部分组成。其中，预报结果主要是对病虫害发生及可能发生的种类、程度、范围及面积、发生盛期或预防控制适期等做出预报；预测依据主要是结合病虫基数、品种抗性、天气条件等因素分析；预防控制措施主要是针对病虫害发生动态或发生趋势，为农业生产者提供预防控制措施建议。

如对某年全国小麦条锈病发生趋势进行长期预报：小麦条锈病总体偏重发生，重发区域主要在湖北和陕西大部、河南中南部、甘肃南部、四川沿江沿河流域和新疆伊犁河谷等麦区，甘肃中东部、宁夏南部、青海东部、安徽沿江沿淮、河南北部、山东西南部、河北南部等地中等发生；全国发生面积 6000 万亩；发生盛期，西南东部和汉水、渭水流域为 4 月上中旬，黄淮和华北南部为 4 月中旬至 5 月中旬，西北麦区为 5 月中旬至 6 月中旬。上述预报分别对小麦条锈病发生程度、重发区域、发生面积、发生盛期等做了预报。

二、预报发布

（一）发布主体

根据《农作物病虫害防治条例》，县级以上农业农村主管部门应当在综合分析监测结果的基础上，按照国务院农业农村主管部门的规定发布农作物病虫害预报，其他组织和个人不得向社会发布农作物病虫害预报。任何单位和个人不得擅自向境外组织和个人提供未发布的农作物病虫害监测信息。转载农作物病虫害预报的，应注明发布机构和发布时间，不得更改预报的内容和结论。

根据农业农村部有关规定，农作物病虫害预报由县级以上农业农村主管部门所属的植物保护机构负责发布。按照病虫害分级管理的要求，农业农村部所属的植保机构重点发布全国一类农作物病虫害长期、中期预报和警报；省级植保机构重点发布本行政区域内的一类、二类农作物病虫害长期、中期预报和警报；县级和地市级植保机构发布本行政区域内主要农作物病虫害长期、中期、短期预报和警报。

（二）发布形式

农作物病虫害预报可通过广播、报刊、电视、网站、公众号等渠道向社会公开。传统的预报发布形式，主要以纸质文件，如“明白纸”、报刊等为载体，通过邮局逐级传递到各级业务部门。由于传递层次多，一般需要 3～5d 的时间，而短期预报指导病虫防治适期往往只有几天，难以有效发挥作用。且该方式受到印刷成本、工作量，以及地域、交通等条件的限制，预报覆盖面和到位率不高。随着现代技术发展，电视、广播以及网络、公众号等成为病虫害预报发布的主渠道。

网络、公众号等新媒体发布病虫害预报具有发布迅速，传递快捷，时效性强；覆盖面广，普及率高，宣传效果好；内容丰富，通俗易懂，浏览方便等特点。网络、公众号等新媒体发布病虫害预报信息，不仅突破了传统发布方式在时间和空间上的限制，还融合吸收了可视化预报等元素，将是今后一段时期内预报发布的主要方式。

复习题

1. 简述我国农作物病虫害测报体系的概况。
2. 我国农作物病虫害监测主要包括哪些内容？如何开展病虫害监测调查？
3. 我国农作物病虫害预报主要包括哪些内容？
4. 如何发布农作物病虫害预报？

第八章　测报效果的检验与评价

思维导图

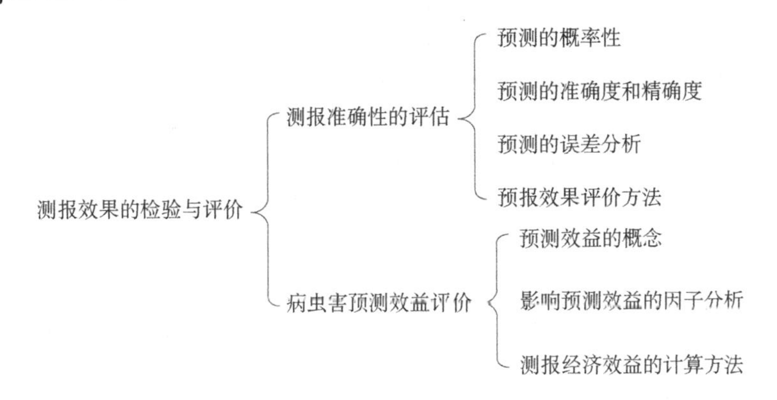

本章概要

本章主要介绍了常用的病虫害测报准确度和精确度的基本概念，预测准确性评估方法及实例，以及病虫害预测效益评价的主要计算方法及实例。

第一节　测报准确性的评估

测报评估可以对病虫害预测方法、预测时间等进行分析评估，进一步总结经验，对提高预报准确率具有重要作用。对病虫害测报的评估，主要是对病虫害发生程度、发生范围（面积）、发生时期等预报准确性进行评估。

一、预测的概率性

植物病虫害系统的每一种状态都是寄主植物、病虫害及环境决定的。由于系统运动的非加性原则以及外部输入的不确定性，使得每一个输入因素对系统行为的作用并非简单的、单向的刺激或者抑制，即系统的行为存在着更高层次的不确定性。从这一点上来讲，预测工作的难度会很大，很不容易达到预测值和实际发生情况完全符合，只能给予一定的概率保证。例如，小麦扬花期的雨量是影响小麦赤霉病发生的重要因素，扬花期雨日数、雨量大有利于病害的发生和流行，但当雨量过多，使日平均温度降低到13℃以下时，反而会抑制病害的发生和流行。又如，在正常年份，夏季高温会使棉花枯萎病出现隐症现象，若七八月之交阴雨多，使日平均温度降低到28℃以下时，则病害会继续严重发生，造成较大损失；而棉花在5月份多雨，同样降低了气温，则不利于病害的发生。以上现象的产生都存在着不确定性，但也不是降雨一个因素能够完全主宰形势的，而是与寄主的抗病虫害能力、病原菌的致病力、病虫数量等因素有关。各种预测因素变化的不确定性，构成了预测结果的不确定性，即预测结果的概率性。在预测结果中，应该注明预测的概率值，告诉人们预测的可信度。

二、预测的准确度和精确度

预测准确度是预测值与病害实际发生情况的符合程度，它说明预测的可靠程度。预测准确度应包括历史符合度和预测符合度两个方面。历史符合度是当预测模型建成以后，用组建的预测模型回测过去历年病虫害的发生情况，检查预测值和用于组建模型的资料中历年病虫害实际发生情况的符合程度。目前，预测效果的检验多采用历史符合度检验。预测符合度又有两种情况：一种是指在组建预测模型时，事先预留出几年的数据，不用它组建模型，当预测模型建好之后，再用这预留的数据去检验预测模型的准确程度；另一种情况是当预测模型应用数年以后，检查这几年的预测情况和病害实际发生情况之间的符合程度。预测中的准确度均为相对而言，要达到绝对准确是不可能的。预测的精确度是指在预测正确的前提下，预测结果与病害实际发生程度之间的接近程度。在定量预测中，人们多用预测精度来检验预测值与病害实际发生值之间的差异。

三、预测的误差分析

预测值与病害实际发生值的差异叫做预测误差，要想绝对避免预测中的误差是不可能的。然而，人们必须尽力设法将这些误差降至最低，使预测结果尽量接近病虫害的实际发生情况，以增加预测的可信度。尤其是在系统预测分析中，每个环节的微小误差很可能引起预测结果的完全失败。

（一）误差来源

预测误差的来源与预测方法、预测模型的形式、原始数据的可靠程度和数据处理的方法等因素有关。从预测模型的组建开始到运用模型进行预测的整个阶段均可能产生误差。在预测模型的组建阶段，可能由于数据质量不高、数据处理方法欠妥和预测模型的选择不当而造成误差；在预测模型的应用阶段，也会因数据采集误差、气象资料误差和模型的适宜区域等问题造成预测误差。数据采集误差包括两个方面，一是历史资料的可比性问题，二是调查资料的不一致性和代表性问题。

目前，我国的病虫害预测大多属于经验预测，所用的病虫害发生情况均为各地植保（测报）站多年积累的数据，这些资料在过去的病虫害预测工作中起到了巨大的作用。不难想象，没有过去的这些资料，今天的测报工作是无法进行的；今后，这些资料对病虫害测报工作仍将有着重要的作用。但是，种种原因（包括人员更换、人员素质、品种更换、栽培制度的变化等）使得不同年份间历史资料的不可比性增加。因此，不加分析而机械地使用这些资料，会给预测工作带来不利。在预测模型的组建过程中，有人认为运用历史资料的时间越长，预测效果应该越好；但也有人不同意这个观点，他们认为由于品种更换或者栽培制度改变等原因，肯定会削弱历史资料的可比性。如果在资料中记录了这些变化并且把它们也作为预测因子考虑，可比性就不会降低了。

调查数据的不一致性是我们测报工作中经常遇到的问题：一是由于工作人员的变动，前后调查标准掌握的尺度不一；二是在同一时期、同一项目的调查中，由于工作人员的个人素质、训练程度、调查样点的代表性等问题，使得调查数据出现种种差异。以上误差，出现在模型组建阶段，会使预测模型失真；出现在预测阶段，会使预测失误。

我们在组建预测模型时，尽管所用模型的模拟结果与实际情况之间可以有极大的相似性，但任何模型毕竟是对实际问题的抽象与简化，它们必然会与实际情况之间存在各种各样的差异，这种差异称为模型误差。

数据处理的误差即计算误差。当几个预测模型被选中之后，需要对原始数据进行不同方式的数学及统计学处理，最后才能组建成理想预测模型。在数据处理过程中，除了进位、取舍和计算误差外，数据转换也会损失一定的信息，造成计算误差。

气象资料是病虫害预测的必要因素，它可以从两个方面对预测的准确性产生影响：一是气象预报本身的准确程度；二是大气候与小气候的差异问题。应用已经发生的气候资料做病害预测一般可以获得较理想的预测结果，而应用气象预报数据进行病害预测往往效果不够理想。大气候影响着病害的发生程度，然而农田小气候与病害有着更直接的关系。目前的病害预测基本上是依赖气象台站的实测或预测的大气候资料为依据，而对农田小气候的情况，气象台站是不做预测的，尤其是与病害直接相关的结露时间、结露量等资料更无法取得，这样由大气候资料进行预测也必然会造成一些误差。

（二）误差的类型

根据误差的性质与来源，误差可分为三类，即系统误差、随机误差和过失误差。

1. *系统误差*（systematic error）　系统误差又称可测误差（determinate error）。模型误差造成预测结果与实测值的差异与常说的系统误差类似，具有重复性、单向性和可校正性。重复性是误差在试验中反复出现，只要使用同一个预测模型和同一类数据，每次预测的结果都会产生相似的误差；单向性是指某个模型在某一定数值范围内的预测值总是偏高或偏低；可校正性这一项仅局限于反复使用同一预测模型时所引起的误差，因为误差是由某一固定原因所引起的，所以误差值自然也是有一定规律的，可按其误差规律进行校正。

2. *随机误差*（random error）　随机误差具有偶然性，也称"偶然误差"，是由不确定因素引起的，这种误差没有系统误差的特点，即误差无重复性、无方向性，误差值忽大忽小，可为正值或负值。这种误差多在模型组建好以后，进行田间实测时出现。出现这种误差的原因，大多是由于预测因子的数据质量不高，或代表性不强等。

3. *过失误差*（mistake）　过失误差是由于试验操作人员的粗心、试验设计不当或在组建模型的过程中计算失误等原因而造成的误差。这种误差若发生在组建模型阶段，则可造成系统误差；若发生在预测阶段，则会造成随机误差。

预测误差经常是综合发生的，不同类型的误差交织在一起，导致预测失误。因此，从采集数据开始，到发布病害预报的每一个环节，都必须严肃和认真，争取将误差减少到最低限度。

（三）避免和减少误差的方法

统计学知识告诉我们，试验的结果只能接近事物的本质，要想绝对没有误差是不可能的，病虫害预测预报也是同样的道理。但通过严格的试验设计、认真的试验调查、细致的数据分析和处理，可以尽量设法减少误差，使预测结果最大限度地接近真实值情况。

要提高预测的准确程度，需要考虑以下几个问题：一是在预测资料采集过程中项目的目的是否明确；二是所采用的方法是否正确；三是调查所选取的样点或采集的数据是否具有代表性；四是数据的记录及处理方法是否正确等。这些都影响着预测的准确程度，因此可以通过以下几项措施来减少试验误差。

1. *明确预测目的*　首先要确定是进行何种预测，即长、中、短期预测，定性预测或定量预测，以及预测病害的发生程度、发生量或发生面积、病害损失等内容。依据不同的目的去收集所需要的数据资料。

2. *预测研究*　有时需要进行田间或室内试验，此时应做好试验设计，在试验之前要充分查阅资料，反复考虑可能影响试验的各种因素，尽量设法排除。

3. *培训工作人员*　对参加研究的人员必须进行严格的训练，不仅训练仪器的使用技术，而且也包括通常用到的调查分级标准，由于各人对分级标准掌握的尺度不同，可能导致调查结果失真。在预测工作中要严格按照标准化的要求工作，使不同年份、不同地区的数据有可比性。

4. *细心地观测和记载*　对于每一次调查记载都必须严肃认真，不仅要防止漏掉某一个项目或数据，而且对每一个观测值，都必须详细单独记载，以便进行必要的统计和分析。

5. *严格审查历史资料*　目前，各病虫测报站均保存有多年的历史资料，但在应用时一定要细致分析，并且对原始数据进行考查和核对，审查它们的可靠性和真实性。

6. *注意大气候环境与小气候的关系*　在条件具备时，可进行小气候的观测，研究大气候与小气候的转换关系，使预测需要的气象因素尽量接近病害发生的实况。这里对许秀娟、杨信东等人的工作做一简单介绍。

许秀娟等（1995）在研究小麦赤霉病时对麦田的结露情况进行了分析，认为在晴天无风的夜间，麦田2/3植株高度处周围空气相对湿度在91%～95%时，露形成的概率为85%；露的消失条件为相对湿度≤89%，当相对湿度在80%～89%时，露消失的概率为91%。

杨信东（1992）等利用气象台站常规因子的观察数据对植物叶面结露时间的情况进行了推测，利用两年间34组数据建立了一个预测露时的多元回归方程：

$$y=14.8527+0.003153x_1-0.01331x_2-0.03908x_3-0.5078x_4-0.01665x_5-0.05652x_6+1.249x_7 \quad (8\text{-}1)$$

式中，y为露时；x_1为当日8时、14时、20时的相对湿度平均值（%）；x_2为当日14时和20时的气温差值（℃）；x_3为当日20时风力等级（轻型风压计指针示值）；x_4为当日夜间云量（1为无云，2为少云，3为多云，4为全云）；x_5为次日8时气温（℃）；x_6为次日8时风力等级（轻型风压计指针示值）；x_7为夜间降雨情况（1为无雨，2为<2 mm，3为2～5 mm，4为>5 mm）。

四、预报效果评价方法

预测效果的检验包括预测符合度（准确度）检验和精确度检验两个方面。

（一）预测符合度检验法

预测符合度（H）等于预报正确次数（R）和预测总次数（T）之比，即

$$H=R/T \quad (8\text{-}2)$$

（二）符号检验法

该方法首先计算病害发生程度的历史平均值，然后求出各年发生实况、预测值与历史平均值的差异，大于或等于平均值者为“+”，小于平均值者为“−”，利用式（8-3）计算预测值和发生实况的符号之间相同和不同的比例。

$$p=\frac{\mathrm{nR}-n_e}{\mathrm{nR}+n_e} \tag{8-3}$$

式中，nR 为发生实况与预测值离均差符号相同的年数；n_e 为发生实况与预测值离均差符号不同的年数。

当全部报对时，n_e=0，p=1；当全部报错时，nR=0，p=−1；当报错和报对的次数相等时，nR=n_e，p=0。此法仅仅分为符合与不符合两类，所以应用时会有一定的误差。

（三）拟合度检验法

拟合度检验是对已制作好的预测模型进行检验，比较它们的预测结果与病虫害实际发生情况的吻合程度。通常是对数个预测模型同时进行检验，选其拟合度较好的进行试用。常用的拟合度检验方法有剩余平方和检验、卡方（χ^2）检验和线性回归检验等。

1. *剩余平方和检验*　　该方法将利用预测的理论预测值（$\hat{y}$）与病害发生的实际情况（y）进行比较，求得它们的差异平方和（Q）、回归误差（S）及曲线相关比（r）的值，希望 Q、S 的值越小越好，r 越大越好。

$$\begin{cases} Q=\sum_{i=1}^{n}(\hat{y}_i-y_i)^2 \\ S=\sqrt{Q/(n-2)} \\ r_{曲}=1-(Q/l_{yy}) \end{cases} \tag{8-4}$$

2. *卡方（χ^2）检验*　　计算公式为

$$\chi^2=\sum_{i=1}^{n}[(y_i-\hat{y}_i)/\hat{y}_i] \tag{8-5}$$

3. *回归误差检验法（$S_{y/x}$检验）*　　通常，多因素预测方程的通式为

$$y=b_0+b_1x_1+b_2x_2+\cdots+b_nx_n\pm 2S_{y/x} \tag{8-6}$$

方程尾部的 $S_{y/x}$ 为方程的回归误差。在利用预测方程的回归误差进行预测效果的检验时，一般如果预测值落在 2 个回归误差的范围之内，就认为预测正确。其实，回归误差是由建立预测方程的原始数据决定的，当原始数据的摆动范围越大，所建方程的回归误差 $S_{y/x}$ 也就越大，此时用 $S_{y/x}$ 作为检验标准，也就扩大了误差范围，因此，该方法的使用尚需探讨。

4. *参数检验法（线性回归检验法）*　　要比较几个模型的预测效果时，可用参数检验法检查预测值 $\hat{y}$ 与病虫害发生的实测值 y 的符合情况，即 $\hat{y}=y$ 时，它们应符合 $\hat{y}=0+1y$，用预测方程所得到的 $\hat{y}$ 与相应的病虫害发生实测值 y 进行回归，就可以得到如下的线性回归式

$$\hat{y}=a+by \tag{8-7}$$

当有数个预测方程时，便可得到数个如下的线性回归式：

$$\begin{cases} \hat{y}=a_1+b_1y \\ \hat{y}=a_2+b_2y \\ \quad\cdots \\ \hat{y}=a_n+b_ny \end{cases}$$

此时比较几个 a 值和 b 值，当 a 值越趋近于 0，b 越趋近于 1，则说明该方程的预测效果越好。一般来说，任何一个模型，不可能对每一组素材拟合得十分融合，往往仅有一部分拟合较好。利用参数检验法进一步分析 a 值和 b 值的差异，就可以了解不同方程预测误差可能出现的区间。例如，当两个 a 值相等或相近时，若 b 值越大，表示随着自变量的增大，预测值越加偏高，反之则相反；若 a 值大而 b 值小于 1，则说明当自变量小时预测值可能偏高，当自变量大时预测值可能

偏低；当 a 值小而 b 值大于 1，则说明当自变量小时预测值可能偏低，而随自变量大时预测值逐渐偏高。这样，研究者便可根据预测的目的，选取适当的预测模型。例如，在病害动态变化的预测中，若需要预测病害后期的发生程度，则可选用后期预测更准确的模型，若计划制定防治指标或防治适期，则可选用前期预测较准的模型。

（四）最大误差参照法

肖悦岩（1997）提出了预测预报准确度评估方法，即最大误差参照法。

$$R=\frac{1}{n}\sum_{i=1}^{n}\left(1-\frac{|F_i-A_i|}{M_i}\right)\times 100\% \tag{8-8}$$

式中，R 为预测准确度；F_i 为预测结果的流行等级值；A_i 为实际调查结果的流行等级值；M_i 为第 i 次预测的最大参照误差，该值为实际流行等级值和最高流行等级值与实际流行等级值之差中最大的值，如实际流行等级值为 2，最高流行等级值与实际流行等级值之差为 3，那么 M_i 值为 3。

一般认为，预测流行等级与实际流行等级差值小于 1 时，预测为准确；差值为 1 时，预测为基本准确；大于 1 时，预测为不准确。

实例 2016 年，陕西省植物保护工作总站在陕西关中地区的眉县、周至县、杨凌区、兴平市、临渭区和华县，对西北农林科技大学研发的小麦赤霉病预报器和自动化监测预警系统进行了测试，以期明确其在关中地区的应用效果。5 月 24 日—25 日，各试验点小麦赤霉病实际发生情况现场调查结果表明，以上各点小麦赤霉病病穗率依次为 1.4%、7.3%、1.0%、27.2%、41.0% 和 12.6%（表 8-1）。计算该监测预警系统的预测准确度时，首先根据小麦赤霉病预测国家标准（GB/T 15796—2011），分别对实测调查病穗率和预测病穗率进行赤霉病流行等级划分：病穗率（DF）≤0.1%，0 级，不发生；0.1%＜DF≤10%，1 级，轻发生；10%＜DF≤20%，2 级，偏轻发生；20%＜DF≤30%，3 级，中等发生；30%＜DF≤40%，4 级，偏重发生；DF＞40%，5 级，大发生。

将实测和预测的小麦赤霉病病穗率按照小麦赤霉病流行等级划分标准（GB/T 15796—2011）的分级结果见表 8-1。将相应数值带入肖悦岩的预测预报准确度评估计算公式（8-8）：

$$\begin{aligned}R&=\frac{1}{n}\sum_{i=1}^{n}\left(1-\frac{|F_i-A_i|}{M_i}\right)\times 100\%\\&=\frac{1}{6}\left[\left(1-\frac{|1-1|}{4}\right)+\left(1-\frac{|1-1|}{4}\right)+\left(1-\frac{|1-1|}{4}\right)+\left(1-\frac{|2-3|}{3}\right)+\left(1-\frac{|5-5|}{5}\right)+\left(1-\frac{|2-2|}{3}\right)\right]\times 100\%\\&=94.4\end{aligned}$$

因此，该系统的预测准确度为 94.4%。

表 8-1 2016 年陕西关中小麦赤霉病监测与预测结果

地点	经纬度	品种*	调查总株数	病株数	实测值		预测值	
					病穗率（%）	流行等级	病穗率（%）	流行等级
眉县常兴镇	N 34°18′20″ E 107°42′47″	小偃 22	1100	15	1.4	1	2.1	1
周至县马召镇	N 34°4′46″ E 108°11′35″	中麦 895	700	51	7.3	1	6.8	1

续表

地点	经纬度	品种*	调查总株数	病株数	实测值		预测值	
					病穗率（%）	流行等级	病穗率（%）	流行等级
杨凌区	N 34°17′31″ E 108°3′57″	小偃 22	1900	19	1.0	1	2.0	1
兴平市丰仪镇	N 34°16′22″ E 108°25′7″	小偃 22/隆麦 813/西农 805/丰德存 5 号	2200	599	27.2	3	15.2	2
临渭区故市镇	N 34°36′58″ E 109°34′24″	小偃 22/郑麦 366	1000	410	41.0	5	50.1	5
华县万丰农场	N 34°33′19″ E 109°49′1″	丰德存 1 号	650	82	12.6	2	15.2	2

*在陕西关中地区，各个品种的扬花期基本一致，前后相差 1～2d，且均为较感病的品种

（五）预测准确度的综合评判法

预报准确度评估主要包括病虫害发生量、发生期评估两个方面。在发生量预测方面，主要评估对病虫害发生轻重程度预报准确性的评估，一般从发生程度、发生范围即发生面积两个方面进行评估。全国将农作物有害生物发生程度分为 5 级，即轻发生（1 级）、偏轻发生（2 级）、中等发生（3 级）、偏重发生（4 级）、大发生（5 级）。在发生期预测方面，主要是对预报中的病虫害发生时期进行评估，如病害始见期、害虫卵孵高峰期、病虫害发生高峰期等。

发生程度（C）、发生面积（M）、防治适期（Q）预测值与实际发生值的误差计算方法如下：

$$C^{误}=C^{预测}-C^{实际} \tag{8-9}$$

$$M^{误}=(M^{预测}-M^{实际})/M^{实际} \tag{8-10}$$

$$Q^{误}=Q^{预测}-Q^{实际} \tag{8-11}$$

通过上述方法计算发生程度、发生面积、防治适期预测值与实际发生值的误差，根据预报种类，查表 8-2 即可得出预报的准确度。

对于综合评判多点多次的综合预报准确度，常常以各次预报准确度的算术平均数计算：

$$Z^{C}=\sum_{i=1}^{n}C_i^{误}\qquad(i=1,\ 2,\ \cdots,\ n) \tag{8-12}$$

$$Z^{M}=\sum_{i=1}^{n}M_i^{误}\qquad(i=1,\ 2,\ \cdots,\ n) \tag{8-13}$$

$$Z^{Q}=\sum_{i=1}^{n}Q_i^{误}\qquad(i=1,\ 2,\ \cdots,\ n) \tag{8-14}$$

式中，Z 为综合预报准确率；n 为预报次数。

表 8-2　农作物有害生物预测准确度计算标准

项目	预报种类	准确度（%）										
		100	90	80	70	60	50	40	30	20	10	0
$C^{误}$（±级）	短期	0		1		2		3		4		5
	中期	0	1		2		3		4		5	
	长期	1		2		3		4		5		

续表

项目	预报种类	准确度（%）										
		100	90	80	70	60	50	40	30	20	10	0
$M^{\text{误}}$（±%）	短期	＜5	5～15	15～25	25～35	35～45	45～55	55～65	65～75	75～85	85～95	>95
	中期	＜15	15～25	25～35	35～45	45～55	55～65	65～75	75～85	85～95	>95	
	长期	＜25	25～35	35～45	45～55	55～65	65～75	75～85	85～95	>95		
$Q^{\text{误}}$（±d）	短期	0		1		2		3		4		5
	中期	0	1		2		3		4		5	6
	长期	1		2		3		4		5	6	7

注：资料来源于《农作物有害生物测报技术手册》（全国农业技术推广服务中心，2006），略有修改

实例　甘肃省临洮县于6月初对马铃薯晚疫病发生趋势进行长期预测，预测该病害将偏重发生，发生面积35万亩，病害始见期在7月3日。经调查，该县马铃薯晚疫病实际发生程度为偏重发生，发生面积32万亩，病害始见期在6月30日。现分别对该次预测的准确度进行评估。

发生程度误差为C=4−4=0；发生面积预测误差为M=(35−32)/32=9.4%；发生始见期预测误差为Q=3d。

由于该次预报为长期预报，经查表8-2，对发生程度、发生面积、发生始见期的预报准确度分别为100%、100%和60%，综合预报准确度为(100%+100%+60%)/3=86.7%。

第二节　病虫害预测效益评价

一、预测效益的概念

某一种农作物病虫害预测的经济效益首先要决定于它的必要性，对于一种不必要预测的病虫害进行预报是不会收到任何经济效益的。例如，对于经常发生的病害，其发生概率越接近于100%，进行预测的必要性就越小，相反，对发生频率不高，一旦发生就会造成严重损失的病害预测的必要性就大，预测效益也就可能会高。

农作物病虫害预测预报是一个技术过程，同样也是一个经济过程，但其经济行为只能发生在病虫害管理的决策之后。预测的经济效益是指生产部门（管理决策部门）按照预测结果进行防治后的作物产值比在没有预测情况下作物产值的增加量。

一个成功的预测系统必须被农户认可，并通过应用它而收到一定的经济效益，反之则收不到这样的经济效益，也只有此时，农户才会乐意接受预测的结果。要确保预测系统的成功，其必须具备可靠、简便、实用、有效、多用途及投入的有效性。提高预测技术经济效益的方法可从两个方面考虑：一是提高预测的准确度，二是降低测报工作的成本。预测的准确度越高，防治效果越好，测报工作的经济效益也就越高。测报方法的成本越低，预测工作的经济效益也就相对越高。

提高预测准确度的方法可从本章第一节中有针对性地去解决。降低测报技术成本的方法主要是提高测报的工作效率。采用现代化的数据采集、分析和传递技术是提高工作效率的有效途径之一。目前的田间数据采集器大多执行田间小气候资料的采集，将采集传感器与计算机连接，可以对田间小气候数据及时进行分析和处理，但数据采集传感器在国内应用还不多。过去，模式电报是传播病虫害情报的快捷有效形式，是在使用病虫害专业电码的基础上总结发展起来的，对解决

编报难、加快病虫害信息传递速度、提高测报质量和节省费用方面均起到明显作用。目前全国各重点病虫测报站均采用或者正在建立基于物联网和大数据的数据采集、存储和传递方式，对及时互通情报、提高预测效果起到了重要的作用。计算机网络技术、物联网技术、传感器技术、云存储和云运算技术等是20世纪90年代以来发展起来的新型信息采集、存储、运算、传递工具。我国国家农作物病虫害测报中心已经与各省病虫害测报中心建立了联系网络，将会更及时、迅速、准确、廉价地传递病虫害情报。病虫害信息网络的最终建成和应用，将会使病虫害测报质量的进一步提高和测报成本的降低得到保证。

二、影响预测效益的因子分析

农作物病虫害测报服务于农业生产，它的经济效益也与病虫害决策防治的经济效益有类似之处，包括直接的和间接的、近期的和长期的经济效益等。这里仅讨论与其直接经济效益有关的问题。

一套良好的预测技术，可以指导对病虫害进行适域、适时、适次地开展防治，适量、适情用药，避免防治的盲目性或经验性，有效压缩防治面积，减少控制代价；同时通过预报指导防治的实践，挽回病虫害为害损失，提高作物产品收益，因此预报的准确性越高，其间接经济效益越大。

预报的技术推广费用以及测报的成本也直接影响着测报收益的多少；而病虫种群密度、病虫害预报质量、防治效果、作物产量、产品价格等因素同测报效益亦有间接的关联。总的来说，病虫害测报经济效益可分为测报工作的直接经济效益，减少病虫害防治的控制代价，挽回病虫害为害损失的产品价值，以及病虫害预报的技术推广费用四大部分。

病虫害测报的直接成本主要体现在病虫害情况和作物情况的监测、调查、分析（运算）和有关信息的获得，如调查、诱测（设置测报灯、诱蛾器）、饲（培）养、运算等测报工具的使用损耗（成本）费用和人们在体力、脑力劳动上的耗费，有时还包含了支付监测损失赔偿费用（如田间观测区、不防治对照区等项目赔偿农民的损失费），征订气象预报、资料，网络使用，数据传输、数据存储等费用。病虫害预报的技术推广费用是指测报技术部门推广病虫害预报及防治技术信息的费用，包括宣传、培训等费用，农业技术推广费用的计算方法可参阅有关的具体规定。

三、测报经济效益的计算方法

依据预测经济效益的含义及构成预测效益的因子分析，其基本的计算方法应该是：按照预测结果进行决策取得的产值与没有预测结果时的产值之差再减去有关的工作成本即预测的经济效益。但到目前为止，对于预测经济效益的计算仍没有一种统一的计算方法，这里介绍的两种事例，一种是以实际产值计算某项预测的经济效益；另一种是从概率的角度分析某一段时间的预测经济效益。

实例1　依据安徽省病虫测报站刘家成的分析，在没有预测时，为了保险盲目地防治，导致扩大了防治面积，造成浪费；当采用了预测建议以后，则减少了防治面积，节约了防治经费。假设，测报直接经济效益为 R，减少防治的控制代价为 C（x），挽回病虫害为害损失的产品价值为 W（x），测报的技术推广费用为TG，测报直接成本为CB，影响因素为 x，则有：

$$R=C(x)+W(x)-\text{TG}-\text{CB} \tag{8-15}$$

（1）减少病虫害防治的控制代价 C（x）。其来源于对病虫害发生及其相关因子信息的采集、分析和综合运用所获得病虫害情况的预报，依据预测结果决定应该采取防治的范围、面积和次数，避免了盲目性或经验性的常规药剂防治，压缩了防治面积，其节约的价值为

$$C(x)=(m-f)\cdot(g+y+n+q) \tag{8-16}$$

式中，m 为群众盲目性或经验性的防治面积；f 为预报应防面积；g、y、n、q 依次为每次防治的工时、药械损耗、农药、汽油费用。

（2）挽回病虫害为害损失的产品价值 W（x）。其指通过防治保证了作物丰收，与不防治相比的增产值。

$$W(x)=f\cdot[v-(g+y+n+q)]\cdot a$$

式中，v 为经防治后平均每亩挽回损失的产品价值；a 为测报经济效益系数；g、y、n、q 同上式（8-16）。

（3）病虫害测报的技术推广费用。通过防治挽回损失的产品价值是植保技术推广部门和其他部门（如生产单位等）共同劳动的结果。其效益分摊比例按《农业科技工作的经济评价方法》（农业部有关文件规定计算经济效益的汇编）一书中提出的标准，推广单位应占的份额，视推广的作用大小和推广工作的复杂程度，分为三等。植保、肥料等方面为二等，占35%。植保部门指导病虫防治包含了测报、农药、防治三方面的技术内容，根据病虫测报的技术难度、劳动耗费量，其效益分摊比例约占植保部门总效益的1/3左右，约为12%。

实例2 作物病虫害信息服务虽无明显而直接的价值形成过程和增值或保值过程，但是，它有可能导出与没有这种信息服务时完全不同的病虫害防治决策过程或方案。而有或无病虫害信息服务情况下得出防治方案的经济利润之差便是预测的经济价值。洪传学和曾士迈（1990）对北京郊区1949～1988年间大白菜病害的发生情况进行分析，运用Bayes决策方法导出了测报经济效益的计算方法。

$$E(V)=(\mathrm{AV}-\mathrm{BV})\cdot PC \tag{8-17}$$

式中，E（V）为预测经济效益的期望值（元）；AV为有病虫害信息时做出防治方案的产量（kg/亩）；BV为无病虫害信息时做出防治方案的产量（kg/亩）；P 为农产品的价格（元/kg）；C 为信息的覆盖面积。

病虫害发生实况的概率 $P(a_i)$、预测结果的历史符合率（$i=j$ 时）与不符合率（$i\neq j$ 时）$P(b_j/a_i)$ 均由历史资料求得，然后由全概率公式和贝叶斯公式导出后验概率，预测值的概率为

$$P(b_j)=\sum_{i=1}^{n}P(a_i)\cdot P(b_j/a_i) \tag{8-18}$$

预测准确和不准确的概率为

$$P(a_i/b_j)=P(a_i)\cdot P(b_j/a_i)/P(b_j) \tag{8-19}$$

依据北京郊区40年间大白菜上至少有一种病害大流行的年份达17年之多，故病害非流行年份的概率 $P(a_1)=23/40=0.575$，大流行年份的概率 $P(a_2)=17/40=0.425$。

假设过去40年间病害非大流行年预报正确（b_1）和不正确（b_2）的情况分别为 $P(b_1/a_1)=0.9$，$P(b_2/a_1)-0.1$。同理可得 $P(b_1/a_2)=0.1$，$P(b_2/a_2)=0.9$。

据式（8-18）推测出预测结果为非大流行（b_1）和大流行（b_2）的概率分别为

$$P(b_1)=0.575\times0.9+0.425\times0.1=0.56$$
$$P(b_2)=0.575\times0.1+0.425\times0.9=0.44$$

据式（8-19）求出正确预报和非正确预报的概率分别为

$$P(a_1/b_1)=0.575\times0.9/0.56=0.92$$
$$P(a_2/b_1)=0.425\times0.1/0.56=0.08$$

负预报准确和不准确的概率分别为

$$P(a_2/b_2)=0.425\times0.9/0.44=0.87$$

$$P(a_1/b_2)=0.575\times0.1/0.44=0.13$$

根据不同年份间病情、播期、产量的关系（表 8-3）和预测概率，可计算出历年来预测工作的经济效益。

表 8-3　京郊不同播期和病情状况下大白菜高产田的产量（kg/亩）

病害状况	决策状况	
	早播	晚播
非大流行年	10 406.5	8 920.5
大流行年	8 000.0	9 592.5

决策树的计算过程如下：首先依据表 8-3 的数据添入决策树的末端（△），即决策终点；然后利用决策终点的预期产量和相应的病害流行概率计算出各决策状态点（○）的预期产量；最后从各决策状态的预期产量中选择优良的决策结果添入上一级决策结点（□）（图 8-1）。

依据决策树的计算结果，在有病害预测的情况下，最优决策方案的大白菜产量期望值为9899.1kg/亩；而无预测的情况下，预期产量为 9383.5kg/亩。依据式（8-20）推导出最佳期望产量差额为 V=9899.1−9383.5=515.6kg/亩。

$$V=\sum_{j=1}^{n}P(b_j)\cdot\max\sum_{i=1}^{n}P(a_i/b_j)\cdot x_{ik}-\max\sum_{i=1}^{n}P(a_i)\cdot x_{ik} \tag{8-20}$$

按北京郊区每年播种 10 万亩计，一年可增产 51 560t；按每千克 0.1 元计，全市每年可增产 5 156 000 元。即如果按照预测结果进行防治决策，1949～1988 年的年均预测经济效益可达 500 余万元。

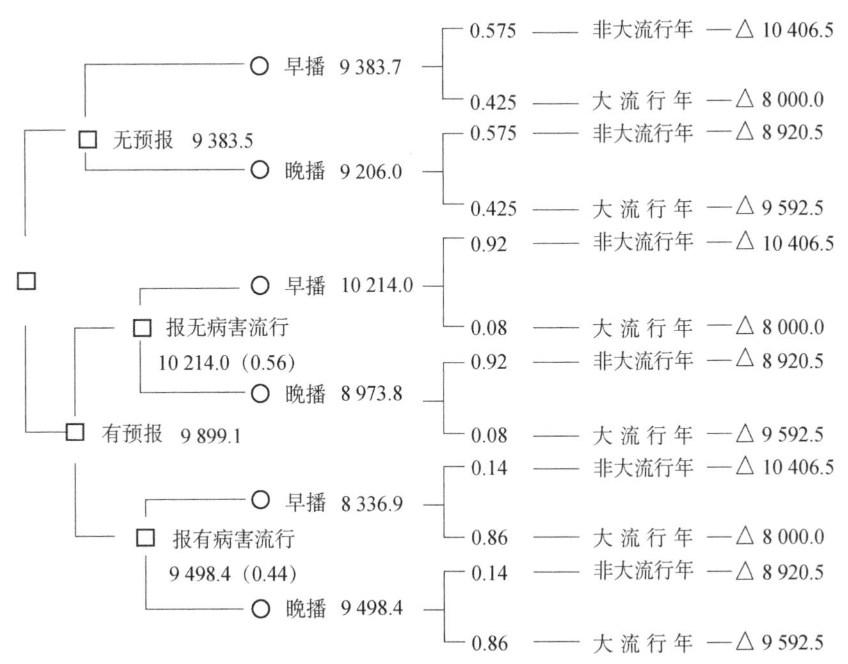

图 8-1　北京郊区大白菜病害预测效益评价的决策树（洪传学和曾士迈，1990）

□ 决策结点，由此划出方案分支，每一分支表示一个方案

○ 决策状态点，由此划出频率分支，每一分支表示一种状态

△ 决策终点，又称末梢

复习题

1. 如何理解预测的误差？怎样减少误差？
2. 设计一套或者一种更加合理的评估病虫害预测效果、预测效益的方法。
3. 简述避免和降低预测预报误差的方法。

第九章　植物病虫害测报发展远景

思维导图

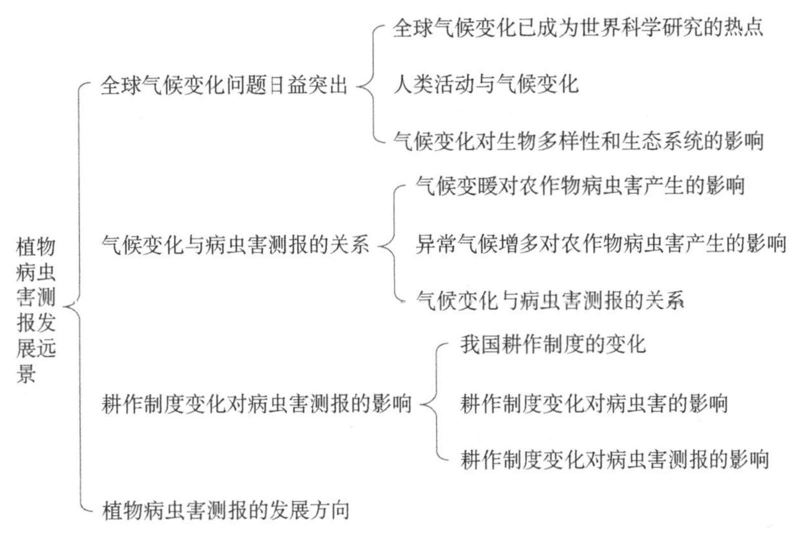

本章概要

本章主要介绍全球气候变化和耕作制度变革对作物病虫害发生及种群的影响，提出了未来植物病虫害测报的研究方向，主要包括加强气候变化对植物病虫害影响的研究、加强预测模型和预警技术研究、加强新耕作制度下病虫害预测预报体系的建设。

第一节　全球气候变化问题日益突出

全球气候变化是由自然影响因素和人为影响因素共同作用形成的，但有研究对于 1950 年以来观测到的变化进行分析，认为人为因素极有可能是显著和主要的影响因素。人类活动使大气、海洋、冰冻圈和生物圈发生了广泛而迅速的变化。

一、全球气候变化已成为世界科学研究的热点

自从 20 世纪 80 年代以来，人类活动所带来大气中 CO_2 浓度急速增加，导致全球变暖并在全球范围内造成了严重的影响，如旱涝气候灾害的加剧、大片土地干旱与沙漠化、粮食减产、水资源缺乏、生态环境恶化、海平面升高等问题日趋严重。因此，大气中 CO_2 等温室气体浓度的增加

引起的全球增暖问题已成为世界科学研究的热点。

为了评估全球气候变化及其对全球环境的影响程度，世界气象组织（WMO）和联合国环境规划署（UNEP）于 1988 年联合成立了政府间气候变化专门委员会（The Intergovernmental Panel on Climate Change，IPCC），旨在为决策者定期提供针对气候变化的科学基础、潜在影响和未来风险的评估，以及适应和缓和的可选方案。IPCC 本身并不进行气候变化的科学研究，也不从事气候相关数据的监测工作，而只是对全世界范围内经过仔细审议和已出版的有关气候变化的科研文献和技术资料进行评估并归结成评估报告予以发布。IPCC 于 1990 年、1995 年、2001 年、2007 年、2013 年和 2022 年共发表了 6 次评估报告。这些评估报告不仅评估了与全球气候变化相关的一些重要科学问题，如全球气温的变率及变化趋势、温室气体和气溶胶的辐射强度对气候的影响过程和数值模型等，而且评估了气候变化对环境、生态、水资源、食品和人类健康的影响程度等，特别是在 IPCC 几次报告中都强调了人类活动造成的大气中 CO_2 浓度的上升可能是近 50 年全球变暖的主要原因。

二、人类活动与气候变化

工业革命以来，大气中 CO_2 等温室气体浓度急剧上升。目前，大气中 CO_2 浓度已由 1860 年的 $280\mu L \cdot L^{-1}$ 升高至 $410\mu L \cdot L^{-1}$ 左右，并以每年 0.45%的速率升高，预计到 2030 年将增加到 $550\mu L \cdot L^{-1}$。人类活动致使气候以前所未有的速度变暖，尤其是 20 世纪以来，由于世界人口的剧增，先进科学技术的迅速发展，经济建设和生产规模的扩大，现在人类活动对气候变化的影响已经可以与自然因素的作用相当，甚至超过自然因素。人类活动通过两种途径来影响温室气体 CO_2、CH_4 等的浓度：一方面，人类在工业生产和生活中燃烧化石燃料释放 CO_2，在农业生产中也产生大量 CH_4，导致大气中温室气体浓度增加；另一方面，因工农业生产和人类生活的需要又在大量毁林，致使吸收 CO_2 的过程减弱，这也使得大气中温室气体浓度不断增加。CO_2 浓度升高加速全球变暖并引发冰川融化和海平面上升，继而引发洪水、台风、热浪等极端天气频发的连锁反应，严重影响生态系统结构和功能的可持续性。

三、气候变化对生物多样性和生态系统的影响

生物多样性是人类社会赖以生存和发展的基础。工业革命以来，人类活动所引发的气候变化给经过长期进化的生物物种施加了前所未有的选择压力，引起生物物种的物候、生长和种间关系及分布区发生改变，进而导致群落结构和多样性发生变化。生物多样性包括基因多样性、物种多样性和生态系统多样性。目前气候变化对生物多样性的影响研究主要集中在物种多样性和生态系统多样性两方面，基因多样性与气候变化关系研究比较欠缺。

植物、动物和微生物是陆地生态系统的主要组成部分，是目前全球气候变化研究的核心对象。气候变化，特别是变暖和降水格局的改变，对植物种的丰富度、分布格局、种间关系、物候、光合作用等会产生深刻影响，成为生物多样性丧失的主要驱动力，并增加外来物种入侵、本地物种灭绝的风险。气候变暖促进生态系统中土壤微生物群落的演替分异，导致群落的随机过程随时间的推移而降低，并驱使土壤微生物群落更快地演替到下一个群落状态。气候变化可以引起物种种群数量下降，某些关键种有可能因此丧失而引起次生灭绝；由于物种在迁移速度方面的差异，气候变化会中断物种间的相互作用。此外，种群更新的不同步性也会影响昆虫和寄主植物、植物与土壤生物的相互作用以及物种多样性的丧失。

气候变化引起海水表层升温、海平面上升、降雨改变、海洋表层海水酸化、海流变化等一系列环境改变，进而影响海洋生态系统和海洋生物多样性。在全球变暖大背景下，海洋浮游植物（海洋食物链的起点）、浮游动物（初级消费者）的暖水种和冷水种出现了不同程度的改变，暖水种开始向两极扩张、分布范围扩大，而冷水种分布范围则缩小或转变为暖水种。海水温度升高使冷温性、冷水性鱼类得不到冷水团的保护，海龟后代雌雄比例失调，进而影响其种群的发展。红树林是重要的海洋生态系统，在调控地球生态系统中发挥着极为重要的作用。海平面上升导致红树林分布向陆地萎缩，温度升高、降雨的变化也会深刻影响红树林的群落组成和生物多样性。温度升高、CO_2浓度的增加也都会影响珊瑚礁物种组成、群落结构发生变化。人类活动下造成的海水酸化（如工厂排放酸性水体等）会造成局地浮游生物群落的极大改变，降低浮游植物、浮游动物、虾/蟹幼体及鱼卵–仔鱼的丰度等。

第二节　气候变化与病虫害测报的关系

一、气候变暖对农作物病虫害产生的影响

当前，全球性气候变化趋势是变暖。气候变暖对农业生产影响巨大，加剧农业气象灾害和病虫害的猖獗发生，影响农产品的产量与质量。

气候变暖对农作物病虫害的影响主要包括：①农作物病虫害发生期提前或延后，有些病虫害春季发生期可能会提前，秋季发生期可能会延后，因而病虫害的危害期会延长。②昆虫的生长发育加快，一年中发生的世代数会增加；暖冬也会使越冬死亡率减低、基数增加，因而发生量增加。③病虫害会从相对低纬度向高纬度、高海拔的地区扩展，从而发生区域扩大、越冬界限北移。④气候变暖有利于外来有害生物在入侵新领地后的定殖，也有利于新型病虫害增多。

（一）气候变暖使农作物病虫害发生期提前或延后

暖冬造成全国大部分地区病害发生期提前、危害期延长、危害程度加重。全国性暖冬年，病害始见期可比常年提前 5d 以上，其中小麦病害始见期可比常年提前 20d 以上。2002 年，安徽省巢湖市各县区油菜菌核病始见期为 2 月下旬初，较常年早 5～7d；3 月中旬进入叶发病盛期，较常年早 10d 左右；3 月 22 日各地即始见茎病株，较常年早 10d 以上；4 月中旬进入茎发病盛期，较常年早 12d。2007 年，湖北省荆州市小麦白粉病始见期为 1 月 11 日，比历年平均提早 45d。2017 年，小麦条锈病在我国黄淮海麦区大范围流行，表现出见病时间早、扩散速度快、流行范围广等特点，分析认为极端暖冬气候是导致 2017 年我国小麦条锈病大流行的主要原因之一。

气候变化是影响昆虫生长发育的重要因素，而温度则是决定昆虫生长发育速率的基础。外界环境温度的升高会使昆虫的临界发育起点温度提前到来，发生期也会相应提前。例如，气温与棉铃虫发生期呈负相关，气温越高，棉铃虫发生越早。通过对 1965～2006 年山东省西南地区气候资料和棉铃虫发生虫情资料分析发现，气候变暖使一、二代棉铃虫的发生期明显提前，三、四代棉铃虫也有提前的趋势。全国性暖冬年，小麦蚜虫发生期可提前 5d 以上，最早可达 30d 以上。1985～2003 年，甘肃省武威市麦长管蚜始见期呈总体提前趋势，1999 年比 1990 年始见期提前 34d。1999 年，全国小麦蚜虫发生期提前 7～10d，河南、山东、河北、江苏、安徽、四川、陕西、甘肃等省当年发生面积超过 1000 万 hm^2；河南省苗期蚜虫发生量之大、程度之重，是此前近 20 年

从未有过的。

气候变暖有利于农业病虫害的为害期延长。温度升高可以使欧洲玉米螟的生长季持续时间增加，为害期变长；我国草地多处北半球中高维度地带，温度升高可使蝗虫发生期延长，蝗虫暴发的可能性将大大增加。

根据范托夫定律（van't Hoff law），气候变暖将直接加快昆虫的发育速率，导致迁飞性昆虫的迁飞物候发生改变，提早进行首次飞行，延长飞行持续期。蝴蝶是最受欢迎的气候变化指标物之一，几十年来一直是物候变化监测的主要对象。1976～1998 年，英国春季均温升高了 1.5℃，迁飞性红纹丽蛱蝶（*Vanessa atalanta*）等 13 种蝴蝶的首迁日提前了（7.9±3.9）d/10 年，孔雀蛱蝶（*Inachis io*）等 3 种蝴蝶的迁飞高峰提前了（6.6±1.7）d/10 年，绿豹蛱蝶（*Argynnis paphia*）等 10 种蝴蝶的飞行期延长了(9.2±4.6)d/10 年。1988～2002 年，西班牙春季平均气温上升了 1～1.5℃，包括欧洲粉蝶（*Pieris brassicae*）在内的 18 种蝴蝶首次出现日期都提前，其中，有 8 种蝴蝶的平均飞行日期显著提前了 1～5 周。暖冬可使越南、泰国、缅甸等境外或中国越冬区的稻飞虱迁入期、迁入峰期提前，有利于田间虫口密度增长、危害期提前。2000～2007 年，云南省红河州稻飞虱迁入始期、首次灯下百头虫峰日、最高峰日均呈提前趋势，与 2000 年相比，迁入始见期平均提前了 16.7d，且 3 个最大的最高峰虫量日均出现在全国性暖冬年中。

（二）气候变暖使农作物病虫害发生代数和发生量增加

暖冬可使病菌进入越冬阶段推迟，延长病菌冬前侵染、冬中繁殖时间，增加越冬菌源数量和冬后菌源基数，缩短病菌的潜育期；全国性暖冬年，冬中病菌繁殖侵染率可比冬前增加 50%以上，冬后菌源基数可达常年的 2 倍以上。2006 年 10～12 月，河南省许昌市月平均气温分别比常年偏高 3.5℃、2.3℃和 0.4℃，适宜小麦纹枯病菌的冬前侵染，到 12 月中旬，小麦纹枯病病株率已达 7.1%，比近 10 年同期平均值高 5.9 个百分点。

气候变暖使年有效积温值升高，引起害虫发育的起点时间提前、休眠越冬期缩短、繁殖代数增加，即使有效积温增值不够害虫发生一个世代，也将造成害虫在田间为害的时间延长、为害程度加重，使农田作物多次受害的概率增高，作物的损失增加。通过模型预测，在温度升高 2.69℃的气候背景下，黏虫在其冬季繁殖气候带内（18°N～27°N）的年发生世代数将由 6～8 代增加为 7～9 代；越冬气候带内（27°N～33°N）将由 5～6 代增加为 6～7 代；春季迁入带内（33°N～36°N）将由 4～5 代增加为 5～6 代；日本的稻灰飞虱（*Laodelphax striatellus*）、巴西的葡萄小卷叶蛾（*Paralobesia viteana*）和咖啡潜叶蛾（*Leucoptera coffeella*）等也表现出相似的趋势。气候变暖后，在黏虫冬季繁殖气候带（18°N～27°N）、黏虫越冬气候带（27°N～33°N）、黏虫春季迁入气候带（33°N～36°N）及 36°N～39°N 的冀东北、山东半岛、北京等地，黏虫发生世代均在原来的基础上增殖 1～2 代。玉米生产的最大虫害——玉米螟原本在我国吉林省年发生 1 代或者不完全 2 代，由于气候的变化以及温度的升高，而逐渐转化为 2 代。虽然以往的二代玉米螟不需要防治，但是在气候变化条件下演变而来的二代则必须进行防治。利用 2010～2099 年的 15 个全球环流模型（GCMs）生成的温度数据分析，2021～2050 年，褐飞虱在中国北方、中部、南方将分别增加小于 0.5、0.5～1.0 和 1.0～1.4 代。在未来气候变暖情景下，褐飞虱将在更大的地区越冬，产生更多的世代。

暖冬可使害虫越冬死亡率降低、冬季繁殖或残存数量增加，增加冬后虫源基数；全国性暖冬年，冬中害虫存活率可达常年的 1～2 倍，冬后虫源基数可达常年的 2 倍以上。2005～2006 年暖冬，海南省文昌市稻飞虱第一代冬季繁殖数量增加，导致二、三代的危害加重。暖冬增加了欧洲玉米螟和马铃薯微叶蝉的越冬种群数量，以及美国墨西哥豆瓢虫和豆叶甲的种群数量和世代数。

近15年来，意大利北部的冬季均温升高至5 ℃以上，茶色缘蝽（*Arocatus melanocephalus*）的越冬存活率显著提高，而春季均温偏高又显著增加了该虫的生殖力，导致其种群数量不断增加。

（三）气候变暖使农作物病虫害发生区域不断扩大

受气候持续变暖的影响，主要农作物病虫害分布范围明显扩大。中国长江流域及东北东部春麦区为主要小麦赤霉病害区。随气候的变化，小麦赤霉病已向淮河和黄淮流域蔓延扩展，在江苏省淮南、淮北地区近年也发生较重，一般大流行年（病穗率50%以上，减产20%～50%）和中等流行年（病穗率20%～40%，减产10%～20%）每2～3年发生1次，且几乎每年都有轻微发生。甘肃省陇南与四川省阿坝地区作为我国小麦条锈菌产生和抗锈性异变最主要的策源地，其冬季温度的逐渐升高以及冬种面积的不断增加，为病菌提供了充足的寄主植物源。由于冬季温度的不断升高，不仅不利于病原体的防治，同时也为增加病原菌基数及病害的大规模发生提供了有利的条件。基于全国农区527个气象站点1961～2010年逐日气象资料、逐年农作物病虫害发生面积以及产量资料分析，近50年来，全国农区年平均温度以0.27℃/10年的速率升高，其每升高1 ℃，可导致病害发生面积增加6094.4万hm^2次，虫害发生面积增加0.96亿hm^2次。利用2010～2099年的15个全球环流模型（GCMs）生成的温度数据分析褐飞虱在全球变暖作用下潜在的越冬边界、越冬区域，表明在21世纪的20年代、50年代和80年代，间歇性越冬面积将分别增加11%、24%和44%，持续越冬面积分别增加66%、206%和477%。

气候变暖导致昆虫向两极和高海拔地区扩展。英国埃克塞特大学等机构研究人员对600余种病虫害在过去50年的全球分布情况进行分析，结果发现，受全球变暖的影响，赤道地区常见的病虫害正以平均每年约2.7km的速度向南北更高纬度方向扩散。橘小实蝇（*Bactrocera dorsalis*）主要分布在热带和亚热带地区，近年来逐渐北迁至温带地区危害；1979～2004年，澳大利亚东海岸的黑腹果蝇（*Drosophila melanogaster*）向高纬度地区迁移了4个纬度梯度。气候变暖已导致中国平均气温等温线发生了明显变化，通过模型预测，21世纪中期中国年均气温将再升高2.3～3.3℃，均温等温线也将继续北移，这将对中国迁飞昆虫的水平分布产生重要影响。稻飞虱和稻纵卷叶螟是中国水稻的重要害虫，20世纪50年代二者的越冬北界分别为1月份10℃等温线（23°N）和4℃等温线（30°N），随着年均温的持续升高，21世纪初期二者的越冬北界提高了1～2个纬距，21世纪50年代将分别北扩至26°N～27°N和34°N～35°N，即当前1月份0℃和−2℃等温线。

暖冬也可使病害越冬海拔上限高度升高。与20世纪90年代以前相比，目前陇南山区冬小麦种植海拔高度及条锈病越冬高度明显提高了100～300m，致使小麦条锈病危害范围扩大，发生时间也由3月份提早到了2月份；2008～2010年，甘肃省天水市甘谷县小麦条锈菌越冬海拔上限与过去研究结果相比有明显提高，在海拔2080m地带越冬率为0.65%，可能与全球气候变暖大背景有关。

二、异常气候增多对农作物病虫害产生的影响

除气候变暖外，大气中CO_2浓度升高、降雨分布不均、灾害性天气频繁出现等气候变化，同样对农林病虫害产生深刻影响，使病虫害分布区域扩大、发生数量增多、生态适应性变异等，最终导致一些病虫害暴发成灾，一些病虫害种群数量下降甚至灭绝。

大气CO_2浓度升高对植物的影响是直接而明确的，而对于昆虫的影响是间接而又复杂的，主要通过改变寄主植物营养和防御物质的含量，间接影响昆虫的生长发育和繁殖。不同类型的昆虫对CO_2浓度的升高响应不同。大气CO_2浓度升高，增加了棉花和小麦体内C和C/N含量，降低

了棉铃虫的适合度和对棉花的危害作用，但却提高了棉蚜（*Aphis gossypii*）对氨基酸营养的利用与补偿效率，降低了麦长管蚜（*Sitobion avenae*）、禾谷缢管蚜（*Rhopalosiphum padi*）和麦二叉蚜（*Schizaphis graminum*）的种间竞争，导致蚜虫种群发生与危害严重。大气CO_2浓度升高对于天敌昆虫的影响是通过植食性昆虫而间接作用的，因此，这个影响是十分复杂的。

全球降雨格局的变化，也严重影响农业病虫害的发生期、发生量和发生程度。农作物病虫害的时空变化与降水增减、高温干旱、暴雨洪涝，以及与梅雨、副热带高压、台风变化等导致降水的时空变化密切相关。一定区域、时段的降水偏少、高温干旱有利于部分害虫的繁殖加快、种群数量增长，降水、雨日偏多有利于部分病害发生程度和害虫迁入数量的明显增加，病虫危害损失加重；暴雨洪涝可使部分病害发生突增，危害显著加重；暴雨可使部分迁入成虫数量突增、田间幼虫数量锐减；降水强度大，可使部分田间害虫的死亡率明显增加、虫口密度显著降低。暖干气候有利于蚜虫、红蜘蛛、棉铃虫、甜菜夜蛾、烟粉虱、叶螨、螟虫、蝗虫等害虫的发生危害；暖湿气候有利于水稻白叶枯病、水稻纹枯病、稻曲病、稻瘟病、小麦条锈病、棉花枯萎病、棉花黄萎病等病害的发生流行，以及稻飞虱、稻纵卷叶螟、黏虫等害虫的迁入危害。基于1961～2010年全国农区527个气象站点气象资料、全国病虫害资料以及农作物种植面积等资料，分析气象要素变化对病虫害发生的影响，结果发现平均降水强度每增加1mm/d，虫害发生面积将增加1.06亿hm^2次，病害发生面积将增加6540.4万hm^2次。

三、气候变化与病虫害测报的关系

在全球气候变化背景下，气候变暖、降水、湿度等气候要素的异常改变，加重了农作物病虫害发生、发展和暴发的可能性，给农业生产造成了巨大损失。据联合国粮农组织（FAO）估计，世界粮食产量常年因病害损失14%，虫害损失10%；中国每年因各种病虫害引起的粮食损失约400亿kg，占全国粮食总产量的8.8%。粮食安全始终是关系我国国民经济发展、社会稳定和国家自立的全局性重大战略问题。分析气候变化大背景下农业气象灾害与农业病虫害发生发展规律，建立基于现代科学技术的农业气象灾害、农业病虫害监测预警系统，可有效地减轻灾害损失，促进农业可持续发展。

（一）气候变暖亟须改进传统病虫害测报方法

研究气候变暖对病虫害影响的最常见的方法就是直接观察法，通过观察统计最近几十年来害虫与病原菌的发生期、分布地点、发生世代数、作物生长物候阶段、种群数量、物种数及每个物种的丰盛度、寄主种类和为害程度等现象，并与相应时期的历史气候数据进行直观的关联分析或统计分析，得出气候变暖对害虫与病原菌发生期、地理分布、种群数量、为害程度、生物多样性等影响的结论。这类方法的优点是直观简单，但这种方法只能粗略揭示气候变暖对病虫害有无影响，有怎样的影响，不能定量说明影响的程度，而且只在少量地点针对少数几种病虫害有历史数据，不能延展到其他地区。因此，科学家开发了预测模型、生态风险评估软件、人工气候下害虫与病原菌生命活动观察、检测标记基因频率变化、生物化石比较技术等5种方法来研究气候变暖对昆虫的影响。

1. 构建模型预测气候变化对病虫害的影响

（1）构建温度驱动的病（虫）情模型，预测假定温度升高条件下的病虫害发生情况。通过收集历史的气候及病（虫）情数据，选择合适的数学表达式，建立病虫害发生期或发生程度等与同期气候数据之间的关联模型，再利用模型计算人为假设温度升高条件下昆虫的迁飞期（气传病原菌的传播）、首次出现期、种群高峰期及种群密度等。使用最为普遍的是回归模型。

(2) 将温度驱动病虫害模型与气候情景模拟相结合，预测未来气候情景下的病虫害发生情况。将基于病（虫）情和温度历史数据构建的病虫害发生期和发生程度温度关联模型，与国际上应用较为普遍的气候变化情景模拟结果相结合，预测未来气候变暖情景下的病虫害发生情况，这是近年来发展起来的一种研究方法。

（3）建立昆虫和病原菌发育的有效积温模型，预测未来气候情景下的病虫害发生情况。昆虫和病原菌发育的有效积温法则是用来预测气候变暖对病虫害发生期、世代数影响的重要方法，它利用温度梯度下发育历期试验并计算获得的各种昆虫和病原菌的发育起点温度和有效积温两个生物学指标，结合气候学家对未来气候情景模拟的温度数据，计算气候变暖情景下病虫害的发生世代数，预测其种群暴发情况以及地理分布。

2. *利用软件预测气候变化对病虫害的影响*　CLIMEX 是用来预测气候变暖条件下病虫害分布的常用软件，适用于病虫害地理分布和相对丰盛度分析，主要取决于气候因子。被分析的病虫害在一年内经历适合种群增长和不适合甚至危及其生存两个时期的情况。该软件被用来预测瓢虫、苹果蠹蛾和马铃薯甲虫、舞毒蛾等昆虫的分布受气候变暖影响发生的变化。虽然 CLIMEX 分析与结论简单直观，但仅根据气候来预测物种的适生区，未考虑寄主、天敌、人类活动以及这些因素之间的相互作用对适区的影响。GIS 等软件也是研究气候变暖对病虫害影响的重要工具，适用于气候变暖条件下病虫害的风险评估、显示病虫害空间分布动态和病虫害发生趋势预测等方面的研究。

3. *通过人工模拟温度升高研究气候变暖对病虫害的影响*　国内外已有大量报道昆虫和病原菌在恒温梯度下生长发育、繁殖和存活等生命参数的研究，这些研究结果均可用来解释气候变暖对病虫害的影响。但人工模拟自然条件下周期性变化的温度对昆虫和病原菌生命活动的影响，才是研究气候变暖对病虫害影响的最根本的手段。中国农业科学院详细的温度升高模式的设计，显著改善了气候变暖的野外条件下麦蚜预测的准确性。

4. *通过分子标记研究气候变暖对病虫害地理分布的影响*　近年来，现代分子生物学技术逐渐应用于气候变化对病虫害影响的研究。由于气候变暖对物种形成了强大的选择压力，导致某些昆虫和病原菌染色体发生变异或者基因出现频率发生变化。分子标记主要应用于研究气候变暖对病虫害的分布及扩散的影响。

5. *利用化石等古记录研究气候变化对病虫害的影响*　化石、沉积物中昆虫、病原菌、植物随着所处时期气候变迁而呈现出不同的特征，利用化石等古记录是研究长期气候变化对昆虫和病原菌等生物影响的有效途径。如湖里的古记录或沼泽地的沉积物不仅为研究历史气候变化提供了有用数据，同时为推测以后气候变化奠定了理论基础；树环、落叶或其他历史资源同样可以预测近代病虫害暴发趋势，也为评价气候变化潜在影响提供了证据。

（二）随着极端气候不断增多，亟须提高病虫害监测预警技术和水平

近年来，极端气候频发，病虫害发生和流行都呈加重趋势，对粮食安全生产构成严重威胁，而传统的病虫害目测手查单点监测方法和有限站点的气候预测方法，远远不能满足对病虫害的大面积及时防控。因此，当前迫切需要发展和应用大面积、快速的病虫害监测技术与提高预测水平，如昆虫雷达、全球定位系统（GPS）、地理信息系统（GIS）、视频分析技术等。遥感技术已开始应用在病虫害预测预报方面。遥感技术具有宏观、动态、快速、连续等特点，在作物病虫害监测预报研究中具有独特优势，主要在于一方面能够及时获取面上连续的病虫害发生信息，突破了传统地面调查常用的目测手查的单点监测方法，解决了传统方法代表性和实效性差的问题；另一方面能够快速获取连续的病虫害发生发展的生境信息，结合地面点观测及气象数据等，借助地理信息

系统，可进行作物病虫害发生适宜性评价和发展趋势及迁移方向的中短期预测，弥补了仅用气象数据和病虫害发生历史资料进行长期预测的局限性。

1. **建模方法和分析水平进一步提高**　最初的研究多采用定性或半定性、半定量的方法，构建模型预测气候变化对病虫害的影响。随着数学理论和计算机技术的发展，各种数理统计和其他定量化的建模方法不断涌现，包括：①模糊数学预报法，是基于模糊数学理论的预测方法，能较好地分析影响病虫害发生发展的许多自然因素；②数理统计预报法，是基于数理统计的预报方法，包括直线回归分析、曲线回归分析、多项式分析和多元线性回归分析等，具有组建模型简单，使用方便等优点；③灰色系统预报法，该方法可将无规律的原始数据经累加生成后，变成有规律的生成数列再建模，在病虫害预报工作中经常会遇到数据资料序列较短、数据缺失的问题，可以通过采用基于灰色系统理论的预测方法增加结果的准确率；④人工神经网络预报法，该方法具有跟踪性能好、适用面广、容错能力强等优点，在农作物病虫害预报中，该方法的应用范围还不大，时间也不长，但近几年在该方向的研究发展迅速；⑤“3S”技术预报法，目前该技术主要应用于森林和牧场等大范围病虫害预警，在农作物病虫害气象预报研究中应用较少。

随着全球气候变暖，农作物病虫害滋生的生态环境发生变化，病虫害发生流行的预报将变得更加复杂。下面以褐飞虱和小麦条锈病的建模和分析发展为例，阐述病虫害监测预警技术和分析水平的提升。褐飞虱是东亚和东南亚地区水稻生产上危害性最强的害虫之一，为了寻找合适的栖息地，褐飞虱每年在东南亚和东亚地区进行季节性的南北往返迁飞。早期褐飞虱的轨迹模拟多采用 HYSPLIT 模式，该模式依赖天气预报模式提供的风场，追溯迁飞昆虫的迁出虫源地、迁飞路径和降落区。近年来，由于全球气候变暖、水稻耕作制度变化和褐飞虱自身抗药性增加，褐飞虱迁飞规律和区域性降落特征已发生明显的变化，其迁出虫源地、迁飞路径、降落区均变得更为复杂。利用 WRF-Flexpart 耦合模式进行轨迹模拟，得到褐飞虱迁飞的相关参数，包括轨迹点所在经纬度、高度和该点所处的大气背景场等，将模式输出的聚类轨迹进行整合，再利用 ArcGIS 空间分析功能对各后向逆推时间段褐飞虱的三维迁飞坐标和路径数据进行曲线拟合，得到不同时间段褐飞虱的聚类迁飞轨迹及不同释放高度上褐飞虱迁飞高度的变化特征，并根据褐飞虱的迁飞轨迹判断出褐飞虱的境外虫源地。WRF-Flexpart 耦合模式在计算迁飞轨迹的时候，考虑了地表物理过程、大气湍流结构和地形起伏对褐飞虱种群迁飞的影响。小麦条锈病是远距离随气流传播的流行性病害，具有发生广、发展快、危害重的特点，对小麦可造成毁灭性灾害影响。小麦条锈病的发生流行与气象因素密切相关。研究表明，春季的降雨量和温度是影响当年条锈病发展流行的决定性因素，其中以 4 月份降水量和平均温度的影响最为显著；冬季降雪时间及覆盖天数是影响锈病菌越冬的重要气象因子。在小麦条锈病预报模型研究方面，多以自相关或与月、旬地面气象因子的相关统计预报模型为主，如方差分析周期外推法、灰色灾变预测模型、模糊数学综合评价模型以及非线性建模等。但这些建模分析方法缺乏病虫害发生流行的天气气候条件的嵌套与耦合，严重制约模式的外延预报能力。基于环流、地面预测因子的相关耦合的小麦条锈病的长期预测的环流模型，预报准确率和稳定性较好。它采用长年的病虫害灾情资料和气象资料，通过对病虫害发生流行与大气环流、地面气象因子的相关关系分析，筛选出影响病虫害发生流行的主要环流因子、气象因子及其影响时段，预报时效在 1 个月以上，具有较好的实际生产应用价值。

2. **气象在农作物病虫害测报方面的任务和贡献越来越凸显**　自 2020 年 5 月 1 日起施行的《农作物病虫害防治条例》（以下简称《条例》）对气象服务农作物病虫害防治工作提出明确要求，强调农作物病虫害预防控制方案需根据气候条件等因素制定。《条例》按照农作物病虫害的特点和危害程度，将农作物病虫害分为三类，实行分类管理。在监测与预报方面，农作物病虫害监测不仅包括病虫害发生种类、时间、范围等，还包括影响农作物病虫害发生的田间气候；在预防与控制方面，农作物病虫害预防控制方案要根据农业生产情况、气候条件、农作物病虫害常年发生情况、监测预报情况以及发生趋势等因素制定；在应急处置方面，各有关部门要在职责范围内做好农作物病虫害经济处置工作，其中气象主管机构应当为应急处置提供气象信息服务。《条例》的相关规定，对农作物病虫害的监测和预报水平提出了更高的考验和要求。

3. 气象等级预报　近年来，气象部门深入开展了主要农作物病虫害气象条件等级预报研究，分别构建了内蒙古草原蝗虫发生发展气象适宜度指数、山东省棉铃虫发生趋势气象等级预报方法、江苏省小麦赤霉病气象条件适宜程度等级预报模型、重庆市稻瘟病发生发展气象条件等级业务预报技术、黄河中下游地区小麦条锈病气象预报模型等。为了将农作物病虫害气象等级预报能力扩展到更大空间尺度，根据相邻和相近农作物种植区域的一致性，我国进行农作物病虫害预报模型区域化应用和拓展。国家气象中心相关工作人员建立了气象等级划分标准，在 Oracle 农业气象数据库和地理空间数据库的支持下，采用 Visual Basic. NET 和 GIS 组件，设计并实现了基于地理空间信息的主要农作物病虫害气象等级预报系统。该系统可对北方草原蝗虫、东北玉米螟、江南稻飞虱、黄淮棉铃虫、黄淮小麦条锈病、江淮江汉小麦赤霉病和西南地区水稻稻瘟病 7 大类主要作物病虫害发生发展气象等级进行实时预报，可为区域农业防灾减灾、农业生产提供决策信息。

（三）全球气候变化需要建立新的病虫害监测预警体系

随着气候、耕作制度、品种及病虫害抗药性变化等因素的影响，近些年来我国主要农作物病虫害发生呈现新的特点，病虫害多发、重发、频发，给病虫害监测预警工作提出了新的挑战和要求。现代信息技术的快速发展，为全球气候变化背景下农作物病虫害监测预警新体系的建立奠定了基础。国内外在病虫害监测预警信息化研究中已研发出了一些病虫害监测预警系统，既有针对单一病虫害的预警预报系统，也有综合性的病虫害辅助诊断、防控决策等专家系统，以及物联网系统。我国自 1996 年起也开始探索现代信息技术在病虫害测报领域上的应用，先后建成了“全国病虫害测报信息计算机网络传输与管理系统”和“中国农作物有害生物监控信息系统”，在病虫害数据采集和病虫害监测预警中发挥了重要作用。但是，农作物病虫害数字化监测预警建设是一项长期任务，需要随着信息技术和测报技术进步不断升级完善。

1. 数字化监测预警系统的构建　病虫害监测预警是植保工作的基础。病虫害监测预警数字化就是依托现有的病虫害监测预警体系，以病虫害调查监测标准化、规范化为基础，综合运用计算机、网络通信、地理信息、全球定位、自动化处理等技术，研发应用系统，构建承载工作平台，建立健全高效有序的运转机制，实现病虫害监测预警数据采集标准化、传输网络化、分析规范化、处理图形化、发布可视化、汇报制度化、管理自动化、决策智能化。为全面提升我国农作物重大病虫害数字化监测预警水平，从 2009 年起，在农业部种植业管理司的高度重视和全力支持下，全国农业技术推广服务中心开始实施水稻重大病虫害数字化监测预警系统建设项目，并将以此为突破口，全面推进全国农作物重大病虫害数字化监测预警体系建设工作。截至 2021 年 11 月，农作物病虫害数字化监测预警平台已在 31 个省（自治区、直辖市）植保机构、187 个水稻病虫监测点推广使用。利用该平台已累计上报信息报表超过 30 万张，数据超过 620 万项，为指导防控行动提供了准确、及时、有效的支撑。开展农作物重大病虫害数字化监测预警体系建设，是应对农作物重大病虫害发生日益严重的严峻形势和适应国家对病虫害测报工作要求越来越高的需要，其将在提高测报能力、推进测报技术进步、提升灾情防控水平、加强测报宣传等方面发挥重要作用。

2. 联合预警体系的构建　昆虫跨区域迁飞危害是造成中国农作物产量损失的重要原因。气候变化已导致昆虫越冬区、迁出区和迁入区发生了明显变化，亟需在此基础上建立新的监测预警体系。下面以水稻重大病虫害联合监测预警体系的构建为例做进一步阐述。

稻飞虱、稻纵卷叶螟等迁飞性害虫及其携传的水稻病毒病是中国和越南、泰国等中南半岛国家重要的跨境跨区域迁飞发生和流行性病虫害。稻飞虱、稻纵卷叶螟每年在我国南方广大稻区都有发生，其暴发年份仅稻飞虱一类害虫实际造成的稻谷损失就高达 206.45 万 t，约占全国水稻总产的 1.14%；稻纵卷叶螟在暴发年份实际造成的稻谷损失也能超过 100 万 t，严重影响我国粮食生产安全。自 20 世纪 50 年代起，中国通过构建体系架构，合理布局站点，明确站点任务，实施信息共享和开展联合预警，逐步构建了相对完善的全国水稻重大病虫害监测预警网络体系，在提高国内水稻重大病虫害预警防控能力，保障全国粮食生产“十二连增”“十四连丰”方面发挥了重要作用。

稻飞虱每年随东亚季风在中国和越南、老挝、缅甸、柬埔寨等中南半岛国家之间远距离跨境往返迁飞为害并携带传播水稻病毒病。每年春季，稻飞虱从中南半岛国家随季风迁飞至我国华南稻区繁殖、为害；6～8 月，随着西太平洋副热带高压“西移北抬”，进一步迁飞至江南、长江流域稻区为害；秋季，再随东北季风回迁到华南晚稻区并递次南迁到越南等中南半岛冬春稻区发生、繁衍。暖冬可使越南、泰国、缅甸等境外或中国越冬区的稻飞虱迁入期、迁入峰期提前，有利于田间虫口密度增长、为害期提前。因此，建立跨境跨区域水稻病虫害监测预警体系，系统开展跨境跨区域水稻病虫害发生情况监测、数据交换和信息交流，对于研究水稻迁飞性害虫大范围跨境跨区域迁飞发生规律，提高我国水稻迁飞性害虫及其传播的病毒病发生的早期预见性、增强防控主动性、保障水稻生产安全具有重要意义。自 2010 年开始，在我国农业部的支持下，中国、越南两国实施了“中越水稻迁飞性害虫监测防治项目”，实现了境外病虫监测站点与国内已建立的监测预警网络站点监测数据在一个平台上分析，初步构建了水稻重大病虫害跨境跨区域监测预警体系，加上农作物重大病虫害数字化监测预警系统的建成应用，为水稻迁飞性害虫等重大病虫害跨境跨区域监测预警提供了技术保障。从全国的层面上，每年春季，该平台重点收集分析广西、广东、云南等初迁虫源区各个监测站点早期的迁入虫源数量和田间发生情况，结合境外主要初始虫源地的发生情况和天气趋势，对全国早稻病虫害的发生趋势进行预测。中越双方通过互设联合监测站点，开展水稻迁飞性害虫等重大病虫害系统监测和发生信息交流、数据交换，以及实地调查和技术交流，进一步增强了中国水稻重大病虫害发生的早期预见性和可持续治理能力，使全国水稻病虫害出现了近 10 年的连续下降趋势，为保障国家粮食安全做出了积极贡献。

第三节　耕作制度变化对病虫害测报的影响

一、我国耕作制度的变化

耕作制度是种植农作物的土地利用方式以及有关的技术措施的总称，主要包括作物种植制度和与种植制度相适应的技术措施。例如，在种植制度中确定作物的结构与布局，耕种与休闲，种植方式（如间作、套作、单作、混作），种植顺序（如轮作、连作）；在技术措施中进行农田基本建设、土壤培肥、水分管理、土壤耕作、防止和消除病虫害和杂草等。近 30 多年来，全球气候变化、农业科技进步、经济结构调整、市场需求等对我国耕作制度的影响越来越明显。一方面，全球气候变暖使得作物种植适宜区扩大，而长生育期品种的应用也增加了我国多熟种植的潜在积温需求。另一方面，我国农业生产水平及作物种植结构也在不断调整变化，原有的耕作制度产生了很大变化，主要包括：①调整作物布局，扩大了高产作物、经济作物的规模化种植面积；②提高复种指数，发展多熟制；③发展了多种形式、规范化的间套作和轮作、连作制度；④发展了多种形式的旱农耕作制度；⑤提高了农业机械化耕作技术；⑥推广了保护性耕作制度；⑦进一步发展了设施农业。

由于耕作制度的变化，导致耕作区植被的大范围演替，农田生态系统发生了巨大变化，进而导致病虫害生态环境变化，病虫害种类、消长规律和危害特点也随之变化。以河北省为例，河北省是中国重要粮食产区，冬小麦-夏玉米一年两熟是粮食作物的主要种植形式，其中冬小麦常年播种面积约 245 万 hm^2。20 世纪 90 年代中期以后，河北省小麦、玉米两熟耕作方式发生了巨大变化，即由“清除或焚烧秸秆、耕翻土地后播种”的旧耕作方式转变为“免耕播种、秸秆还田、机械跨区作业”的新耕作方式。秸秆还田和免耕技术有利于水土保持、提高资源利用率和生产效率，但削弱了小麦、玉米之间有害生物防控的耕作屏障。农田免耕保护了土传病虫害的栖息地，秸秆还田把病残体、越冬越夏的害虫和草籽带回田间，农机跨区作业加速了病虫草害在不同地区、不同地块间的传播，最终导致使河北省冬小麦生产出现了一系列新的植保问题。

二、耕作制度变化对病虫害的影响

（一）大面积单一化种植和连作模式增加了病虫害大暴发的风险

大面积单一种植模式在合理提高农业资源配置效率、实现农业机械化、获得大面积和高效率农事操作的同时，也给田间病虫害的发生流行带来了新特点。相对于传统的小面积多样化种植，大面积单一种植模式失去了生物多样性对病虫害的天然屏障作用，加之同一品种作物对病虫害的抗性基本一致，一旦局部感染，则将迅速侵染整个耕作区，大大加速了病虫害的流行和大暴发。而多样化混合种植不同的品种，当某一病害流行时，这些病原体只能感染某一品种，其他作物品种往往发病较轻或不发病，可以阻止病害的大流行，相对来说发病就轻。与单一种植相比，复合种植中生物的种类增加，生物多样性丰富，食物链的结构更为复杂，天敌昆虫比例增加，通过捕食和寄生等种间关系消灭害虫，降低害虫的种群数量，抵抗力更强。

机械化是大面积种植模式的重要农事方式，但在机械化大面积地毯式的使用过程中会将病原体携带传播，造成不同地区之间相互侵染，增加了病虫害大暴发的风险。例如，一些土传病害如油菜根肿病、小麦全蚀病等，在大型农机具如旋耕机、播种插秧机、大型联合收割机的使用中，很容易将病原菌带传到其他区域，造成连片感染。虫害也是如此。虫源会不断向相同作物区域聚集并快速繁殖，一旦田间病虫害监测不够及时，防控措施不能有效实施，其危害将是连片性、毁灭性的，带来的损失也将较往常更加严重。

大面积连作耕作使农田无法轮作或倒茬，也会使土壤中的病原菌大量积累，根系分泌的有害物质连年增加，导致作物无法生长，土传病害频发，如茎腐病的上升、丝黑穗病的回升、褐斑病和纹枯病的加重。

（二）秸秆还田增加了病虫害发生率

农作物秸秆还田是改善土壤理化性质、增加微生物和酶活性、促进作物增产的有效措施，也是农作物秸秆资源化利用的一种重要方式，但秸秆还田会使病虫害发生面临新的问题和挑战。秸秆还田为害虫提供了适生环境、造成病虫害累积，还会加重土传、种传病害发生。

秸秆还田为害虫创造了适生环境。以二点委夜蛾（*Proxenus lepigone*）为例。2011 年 6 月下旬至 7 月中旬，一种新发生的害虫——二点委夜蛾，在山东、河北、河南、山西、江苏、安徽等黄淮海夏玉米主产区暴发，该害虫为害苗期玉米根部，造成玉米植株损伤、倒伏，甚至死苗。虫源基数的积累是二点委夜蛾大发生的先决条件，而近年我国大面积推广小麦秸秆还田和小麦-玉米连作的耕作方式营造了其适生环境。小麦秸秆是二点委夜蛾的产卵场所，麦秸、麦糠覆盖营造其适宜生存的场所。前茬小麦长势好、秸秆还田量大的玉米田二点委夜蛾幼虫量大，翻耕灭茬、焚烧灭茬的玉米田几乎没有该幼虫。在同一块地，麦秸、麦糠覆盖物多的地方，虫量多，反之就少。

秸秆还田会造成病虫害累积。机械化程度不够精细等因素造成秸秆还田细度不够，秸秆中留存有多种病原菌和害虫的卵、幼虫、蛹等，会随着秸秆还田重新回到耕地中，使得耕地中病原体积累，加重苗期病害、土传病害以及害虫的发生。近年来，玉米茎腐病频繁暴发严重，造成玉米减产 5%～10%甚至更高。有研究表明多年持续的秸秆还田和单一种植玉米，导致土壤中茎腐病致病菌（以腐霉菌和镰孢菌为主）大量积累，加大了玉米茎腐病的发生，同时也引起玉米植株倒伏。还有如小麦赤霉病病原菌、小麦吸浆虫、小麦纹枯病病原菌、小麦全蚀病病原菌、玉米叶斑病病原菌、玉米瘤黑粉病病原菌等，也都会随着秸秆还田回到土壤中，病虫害发生呈加重趋势。未腐熟的秸秆也有利于地下害虫（蛴螬、蝼蛄、金针虫等）取食、繁殖和发生。避免把病虫害严重的秸秆直接还田，对于这类秸秆应该高温堆肥腐熟、杀死病虫再还田。

（三）免耕与浅耕保护了地下害虫和病原菌的栖息场所，增加了种群数量

保护性耕作与传统耕作的最大差别在于取消了铧式犁翻耕，对农田实行免耕、少耕，用作物秸秆覆盖地表，减少风蚀、水蚀，是提高土壤肥力和抗旱能力的先进农业耕作技术。保护性耕作（免耕或浅耕、地膜覆盖）大面积推广，不仅保护了栖息在地下的虫源（病原菌）和其环境，也为害虫和病原菌提供了充足不断的食料。例如，水稻收获后免耕直播小麦，灰飞虱直接从水稻上转移到小麦上为害、越冬，这为灰飞虱提供了充足的食料和适宜的越冬场所。稻茬麦田中的灰飞虱种群数量大，经调查，2009 年济宁平播小麦一代灰飞虱数量在 1 万～3 万头，而稻茬麦田高达 800 万头，导致玉米粗缩病发生。小麦收获后，不耕不耙，直接种植玉米，这种免耕措施还使其失去对田间虫蛹的杀伤作用，导致二点委夜蛾大发生。随着免耕浅耕等生产方式进一步推广应用，小麦茎基腐病、玉米穗腐病等发生范围进一步扩大。

（四）设施农业对病虫害的影响

我国是设施农业大国，温室面积占世界设施农业总面积的 85%以上。设施农业是一种先进的高技术含量的生产方式，能够提供农作物相对稳定的生长环境，进行优质高效生产。但是，长期封闭的生产环境条件也为蔬菜病虫害的发生提供了适宜条件，病虫害种类增多，为害加重，影响农业生产的高效益。温室温度高、湿度大、通气条件不好，为病虫害发生提供了土壤；白粉病、灰霉病、黄萎病、线虫病、叶霉病以及白粉虱、蚜虫、斑潜蝇等是常见病虫害。此外，在设施作物生产中连作障碍（指同一作物或近缘作物连作后，出现产量降低、品质变劣、生育状况变差的现象）也普遍存在，已成为制约我国设施农业发展的最大限制因子。土壤有害生物积累是作物产生连作障碍的主要原因之一。土传病虫害积聚理论认为，连作为根系病原菌提供了寄生和繁殖场所，造成病原菌积累，再加上化肥施用过量导致土壤中病原菌拮抗菌减少，过度使用农药导致病原菌抗药性增加，使农业生态环境恶化。

三、耕作制度变化对病虫害测报的影响

近年来，随着产业结构调整以及机械化程度的提高，大田作物普遍推广了规模化种植、免耕

播种、秸秆还田等新的耕作制度，提高了耕地使用效率，减少了成本开支，但同时也使农田生态系统发生了巨大变化。耕作制度的变化带来了新的植保问题，也为病虫害防控带来了新的挑战。面对新的生态体系和新发生的病虫害，植保工作要使病虫害研究立项与新耕作制度的推广应用同步，并形成长期持续的预测、预报、预防体系。

对于因耕作制度改变出现的新的病虫害的测报要做到以下几点：①将新发生的病虫害列入重点监测对象，开展常规测报。如针对为害夏玉米苗期的新发生害虫——二点委夜蛾的发生和监测，制定行业技术标准，确定统一的虫情测报方法，供基层植保部门进行准确的系统调查和大田普查，以实现精准测报，如河北省 2012 年 7 月 1 日发布并实施了《二点委夜蛾预测预报技术规范》（DB13/T 1546—2012）的地方标准。②投入科研力量，加强基础研究。面对新的生态体系，在病虫害基础研究方面要与时俱进。掌握病虫害消长规律，分析与总结各生产因素与病虫害流行发生的相关性，探索预测预报技术，以科学开展监测和预报工作。二点委夜蛾是耕作制度变革后新发生的害虫，但关于其发生为害规律、监测方法等尚缺乏系统研究，因此害虫一旦发生，导致虫情监测无法同步跟上，从而引发严重的病虫灾害。除此以外，麦根蝽、双斑长跗萤叶甲、耕葵粉蚧和矮化病等，也成为玉米生产上的严重问题，对玉米安全生产构成较大威胁，这些病虫害的系统研究急需深入开展。③加强业务培训，提高业务素质，构建有效的预警机制。建立一支业务精、能力强的基层植保工作队伍，促进科研、教学和推广专家进行协作研究，研发科学的监测技术和防治方法，构建长期有效的病虫害监测预警机制，是有效应对新耕作制度变化下新病虫害发生的根本保障。

科技工作者针对设施农业生产的具体特点，通过现代高新技术，综合运用人工智能技术、多媒体技术、网络技术等现代高科技手段，结合设施农业小气候特点和作物优势布局特点，充分收集相关病虫害资料，研制应用病虫害预测预报数字化平台。研制功能丰富、使用便捷的设施农业病虫害预警与诊断数字平台系统，是对高投入、高产出、知识与技术密集的集约型产业行之有效的病虫害测报方法。

第四节　植物病虫害测报的发展方向

未来气候持续变暖，极端天气的出现将趋多趋强，植物病虫害暴发灾变的风险将会明显增加。为应对气候变化进行的适应性栽培和耕作技术创新等新的耕作制度的产生，也深刻影响了植物病虫害的发生发展。因此，我们不但要深入研究气候变化对病虫害发生地理范围、时间、强度、频次等变化的影响，而且要系统研究新的耕作制度下病虫害的消长规律，并在此基础上，整合先进技术，构建预警新体系，揭示气候和耕作制度变化背景下病虫害发生的时空变化及其规律性，以及与农业气象灾害相伴发生的灾变机制，从而更好地促进植物病虫害的精准测报。

1. 加强气候变化对植物病虫害影响的研究　①应加强气候变化对病虫害影响的长期效应研究。全球气候变化相对比较缓慢。CO_2 浓度升高和全球变暖是逐渐发生发展的，IPCC 在 2007 年预测 CO_2 浓度每年增 1.5ppm（体积浓度，1×10^{-6}），温度每 100 年上升 4℃。病虫害对 CO_2 浓度和全球变暖的适应是长期的、多代的过程，因此未来应强调全球气候变化对病虫害多世代、长期响应的研究和监测。②应加强气候多因子对病虫害的综合影响研究。全球气候变化是多个因子综合发生，而目前关于气候变化对病虫害的研究大都是单因子的作用，很多情况下代表性不强，因此需要综合分析多个气候变化因子对病虫害的影响，才能对未来全球气候变化下病虫害的发生

提出准确预警。

2. *加强病虫害对气候变化的响应和适应机制研究* 目前有关气候变化对病虫害自身生长发育、发生分布、迁移扩散等的影响研究较多，而关于病虫害扩散的内在生理机制、行为机制、对新寄主植物的适应机制等研究较少，如病虫害如何通过生理和行为上的潜在适应性而向适生区扩散并定殖以适应气候变暖等一系列问题未有答案。这大大制约了在未来全球气候变化大背景下我们对病虫害种群发生发展的认识，因此，我们需要从基因、分子、个体、种群、群落和生态系统等多个层次系统开展病虫害对气候变化的响应和适应机制研究。

3. *加强新耕作制度下病虫害预测预报体系的建设* 要对新的耕作制度下产生的新的病虫害进行预测预防，科技工作者要将对病虫害的系统研究与新耕作制度的推广应用同步，实时掌握新发生病虫害科学的监测技术和防治方法，并形成长期持续的预测、预报、预防体系，促进农业生产的稳定发展，为粮食稳产、增产提供可靠的技术支撑。

4. *加强控制试验方法和技术研究* 加强实验设施的改进，如 CO_2、O_3控制的开顶式同化箱（OTC）、田间开放式试验（FACE）以及红外线辐射器增温设施，模拟野外气候因子的变化，基于人工气候控制条件下的系统的实验生态学数据，构建一套昆虫和病原菌生长发育、寿命、繁殖、存活、迁移等过程的温度响应生态机理模型；同时，广泛融合信息技术、生物技术，如昆虫雷达、地面高光谱和低空航空遥感技术、利用网络信息开展数字化预测预报技术等，模拟预测在任何气候变化模式下的病虫害发生发展变化等。

5. *加强预测模型和预警技术体系的研究* 发展多因子模型，更好地预测未来全球气候变化下病虫害发生的趋势。在现有的数字化监测预警系统的构建和联合预警体系的基础上，更加重视建设大数据时代农业病虫害监测预警体系，充分发挥人工智能、5G、云计算、物联网、大数据等先进技术，落实“实施国家大数据战略”，实现资源整合和数据共享，打造人、机、物和谐发展的农业病虫害监测预报领域的大数据平台。

总之，结合传统的有害生物种群预测模型（如有效积温模型、种群增长模型和相关专家系统等），利用分子检测、信息素监测、“3S”技术和网络技术，通过整合遥感信息、地理信息及气候气象信息等，共建共享农业领域的遥感数据、降水变化、气候特征、种植周期等多种农业大数据，充分发挥大数据在监测预警、智能识别、统计分析等方面的作用，建立病虫害危害预测模型和迁飞扩散的信息识别模型，以监测病虫害区域性灾变规律，切实改进重大病虫害监测预警和防控服务，做好病虫害的智能识别、实时监测、精准预警工作，促进智慧农业和绿色生态农业发展。同时，整合气候变化、耕作制度变化下病虫害应急防控和持久预防管理新体系，寻找基于气候变化影响下的生物防治、物候期变化、有害生物生活史变化及作物耐害补偿能力变化的高效病虫害防控新技术和新方法，建立国家应对气候变化影响的农林重大病虫害可持续综合防御与控制体系。

复习题

1. 什么是IPCC？其工作职能有哪些？
2. 什么是温室效应？人类活动对全球气候变化的影响有哪些？
3. 简述全球气候变化对植物病虫害的生长发育、迁移扩散等的影响。
4. 简述气候变化与植物病虫害测报的关系。
5. 耕作制度变化对病虫害发生的影响体现在哪些方面？
6. 阐述在气候变化的大背景下，未来植物病虫害测报的发展方向。

第十章　我国重要植物病虫害测报实例

思维导图

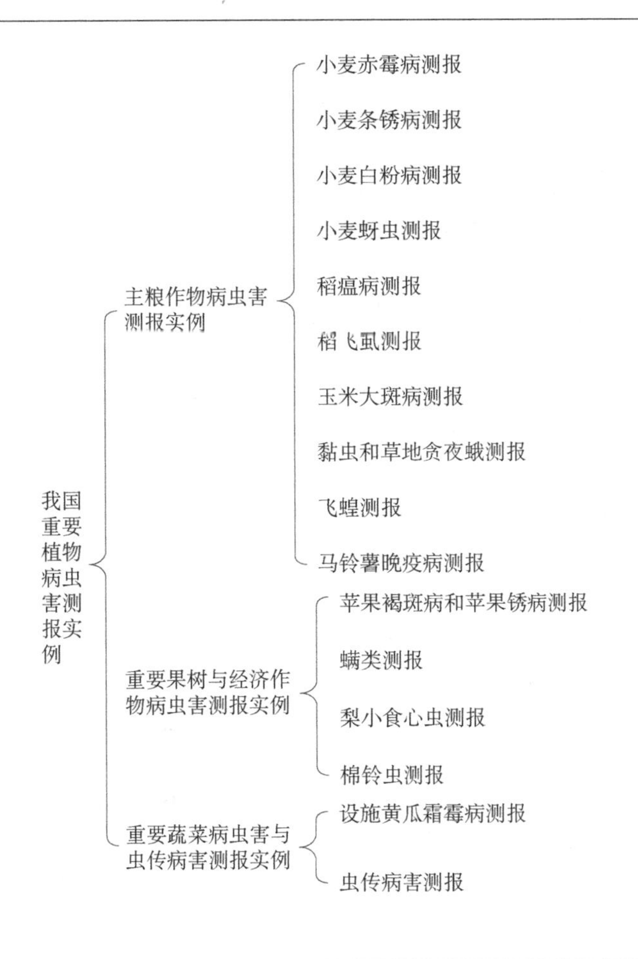

本章概要

本章精选出了在我国农作物病虫害监测预警领域取得重要进展，并且已经或者将要在生产中推广应用的实例，包括小麦赤霉病、小麦条锈病、小麦白粉病、小麦蚜虫、稻瘟病、稻飞虱、玉米大斑病、黏虫、草地贪夜蛾、飞蝗、马铃薯晚疫病、苹果褐斑病、苹果锈病、螨类、梨小食心虫、棉铃虫、设施黄瓜霜霉病和番茄褪绿病毒病。由于篇幅有限，在纸质教材中仅对这十六种重要病虫害进行了简单的介绍，其具体测报方法请扫描各节中的二维码进行阅读。

第一节 小麦赤霉病测报

小麦赤霉病是由多种镰刀菌引起的一种流行性病害，已成为影响我国小麦高产稳产的首要病害，发生流行损失产量一般达10%～30%，严重时可达80%～90%。同时，病菌代谢产物如脱氧雪腐镰刀菌烯醇（DON）、玉米赤霉烯酮（ZEN）等多种毒素（常统称为呕吐毒素），还会影响小麦质量安全，人畜过量食用被污染小麦会出现头晕、发热、呕吐、腹泻等中毒反应，严重时导致中枢神经系统紊乱、人畜流产。因此，包括我国在内的许多国家制定了食品安全呕吐毒素限量标准（我国标准规定DON限量为1000μg/kg，ZEN限量为60μg/kg）。

我国小麦赤霉病发生危害呈现以下特点：一是发生区域扩大。该病历史上以长江中下游、江淮为常发区，常年发生面积4000万～5000万亩。2000年以来，病害呈北扩西移态势，已是黄淮麦区的主要病害。二是重发频率上升。2010年以来，常发区域持续呈重发态势，2012年、2014年、2015年达大流行程度，年均实施预防控制面积2亿亩次以上，较20世纪末增加近2倍。三是危害损失加大。2010年以来，年均造成产量损失340.7万t，较20世纪90年代年均产量损失增加2.66倍，较2000～2009年年均产量损失增加1.59倍。其中，2012年经全力防治仍造成损失达820.6万t。四是毒素污染趋重，威胁人畜健康。

小麦赤霉病是典型的气候型病害。生产上抗病品种缺乏、抽穗扬花期温湿度适宜是病害发生流行的主要原因；水稻–小麦、玉米–小麦轮作及秸秆还田加剧菌源累积是病害流行的根源。针对小麦赤霉病发生日益严重的形势，自1979年起，由西北农林科技大学（原西北农学院）牵头，联合陕西省植物保护工作总站、陕西省主要县（市、区）植保站和西安黄氏生物工程有限公司等多家单位，在陕西省科技攻关、陕西省科技统筹创新工程计划、陕西省科技与发展计划及国家公益性行业（农业）科研专项等项目的支持下，持续系统地开展了小麦赤霉病预测预报技术研究，提出了可用于指导陕西省乃至黄淮麦区的小麦赤霉病规范性监测办法，建立了小麦赤霉病发生发展的预测模型，创建了小麦赤霉病自动监测预警平台，研制出相应自动预警设备，构建了基于物联网和云计算技术的小麦赤霉病自动监测预警系统。2017～2020年，全国农业技术推广服务中心组织在长江流域及黄淮沿淮麦区的江苏仪征、湖北潜江、广东江门、河南平舆、陕西蒲城、安徽凤台6个县（市）开展小麦赤霉病物联网实时监测预警技术试验，证明短期预测效果良好。

二维码 10-1

关于小麦赤霉病预测模型的构建及应用效果，请扫描二维码10-1阅读。

第二节 小麦条锈病测报

小麦条锈病是由条形柄锈菌（*Puccinia striiformis* f. sp. *tritici*）引起的严重危害小麦生产的重大病害，被列入《一类农作物病虫害名录》，作为重点监测防控对象。在流行年份条锈病可导致小麦减产超过40%，甚至绝收。自新中国成立以来，我国条锈病于1950年、1964年、1990年、2002年、2017年和2020年发生了6次大流行，造成小麦减产149亿kg，严重威胁我国的小麦生产和粮食安全。

我国地形地貌复杂、气候类型多样，小麦条锈病发生流行特点复杂多变，被划分为四大流行区系。随着全球气候变化和耕作制度变革，条锈病在我国呈高发重发态势。开展小麦条锈病的预测预报工作是科学精准防控的前提和基础，在绿色综合防控体系中发挥着至关重要的作用。长期以来，我国科学家利用积累的经验，采用“眼观手查”法，结合多年的工作经验和气象趋势预报结果，采用会商的方法，预测条锈病发生程度和发生面积，为我国小麦条锈病的防控做出了巨大的贡献。

近年来，随着传感器、物联网、大数据、人工智能等新技术的发展与应用，条锈病的测报技术也得到了不断的提升，预测的准确度也在逐步提高。经过几代人几十年的研究与实践，西北农林科技大学作物病虫害监测预警课题组研发出了旋转式孢子捕捉仪，建立了条锈菌夏孢子快速定量体系和条锈病发生流行程度的预测模型，创建了监测预警软件平台，构建了基于物联网、传感器和大数据的条锈病自动监测预警系统，并在甘肃天水、平凉，陕西宝鸡、咸阳、汉中、商洛，四川绵阳，湖北襄阳，西藏林芝，新疆伊犁等地进行试验示范和推广应用。

二维码 10-2

关于小麦条锈菌夏孢子定量及条锈病预警系统等详细内容，请扫描二维码 10-2 阅读。

第三节　小麦白粉病测报

小麦白粉病是由专性寄生真菌禾布氏白粉菌小麦专化型（*Blumeria graminis* f. sp. *tritici*）引起的气传性病害，在世界各小麦种植区均广泛发生（Gill et al.，2004；Paux et al.，2008）。20 世纪 60 年代前，小麦白粉病一般在温暖潮湿的海洋性和半大陆性气候的小麦种植区较重发生。随着田间栽培措施的改变、感病小麦品种的推广和小麦种植密度的加大等，该病害的发生范围也随之扩大，在亚欧大陆和北美大陆东部的较冷地区也会严重发生（Bennett，1984）。20 世纪 70 年代末以前，我国小麦白粉病主要在云南、贵州和山东沿海等地区发生；在 70 年代末以后发生明显北移，范围遍及黄淮、江淮麦区，且辽宁、黑龙江等春麦区也有发生。近年来，该病害每年发生面积维持在 600 万～1000 万 hm^2，造成损失 23.95 万～63.98 万 t，已成为我国 20 多个省（自治区、直辖市）小麦生产上的常发性病害之一（何家泌等，1998；刘万才和邵振润，1998；李振岐，1997；曹学仁等，2009；黄冲等，2020）。在轻发生年份，小麦减产 5%～10%；在严重发生年份，小麦减产能够达到 13%～34%（Leath et al.，1989；Griffey et al.，1994；Cao et al.，2014）。

近年来，随着大数据、AI 人工智能技术的快速发展，机器学习（machine learning，ML）也开始用于小麦白粉病的预测研究。例如，研究者利用灰色系统理论以江西省上饶市为例建立了针对我国南方小麦白粉病的预测模型，利用 BP 神经网络算法对该模型进行调整优化，得到模型回验预测准确率为 92.3%（李光泉等，2011）。又如，研究者通过分析北京市郊小麦白粉病的发生发展与气象、作物生长等因素的相关关系，筛选出对小麦白粉病发生流行起主导的特征因子共 10 项，其中降水天数和日照时数是影响其发生发展的最主要因素，运用机器学习 K 最近邻（K-nearest neighbor，KNN）和决策树（decision tree，DT）两种算法建立模型，其中 KNN 模型的 EVS、MAE、MSE 和 R^2 分别为 0.679、0.488、0.667 和 0.677（王炜哲等，2019）。机器学习技术可以改善传统小麦白粉病预测模型的时效性、实用性和准确率，能够为小麦白粉病预测模型的建立提供了全新的方法，可作为未来小麦白粉病预测的重要研究方向之一。

二维码 10-3

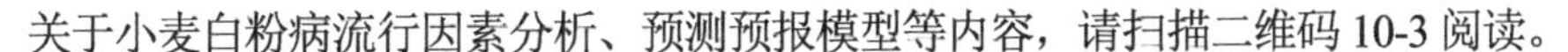
关于小麦白粉病流行因素分析、预测预报模型等内容，请扫描二维码 10-3 阅读。

第四节　小麦蚜虫测报

我国为害麦类的蚜虫主要有荻草谷网蚜（*Sitobion miscanthi*）、麦二叉蚜（*Schizaphis graminum*）、禾谷缢管蚜（*Rhopalosiphum padi*）、麦无网长管蚜（*Metopolophium dirhodum*）等 4 种，属半翅目蚜科。其中，荻草谷网蚜为大多数麦区的优势种，在全国麦区均有发生；麦二叉蚜主要分布在北方麦区，特别是华北、西北等地发生严重；禾谷缢管蚜为多雨潮湿麦区的优势种，分布在西南、华东、华北、东北等麦区；麦无网长管蚜主要分布在北京、河北、河南、宁夏、云南和西藏等地。麦蚜的寄主种类较多，除为害麦类作物外，也为害稻、高粱、粟等其他禾本科作物及禾本科、莎草科等杂草。

研究者利用建立的数理统计预测模型预报杨凌地区高峰日发生量，1980～2016 年间的历史符合率达到 95%，同时能准确预测 2018 年和 2019 年杨凌地区高峰日蚜量的发生级别。该模型拟在其他地区推广应用来检验其有效性。

二维码 10-4

关于小麦蚜虫发生的调查方法、影响因子、预测模型及预测效果评价等内容，请扫描二维码 10-4 阅读。

第五节　稻瘟病测报

稻瘟病是水稻重要病害之一，在 80 多个水稻种植国家和地区发生，一般造成减产 10%～20%，严重时减产可达 40%～50%，甚至颗粒无收。根据发病时期和发病部位，稻瘟病可分为苗瘟、叶瘟、叶枕瘟、节瘟、穗颈瘟、枝梗瘟和谷粒瘟等，其中以叶瘟、穗颈瘟最为常见，危害较大。

稻瘟病是单年流行病，其发生发展是病菌群体和水稻群体间在气象因素影响下相互作用的结果。在菌源具备、品种感病的前提下，气象因素是影响病害流行的主导因子。在气象因素中，以温度、湿度最为重要，其次是光和风。如水稻处于感病阶段，当气温在 20～30℃（尤其在 24～28℃之间），阴雨天多，相对湿度保持在 90%以上时，稻瘟病易严重发生；反之，如连续出现晴朗天气，相对湿度低于 85%，病害则受抑制。

自 1952 年首个稻瘟病预测模型建立以来，已经有 50 余种稻瘟病预测模型发表了，但这些模型大多仅停留在研究阶段，实际应用的较少。20 世纪 70 年代以后，随着计算机技术的发展和各种算法的运用，稻瘟病预测技术得到了迅速发展。安徽农业大学丁克坚教授等采用系统分析的方法，在病害单循环流行结构基础上建立了稻叶瘟病流行模拟模型（SIMRLB）；杨劲寒等采用智能分析法，在植保系统病害调查和气象资料数据库基础上建立了多模型综合分析的水稻穗颈瘟病预测模型。

二维码 10-5

关于基于系统模拟模型的水稻叶瘟病预测和基于机器学习的穗颈瘟病预测等详细内容，请扫描二维码 10-5 阅读。

第六节　稻飞虱测报

稻飞虱属于半翅目飞虱科（Delphacidae），为刺吸式口器害虫，成虫和若虫通过口针刺探取食水稻植株汁液，影响水稻养料和水分的输送，使得水稻叶片发黄，直至整个植株倒伏枯死。我国为害水稻的飞虱主要有三种：褐飞虱（*Nilaparvata lugens*）、白背飞虱（*Sogatella furcifera*）和灰飞虱（*Laodelphax striatellus*），其中以褐飞虱发生和为害最重，白背飞虱次之。稻飞虱还可以传播多种水稻病毒病，如褐飞虱传播水稻草丛矮缩病（Rice grassy stunt virus，RGSV）和水稻齿叶矮缩病（Rice ragged stunt virus，RRSV）等，白背飞虱传播南方水稻黑条矮缩病（Southern rice black-streaked dwarf virus，SRBSDV）、水稻草丛矮缩病（RGSV），灰飞虱传播水稻条纹叶枯病（Rice stripe virus，RSV）、水稻黑条矮缩病（Rice black-streaked dwarf virus，RBSDV）等多种病毒病等。褐飞虱与白背飞虱2020年被农业农村部列入一类农作物病虫害名录。稻飞虱在国内存在少量越冬区，但发生区域范围广，在国内的分布主要在华南区、华中区和华北区，西南区和东北区次之，其他区域发生较少。

由于国内各地的初次虫源主要是境外或国内南方区域迁飞过来的虫源，因此不同地区虫源来源有所差异。同时，由于稻飞虱发生受温度影响较大，所以年际之间如果温度变化大时其发生时期、发生数量波动也较大。对稻飞虱的预测主要包括虫源地预测预报、迁出区虫源预测预报以及迁入区虫源预测预报。目前应用雷达监测，结合历年灯光诱捕资料数据与气候条件，可采用不同模型对不同地区的虫源地进行研究。如果某地发生多代，则第3代虫源一般为本地虫源。

关于褐飞虱的监测、初次虫源预测、主害代发生期及发生量预测的详细内容，请扫描二维码10-6阅读。

二维码 10-6

第七节　玉米大斑病测报

玉米别名玉蜀黍，是世界上第三大粮食作物，种植面积和产量仅次于小麦和水稻，单位面积产量居世界作物之首。1978～2015年间，玉米的播种面积从1996.1万hm^2增至3811.9万hm^2，总产量从5594.5万t增至22 463.2万t，增长了3倍。目前，全国玉米种植面积和产量仅次于水稻，跃居第二位。

玉米大斑病是玉米生产上普遍发生的重要叶部病害。早在1876年，玉米大斑病首次在意大利报道，20世纪初期已遍及五大洲各个玉米产区。我国最早于1899年记载了玉米大斑病的发生，后遍及全国。1971～1975年，吉林省就有3次大流行，每次减产超过50%。目前东北、华北北部、西北和南方区的冷凉玉米产区发病较重。近年来，由于全球气候的变化、栽培制度的改良、抗病品种的更替，玉米大斑病流行程度日趋严重，分别于2012年、2013年在东北玉米种植区大规模流行，按照病情指数的划分，其危害程度一度达到4级，重病田减产高达46%以上（表10-1）。

表 10-1　玉米大斑病分级标准

病情级别	各级代表值	症状描述
0 级	0	叶片上无病斑
1 级	1	仅在穗位下部叶片上有零星病斑，病斑面积占整个植株面积的 5%以下
2 级	2	穗位下部叶片上有少量病斑，病斑面积占整个植株面积的 6%～10%
3 级	3	穗位下部叶片上有较多病斑，病斑面积占整个植株面积的 11%～30%，穗位上部叶片有少量病斑
4 级	4	穗位下部或上部叶片上有大量病斑，病斑面积占整个植株面积的 31%～70%

从 1995 年开始，涉及病原菌接种体数量、感病寄主植物面积与环境条件等因素的监测预警方向的研究成果不断涌现，但能够指导病害防治的并不多，很大程度上需要当地经验丰富的专家才能进行很好的预测。近年来，玉米大斑病的监测预警新技术不断发展，预警系统的发展由互联网进入到了大数据时代，从单一模式的预测进入到了人工智能阶段的测报，提高了玉米大斑病监测预警的质量和水平。

二维码 10-7

关于玉米大斑病流行影响因素、基于孢子捕捉技术的监测预警、基于遥感技术的监测预警和基于人工智能技术的监测预警等内容，请扫描二维码 10-7 阅读。

第八节　黏虫和草地贪夜蛾测报

黏虫在我国主要包括东方黏虫（*Mythimna separata*）和劳氏黏虫（*Leucania loreyi*）两种，属于鳞翅目夜蛾科，其中东方黏虫是一种典型的远距离迁飞害虫，除新疆外均可发生危害，且发生历史久远，危害损失巨大。据记载，公元 482～1360 年，曾有 35 次暴发成灾的记录。新中国成立后，黏虫危害依然十分严重。1958 年，国家将黏虫列为当时要消灭的十大害虫中的第二位。20 世纪 90 年代后，随着我国南方小麦种植面积的大幅度压缩，黏虫适宜越冬寄主减少，大大压低了虫源基数，黏虫的危害逐步得到控制，但仍在局部地区暴发危害。据全国各地病虫测报区域站的监测和 1990～2013 年《全国植保专业统计资料》的数据，1950～2013 年，有 20 年发生面积在 666.7 万 hm^2（1 亿亩）以上，其中 1976 年、1977 年、1972 年、2012 年和 1966 年的发生面积分别位居第 1 至第 5 位。近年来，随着全球气候变化、我国农作物种植结构、品种布局和耕作栽培制度等农田生态系统变化，以及黏虫自身适应性和致害性变化，黏虫在我国发生危害呈现出新的特点和严重之势。21 世纪以前，劳氏黏虫在我国属于农业的次要害虫，主要分布于广东、广西和福建等南方的省份和地区。但进入 21 世纪后，劳氏黏虫逐渐上升为农业上的主要害虫之一，在我国北方的发生范围和危害程度进一步扩大。2020 年，农业农村部组织制定了《一类农作物病虫害名录》，东方黏虫和劳氏黏虫被定为一类农作物虫害。

草地贪夜蛾又名秋黏虫，隶属鳞翅目夜蛾科，起源于美洲热带和亚热带地区，具有强大的繁殖能力和适应力，寄主植物涉及 76 属 350 余种。2016 年 1 月，草地贪夜蛾首次入侵非洲，并迅速蔓延到撒哈拉以南的 44 个国家。2018 年，国际应用生物科学中心（CABI）将其列为世界上危害最大的 10 种植物害虫之一。2018 年 8 月，联合国粮食及农业组织（FAO）也向全球发出该害虫预警。2018 年 5 月，该害虫入侵印度，并从印度蔓延到东南亚及中国南部为主的亚洲地区；2020 年 2 月，该害虫入侵大洋洲。截至 2020 年，草地贪夜蛾的发生为害已横跨美洲、非洲、亚洲和大洋洲，成为世界性的迁飞害虫。草地贪夜蛾自2018年12月入侵我国以来，截至2019年10月已扩散至26个省（自治区、直辖市），发生面积达1620万 hm^2，对我国的玉米、甘蔗、高粱、谷子、小麦、薏米、花生、莪术、香蕉、生姜、竹芋、水稻、马铃薯、油菜、辣椒等15种作物和多种杂草造成危害，已经成为我国一种重要的北迁南回、周年为害的重大害虫。2020年，农业农村部组织制定了《一类农作物病虫害名录》，草地贪夜蛾在10种一类农作物虫害中名列榜首。

黏虫、草地贪夜蛾都具有大区域、周期性、远距离迁移特点，迁飞能力强并具有趋光性，迁飞距离受天气的直接影响，通常成虫借助盛行风每夜可长距离飞行几百公里。我国在迁飞性害虫的研究方面具有丰富的工作经验，20世纪50年代，我国科研人员就根据黏虫成虫的取食习性，用糖蜜或红糖、醋、白酒和水配置的糖醋液和谷草把诱杀成虫，结合田间幼虫发生量的调查，进行短期预测预报。20世纪60年代初，黏虫的越冬和虫源问题成了研究和讨论的焦点，国内不同单位的科研工作者通过越冬基数调查、海上网捕、气象因子分析等研究，大胆提出黏虫远距离迁飞的猜想。1964年，由中国农业科学院植物保护研究所牵头的全国黏虫科研协作组通过大范围的标记–释放–回收，为黏虫远距离迁飞提供了事实依据，明确了黏虫的越冬及南北往返迁飞为害的规律，也为后期制定黏虫的异地测报提供了依据。1975年，全国黏虫科研协作组建立了全国黏虫“异地”测报网，根据黏虫越冬迁飞规律和虫源性质，设计了黏虫“异地”测报办法（包括序贯预测、时间预测、数量预测、猖獗周期预测和生态型的综合预测），完善了黏虫测报体系，长期预报准确率达到85%以上，被列入全国统一测报办法并推广应用，到目前为止，仍然应用于黏虫等重大迁飞性害虫的预测预报。随着信息技术的发展，自1996年起，全国测报体系开始探索现代信息技术在病虫测报领域上的应用，先后建成了“全国病虫测报信息计算机网络传输与管理系统”和“中国农作物有害生物监控信息系统”，在病虫数据采集和病虫监测预警中发挥了重要作用；2009年起，对原系统进行了换代升级，开发建设了“农作物重大病虫害数字化监测预警系统”，实现了对黏虫等重大病虫害数字化监测预警。

自2018年12月草地贪夜蛾入侵我国以来，各级部门对此高度关注，农业农村部联合科研单位及时启动相应应急机制，经过通力合作，明确了草地贪夜蛾在我国的寄主范围、世代区划、越冬北界和精细迁飞格局；研发出昆虫雷达组网监测预警技术；优化了高空阻截技术及食诱技术。随着物联网技术的发展，病虫害的远程实时监控系统逐渐成熟，针对黏虫、草地贪夜蛾等迁飞性害虫的自动记数、自动识别、智能预警远程监控系统逐渐应用到黏虫、草地贪夜蛾的预测预报中。另外，四部委2017年联合发布了《全国动植物保护能力提升工程建设规划（2017—2025年）》，其中就将建设15个空中迁飞性害虫雷达监测站纳入建设内容。近年来，我国昆虫雷达生产应用水平已经有了明显提升，在某些方面甚至达到了世界领先水平；国内科研机构、高校和推广部门也先后建成多台昆虫雷达系统；昆虫雷达网的组建也在积极筹备中，按照黏虫、草地贪夜蛾等重要迁飞性害虫的迁飞路径合理设置雷达观测站，达到空天地一体化的监测网络，实现虫源地、迁飞路径和降落危害地的自动化预警。

二维码 10-8

关于具体的黏虫和草地贪夜蛾的测报原理、测报方法和技术等内容，请扫描二维码10-8阅读。

第九节　飞蝗测报

蝗虫是世界性的重大害虫，种类多，分布广，全世界十分之一的人口受到蝗虫的影响。我国有蝗虫近千种，主要包括一些迁移性强的蝗虫，如飞蝗（*Locusta migratoria*）、意大利蝗（*Calliptamus italicus*）、亚洲小车蝗（*Oedaleus asiaticus*）和黄脊竹蝗（*Ceracris kiangsu*）等，其中飞蝗为害最重。我国自公元前 707 年到新中国成立之前，就有 800 多次蝗灾的记载。蝗灾暴发时，蝗虫群遮天蔽日、所到之处禾草一空，使得民不聊生、社会动荡。因此，蝗灾与旱灾和水灾并称为三大自然灾害。目前我国有千余种蝗虫，常年发生面积超过 3 亿亩。新中国成立后，尽管蝗虫频繁暴发成灾势头得到有效遏制，但是仍时有发生，如 1985 年天津飞蝗暴发、跨省迁飞为害，2009 年黑龙江齐齐哈尔市龙江县飞蝗暴发。除此之外，从邻国跨境迁入的蝗虫造成灾害危险也在加大，如 2004～2009 年从哈萨克斯坦大量迁入的飞蝗给我国新疆边境地区造成损失；2020 年大量黄脊竹蝗从老挝、越南成群迁入我国云南边境，发生面积超过 10 余万亩。因此，有效防控蝗虫，对于保障粮食供应安全具有重大的战略意义。

飞蝗之所以能引起蝗灾，因为蝗虫有如下几个重要的生物特性：①在密度高时就从不活跃的散居状态转变为活跃的群居状态（图 10-1），而群居状态的蝗虫形成行动方向一致的集团跳蝻（蝗虫的幼期），蝗蝻群进一步发育成为成虫群，成群为害；② 蝗虫取食量大，平均每天能吃掉和虫体体重相当重量的植物；③这类迁飞性的蝗虫繁殖能力强，一生可产生三四百个后代，种群数量增加速度快；④成虫群具有极强的远距离迁飞能力，如飞蝗一天可以迁飞上百公里，可以跨地区、跨国、跨洲迁飞为害，在短时间内可以造成上百万平方公里的大面积农作物损失，给粮食等农产品安全供应造成巨大风险。

彩图

图 10-1　飞蝗 5 龄蝗蝻的群居型（左）和散居型（右）

为了避免或者减少蝗灾给农产品造成损失的风险，人们一直与蝗灾作斗争，从古代时人们用见效甚微的人工扑打防治蝗灾，直到 20 世纪中叶开始采用化学农药防治蝗灾，蝗灾大规模发生的势头得到一定的控制。由于化学农药见效快、使用简便等，一直以来是蝗灾治理的主要措施。化学农药防治蝗虫包括从 20 世纪初开始采用的有机氯农药，到 20 世纪 70 年代使用至今的有机磷和拟除虫菊酯类为主的化学农药。这些类型的化学农药都是广谱性的，这就意味着不但可以杀死蝗虫，同时也会杀死蝗虫的天敌与其他非靶标生物，如鸟类、青蛙，甚至对人和牲畜、家禽也有毒害作用，因此，化学农药防治对生态安全和人、畜禽安全存在较高的风险。另外，防治蝗虫通常是采用飞机喷洒化学农药，而且是地毯式喷施，施药范围大、农药漂移远，因此，长期大量使用化学农药防治对农业生产环境，如空气、土壤，特别是水体的污染风险高。

人们认识到大量使用化学农药防治蝗灾所带来的负面风险，积极寻找可以替代化学农药的措施，提出了预防性或可持续治理蝗灾策略。其核心内容是：在蝗虫未大暴发之前采用生物防治等环境友好的措施，在有效防治蝗灾、避免造成经济损失风险的同时，还可以减少或避免环境和生态的化学农药污染风险，实现人类与自然和谐发展。在此策略中，利用生物防治蝗灾是主要途径。目前，利用蝗虫病原微生物防治蝗灾的应用最为成熟，广泛应用的蝗虫微孢子虫、绿僵菌已经成为我国蝗灾治理技术中的关键技术。

无论是采用化学农药防治，还是采用生物防治，早期精准的监测预警是减少蝗灾风险的关键。蝗虫发生动态监测预警主要目的是明确蝗虫发生地点、发生期、发生数量和发生面积（发生程度或者级别）。蝗虫一旦暴发成灾，则要监测预报灾害发生地点、程度和趋势。我国的蝗虫监测预警技术在20世纪50年代初提出了“三查”，即采用人工目测实地调查蝗卵、蝗蝻（蝗虫的幼虫期）和残余成虫；进入20世纪末，美国、加拿大、澳大利亚和我国研制开发了基于地理信息系统、全球定位系统、信息技术的蝗虫监测预警信息管理系统，辅助监测预警，提高了蝗虫监测预警的信息化、智能化水平、精准性和工作效率。联合国粮农组织（FAO）开发出沙漠蝗的调查与预警系统，广泛用于非洲、中东和西南亚沙漠蝗的监测预警。

蝗虫种群数量动态受自身生物学特性和环境因素影响，而且有一定的规律。例如，在适宜温度范围内，蝗虫的发育进度随温度升高而加快；蝗虫的发生密度因天敌密度的增加而降低；等等。飞蝗暴发成灾的重要特点是在高密度时由散居型转变为群居型，群聚在一起形成蝗蝻群或者成虫群，成群迁移为害，因此监测和预报飞蝗群居型蝗群是监测预警的最为重要内容之一。

因蝗虫的种类不同、发生区域不同，其发生的关键影响因素不同。如沙漠蝗暴发与降雨关系密切，降雨有利于沙漠地区植物生长，可为沙漠蝗提供充足的食物，而且也有利于沙漠蝗产卵和卵的孵化。干旱则有利于飞蝗的暴发，因为干旱使得河滩、湖滩面积增加，有利于飞蝗产卵和存活。在我国，飞蝗分布区很广，分为三个地理亚种：东亚飞蝗分布在中原、华北、华东和海南，亚洲飞蝗分布在内蒙古、新疆、黑龙江、吉林等地区，西藏飞蝗分布在西藏、四川、青海的部分高原地区。影响这三个亚种的种群数量动态的关键因素也不同。因南北地区的不同，我国的飞蝗在各地每年所发生的代数为1～3代。新疆、内蒙古、黑龙江、吉林的亚洲飞蝗一年发生1代；西藏、青海和四川的西藏飞蝗一年发生1代；东亚飞蝗在黄淮海一年发生2代，而在广西、广东和海南一年发生3～4代。发生代次多，种群数量的增长就越快，越容易暴发成灾。

针对不同的防治措施，监测预警的内容和精度都应该有相应的调整，如生物农药防治见效相对化学农药防治较慢，防治适期相对化学农药防治较短，为了取得好的防治效果，需要监测预警精度更高一些。

二维码
10-9

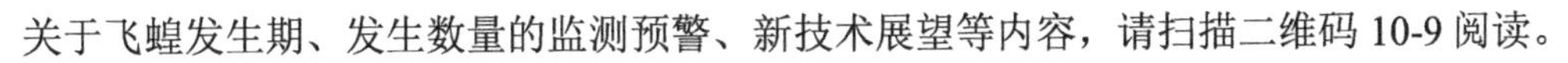

关于飞蝗发生期、发生数量的监测预警、新技术展望等内容，请扫描二维码10-9阅读。

第十节　马铃薯晚疫病测报

马铃薯晚疫病（potato late blight）由致病疫霉（*Phytophthora infestans*）引起，是马铃薯生长过程中最具毁灭性的病害之一，一经蔓延可迅速导致马铃薯植株死亡，进而造成大面积减产，还可以引起块茎腐烂，影响商品薯的品质，给马铃薯产业造成巨大经济损失。该病害在世界马铃薯主产大国都有发生，19世纪中叶马铃薯晚疫病的大发生曾经导致了举世闻名的爱尔兰大饥荒（the Great Irish Famine），致使数百万人死亡或流离失所。马铃薯晚疫病在我国西南和北方马铃薯主产区发生普遍，每年造成不同程度的经济损失，发病较轻年份减产20%～40%，发生较重年份可减产50%以上，甚至颗粒无收。选育和栽培抗病品系是防控该病害最经济、最有效的方法，但现今国内外的马铃薯主栽品种多为不抗病品种。常规的农业防治和生物防治等措施均很难达到理想效果。因此，目前在马铃薯生产上防治晚疫病主要手段仍依靠化学防治。为了减少化学药剂的过量使用，提高药剂的防治效果，世界各地在研究马铃薯晚疫病预测预报方法方面投入大量精力。从国内外的马铃薯晚疫病预警技术的发展情况来看，大体上经历 3 个阶段：第一阶段是基于一定气象条件规则的人工预警技术；第二阶段是基于预测模型的电算预警技术；第三阶段是基于田间病害监测和信息技术的预警系统。目前，在国内应用的预警系统有比利时的 CARAH 模型和河北农业大学自主研发的马铃薯晚疫病预警系统（ChinaBlight）。

二维码 10-10

关于马铃薯晚疫病预警系统 ChinaBlight 的工作原理、测报方法和应用效果等内容，请扫描二维码 10-10 阅读。

第十一节　苹果褐斑病和苹果锈病测报

苹果褐斑病是苹果叶部的重要病害，主要造成苹果早期严重落叶，病重果园 8 月底的落叶率可达 95%以上。褐斑病是苹果主产区每年都必须防控的病害，病害防控主要是在彻底清除落叶的基础上，采用以药剂防治为主的技术措施。药剂防治则采用病菌侵染前喷药剂保护，病菌侵染后药剂治疗的防控策略。药剂防治的关键期为病原菌的初侵染期和指数增长期。褐斑病病原菌的流行预测主要是辅助苹果褐斑病的化学防治决策。

苹果锈病在部分产区是危害较为严重的一种病害，在无法彻底铲除冬孢子角的产区，锈病的防治主要依赖化学药剂。绝大多数的杀菌剂在病菌侵染前喷施对苹果锈病都有较好的防治效果，只有少数杀菌剂对已侵染的锈病菌有内吸治疗效果。有研究测试了 8 种杀菌剂对苹果锈病的防治效果，其中，7 种药剂在喷施后的 3d 内对叶片的保护效果都能达到 90%以上，3 种三唑类药剂在病菌侵染后的 3d 内喷施防治效果达到 100%。在实际生产中，苹果锈病病原菌的侵染测报可以辅助技术人员和果农最大限度地发挥药剂杀菌的作用，有效控制苹果锈病的发生与危害。

苹果锈病病原菌以菌丝在各种柏树上越冬，次年春季苹果萌芽期，越冬病原菌在柏树枝条上形成冬孢子角。苹果锈病病原菌的冬孢子角在苹果展叶前已全部形成，后期不再产生新的冬孢子角。苹果展叶后，冬孢子角遇雨后萌发产生担孢子，担孢子随气流传播侵染苹果叶片，导致为害。

二维码 10-11

关于苹果褐斑病和苹果锈病的流行预测模型及其应用等内容，请扫描二维码 10-11 阅读。

第十二节　螨 类 测 报

农业害螨具有体积小、世代历期短、繁殖速度快、适应能力强和容易产生抗药性等特点，是公认最难防治的有害生物类群。自 20 世纪 70 年代以来，害螨已逐渐蔓延发展成为粮食、蔬菜和果树的重要害虫种类。截止到 2021 年，我国已经记载的害螨种类高达 500 余种，其中，全国性或局部性危害严重的有 40 余种。危害农作物的害螨主要隶属于真螨目（Acariformes）的叶螨科（Tetranychidae）、细须螨科（Tenuipalpidae）、瘿螨科（Eriophyidae）、跗线螨科（Tarsonemidae）、叶爪螨科（Penthaleidae）和粉螨科（Acaridae）6 个科，其中危害最为严重的为叶螨科，即红蜘蛛或黄蜘蛛。农业害螨分布广泛，全国各地均有发生，同时其食谱非常广，可危害数百种植物。如二斑叶螨拥有非常复杂的食性，据报道其寄主植物多达 250 个科的 1000 多种植物。害螨发生时，主要危害作物的嫩叶、嫩茎、花蕾、花萼、果实、块茎和块根等，绝大多数害螨均通过细长的口针刺穿植物的表皮，吸食汁液和叶绿体，可导致刺吸部位失绿，严重者会完全黄化。螨类猖獗年份常造成大量落叶、落花和落果现象，以至于影响作物的正常生产和果实品质，导致农作物减产，造成重大经济损失。

害螨的发生往往具有世代重叠现象，如柑橘全爪螨，在年平均气温 15℃地区一年发生 12～15 代，在 18℃地区 16～17 代；二斑叶螨在我国辽宁一年发生 8～9 代，在华北地区 12～15 代，在南方 20 代以上。在多数地区尤其在南方，害螨可以终年危害，无明显的越冬现象，这为害螨的防治工作带来很大的不便。近年来，由于杀螨剂的大量使用，害螨的抗药性逐年提高，这对防治工作提出了更高的要求。因此，对农作物害螨进行及时准确的预测预报就显得格外重要。农作物害螨的预测预报，一般可以通过大量的田间调查，对当地的越冬虫口密度、虫口消长和虫口密度进行统计处理；也可以通过构建种群动态预报模型和遥感技术等手段，预测该种害螨当年或下一年的发生期和发生规模，并在合适的时期及时发出防治预报。

二维码 10-12

关于害螨的田间调查方法、发生期和发生量预测模型、种群动态预测模型、遥感监测及 RBF 神经网络预测等内容，请扫描二维码 10-12 阅读。

第十三节　梨小食心虫测报

梨小食心虫（*Grapholitha molesta*），又名梨小蛀果蛾、东方果蠹蛾、梨姬食心虫、桃折梢虫、小食心虫、桃折心虫，简称“梨小”，是世界性蛀果类害虫之一。其主要危害蔷薇科的桃、李、梨、杏、苹果、樱桃等果树，以幼虫钻蛀果树枝梢和果实，严重危害时使果树嫩梢损失率达 50%以上，果实蛀果率达 75%以上，给果农造成巨大的经济损失。梨小食心虫在我国东北地区一年发生 3 代，在华北、西北地区一年发生 4～5 代，长江以南一年发生达到 5～7 代。由于梨小食心虫每年发生多代，世代重叠严重，危害具有钻蛀性和隐蔽性，防治极为困难，成为世界性危害最严重害虫之一。

科研工作者利用气象因子，运用相关性分析法筛选出关键影响因子，基于性信息素和统计学习理论的支持向量机（SVM）等，构建梨小食心虫发生期、发生程度预测模型，实现对梨小食心虫的预测。

二维码 10-13

关于梨小食心虫的测报原理、基于性信息素预测模型、基于支持向量机的预测模型，以及预测模型效果评价等内容，请扫描二维码 10-13 阅读。

第十四节　棉铃虫测报

棉铃虫（*Helicoverpa armigera*）是我国重大农业害虫，可危害 30 多科 200 余种植物，喜食禾本科、锦葵科、茄科、豆科植物的蕾、花和果实等繁殖器官。在农业生产上，棉铃虫经常为害的粮食作物有玉米、小麦、高粱、谷子、水稻、马铃薯等，经济作物有棉花、花生、向日葵、烟草、芝麻、亚麻、苘麻、黄麻、蓖麻、鹰嘴豆、豌豆、蚕豆、苕子、苜蓿等，蔬菜有番茄、茄子、西葫芦、南瓜、西瓜、菜豆、梅豆、大白菜、甘蓝、莴苣、苋菜、辣椒、大葱、韭菜等，还可为害核桃、枣、苹果、葡萄等果树的花和幼果。棉铃虫在我国各地每年发生代次由北向南递增，通常年份新疆北部、内蒙古、甘肃、辽宁、河北北部等地发生 3 代，黄河流域、长江流域北部和新疆南部发生 4 代，长江流域南部和华南地区北部发生 5 代，华南地区南部发生 6 代，云南南部发生 7 代。

由于适生区域大、寄主范围广、发生代次多，加之繁殖力、迁飞能力和抗药性强，棉铃虫一直是我国农作物上的重大害虫，20 世纪 90 年代曾对棉花及棉区其他寄主作物生产造成重大危害。20 世纪 90 年代后期，因推广种植转 Bt 基因抗虫棉（简称“Bt 棉花”），棉铃虫区域种群发生数量明显下降。但 2010 年以来，随着黄河流域棉区 Bt 棉花种植面积的急剧减少和玉米等适宜寄主种植规模的大幅度增加，棉铃虫在玉米、花生等棉田外寄主作物上的危害明显加重，同时波及了内蒙古、宁夏、甘肃、辽宁等周边省份。

依据棉铃虫生活习性、发生规律和生产实践，我国于 1995 年制定了棉花田《棉铃虫测报调查规范》(GB/T 15800—1995)，并于 2009 年进行了修订（GB/T 15800—2009)；2020 年制定了《玉米田棉铃虫测报技术规范》(NY/T 3547—2020)；此外发展了花生等作物上棉铃虫调查方法，满足了棉铃虫在不同作物田各虫态的种群监测、田间调查、预测预报和测报资料统计的技术需求，对促进棉铃虫的监测预报水平提高起到指导作用。

二维码 10-14

关于棉铃虫的监测技术、田间系统调查技术、大田普查技术，以及预测预报技术等的详细内容，请扫描二维码 10-14 阅读。

第十五节　设施黄瓜霜霉病测报

黄瓜霜霉病俗称“跑马干”“黑毛病”“痧斑”等，是由卵菌门假霜霉属古巴假霜霉菌（*Pseudoperonospora cubensis*）侵染引起。世界各黄瓜栽培地区均有发生，是黄瓜生产上最为普遍、最为严重的一种病害，露地与保护地均可发生。该病主要危害叶片，环境条件适宜时，10～15 d 内可使植株大部分叶片迅速枯死，瓜田一片枯黄，严重的地块减产高达 30%～50%，甚至绝产。

黄瓜霜霉病是一种气传叶斑类病害，叶背病斑出现的灰黑色霉层即病菌孢囊梗和孢子囊，孢子囊释放游动孢子，在条件适宜的情况下孢子囊或游动孢子随气流传播到周围叶片上侵染危害。一旦条件合适，病害流行速率相当快，短时间内就可以暴发成灾。大部分种植户在病害发生初期没有引起注意，只有当叶片病斑明显时才会意识到，此时防治往往药量大、成本高、效果一般。因此，在病害发生初期进行预测及预防对病害的控制极其关键。病害的发生与菌源量的多少、环境条件及黄瓜生育期关系密切，黄瓜品种抗性和管理栽培措施也与病害的发生有一定关系。

二维码 10-15

关于黄瓜霜霉病的测报原理、病害系统调查方法、预测预报及测报效果评价等内容，请扫描二维码 10-15 阅读。

第十六节　虫传病害测报

番茄褪绿病毒（Tomato chlorosis virus，ToCV）属于长线形病毒科毛形病毒属，是番茄、辣椒等茄科蔬菜毁灭性的 RNA 病毒病害。植株感染 ToCV 初期，开始发病部位为下部老叶，叶脉仍然保持绿色，但叶片脉间已褪绿黄化，叶片变厚、变卷曲、容易折断；随后植株病变部位由下向上蔓延，叶片由叶缘向内逐渐干枯坏死；最终整个植株变黄，迅速衰老，果实生长发育也受到限制，与缺素症症状相似。特别是在花期之前，该病将会导致果实产量和商品价值的大幅下降，甚至会导致农户的绝收。

番茄褪绿病毒病最早在美国佛罗里达发现，随后在西班牙、意大利、以色列、法国、巴西、土耳其、古巴和韩国等 20 多个国家和地区被发现，给世界各地作物生产造成了严重损失。2004 年，该病害首次在我国台湾被发现，2012 年开始才陆续在北京、天津、山东、广东、河南、湖南、内蒙古和云南等 10 多个地区发生。ToCV 是由粉虱传播的病毒。

科研工作者利用 2014～2018 年来大棚番茄与田间杂草感染番茄褪绿病毒病的发生率，并结合各地气象资料、烟粉虱的带毒情况和传毒情况等，对番茄褪绿病毒病的发生程度做了预测预报研究，构建了预测预报模型。

关于烟粉虱传播番茄褪绿病毒病的预测模型构建及应用效果评价等内容，请扫描二维码 10-16 阅读。

二维码 10-16

复习题

1. 以一种病害为例，简要说明预测模型的研发过程。
2. 以一种害虫或者病害为害，说明对其监测预警的具体流程，并计算预测模型的预测准确度。

主要参考文献

曹学仁，周益林. 2016. 植物病害监测预警新技术研究进展. 植物保护，42（3）：1-7.

程登发，封洪强，吴孔明. 2005. 扫描昆虫雷达与昆虫迁飞监测. 北京：科学出版社.

戈峰. 2008. 昆虫生态学原理与方法. 北京：高等教育出版社.

胡同乐，曹克强. 2010. 马铃薯晚疫病预警技术发展历史与现状. 中国马铃薯，2：114-119.

胡小平，户雪敏，马丽杰，等. 2022. 作物病害监测预警研究进展. 植物保护学报，49（1）：298-315.

胡小平，王保通，康振生. 2014. 中国小麦条锈菌毒性变异研究进展. 麦类作物学报，34（5）：709-716.

黄冲，刘万才. 2015. 试论物联网技术在农作物重大病虫害监测预警中的应用前景. 中国植保导刊，35（10）：55-60.

黄冲，刘万才，张剑，等. 2020. 推进农作物病虫害精准测报的探索与实践. 中国植保导刊，7：47-50.

黄文江，张竞成，罗菊花，等. 2015. 作物病虫害遥感监测与预测. 北京：科学出版社.

姜玉英，刘杰，曾娟，等. 2021. 我国农作物重大迁飞性害虫发生为害及监测预报技术. 应用昆虫学报，58（3）：542-551.

姜玉英，刘杰，曾娟，等. 2021. 中国棉花害虫测报：70年回顾. 植物保护学报，48（5）：940-946.

刘万才，黄冲. 2018. 我国农作物现代病虫测报建设进展. 植物保护，44（5）：159-167.

刘万才，姜玉英，张跃进，等. 2010. 我国农业有害生物监测预警30年发展成就. 中国植保导刊，30（9）：35-39.

刘万才，刘杰，钟天润. 2015. 新型测报工具研发应用进展与发展建议. 中国植保导刊，35（8）：40-42.

刘向东. 2016. 昆虫生态及预测预报. 4版. 北京：中国农业出版社.

陆宴辉，梁革梅，张永军，等. 2020. 二十一世纪以来棉花害虫治理成就与展望. 应用昆虫学报，57（3）：477-490.

马世俊，丁岩钦，李典谟. 1965. 东亚飞蝗中长期数量预测的研究. 昆虫学报，14：319-338.

马占鸿. 2019. 植病流行学. 2版. 北京：科学出版社.

全国农业技术推广服务中心. 2010. 主要农作物病虫害测报技术规范应用手册. 北京：中国农业出版社.

王振营，王晓鸣. 2019. 我国玉米病虫害发生现状、趋势与防控对策. 植物保护，45（1）：1-11.

吴孔明. 2020. 中国草地贪夜蛾的防控策略. 植物保护，46（2）：1-5.

肖悦岩，季伯衡，杨之为，等. 2005. 植物病害流行与预测. 北京：中国农业大学出版社.

徐树仁，刘万才，曾娟，等. 2021. 我国植物保护70年回顾与展望. 中国植保导刊，41（4）：29-32.

曾士迈. 1994. 植保系统工程导论. 北京：北京农业大学出版社.

翟保平. 1999. 追踪天使：雷达昆虫学30年. 昆虫学报，42（3）：315-325.

翟保平. 2001. 昆虫雷达：从研究型到实用型. 遥感学报，5（3）：231-240.

张国安，赵惠燕. 2012. 昆虫生态学与害虫预测预报. 北京：科学出版社.

张孝羲，张跃进. 2006. 农作物有害生物预测学. 北京：中国农业出版社.

张智，祁俊锋，张瑜，等. 2021. 迁飞性害虫监测预警技术发展概况与应用展望. 应用昆虫学报，58(3)：530-541.

赵惠燕，胡祖庆. 2021. 昆虫研究方法. 2版. 北京：科学出版社.

周燕，张浩文，吴孔明. 2020. 农业害虫跨越渤海的迁飞规律与控制策略. 应用昆虫学报，57（2）：233-243.

周益林，黄幼玲，段霞瑜. 2007. 植物病原菌监测方法和技术. 植物保护，33（3）：20-23.

Bartlett J T，Bainbridge A. 1978. Volumetric sampling of microorganisms in the atmosphere. Plant Disease Epidemiology edited by Scott P R and Bainbridge A.Oxoford：Blackwell：23-30.

Higley L G，Pedigo L P. 1996. The EIL concept in：economic threshold for integrated pest management. Lincoln，NE：University of Nebraska Press：9-21.

Hu X P，Madden L V，Edwards S，et al. 2015. Combining models is more likely to give better predictions than single models. Phytopathology，105（9）：1174-1182.

Jones，A. 1980. A microcomputer-based instrument to predict primary apple scab infection periods. Plant Disease，64：69.

Latchininsky A V. 2013. Locusts and remote sensing：a review. Journal of Applied Remote Sensing，7：075099.

Li Y，Hu Z Q，Li Z，et al. 2020. Generalized population dynamics model of aphids in wheat based on catastrophe theory. BioSystems，198：10421.

Lu Y H，Wyckhuys K A G，Yang L，et al. 2021. Bt cotton area contraction drives regional pest resurgence，crop loss and pesticide use. Plant Biotechnology Journal，20（2）：390-398.

Pan Z，Yang X B，Pivonia S，et al. 2006. Long-term prediction of soybean rust entry into the continental United States. Plant Disease，90：840-846.

Richter J H，Jensen D R，Noonkester V R，et al. 1973. Remote radar sensing：atmospheric structure and insects. Science，180：1176-1178.

Sankaran S，Mishra A，Ehsani R，et al. 2010. A review of advanced techniques for detecting plant diseases. Computers and Electronics in Agriculture，72（1）：1-13.

Su J Y，Yi D W，Su B F，et al. 2020. Aerial visual perception in smart farming：field study of wheat yellow rust monitoring. IEEE Transactions on Industrial Informatics，17（3）：2242-2249.

Umina P A，Weeks A R，Kearney M R，et al. 2005. A rapid shift in a classic clinal pattern in Drosophila reflecting climate change. Science，308（5772）：691-693.

Waggoner P E. 1974. Simulation of Epidemics. Springer Berlin Heidelberg.

Zadoks J C. 1988. EPIPRE，a computer-based decision support system for pest and disease control in wheat：its development and implementation in Europe. Plant Disease Epidemiology，2：3-29.

Zhang L，Michel L，Alexandre L，et al. 2019. Locust and grasshopper management. Annual Review of Entomology，64：15-34.

更多参考文献，请扫描二维码进行阅读。